Die Grundlehren der mathematischen Wissenschaften

in Einzeldarstellungen
mit besonderer Berücksichtigung
der Anwendungsgebiete

Band 176

Herausgegeben von

J. L. Doob · A. Grothendieck · E. Heinz · F. Hirzebruch
E. Hopf · H. Hopf · W. Maak · S. MacLane · W. Magnus
J. K. Moser · M. M. Postnikov · F. K. Schmidt · D. S. Scott
K. Stein

Geschäftsführende Herausgeber

B. Eckmann und B. L. van der Waerden

H. Grauert · R. Remmert

Analytische Stellenalgebren

Unter Mitarbeit von
O. Riemenschneider

Springer-Verlag Berlin Heidelberg New York 1971

Prof. Dr. Hans Grauert

Mathematisches Institut der Universität Göttingen

Prof. Dr. Reinhold Remmert

Mathematisches Institut der Universität Münster

Dr. Oswald Riemenschneider

Mathematisches Institut der Universität Göttingen

AMS Subject Classifications (1970):
Primary 32-02, 32 A 05, 32 B 05, 13 H 05, 13 H 10
Secondary 13 J 05, 13 J 15

ISBN-13: 978-3-642-65034-5 e-ISBN-13: 978-3-642-65033-8
DOI: 10.1007/978-3-642-65033-8

Softcover reprint of the hardcover 1st edition 1971
Library of Congress Catalog Card Number 73-134649.

Inhaltsverzeichnis

Kapitel II. Analytische k-Stellenalgebren

Kapitel III. Weiterführende Theorie analytischer k-Stellenalgebren und analytischer Moduln

Anhang. Algebraische Hilfsmittel

Einleitung

Indocti discant,
et ament meminisse periti

1. Die Idee der Riemannschen Fläche wird in der Funktionentheorie mehrerer komplexer Veränderlichen erst seit Beginn der 50er Jahre konsequent verwendet. Wie in der Funktionentheorie einer Veränderlichen muß man die Gebilde untersuchen, die durch größtmögliche analytische Fortsetzung von holomorphen Funktionen entstehen. Die gleichen Gründe wie in der klassischen Funktionentheorie machen es notwendig, die Verzweigungspunkte hinzuzunehmen. Das führte jedoch auf begriffliche Schwierigkeiten, die 1933 H. Behnke und P. Thullen in ihrem Ergebnisbericht sogar veranlaßten, diese Punkte vorerst von der Betrachtung auszuschließen. Eine zufriedenstellende Definition des Verzweigungsbegriffs wurde erst 1951 von H. Behnke und K. Stein (Math. Ann. 124) gegeben. Die von ihnen eingeführten komplexen Räume umfassen insbesondere die analytischen Gebilde holomorpher Funktionen mehrerer Veränderlicher, d.h. die höherdimensionalen Riemannschen Flächen. Dabei stellte sich heraus, daß diese Riemannschen Gebilde – anders als in der klassischen Funktionentheorie – Punkte ohne lokale Uniformisierende besitzen können. Solche Punkte wurden fortan singuläre Punkte genannt.

Singuläre Punkte sind in der algebraischen Geometrie schon seit Anbeginn bekannt. Sie treten bereits bei den durch Polynomgleichungen gegebenen Flächen auf; Ursingularitäten sind z.B. der Nullpunkt auf der Neilschen Parabel $y^2-x^3=0$ im $\mathbb{C}^2$ und auf der Fläche $z^2-xy=0$ im $\mathbb{C}^3$. In analoger Weise besitzen auch analytische Mengen – das sind Flächen F, die lokal durch Gleichungen $f_1(z_1,\dots,z_n)=0,\dots,f_m(z_1,\dots,z_n)=0$ gegeben werden, wobei $f_1,\dots,f_m$ holomorphe Funktionen in n Variablen bezeichnen – singuläre Stellen, d.h. Punkte, in denen die Fläche F nicht mehr analytisch glatt ist. H. Cartan und J. P. Serre definierten 1950/51 komplexe Räume so, daß sie lokal analytischen Mengen isomorph sind (Séminaire Cartan). Es hat sich später herausgestellt, daß die komplexen Räume von Behnke und Stein spezielle komplexe Räume nach Cartan und Serre, nämlich sog. normale Räume, sind (Math. Ann. 136).

Bei vielen Untersuchungen von komplexen Mannigfaltigkeiten, d.s. komplexe Räume *ohne* Singularitäten, ist es notwendig, komplexe Räume *mit* Singularitäten zu verwenden: sie treten z.B. häufig bei Induktionsbeweisen in der Induktionsvoraussetzung auf. Gründe dieser Art machten später sogar eine nochmalige Kategorieerweiterung erforderlich und führten zu den „komplexen Räumen mit nilpotenten Elementen".

2. Eine Theorie komplexer Räume muß notwendig mit lokalen Untersuchungen über analytische Mengen und holomorphe Gleichungssysteme beginnen. Bereits Weierstraß hat zu diesem Zwecke seinen berühmten Vorbereitungssatz verwendet und damit die Algebraisierung der lokalen Funktionentheorie eingeläutet. Alle späteren Beiträge zur lokalen Theorie variieren nur dieses Weierstraßsche Thema.

Der Beweis, den Weierstraß für seinen Satz in seinen Vorlesungen (seit 1860) gab, basierte auf der Cauchyschen Integralformel und benutzte also Analysis. 1887 gab L. Stickelberger einen eleganten Beweis für den Vorbereitungssatz, der kürzlich (1968) von C. L. Siegel algebraisiert wurde. Stickelberger kannte auch bereits den Divisionssatz (Weierstraßsche Formel), den er aus dem Vorbereitungssatz deduzierte. 1929 fand H. Späth (J. R. u. Ang. Math. 161) den Satz über die Division mit Rest aufs neue, sein Beweis benutzt nur formale Potenzreihen und Koeffizientenabschätzungen.

1933 zeigte W. Rückert (Math. Ann. 107), beeinflußt von den Ideen E. Noethers, daß der Ring K_n der konvergenten Potenzreihen in n Unbestimmten wertvolle algebraische Eigenschaften besitzt: er ist *noethersch* und *faktoriell*. Alleiniges Hilfsmittel beim Beweis sind neben den Methoden von E. Noether die Weierstraßsche Formel und der Vorbereitungssatz. Später wurde noch eingesehen, daß der Ring K_n auch *henselsch* ist.

In der von W. Krull begründeten Theorie der Stellenringe (lokale Ringe) wurden die Ringe K_n von Anfang an als wichtige Beispiele angegeben. Allgemeiner kann man in jedem Punkt p einer analytischen Menge M den Restklassenring $K_{n,p}/\mathfrak{i}_p(M)$ des Ringes $K_{n,p}$ der um p konvergenten Potenzreihen nach dem Ideal $\mathfrak{i}_p(M)$ derjenigen Potenzreihen, die um p gegen eine auf M verschwindende holomorphe Funktion konvergieren, betrachten. $K_{n,p}/\mathfrak{i}_p(M)$ ist wieder ein noetherscher und henselscher Stellenring, und die Menge M ist um p durch das Ideal $\mathfrak{i}_p(M)$ bestimmt. Damit wird die lokale Theorie analytischer Mengen in die Theorie der Stellenringe eingeordnet.

Das Ideal $\mathfrak{i}_p(M)$ ist reduziert, d.h. der Ring $K_{n,p}/\mathfrak{i}_p(M)$ hat keine nilpotenten Elemente $\neq 0$. Der Übergang zu komplexen Räumen mit nilpotenten Elementen bedeutet nun gerade, daß man Restklassenringe $K_n/\mathfrak{a}$ nach beliebigen Idealen $\mathfrak{a} \neq K_n$ in die Betrachtungen einbezog.

Solche Ringe werden in diesem Buch analytische Stellenalgebren genannt (sie sind Algebren über dem Körper der konstanten Potenzreihen).

3. Methoden der lokalen Algebra wurden zuerst von Abhyankar [1] in der lokalen Funktionentheorie mehrerer Veränderlichen systematisch verwendet. Wir bemühen uns hier, nur solche Resultate aus der kommutativen Algebra zu benutzen, die in Standardvorlesungen angeboten werden (z.B. Lasker-Noether-Zerlegung, Krullscher Durchschnittssatz, Dedekindsches Lemma). Im übrigen machen wir wesentlich davon Gebrauch, daß unsere Stellenalgebren analytisch sind (Weierstraßscher Vorbereitungssatz). Die Schlüsse entsprechen häufig geometrischen Vorstellungen. So ist z.B. der Satz, daß es zu jeder analytischen Stellenalgebra A einen endlichen Monomorphismus $\varphi: K_d \hookrightarrow A$ gibt, das algebraische Äquivalent zur geometrischen Aussage, daß ein komplexer Raum lokal stets eine verzweigte Überlagerung einer Umgebung des Nullpunktes eines d-dimensionalen Zahlenraumes $\mathbb{C}^d$ ist. Es ist deshalb möglich, viele Sätze und Definitionen anschaulich zu verstehen; dem Leser sei dies sehr anempfohlen.

Wir sind bemüht, bei allen Beweisen stets in der Kategorie $\mathfrak{A}$ der analytischen Stellenalgebren zu bleiben. Lokalisierungen (nach Primidealen) usw. werden möglichst vermieden. Viele Beweise gelten jedoch allgemein für beliebige vollständig bewertete Grundkörper k und werden gleich für diese Fälle durchgeführt, solange sie sich nicht erschweren. Unser Prinzip ist, einen Beweis stets für den allgemeinsten Spezialfall zu führen, in dem er so einfach wie für $\mathbb{C}$ ist; dies führt häufig dazu, daß wir nicht unbedingt erforderliche zusätzliche Voraussetzungen über k (wie z.B. „char $k=0$“ oder „algebraisch abgeschlossen“ oder „lokal kompakt“) machen. Dieses Vorgehen wird u.a. auch dadurch gerechtfertigt, daß man im nichtarchimedischen Fall auf andere Weise viele Resultate ohnehin einfacher erhalten kann (vgl. den Aufbau durch J. Tate im Harvard-Seminar 1961/1962, Inv. Math. (1971)).

4. Das Kapitel I ist dem Weierstraßschen Vorbereitungssatz und seinen unmittelbaren Folgerungen gewidmet. Wir beweisen diesen Satz, indem wir in der k-Algebra K_n Seminormen einführen vermöge

$$\|f\|_t = \sum_0^\infty |a_{\nu_1 \ldots \nu_n}| t_1^{\nu_1} \cdot \ldots \cdot t_n^{\nu_n},$$

wo

$$f = \sum_0^\infty a_{\nu_1 \ldots \nu_n} X_1^{\nu_1} \cdot \ldots \cdot X_n^{\nu_n} \quad \text{und } t = (t_1, \ldots, t_n), \quad t_\nu > 0.$$

Die Menge $B_t := \{f \in K_n : \|f\|_t < \infty\}$ ist eine k-Banachalgebra. Die Weierstraßschen Sätze werden zunächst für diese (nicht noetherschen)

Algebren bewiesen und dann auf $K_n = \bigcup B_t$ ausgedehnt. Zu den unmittelbaren algebraischen Folgerungen gehört, daß K_n eine noethersche, faktorielle und henselsche k-Stellenalgebra ist. Ideale $\mathfrak{a}$ in K_n sind also stets endlich erzeugt. Darüber hinaus gilt: Ist $f_\nu \in \mathfrak{a} \cap B_t$ eine unendliche Folge, die in B_t gegen ein Element $f \in B_t$ konvergiert, so gehört f zu $\mathfrak{a}$. Nennt man eine Folge $f_\nu \in K_n$ analytisch konvergent, wenn es ein $t > 0$ gibt, so daß alle f_ν in B_t liegen und dort gegen ein $f \in B_t$ streben, so sind Ideale also abgeschlossene Teilmengen des K_n. Dieser Begriff der Abgeschlossenheit gibt zu einer Topologie in K_n Anlaß, die K_n zu einer lokal-konvexen topologischen Algebra macht und im übrigen merkwürdige Eigenschaft hat: Das 1. Abzählbarkeitsaxiom gilt nicht, speziell ist K_n, $n \geq 1$, nicht metrisierbar. Andererseits sind die in dieser Topologie konvergenten Folgen gerade die analytisch konvergenten Folgen; und man kann den Begriff der Stetigkeit für Abbildungen $K_n \to X$, wo X ein topologischer Raum ist, durch das klassische Folgenkriterium definieren. Man könnte deshalb, wie das auch vielfach geschieht, auf die durch die analytische Konvergenz gegebene Topologie verzichten. Im vorliegenden Buch wird sie jedoch berücksichtigt, um den mit der üblichen topologischen Terminologie vertrauten Leser zu frustrieren.

Im Kapitel II wird die Kategorie $\mathfrak{A}$ der analytischen Stellenalgebren und zu jedem $A \in \mathfrak{A}$ die Kategorie $\mathfrak{M}_A$ der endlichen Moduln über A untersucht. Die Objekte von $\mathfrak{A}$ und $\mathfrak{M}_A$ tragen stets eine natürliche Topologie; alle Homomorphismen sind stetig, alle Epimorphismen sind offen (Satz von Banach). Untermoduln sind stets abgeschlossen und tragen die Relativtopologie.

Besonders wichtig für die Theorie der analytischen Stellenalgebren ist der Begriff des endlichen Homomorphismus. Es werden einfache Endlichkeitskriterien angegeben (z.B. Quasi-Endlichkeit); hieraus wird der Jacobische Umkehrsatz einfach abgeleitet. Die Dimension analytischer Stellenalgebren und analytischer Moduln wird nach Chevalley definiert; ihr Verhalten gegenüber analytischen Homomorphismen wird untersucht. Technisches Haupthilfsmittel ist dabei das sog. *aktive* Lemma, das Induktionsbeweise über die Dimension ermöglicht. Die Äquivalenz zum Krullschen Dimensionsbegriff wird analytisch bewiesen.

Zu jedem reduzierten komplexen Raum X gehört nach einem Satz von Oka ein normaler komplexer Raum, der „einblättrig" über X liegt. Normale komplexe Räume haben einfachere Eigenschaften als allgemeine. Wir untersuchen deshalb die Normalisierung reduzierter analytischer Algebren. Insbesondere wird ein einfaches Normalitätskriterium hergeleitet, mit dem – wie die Autoren in einem zweiten Buch in dieser Sammlung zeigen werden – die Normalisierung komplexer Räume global leicht konstruiert werden kann.

Im Kapitel III wird für analytische Moduln die Theorie des Profondeur, die Syzygientheorie und die homologische Dimensionstheorie entwickelt. Dabei interessieren insbesondere Macaulaysche Ringe. Einfache Beispiele von Singularitäten werden mittels analytischer Unterstellenalgebren von K_n gefunden, die gegenüber endlichen Automorphismengruppen invariant sind. Derivationen dienen zur Definition von Differentialformen. Für die Algebra K_n wird die Exaktheit der Poincaré-Sequenz bewiesen.

Dem kartesischen Produkt von komplexen Räumen entspricht das analytische Tensorprodukt $\hat{\otimes}$ von analytischen Stellenalgebren. Es wird deshalb eingehend untersucht; insbesondere zeigen wir, daß sich wichtige Eigenschaften wie Nullteilerfreiheit, Reduziertheit, Normalität von den Faktoren auf das Produkt vererben. Aussagen dieser Art wurden auf algebraischem Wege erstmals von Nagata [14] hergeleitet.

Die wichtigsten Aussagen aus der kommutativen Algebra (vor allem aus der Theorie der noetherschen Stellenringe und der Theorie der normalen noetherschen Integritätsringe), die wir benötigen, sind in einem Anhang teils mit, teils ohne Beweis zusammengestellt.

Die Arbeiten am vorliegenden Buch wurden 1960 von den Unterzeichneten begonnen. Dem Zuge der Zeit folgend wurden die Methoden später algebraisiert. Dadurch wurden manche Beweise einfacher, verloren jedoch an Anschaulichkeit. Die endgültige Fassung des Buches geht im wesentlichen auf den Zweitunterzeichneten zurück. Ursprünglich war auch geplant, die Theorie der kohärenten analytischen Garben und die Theorie der Steinschen Räume mit den analytischen Stellenalgebren in einem Bande zusammenzufassen. Diese Themen werden jetzt in einem weiteren umfangreicheren Band dargestellt, der in Kürze erscheinen soll.

Dem Springer-Verlag und Herrn Dr. K. Peters sei für die Geduld gedankt, die sie den Autoren erwiesen haben. Wir danken Herrn Dr. D. Denneberg für wertvolle Mithilfe und weiter den Herren N. Christensen, G. Schumacher und ganz besonders Herrn Dr. B. Strehl für Mitarbeit beim Lesen der Korrekturen. Der Deutschen Forschungsgemeinschaft gebührt Dank für die Bereitstellung eines Assistentenstipendiums.

Göttingen, Münster, im August 1970

H. Grauert · R. Remmert
O. Riemenschneider

Kapitel I

Konvergente Potenzreihenalgebren

§ 0. Formale Potenzreihen

R bezeichnet in diesem Paragraphen einen kommutativen Ring mit Einselement 1. Die Symbole $X_1, \ldots, X_n$ sind Unbestimmte. Für das System $(X_1, \ldots, X_n)$ setzen wir auch abkürzend X.

1. Potenzreihen. Ordnung. Der Begriff der formalen Potenzreihe wird im folgenden im naiven Sinne benutzt und nicht weiter präzisiert. Es sei $F := R\{X\} = R\{X_1, \ldots, X_n\}$ die Gesamtheit aller *formalen Potenzreihen* in den Unbestimmten $X_1, \ldots, X_n$ mit Koeffizienten in R. Jedes Element $f \in F$ ist von der Form

$$f = \sum_0^\infty a_{\nu_1 \ldots \nu_n} X_1^{\nu_1} \cdot \ldots \cdot X_n^{\nu_n}, \qquad a_{\nu_1 \ldots \nu_n} \in R.$$

Zur Vereinfachung der Schreibweise setzen wir

$$\mathbb{N}^n := \{\nu = (\nu_1, \ldots, \nu_n) : \nu_j = 0, 1, 2, \ldots; j = 1, \ldots, n\}, \qquad n > 0, \qquad \mathbb{N}^0 := \{0\}.$$

Für $X = (X_1, \ldots, X_n)$, $\nu \in \mathbb{N}^n$, sei

$$X^\nu := X_1^{\nu_1} \cdot \ldots \cdot X_n^{\nu_n}, \qquad |\nu| := \nu_1 + \ldots + \nu_n.$$

Dann läßt sich f schreiben als

$$f = \sum_{\nu \in \mathbb{N}^n} a_\nu X^\nu,$$

und jedes $f \in F$ ist eindeutig nach homogenen Polynomen entwickelbar:

$$f = \sum_{j=0}^\infty p_j, \qquad p_j = \sum_{|\nu| = j} a_\nu X^\nu.$$

Sind $f = \sum_{j=0}^\infty p_j$, $g = \sum_{j=0}^\infty q_j$ die Entwicklungen von $f, g \in F$ nach homogenen Polynomen, so wird F durch die Definitionen

$$f+g := \sum_{j=0}^{\infty}(p_j+q_j), \quad a\cdot f := \sum_{j=0}^{\infty}(ap_j), \quad a\in R,$$

$$f\cdot g := \sum_{j=0}^{\infty} s_j, \quad s_j := \sum_{l+m=j} p_l q_m$$

zu einer kommutativen R-Algebra. R ist in kanonischer Weise ein Unterring von F; die Eins in R ist auch Einselement in F.

Zu jeder Permutation π der Menge $\{1,\ldots,n\}$ und jedem j, $1\le j\le n$, gehört ein natürlicher R-Algebraisomorphismus

$$R\{X_1,\ldots,X_n\} \simeq R\{X_{\pi(1)},\ldots,X_{\pi(j)}\}\{X_{\pi(j+1)},\ldots,X_{\pi(n)}\}.$$

Ist $f=\sum_{j=0}^{\infty} p_j$ die Entwicklung von $f\in F$ nach homogenen Polynomen, so heißt die kleinste natürliche Zahl $s\ge 0$ mit $p_s \neq 0$ die *Ordnung von* f, in Zeichen $o(f)$ (falls $f=0$, so sei $o(f):=\infty$). Für beliebige Elemente $f,g\in F$ gilt

$$o(f\pm g)\ge \min(o(f),o(g)), \qquad o(f\cdot g)\ge o(f)+o(g).$$

Ist R nullteilerfrei, so gilt $o(f\cdot g)=o(f)+o(g)$. Insbesondere ist dann auch F nullteilerfrei.

Ist $f_1, f_2, \ldots$ eine Folge aus F und gilt für jede natürliche Zahl j die Ungleichung $o(f_\nu)\ge j$ für fast alle ν, so ist $\sum_{\nu=1}^{\infty} f_\nu$ ein wohldefiniertes Element aus F.

2. Substitutionshomomorphismen. Es seien $g_\mu\in R\{Y_1,\ldots,Y_n\}$ formale Potenzreihen mit $o(g_\mu)\ge 1$, $\mu=1,\ldots,m$. Ist dann $f=\sum_0^{\infty} p_\nu$ die Entwicklung eines Elementes $f=\sum_{\nu\in\mathbb{N}^m} a_\nu X^\nu \in R\{X_1,\ldots,X_m\}$ nach homogenen Polynomen, so ist die formale Potenzreihe

$$p_\nu(g_1,\ldots,g_m) := \sum_{\nu_1+\ldots+\nu_m=\nu} a_{\nu_1\ldots\nu_m} g_1^{\nu_1}\cdot\ldots\cdot g_m^{\nu_m}$$

wohldefiniert, und es gilt $o(p_\nu(g_1,\ldots,g_m))\ge\nu$, $\nu=0,1,2\ldots$ Daher ist auch

$$f(g_1,\ldots,g_m) := \sum_0^{\infty} p_\nu(g_1,\ldots,g_m)$$

eine wohlbestimmte Potenzreihe aus $R\{Y_1,\ldots,Y_n\}$. Man sagt, daß $f(g_1,\ldots,g_m)$ aus f durch *Substitution von* g_μ *für* X_μ entsteht.

Die Zuordnung $f\mapsto f(g_1,\ldots,g_m)$ definiert einen R-Algebrahomomorphismus $\varphi: R\{X_1,\ldots,X_m\}\to R\{Y_1,\ldots,Y_n\}$, der R elementweise festläßt. Wir nennen φ den zu $g_1, \ldots, g_m$ gehörenden *Substitutionshomomorphismus*. Es gilt $\varphi(X_\mu) = g_\mu$ und

$$\varphi(f(X_1, \ldots, X_m)) = f(\varphi(X_1), \ldots, \varphi(X_m)).$$

Ist $g_1 = \ldots = g_m = 0$, so gilt $\varphi(f) = f(0, \ldots, 0) = p_0 = a_{0\ldots0}$ für jedes f; in diesem Falle kann φ auch als R-Algebrahomomorphismus $R\{X_1, \ldots, X_m\} \to R$ aufgefaßt werden. $a_{0\ldots0}$ heißt der *Wert von* f.

3. Partielle Ableitungen. Kettenregel. Wir ordnen jedem $f = \sum_0^\infty a_{\nu_1 \ldots \nu_n} X_1^{\nu_1} \cdot \ldots \cdot X_n^{\nu_n} \in F$ das Element

$$\frac{\partial f}{\partial X_1} := \sum_0^\infty \nu_1 a_{\nu_1 \ldots \nu_n} X_1^{\nu_1 - 1} \cdot X_2^{\nu_2} \cdot \ldots \cdot X_n^{\nu_n} \in F$$

zu. $\dfrac{\partial f}{\partial X_1}$ heißt die *partielle Ableitung von* f nach X_1. Entsprechend werden die partiellen Ableitungen $\dfrac{\partial f}{\partial X_j}$ mit $j = 2, \ldots, n$ definiert. Jede Abbildung $\dfrac{\partial}{\partial X_j} : F \to F$ ist R-linear. Wir behandeln im folgenden partielle Ableitungen ausführlicher als unbedingt nötig; insbesondere beweisen wir für Substitutionshomomorphismen die *Kettenregel*, die in Kap. III, § 4.1 in der allgemeinen Theorie der Derivationen automatisch abfallen wird. Aus der Definition von $\dfrac{\partial}{\partial X_j}$ folgt zunächst unmittelbar:

Ist $f = \sum_{\nu=0}^\infty p_\nu$ *die Entwicklung von* $f \in F$ *nach homogenen Polynomen, so gilt*

$$(*) \qquad \frac{\partial f}{\partial X_j} = \sum_{\nu=0}^\infty \frac{\partial p_\nu}{\partial X_j}, \qquad j = 1, \ldots, n,$$

und dies ist die Entwicklung von $\dfrac{\partial f}{\partial X_j}$ *nach homogenen Polynomen (wobei* $\dfrac{\partial p_\nu}{\partial X_j}$ *homogen vom Grade* $\nu - 1$ *ist oder das Nullpolynom ist).*

Beachte, daß auch im Falle $\nu > 1$ und $p_\nu \neq 0$ sehr wohl $\dfrac{\partial p_\nu}{\partial X_j} = 0$ gelten kann, z.B. für $p_\nu = X_j^\nu$, wenn $\nu R = 0$.

Als Konsequenz von $(*)$ ergibt sich:

$$o\left(\frac{\partial f}{\partial X_j}\right) \geq o(f) - 1 \quad \textit{für alle } f \in F, \quad j = 1, \ldots, n.$$

Hieraus erschließt man sogleich die „Stetigkeit der partiellen Ableitungen“, nämlich:

Ist $f=\sum_{\nu=0}^{\infty} f_\nu \in F$ *mit* $\lim_\nu o(f_\nu)=\infty$, *so gilt:*

$$\frac{\partial f}{\partial X_j}=\sum_{\nu=0}^{\infty}\frac{\partial f_\nu}{\partial X_j}, \qquad j=1,\dots,n.$$

Beweis. Bei festem j schreiben wir abkürzend h' für $\frac{\partial h}{\partial X_j}$, $h\in F$.

Wegen $o(f'_\nu)\geq o(f_\nu)-1$ gilt $\lim_\nu o(f'_\nu)=\infty$, d.h. $g:=\sum_{\nu=0}^{\infty} f'_\nu\in F$ ist wohldefiniert. Um $f'=g$ zu verifizieren, genügt es zu zeigen, daß für jede natürliche Zahl m gilt: $o(f'-g)\geq m$. Wir wählen den Index s so groß, daß $o(f_\nu)\geq m+1$ für jedes $\nu>s$ gilt und setzen $r:=\sum_{\nu=s+1}^{\infty} f_\nu\in F$. Dann gilt:

$$o(r)\geq m+1, \qquad o(r')\geq m, \qquad o\left(\sum_{\nu=s+1}^{\infty} f'_\nu\right)\geq m.$$

Da $f=\sum_{\nu=0}^{s} f_\nu+r$ und also $f'=\sum_{\nu=0}^{s} f'_\nu+r'$, so folgt $f'-g=r'-\sum_{\nu=s+1}^{\infty} f'_\nu$ und also

$$o(f'-g)\geq \min\left(o(r'),\, o\left(\sum_{\nu=s+1}^{\infty} f'_\nu\right)\right)\geq m, \qquad \text{w.z.b.w.}$$

Wir notieren schließlich noch die *Produktregel*

$$\frac{\partial}{\partial X_j}(f\cdot g)=f\cdot\frac{\partial g}{\partial X_j}+g\cdot\frac{\partial f}{\partial X_j}, \qquad j=1,\dots,n; \quad f,g\in F.$$

Für Monome und dann auch für Polynome ergibt sie sich durch Nachrechnen. Sind nun $f=\sum_{\nu=0}^{\infty} p_\nu$, $g=\sum_{\nu=0}^{\infty} q_\nu\in F$ durch ihre Entwicklungen nach homogenen Polynomen gegeben, so ist $f\cdot g=\sum_{\lambda=0}^{\infty}\left(\sum_{\mu+\nu=\lambda} p_\mu q_\nu\right)$ die entsprechende Entwicklung von $f\cdot g$, und es folgt:

$$\begin{aligned}\frac{\partial}{\partial X_j}(f\cdot g)&=\sum_{\lambda=0}^{\infty}\left(\sum_{\mu+\nu=\lambda}\frac{\partial}{\partial X_j}(p_\mu\cdot q_\nu)\right)\\&=\sum_{\lambda=0}^{\infty}\left(\sum_{\mu+\nu=\lambda} p_\mu\cdot\frac{\partial q_\nu}{\partial X_j}\right)+\sum_{\lambda=0}^{\infty}\left(\sum_{\mu+\nu=\lambda} q_\nu\cdot\frac{\partial p_\mu}{\partial X_j}\right)\\&=f\cdot\frac{\partial g}{\partial X_j}+g\cdot\frac{\partial f}{\partial X_j}, \qquad \text{w.z.b.w.}\end{aligned}$$

Aus der Produktregel erhält man durch Induktion nach t die *Potenzformel:*

$$\frac{\partial f^t}{\partial X_j} = t f^{t-1} \frac{\partial f}{\partial X_j}, \quad j=1,\dots,n, \ f \in F, \ t=1,2,\dots .$$

Ist $\varphi: R\{X_1,\dots,X_m\} \to R\{Y_1,\dots,Y_n\}$ ein Substitutionshomomorphismus, so wird man nach Zusammenhängen fragen, die bei gegebenem $f \in R\{X_1,\dots,X_m\}$ zwischen den partiellen Ableitungen $\frac{\partial \varphi(f)}{\partial Y_j}$ und $\varphi\left(\frac{\partial f}{\partial X_i}\right)$ bestehen. Antwort gibt die klassische

Kettenregel. *Ist* $\varphi: R\{X_1,\dots,X_m\} \to R\{Y_1,\dots,Y_n\}$ *ein Substitutionshomomorphismus, so gilt*

$$\frac{\partial}{\partial Y_j}\varphi(f) = \sum_{\mu=1}^{m} \frac{\partial \varphi(X_\mu)}{\partial Y_j}\varphi\left(\frac{\partial f}{\partial X_\mu}\right), \quad j=1,\dots,n,$$

für jedes $f \in R\{X_1,\dots,X_m\}$.

Beweis. Sei zunächst f ein Monom, etwa $f = aX_1^{\lambda_1}\dots X_m^{\lambda_m}$, sei $g_\mu := \varphi(X_\mu)$, $\mu=1,\dots,m$. Dann gilt $\varphi(f) = a g_1^{\lambda_1}\dots g_m^{\lambda_m}$ und also

$$\frac{\partial}{\partial Y_j}\varphi(f) = \sum_{\mu=1}^{m} a g_1^{\lambda_1}\dots g_{\mu-1}^{\lambda_{\mu-1}}\left(\lambda_\mu g_\mu^{\lambda_\mu - 1}\frac{\partial g_\mu}{\partial Y_j}\right) g_{\mu+1}^{\lambda_{\mu+1}}\dots g_m^{\lambda_m}$$

nach Produktregel und Potenzformel. Da

$$\frac{\partial f}{\partial X_\mu} = aX_1^{\lambda_1}\dots X_{\mu-1}^{\lambda_{\mu-1}}(\lambda_\mu X_\mu^{\lambda_\mu - 1}) X_{\mu+1}^{\lambda_{\mu+1}}\dots X_m^{\lambda_m}, \quad \mu=1,\dots,m,$$

so folgt die Kettenregel für Monome. Wegen der Linearität von φ und $\frac{\partial}{\partial Y_j}$ gilt sie dann auch für Polynome. Sei nun $f \in F$ beliebig und $f = \sum_{\nu=0}^{\infty} p_\nu$ die Entwicklung nach homogenen Polymonen. Dann gilt $\varphi(f) = \sum_{\nu=0}^{\infty} \varphi(p_\nu)$ mit $\lim_\nu \varphi(p_\nu) = \infty$, daher impliziert die Stetigkeit der partiellen Ableitungen

$$\frac{\partial}{\partial Y_j}\varphi(f) = \sum_{\nu=0}^{\infty}\frac{\partial}{\partial Y_j}\varphi(p_\nu) = \sum_{\nu=0}^{\infty}\left(\sum_{\mu=1}^{m}\frac{\partial \varphi(X_\mu)}{\partial Y_j}\varphi\left(\frac{\partial p_\nu}{\partial X_\mu}\right)\right)$$

$$= \sum_{\mu=1}^{m}\frac{\partial \varphi(X_\mu)}{\partial Y_j}\sum_{\nu=0}^{\infty}\varphi\left(\frac{\partial p_\nu}{\partial X_\mu}\right)$$

$$= \sum_{\mu=1}^{m} \frac{\partial \varphi(X_\mu)}{\partial Y_j} \varphi\left(\sum_{\nu=0}^{\infty} \frac{\partial p_\nu}{\partial X_\mu}\right)$$

$$= \sum_{\mu=1}^{m} \frac{\partial \varphi(X_\mu)}{\partial Y_j} \varphi\left(\frac{\partial f}{\partial X_\mu}\right), \qquad \text{w.z.b.w.}$$

Es sei erwähnt, daß man in Umkehrung der partiellen Differentiation formale Potenzreihen auch formal integrieren kann, wenn jedes Element $n \cdot 1, n \in \mathbb{N}$, eine Einheit in R ist (z.B. also wenn R ein Körper der Charakteristik 0 ist). Ist $f = \sum_0^\infty a_{\nu_1 \ldots \nu_n} X_1^{\nu_1} \ldots X_n^{\nu_n} \in F$ gegeben, so wird man jede Potenzreihe

$$\int f\, dX_1 := c + \sum_0^\infty \frac{1}{\nu_1 + 1} a_{\nu_1 \ldots \nu_n} X_1^{\nu_1 + 1} X_2^{\nu_2} \ldots X_n^{\nu_n} \in F, \qquad c \in R \quad \text{beliebig},$$

ein *unbestimmtes Integral von f bzgl. X_1* nennen. Es gilt die Formel

$$\frac{\partial}{\partial X_1} \int f\, dX_1 = f.$$

Analog werden die unbestimmten Integrale bzgl. $X_2, \ldots, X_n$ definiert. Fixiert man die willkürliche Konstante c stets zu 0, so ist $f \mapsto \int f\, dX_j$ eine R-lineare Abbildung von F in sich.

Durch Iteration definiert man die höheren partiellen Ableitungen $\frac{\partial^{j_1 + \cdots + j_n} f}{\partial X_1^{j_1} \ldots \partial X_n^{j_n}}$. Es gilt die Taylorsche Formel:

$$j_1! \cdot \ldots \cdot j_n! \cdot a_{j_1 \ldots j_n} = \frac{\partial^{j_1 + \cdots + j_n} f}{\partial X_1^{j_1} \ldots \partial X_n^{j_n}}(0), \qquad j_1, \ldots, j_n = 0, 1, \ldots .$$

Sind $f_1, \ldots, f_m \in F, p \leq n$, so heißt die (m,p)-Matrix

$$\left(\frac{\partial f_\mu}{\partial X_\nu}\right)_{\substack{\mu = 1, \ldots, m \\ \nu = 1, \ldots, p}}$$

die Jacobische Matrix von $f_1, \ldots, f_m$ bez. $X_1, \ldots, X_p$. Falls $p = m$, so heißt

$$\frac{\partial(f_1, \ldots, f_m)}{\partial(X_1, \ldots, X_m)} := \det \left(\frac{\partial f_\mu}{\partial X_\nu}\right)_{\nu, \mu = 1, \ldots, m}$$

entsprechend die *Jacobische Determinante*. Sie ist wieder ein Element von F, und ihr Wert ist

$$\frac{\partial(f_1, \ldots, f_m)}{\partial(X_1, \ldots, X_m)}(0) = \det \left(\frac{\partial f_\mu}{\partial X_\nu}(0)\right) \in R.$$

4. Topologie der koeffizientenweisen Konvergenz. In diesem Abschnitt ist R ein *topologischer* Ring, d.h. ein Ring mit einer Topologie, so daß die Rechenoperationen $(a,b)\mapsto a\pm b$ stetige Abbildungen von $R\times R$ in R sind, wenn $R\times R$ die Produkttopologie trägt.

Für jedes $\nu\in\mathbb{N}^n$ wird durch $f=\sum_{i\in\mathbb{N}^n} a_i X^i\mapsto a_\nu$ eine R-lineare Abbildung $\pi_\nu: F\to R$ definiert. Die Produktabbildung $\pi:=\prod_{\nu\in\mathbb{N}^n}\pi_\nu: F\to R^{\mathbb{N}^n}$ ist ein R-Modulisomorphismus. Wir liften vermöge π die Produkttopologie von $R^{\mathbb{N}^n}$ nach F; die offenen Mengen in F sind dann genau alle Vereinigungen von Mengen der Form $\pi_{\nu_1}^{-1}(V_1)\cap\ldots\cap\pi_{\nu_e}^{-1}(V_e)$, wo e endlich und V_i offen in R ist, $i=1,\ldots,e$.

Jede Projektion $\pi_\nu: F\to R$ ist stetig; und die Topologie von F ist die *gröbste Topologie*, für die alle Projektionen stetig sind (denn sind alle π_ν stetig, so sind notwendig alle Mengen $\bigcap_{i=1}^{e}\pi_{\nu_i}^{-1}(V_i)$, V_i offen in R, offen in F).

Eine Folge $\{f_j\}\subset F$ konvergiert genau dann gegen $f\in F$, wenn jede Folge $\{\pi_\nu(f_j)\}$ in R gegen $\pi_\nu(f)$ konvergiert, $\nu\in\mathbb{N}^n$. Aus diesem Grunde nennen wir die in Rede stehende Topologie auf F auch die *Topologie der koeffizientenweisen Konvergenz*. Für $n=0$ ist dies die Topologie von R.

Eine Abbildung $\varphi: X\to F$ eines topologischen Raumes X in F ist stetig, wenn alle Abbildungen $\pi_\nu\circ\varphi: X\to R$ stetig sind, $\nu\in\mathbb{N}^n$ (denn für jede Menge $U=\bigcap_{i=1}^{e}\pi_{\nu_i}^{-1}(V_i)$ gilt: $\varphi^{-1}(U)=\bigcap_{i=1}^{e}(\pi_{\nu_i}\circ\varphi)^{-1}(V_i)$). Wir benutzen diese Bemerkung im Beweis von

Satz 0. *F ist, versehen mit der Topologie der koeffizientenweisen Konvergenz, eine topologische R-Algebra, d.h. F ist ein topologischer Ring, und die durch $(a,f)\mapsto af$ gegebene Abbildung $R\times F\to F$ ist stetig.*

Beweis. In $R^{\mathbb{N}^n}$ sind Addition und Skalarenmultiplikation stetig bzgl. der Produkttopologie. Da π ein R-Modulisomorphismus und eine topologische Abbildung ist, sind also auch in F Addition und Skalarenmultiplikation stetig.

Es bleibt zu zeigen, daß auch die durch $(f,g)\mapsto f\cdot g$ gegebene Multiplikation $\mu: F\times F\to F$ stetig ist. Dazu genügt es, die Stetigkeit aller Abbildungen $\pi_\nu\circ\mu: F\times F\to R$ zu verifizieren, $\nu\in\mathbb{N}^n$. Nach der Multiplikationsvorschrift für F gilt

$$\pi_\nu\circ\mu(f,g)=\pi_\nu(f\cdot g)=\sum_{i+j=\nu}\pi_i(f)\pi_j(g).$$

Mithin ist $\pi_\nu \circ \mu$ das Produkt der folgenden Abbildungen

$$(f,g) \mapsto (\pi_i(f), \pi_j(g))_{i+j=\nu} \quad \text{von } F \times F \quad \text{in } (R \times R) \times \ldots \times (R \times R),$$

$$(a_i, b_j)_{i+j=\nu} \mapsto \sum_{i+j=\nu} a_i b_j \quad \text{von } (R \times R) \times \ldots \times (R \times R) \quad \text{in } R.$$

Die erste Abbildung ist stetig, da alle π_λ stetig sind; die zweite Abbildung ist stetig, da R ein topologischer Ring ist. Folglich ist $\pi_\nu \circ \mu$ stetig für alle $\nu \in \mathbb{N}^n$, w.z.b.w.

Zusatz. *Die Topologie der koeffizientenweisen Konvergenz auf F ist hausdorffsch bzw. genügt dem 1. Abzählbarkeitsaxiom (d.h. jeder Punkt $f \in F$ besitzt eine abzählbare Umgebungsbasis), wenn die Topologie von R hausdorffsch ist bzw. dem 1. Abzählbarkeitsaxiom genügt.*

Dies ist klar wegen der Homöomorphie von F und $R^{\mathbb{N}^n}$.

§ 1. Analytische k-Banachalgebren

k bezeichnet in allen restlichen Paragraphen dieses Kapitels stets einen kommutativen Körper. $\mathbb{R}_+^n$ bezeichnet die Menge der n-Tupel positiver reeller Zahlen.

0. Bewertungen. Eine Abbildung $|\;|: k \to \mathbb{R}$ heißt eine *Bewertung von* k, wenn die folgenden Bedingungen erfüllt sind:

1. $|a| \geq 0$ für alle $a \in k$; $|a| = 0$ genau dann wenn $a = 0$,
2. $|ab| = |a|\,|b|$, $a, b \in k$,
3. $|a + b| \leq |a| + |b|$, $a, b \in k$.

k heißt alsdann ein *bewerteter* Körper. Jeder bewertete Körper k ist ein metrischer Raum, durch die Setzung $d(a,b) := |a - b|$ wird eine Metrik auf k gegeben. k heißt *vollständig*, wenn jede Cauchyfolge in dieser Metrik konvergiert. Wir betrachten nur vollständig bewertete Körper.

Die Körper $\mathbb{R}$ und $\mathbb{C}$ der reellen und komplexen Zahlen sind durch ihre bekannten Betragsfunktionen vollständig bewertet. Endliche Körper gestatten nur die triviale Bewertung: $|a| = 1$ für alle $a \neq 0$.

Für Leser, die noch an anderen bewerteten Körpern interessiert sein sollten, seien die sog. p-adischen Bewertungen des Körpers $\mathbb{Q}$ der rationalen Zahlen genannt (p Primzahl), die durch $|n| := p^{-e}$ gegeben werden, wenn $n = p^e m$ mit zu p teilerfremdem m gilt. Alle diese Bewertungen sind *nichtarchimedisch*, d.h. es gilt die verschärfte Dreiecksungleichung

$$|a + b| \leq \max\{|a|, |b|\}.$$

Insbesondere gilt $|n| \leq 1$ für alle $n \in \mathbb{Z}$. Es ist ein bekannter Satz der Bewertungstheorie, daß jede nichtarchimedische Bewertung von $\mathbb{Q}$ zu einer p-adischen Bewertung äquivalent ist. Hat k die Charakteristik 0 (wir schreiben $\operatorname{char} k = 0$), so ist der Primring $\mathbb{Z} \subset k$ ebenfalls bewertet. Wir nehmen stets an, daß diese Bewertung auf $\mathbb{Z}$, falls sie nicht trivial ist, die übliche archimedische Bewertung $|n| = n$ oder die wie oben normierte p-adische Bewertung $|n| = p^{-e}$ ist. Dann gilt also in allen Fällen

$$|n| \leq n \quad \text{und} \quad \left|\frac{1}{n}\right| \leq n, \qquad n \in \mathbb{Z};$$

diese Ungleichungen sind für Differentiation und Integration von Potenzreihen nützlich.

1. Definition der B_t. Der Körper k ist vollständig bewertet. Es sei $t = (t_1, \ldots, t_n) \in \mathbb{R}_+^n$ fest vorgegeben. Für jedes $f = \sum_{\nu \in \mathbb{N}^n} a_\nu X^\nu \in k\{X\}$ definieren wir

$$\|f\|_t := \sum_{\nu \in \mathbb{N}^n} |a_\nu| \, t^\nu, \qquad t^\nu := t_1^{\nu_1} \cdot \ldots \cdot t_n^{\nu_n}.$$

$\|f\|_t = \infty$ ist zulässig. Da die rechts stehende Reihe – wenn überhaupt – absolut konvergiert, folgt aus der Darstellung $f = \sum_{j=0}^{\infty} p_j$ von f als Summe von homogenen Polynomen:

$$\|f\|_t = \sum_{j=0}^{\infty} \|p_j\|_t.$$

Für $f, g \in k\{X\}$, $a \in k$ gilt

1. $\|f\|_t \geq 0$; $\|f\|_t = 0$ genau dann, wenn $f = 0$,
2. $\|af\|_t = |a| \cdot \|f\|_t$,
3. $\|f + g\|_t \leq \|f\|_t + \|g\|_t$.

Wir setzen

$$B_t\langle X_1, \ldots, X_n\rangle := \{f \in k\{X_1, \ldots, X_n\} : \|f\|_t < \infty\}.$$

Abkürzend schreiben wir auch $B_t\langle X\rangle$, B_t oder einfach B für $B_t\langle X_1, \ldots, X_n\rangle$ und entsprechend $\|\ \|$ für $\|\ \|_t$.

B ist ein k-Vektorraum, und $\|\ \|$ ist eine Norm auf B, d.h. für alle $f, g \in B$, $a \in k$ gelten die Regeln 1. bis 3.

Für jedes $f = \sum a_{\nu_1 \ldots \nu_n} X_1^{\nu_1} \cdot \ldots \cdot X_n^{\nu_n} \in B_t$ gilt die *Cauchysche Koeffizientenabschätzung*

$$|a_{\nu_1 \ldots \nu_n}| \leq \frac{\|f\|_t}{t_1^{\nu_1} \cdot \ldots \cdot t_n^{\nu_n}}, \qquad (\nu_1, \ldots, \nu_n) \in \mathbb{N}^n.$$

Wir beweisen nun

Satz 1. *B_t ist eine nullteilerfreie k-Banachalgebra, d.h. B_t ist bezüglich der Norm $\| \ \|_t$ ein vollständig normierter Vektorraum über k, und es gilt für $f, g \in B_t$:*

$$\|f \cdot g\|_t \leq \|f\|_t \cdot \|g\|_t .$$

Beweis. Aus der Cauchyschen Koeffizientenabschätzung folgt unmittelbar, daß für jede Cauchy-Folge $\{f_j\}$ mit $f_j = \sum_{\nu \in \mathbb{N}^n} a_{j\nu} X^\nu \in B$, $j = 1, 2, \ldots$, alle Folgen $\{a_{j\nu}\}_{j=1,2,\ldots}$, $\nu \in \mathbb{N}^n$, Cauchy-Folgen in k sind. Da k vollständig ist, existieren die Grenzwerte

$$a_\nu := \lim_{j \to \infty} a_{j\nu} .$$

Wir zeigen, daß die formale Potenzreihe

$$f := \sum_{\nu \in \mathbb{N}^n} a_\nu X^\nu$$

in B liegt und dort Grenzfunktion der Folge $\{f_j\}$ ist.

Sei $\varepsilon > 0$ vorgegeben. Dann existiert ein $m = m(\varepsilon)$, so daß für alle $j \geq m$ und alle $i \geq 0$ die Ungleichung

$$\sum_{|\nu|=0}^{\infty} |a_{j+i,\nu} - a_{j\nu}| \, t^\nu = \|f_{j+i} - f_j\| < \frac{\varepsilon}{2}$$

besteht. Daher folgt für alle $i, s \geq 0, j \geq m$:

$$\sum_{|\nu|=0}^{s} |a_\nu - a_{j\nu}| \, t^\nu \leq \sum_{|\nu|=0}^{s} |a_\nu - a_{j+i,\nu}| \, t^\nu + \sum_{|\nu|=0}^{s} |a_{j+i,\nu} - a_{j\nu}| \, t^\nu$$

$$< \sum_{|\nu|=0}^{s} |a_\nu - a_{j+i,\nu}| \, t^\nu + \frac{\varepsilon}{2} .$$

Wählt man i hinreichend groß, so gilt für alle $j \geq m$, $s \geq 0$:

$$\sum_{|\nu|=0}^{s} |a_\nu - a_{j+i,\nu}| \, t^\nu \leq \frac{\varepsilon}{2}$$

und mithin

$$\sum_{|\nu|=0}^{s} |a_\nu - a_{j\nu}| \, t^\nu < \varepsilon .$$

Für $s \to \infty$ folgt:

$$\|f - f_j\| = \sum_{|\nu|=0}^{\infty} |a_\nu - a_{j\nu}| \, t^\nu \leq \varepsilon \quad \text{für alle } j \geq m .$$

Speziell gilt

$$\|f\| \leq \|f - f_m\| + \|f_m\| \leq \varepsilon + \|f_m\| < \infty ,$$

d.h. $f \in B$.

Seien schließlich $f=\sum p_j$, $g=\sum q_j$ die Entwicklungen von $f, g \in B$ nach homogenen Polynomen. Dann ist

$$f \cdot g = \sum_{j=0}^{\infty} s_j \quad \text{mit } s_j = \sum_{l+m=j} p_l q_m$$

die Entwicklung von $f \cdot g$ nach homogenen Polynomen. Offenbar gilt $\|s_j\| \leq \sum_{l+m=j} \|p_l\| \cdot \|q_m\|$. Also erhält man

$$\begin{aligned} \|f \cdot g\| &= \sum_{j=0}^{\infty} \|s_j\| \\ &\leq \sum_{j=0}^{\infty} \sum_{l+m=j} \|p_l\| \cdot \|q_m\| \\ &= \left(\sum_{j=0}^{\infty} \|p_j\|\right) \cdot \left(\sum_{j=0}^{\infty} \|q_j\|\right) \\ &= \|f\| \cdot \|g\|, \end{aligned}$$

d.h. speziell $f \cdot g \in B$. Mithin ist B eine k-Algebra. Wegen $B \subset k\{X\}$ ist B nullteilerfrei, w.z.b.w.

B heißt eine *analytische k-Banachalgebra*. Die Polynomalgebra $k[X]$ liegt dicht in $B_t\langle X \rangle$.

Die Norm $\| \ \|_t$ ist keine Bewertung von $B_t\langle X \rangle$, d.h. es gilt nicht stets $\|f \cdot g\|_t = \|f\|_t \cdot \|g\|_t$. Setzt man im Falle $n=1$ z.B. $f := 1+X$, $g := 1-X$, so folgt für jedes $t \in \mathbb{R}_+^1$:

$$\|f \cdot g\|_t = \|1-X^2\|_t = 1+t^2 < (1+t)^2 = \|f\|_t \cdot \|g\|_t.$$

Bemerkung. Es sollte schon an dieser Stelle gesagt werden (wenngleich wir diese Interpretationen in diesem algebraisch akzentuierten Buche nie effektiv verwenden werden), daß die Elemente der k-Algebra B_t sich in natürlicher Weise als stetige Funktionen im Polyzylinder $Z_t := \{(x_1, \ldots, x_n) \in k^n : |x_1| < t_1, \ldots, |x_n| < t_n\}$ deuten lassen. Ist nämlich $f = \sum a_{\nu_1 \ldots \nu_n} X_1^{\nu_1} \ldots X_n^{\nu_n} \in B_t$, so konvergiert die Reihe

$$F(c) = F(c_1, \ldots, c_n) := \sum_{0}^{\infty} a_{\nu_1 \ldots \nu_n} c_1^{\nu_1} \ldots c_n^{\nu_n}$$

für jeden Punkt $c = (c_1, \ldots, c_n) \in Z_t$ absolut (und also unabhängig von der Anordnung) gegen einen Wert $F(c) \in k$. Mithin gibt f Anlaß zu einer k-wertigen Funktion $F: Z_t \to k$ mit $F(0) = f(0)$ und $|F(c)| \leq \|f\|_t$ für alle $c \in Z_t$. Da obige Reihe in jedem Polyzylinder $Z_{t'}$ mit $t' < t$ gleichmäßig konvergiert, so ist F stetig. Die Abbildung $f \mapsto F$ ist ersichtlich ein k-Algebrahomomorphismus von B_t in die k-Algebra der im Polyzylinder Z_t stetigen k-wertigen Funktionen. Der Identitätssatz für Potenzreihen besagt, daß dieser Homomorphismus injektiv ist. Konvergente Folgen in der Banachtopologie von B_t geben Anlaß zu in Z_t gleichmäßig konvergenten Folgen stetiger Funktionen. Es läßt sich sogar zeigen, daß die zu f gehörende Funktion F analytisch im Polyzylinder Z_t ist, d.h. um jeden Punkt von Z_t in eine konvergente Potenzreihe entwickelbar ist. Wegen detaillierter Einzelheiten verweisen wir auf unser Buch „Kohärente analytische Garben" in dieser Sammlung. Es sei hier jedoch hervorgehoben, daß nicht jede im Polyzylinder Z_t analytische Funktion von einem Element aus B_t herrührt. So gilt z.B. für $n=1$ und $t=1$:

$$(1-X_1)^{-1}=\sum_0^\infty X_1^\nu \notin B_1,$$

indessen ist die Funktion $F(x_1)=(1-x_1)^{-1}$ analytisch im Einheitskreis.

Andererseits gibt es (für $k=\mathbb{C}$) im Einheitskreis der Gaußschen x_1-Ebene holomorphe (= analytische) Funktionen, die im Punkte 1 eine Singularität besitzen und dennoch zu B_t, $t=1$, gehören, z.B. ist

$$f:=\sum_{\nu=1}^{\infty}\frac{X_1^{\nu+1}}{\nu(\nu+1)}\in B_1$$

eine solche Funktion. Natürlich gilt $f\notin B_t$ für alle $t>1$.

Für $s=(s_1,\ldots,s_n)$, $t=(t_1,\ldots,t_n)\in\mathbb{R}_+^n$ schreiben wir

$$s>t \quad \text{bzw.} \quad s\geq t,$$

wenn für alle $\nu=1,\ldots,n$ gilt:

$$s_\nu>t_\nu \quad \text{bzw.} \quad s_\nu\geq t_\nu.$$

Es gilt $B_s\subset B_t$, wenn $s\geq t$. Die Inklusion $i\colon B_s\hookrightarrow B_t$ ist eine Kontraktion (d.h. es gilt $\|f\|_t\leq\|f\|_s$ für alle $f\in B_s$) und also stetig. Die auf B_s von B_t induzierte Relativtopologie ist i.a. *echt gröber* als die Banachtopologie von B_s. Um dies einzusehen, genügt es, eine Folge $\{f_j\}$ in B_s anzugeben, die zwar in B_t, $t<s$, nicht aber in B_s gegen 0 konvergiert. Wir setzen $k:=\mathbb{C}$, $n:=1$ und $f_j:=X_1^j$ für $j\geq 1$. Es gilt $\|f_j\|_1=1$, d.h. $f_j\in B_1$ für alle j, indessen ist f_j keine Nullfolge in B_1. Für festes t, $0<t<1$, gilt aber $\|f_j\|_t=t^j\to 0$; die Folge $\{f_j\}$ konvergiert also in all diesen B_t gegen 0.

Die folgende Aussage gibt ein hinreichendes Kriterium dafür, daß eine formale Potenzreihe zu B_t gehört.

Satz 2 (Abelsches Lemma). *Es seien* $f=\sum_{\nu\in\mathbb{N}^n} a_\nu X^\nu \in k\{X\}$ *und* $s=(s_1,\ldots,s_n)\in\mathbb{R}_+^n$ *so beschaffen, daß für alle* $\nu\in\mathbb{N}^n$ *eine Abschätzung*

$$|a_\nu|\,s^\nu \leq L$$

mit einer reellen Konstanten L gilt. Dann liegt f in B_t *für jedes* $t<s$, $t=(t_1,\ldots,t_n)$. *Genauer hat man die Abschätzung*

$$\|f\|_t \leq L\cdot \prod_{j=1}^{n} \frac{1}{\left(1-\frac{t_j}{s_j}\right)}.$$

Der Beweis ist trivial. – Beachte, daß i.a. nicht $f\in B_s$ gilt (z.B. für $f:=(1-X_1)^{-1}$ und $s=1$).

2. Partielle Ableitungen. In diesem Abschnitt untersuchen wir die partiellen Ableitungen von Elementen aus B_t.

Satz 3. *Es gilt* $\frac{\partial}{\partial X_j}(B_s)\subset B_t$ *für jedes* $t<s$, $j=1,\ldots,n$. *Die Abbildungen*

$$\frac{\partial}{\partial X_j}: B_s \to B_t$$

sind k-linear und beschränkt (also stetig).

Beweis. Sei ohne Einschränkung $j=1$. Es genügt zu zeigen, daß es zu $s,t\in\mathbb{R}_+^n$ mit $t<s$ eine positive reelle Konstante L gibt, so daß für alle $f=\sum a_{\nu_1\ldots\nu_n} X_1^{\nu_1}\cdot\ldots\cdot X_n^{\nu_n}\in B_s$ gilt:

$$\left\|\frac{\partial}{\partial X_1} f\right\|_t \leq L\|f\|_s.$$

Sei $s=(s_1,\ldots,s_n)$, $t=(t_1,\ldots,t_n)$ und $q_j:=\frac{t_j}{s_j}$, $j=1,\ldots,n$. Wegen $0<q_1<1$ ist die Folge $\nu_1 q_1^{\nu_1}$, $\nu_1\in\mathbb{N}$, beschränkt. Es existiert also eine Schranke $L>0$, so daß für alle $\nu_1\geq 0$ gilt:

$$\nu_1 q_1^{\nu_1} t_1^{-1} \leq L.$$

Hieraus folgt, da $|\nu|\leq\nu$ für jede Bewertung gilt:

$$\begin{aligned}\left\|\frac{\partial}{\partial X_1} f\right\|_t &\leq \sum |\nu_1|\,|a_{\nu_1\ldots\nu_n}|\,t_1^{\nu_1-1} t_2^{\nu_2}\ldots t_n^{\nu_n}\\ &\leq \sum \nu_1 q_1^{\nu_1} t_1^{-1} q_2^{\nu_2}\ldots q_n^{\nu_n} |a_{\nu_1\ldots\nu_n}|\,s_1^{\nu_1}\ldots s_n^{\nu_n}\\ &\leq L\|f\|_s,\end{aligned}$$

w.z.b.w.

Beachte, daß $\frac{\partial}{\partial X_j} B_s \not\subset B_s$, z.B. gilt (für $k=\mathbb{R}$): $f := \sum_0^\infty \frac{X_1^\nu}{\nu^2} \in B_1$, aber $\frac{\partial f}{\partial X_1} \notin B_1$.

Hat k die Charakteristik 0, so wird für jedes $j=1,\dots,n$ durch Integration

$$f = \sum_0^\infty a_{\nu_1\dots\nu_n} X_1^{\nu_1}\dots X_n^{\nu_n} \mapsto \int_j f := \sum_0^\infty \frac{1}{\nu_j+1} a_{\nu_1\dots\nu_n} X_1^{\nu_1}\dots X_j^{\nu_j+1}\dots X_n^{\nu_n}$$

eine k-lineare Abbildung $\int_j$ von $k\{X_1,\dots,X_n\}$ in sich definiert. Analog zu Satz 3 gilt jetzt:

Satz 3'. *Es gilt* $\int_j B_s \subset B_t$ *für jedes* $t<s, j=1,\dots,n$. *Die Abbildungen*

$$\int_j : B_s \to B_t$$

sind beschränkt.

Beweis. Sei wieder $j=1$; seien $s,t\in\mathbb{R}_+^n$ mit $t<s$ vorgegeben. Dann gilt:

$$\left\|\int_j f\right\|_t \leq \sum_0^\infty \left|\frac{1}{\nu_1+1}\right| |a_{\nu_1\dots\nu_n}| t_1^{\nu_1+1}\dots t_n^{\nu_n}.$$

Da $\left|\frac{1}{\nu}\right| \leq \nu$ für alle $\nu\in\mathbb{Z}$, so folgt wie im Beweis von Satz 3, wenn L derart gewählt wird, daß $(\nu_1+1)q_1^{\nu_1} t_1 \leq L$ für alle $\nu_1 \geq 0$ gilt:

$$\left\|\int_j f\right\|_t \leq \sum_0^\infty (\nu_1+1) t_1 q_1^{\nu_1}\dots q_n^{\nu_n} |a_{\nu_1\dots\nu_n}| s_1^{\nu_1}\dots s_n^{\nu_n} \leq L\|f\|_s, \qquad \text{w.z.b.w.}$$

Beachte, daß im Falle $k=\mathbb{R}$, $\mathbb{C}$ stets $\int_j B_s \subset B_s$ gilt, da dann $\left|\frac{1}{n}\right| \leq 1$. Für nicht-archimedisch bewertete Körper gilt dies nicht mehr.

3. Topologische Eigenschaften der B_t. In diesem Abschnitt setzen wir über k zusätzlich voraus, daß jede in k beschränkte Folge eine in k konvergente Teilfolge besitzt. Dies ist z.B. der Fall, wenn k nichttrivial bewertet und lokal-kompakt ist (z.B. $k=\mathbb{R}$ oder $k=\mathbb{C}$). Wir beweisen:

Satz 4. (Montel). *Jede beschränkte Menge in* B_s *liegt relativ kompakt in* B_t, $t<s$.

Beweis. Wir zeigen zunächst, daß es genügt, folgendes zu beweisen: (*) *Jede in* B_s *beschränkte Folge enthält eine Teilfolge, die in* B_t *konvergiert.*

Hieraus ergibt sich die Behauptung wie folgt: Sei $M \subset B_s$ beschränkt, sei $\overline{M}$ die abgeschlossene Hülle von M in B_t. Da ein metrischer Raum genau dann kompakt ist, wenn er folgenkompakt ist (d.h. wenn jede Folge eine konvergente Teilfolge enthält), so genügt es zu zeigen, daß $\overline{M}$ folgenkompakt in B_t ist. Sei also $\{\overline{x}_j\}_{j\in\mathbb{N}} \subset \overline{M}$ eine Folge. Zu jedem j wählen wir ein $x_j \in M$ mit $\|\overline{x}_j - x_j\|_t \leq \frac{1}{j}$. Da (*) als gültig unterstellt wird, gibt es eine Teilfolge der $\{x_j\}$, die wir wieder mit $\{x_j\}$ bezeichnen, die in B_t gegen ein Element x konvergiert. Wegen

$$\|x - \overline{x}_j\|_t \leq \|x - x_j\|_t + \frac{1}{j}$$

konvergiert dann auch die entsprechende Teilfolge $\{\overline{x}_j\}$ in B_t gegen x.

Wir verifizieren nun (*). Sei also $\left\{f_j = \sum_\nu a_{j\nu} X^\nu\right\}_{j\in\mathbb{N}} \subset B_s$ eine beschränkte Folge, etwa $\|f_j\|_s \leq L$. Dann sind in k alle Folgen $\{a_{j\nu}\}_{j\in\mathbb{N}}$, $\nu \in \mathbb{N}^n$, beschränkt (Cauchysche Koeffizientenabschätzung) und besitzen also konvergente Teilfolgen, aus denen man nach dem Diagonalverfahren eine Teilfolge der f_j konstruieren kann, die koeffizientenweise gegen eine formale Potenzreihe $f = \sum_{\nu\in\mathbb{N}^n} a_\nu X^\nu$ konvergiert. Wir bezeichnen die Teilfolge wieder mit $\{f_j\}$. Der Rest folgt aus dem nächsten Satz, bei dem k nicht lokal-kompakt zu sein braucht.

Satz 5. *Sei $\{f_j\}_{j\in\mathbb{N}}$ eine beschränkte Folge in B_s, die koeffizientenweise gegen $f \in k\{X_1, \ldots, X_n\}$ konvergiert. Dann konvergiert die Folge $\{f_j\}_{j\in\mathbb{N}}$ in jedem B_t, $t < s$, gegen f in der Banachtopologie von B_t.*

Beweis. Wir zeigen, daß die Folge $\{f_j\}_{j\in\mathbb{N}}$ eine Cauchy-Folge in B_t ist. Sei nämlich $s = (s_1, \ldots, s_n)$, $t = (t_1, \ldots, t_n)$ und $q_\lambda := \frac{t_\lambda}{s_\lambda} < 1$, $\lambda = 1, \ldots, n$. Es gilt dann für alle $p, q \in \mathbb{N}$ und alle $\nu \in \mathbb{N}^n$:

$$|a_{p\nu} - a_{q\nu}| s^\nu \leq |a_{p\nu}| s^\nu + |a_{q\nu}| s^\nu \leq \|f_p\|_s + \|f_q\|_s \leq 2L.$$

Sei $\varepsilon > 0$ beliebig. Dann existiert ein i, so daß die Ungleichung

$$\sum_{|\nu| \geq i} q_1^{\nu_1} \cdots q_n^{\nu_n} < \frac{\varepsilon}{4L}$$

erfüllt ist. Zu i gibt es weiterhin ein m, so daß für alle $p, q \geq m$ gilt:

$$\sum_{|\nu| < i} |a_{p\nu} - a_{q\nu}| t^\nu < \frac{\varepsilon}{2}.$$

Damit folgt für diese p, q:

$$\|f_p - f_q\|_t = \sum_{\nu \in \mathbb{N}^n} |a_{p\nu} - a_{q\nu}| t^\nu < \frac{\varepsilon}{2} + 2L\frac{\varepsilon}{4L} = \varepsilon.$$

Da B_t vollständig ist, konvergiert die Cauchy-Folge $\{f_j\}$ in B_t. Ihr Grenzwert kann nur f sein, da die Konvergenz in B_t die koeffizientenweise Konvergenz im Ring $k\{X_1, \ldots, X_n\}$ (welcher hausdorffsch ist) nach sich zieht. – Satz 5 und damit auch Satz 4 sind bewiesen.

Wir nennen eine Abbildung $\varphi: X \to Y$ eines topologischen Raumes X in einen topologischen Raum Y *vollstetig*, wenn folgendes gilt: Ist V offen in Y, so gibt es zu jedem Punkt $x \in \varphi^{-1}(V)$ eine Umgebung $W = W(x) \subset \varphi^{-1}(V)$ derart, daß $\varphi(W)$ relativ kompakt in V liegt.

Jede vollstetige Abbildung ist stetig. Sind $\varphi: X \to Y$ und $\psi: Y \to Z$ vollstetig, so auch $\psi \circ \varphi$.

Satz 6. *Sei $t < s$. Dann ist die Inklusion $i: B_s \hookrightarrow B_t$ vollstetig.*

Beweis. i ist als Kontraktion stetig. Ist daher $V \subset B_t$ offen, so ist $i^{-1}(V) = V \cap B_s$ offen in B_s. Um jedes $f \in V \cap B_s$ gibt es also in B_s eine ε-Kugel $W := \{g \in B_s : \|g - f\|_s < \varepsilon\} \subset i^{-1}(V)$. Wird ε klein genug gewählt, so gilt auch $U^* := \{h \in B_t : \|h - f\|_t \leq \varepsilon\} \subset V$. Nach Satz 4 ist die abgeschlossene Hülle $\overline{i(W)}$ von $i(W)$ in B_t kompakt in B_t. Da i eine Kontraktion ist, gilt $i(W) \subset U^*$ und also auch $\overline{i(W)} \subset U^* \subset V$, da U^* abgeschlossen in B_t ist. Es folgt, daß $i(W)$ relativ kompakt in V liegt, w.z.b.w.

§ 2. Weierstraßsche Formel und Weierstraßscher Vorbereitungssatz für B_t

1. Weierstraßsche Formel. Es sei $t = (t_1, \ldots, t_n) \in \mathbb{R}^n_+$, $n \geq 1$, in diesem und dem folgenden Abschnitt fest gewählt. Wir schreiben abkürzend B, B' und $\| \ \|$ anstelle von $B_t\langle X_1, \ldots, X_n\rangle$, $B_{t'}\langle X_1, \ldots, X_{n-1}\rangle$ bzw. $\| \ \|_t$, wobei $t' := (t_1, \ldots, t_{n-1}) \in \mathbb{R}^{n-1}_+$ ist. B' ist eine abgeschlossene k-Unteralgebra von B. Jedes $f \in B$ läßt sich eindeutig darstellen in der Form

$$f = \sum_{\nu=0}^{\infty} f_\nu X_n^\nu, \quad f_\nu \in B'.$$

Dabei gilt

$$\|f\| = \sum_{\nu=0}^{\infty} \|f_\nu\| t_n^\nu.$$

Speziell ist der Polynomring $B'[X_n]$ in B enthalten. Falls $f \in B'[X_n]$, so bezeichnen wir mit $\operatorname{grad} f$ den *Grad von* f, aufgefaßt als Polynom in X_n. Ist $f \in B$, $f \notin B'[X_n]$, so sei $\operatorname{grad} f = \infty$.

Grundlegend für unseren Aufbau der lokalen analytischen Geometrie ist eine Verallgemeinerung des Satzes über die *Division mit Rest* in Polynomringen $R[Y]$. Dort gilt bekanntlich:

Ist $g=g_0+g_1Y+\cdots+g_bY^b\in R[Y]$ *ein Polynom, dessen höchster Koeffizient* g_b *eine Einheit in* R *ist, so gibt es zu jedem* $h\in R[Y]$ *eindeutig bestimmte Polynome* $q,r\in R[Y]$, *so daß gilt:*

$$h=qg+r, \qquad \operatorname{grad} r<b.$$

Diese Division gilt speziell in $B'[X_n]$. Eine entsprechende Aussage ist nun auch für die Banachalgebra B richtig, wenn man für g „geeignete" Potenzreihen wählt.

Satz 1 (Weierstraßsche Formel). *Es sei* $g=\sum_{\nu=0}^{\infty} g_\nu X_n^\nu\in B$. *Der Koeffizient* g_b, $b>0$, *sei eine Einheit in* B *derart, daß*

$$\|X_n^b-g\cdot g_b^{-1}\|\leq\varepsilon t_n^b$$

mit $0<\varepsilon<1$. *Dann existieren zu jedem* $f=\sum_{\nu=0}^{\infty} f_\nu X_n^\nu\in B$ *eindeutig bestimmte Elemente* $q\in B$, $r\in B'[X_n]$ *mit* $\operatorname{grad} r<b$, *so daß gilt:*

$$f=q\cdot g+r.$$

Es bestehen die Abschätzungen

$$\left\|X_n^b g_b q-\sum_{\nu=b}^{\infty} f_\nu X_n^\nu\right\|\leq\frac{\varepsilon}{1-\varepsilon}\|f\|,$$

$$\left\|r-\sum_{\nu=0}^{b-1} f_\nu X_n^\nu\right\|\leq\frac{\varepsilon}{1-\varepsilon}\|f\|.$$

Ist zusätzlich $g,f\in B'[X_n]$ *und* $\operatorname{grad} g=b$, *so gilt auch* $q\in B'[X_n]$ *mit* $\operatorname{grad} q=\operatorname{grad} f-b$ *(für* $\operatorname{grad} f<b$ *gilt* $q=0$*).*

Beweis. Für jedes $h=\sum_{\nu=0}^{\infty} h_\nu X_n^\nu\in B$ werde gesetzt:

$$\hat{h}:=\sum_{\nu=0}^{b-1} h_\nu X_n^\nu\in B'[X_n], \qquad \tilde{h}:=\sum_{\nu=b}^{\infty} h_\nu X_n^{\nu-b}\in B.$$

Dann gilt $h=\hat{h}+X_n^b\tilde{h}$, $\|\hat{h}\|\leq\|h\|$, $\|\tilde{h}\|\leq t_n^{-b}\|h\|$, $\operatorname{grad}\hat{h}<b$. Um die Existenz von q und r zu beweisen, betrachten wir die induktiv erklärte Folge

$$v_0:=f,\ldots,v_{j+1}:=(X_n^b-g\,g_b^{-1})\tilde{v}_j,\ldots\,.$$

Ersichtlich gilt $\|v_j\| \le \varepsilon^j \|f\|$. Wegen $\varepsilon < 1$ liegt $\sum_{j=0}^{\infty} v_j$ in B. Wir setzen

$$q := g_b^{-1} \sum_{j=0}^{\infty} \tilde{v}_j \quad \text{und} \quad r := \sum_{j=0}^{\infty} \hat{v}_j .$$

Dann folgt $q \in B$, $r \in B'[X_n]$ mit $\operatorname{grad} r < b$ und – wie man durch Einsetzen sieht – auch

$$f = \sum_{j=0}^{\infty} (v_j - v_{j+1}) = \sum_{j=0}^{\infty} (g g_b^{-1} \tilde{v}_j + \hat{v}_j) = qg + r .$$

Weiter folgen die Abschätzungen

$$\|g_b q - \tilde{f}\| \le \sum_{j=1}^{\infty} \|\tilde{v}_j\| \le \frac{\varepsilon}{1-\varepsilon} t_n^{-b} \|f\| ,$$

$$\|r - \hat{f}\| \le \sum_{j=1}^{\infty} \|\hat{v}_j\| \le \frac{\varepsilon}{1-\varepsilon} \|f\| .$$

Um die Eindeutigkeit von q und r zu beweisen, genügt es zu zeigen, daß aus $qg + r = 0$ mit $q \in B$, $r \in B'[X_n]$ und $\operatorname{grad} r < b$ folgt: $q = r = 0$. Nach Voraussetzung können wir schreiben:

$$g = g_b(X_n^b + h), \qquad \|h\| \le \varepsilon t_n^b .$$

Dann ist $q g_b X_n^b + r = -q g_b h$, und wegen $\operatorname{grad} r < b$ erhalten wir

$$M := \|q g_b\| t_n^b = \|q g_b X_n^b\| \le \|q g_b X_n^b + r\| = \|q g_b h\| \le M t_n^{-b} \cdot (\varepsilon t_n^b) = \varepsilon M .$$

Mit $0 < \varepsilon < 1$ folgt $M = 0$. Das besagt $q = r = 0$.

Gelte nun zusätzlich $g, f \in B'[X_n]$ und $\operatorname{grad} g = b$, und sei $m := \operatorname{grad} f$. Dann gilt $\operatorname{grad} v_j \le m$ und $\operatorname{grad} \tilde{v}_j \le m - b$ für alle $j \ge 0$ nach Definition von v_j. Dies impliziert $\operatorname{grad} q \le m - b$. (Dieser Zusatz ist nichts anderes als die Division mit Rest in dem Polynomring $B'[X_n]$.) – Satz 1 ist bewiesen.

Bemerkung. Die Beweismethode von Satz 1 funktioniert für jede Banachalgebra von Potenzreihen, die mit h stets auch $\hat{h}$ und $\tilde{h}$ enthält. Der Beweis kann gestrafft werden, wenn man die durch

$$\varphi(h) := \tilde{h} g_b^{-1} g + \hat{h}, \qquad h = \hat{h} + X_n^b \tilde{h} \in B,$$

gegebene lineare Abbildung $\varphi : B \to B$ einführt. φ ist beschränkt mit

$$\|\varphi\| \le t_n^{-b} \|g_b^{-1} g\| + 1 ,$$

wobei

$$\|\varphi\| := \sup \{ \|\varphi(h)\| : \|h\| = 1 \} .$$

Die Menge der k-linearen Abbildungen $\varphi: B \to B$ bildet bez. $\| \ \|$ als Norm eine (nicht-kommutative) k-Banachalgebra.

Da $h - \varphi(h) = (X_n^b - g_b^{-1} g)\tilde{h}$, so folgt

$$\|h - \varphi(h)\| \leq \|X_n^b - g_b^{-1} g\| \cdot \|\tilde{h}\| \leq (\varepsilon t_n^b)(t_n^{-b} \|h\|) \leq \varepsilon \|h\|,$$

d.h. $\|id - \varphi\| \leq \varepsilon < 1$. Mithin ist φ ein Isomorphismus und die Umkehrabbildung φ^{-1} wird durch die „Neumannsche Reihe"

$$\sum_{\nu=0}^{\infty} (id - \varphi)^\nu$$

gegeben (vgl. Hilfssatz 3 im Abschnitt 2). Man gewinnt die Abschätzung

$$\|\varphi^{-1} - id\| \leq \sum_{\nu=1}^{\infty} \|id - \varphi\|^\nu \leq \frac{\varepsilon}{1-\varepsilon}.$$

In diesen Bemerkungen ist Satz 1 enthalten: für $f \in B$ setze man $h := \varphi^{-1}(f)$, $q := g_b^{-1} \tilde{h}$, $r := \hat{h}$. Dann folgt $f = \varphi(h) = qg + r$, und die Eindeutigkeit von q und r ist klar, da aus jeder Gleichung $f = qg + r$ der gesuchten Art folgt, daß $r + X_n^b g_b q$ ein φ-Urbild von f ist. Die Abschätzungen ergeben sich aus der Ungleichung

$$\|h - f\| \leq \frac{\varepsilon}{1-\varepsilon} \|f\|,$$

denn

$$X_n^b g_b q - \sum_{\nu=b}^{\infty} f_\nu X_n^\nu = X_n^b(\tilde{h} - \tilde{f}), \qquad r - \sum_{\nu=0}^{b-1} f_\nu X_n^\nu = \hat{h} - \hat{f}.$$

Aus den Abschätzungen in Satz 1 folgen noch die weiteren Abschätzungen

$$\|q\| \leq \frac{t_n^{-b}}{1-\varepsilon} \|g_b^{-1}\| \cdot \|f\|, \qquad \|r\| \leq \frac{1}{1-\varepsilon} \|f\|.$$

Diese sind äquivalent zu $\|h\| \leq (1-\varepsilon)^{-1} \|f\|$, was aus

$$\|\varphi^{-1}\| \leq \sum_{\nu=0}^{\infty} \|id - \varphi\|^\nu \leq \frac{1}{1-\varepsilon}$$

folgt.

2. Weierstraßscher Vorbereitungssatz. Dieser Satz ist eine direkte Folgerung aus Satz 1.

Satz 2 (Weierstraßscher Vorbereitungssatz). *Es sei* $g = \sum_{\nu=0}^{\infty} g_\nu X_n^\nu \in B$. *Der Koeffizient* g_b, $b \geq 0$, *sei eine Einheit in* B *derart, daß*

$$\|X_n^b - g \cdot g_b^{-1}\| \leq \varepsilon t_n^b$$

mit $0<\varepsilon<\frac{1}{2}$. *Dann gibt es genau ein normiertes Polynom b-ten Grades* $\omega\in B'[X_n]$, *so daß gilt:*

$$g=e\cdot\omega$$

mit einer Einheit $e\in B$. *Es bestehen die Abschätzungen*

$$\|X_n^b-\omega\|\le 2\varepsilon t_n^b, \qquad \|g_b^{-1}e-1\|\le\frac{\varepsilon}{1-2\varepsilon}.$$

Falls $\operatorname{grad} g=m$, *so gilt* $\operatorname{grad} e=m-b$.

Beweis. Wir wenden Satz 1 an auf $f=X_n^b$ und gewinnen Potenzreihen $q\in B$, $r\in B'[X_n]$ mit $\operatorname{grad} r<b$, so daß gilt:

$$X_n^b=qg+r, \qquad \|g_b q-1\|\le\frac{\varepsilon}{1-\varepsilon}, \qquad \|r\|\le\frac{\varepsilon}{1-\varepsilon}t_n^b.$$

Wegen $\frac{\varepsilon}{1-\varepsilon}<2\varepsilon<1$ ist $g_b q$ nach dem unten bewiesenen Hilfssatz 3 eine Einheit in B. Mit $e:=q^{-1}$, $\omega:=X_n^b-r$ gilt dann $g=e\omega$, wobei $e\in B$ eine Einheit und $\omega\in B'[X_n]$ normiert und vom Grade b ist. Die Abschätzung von $X_n^b-\omega$ ist trivial; die Abschätzung für $g_b^{-1}e-1$ $=(1-g_b q)(g_b q)^{-1}$ folgt sofort aus dem zitierten Hilfssatz.

Die Eindeutigkeit der Darstellung $g=e\omega$ ergibt sich aus der in Satz 1 bewiesenen Eindeutigkeit der Zerlegung $X_n^b=qg+r$. Mit $\operatorname{grad} g=m$ gilt auch $\operatorname{grad} e=m-b$ nach Satz 1 (mit $f=g$, $g=\omega$ und $r=0$). Damit ist Satz 2 bewiesen.

Wir tragen den benutzten Hilfssatz nach.

Hilfssatz 3. *Es sei C eine beliebige Banachalgebra über k mit der Norm* $\|\ \|$. *Dann ist jedes* $f\in C$ *mit* $\|1-f\|<1$ *eine Einheit in C, und es gilt*

$$\|f^{-1}\|\le(1-\|1-f\|)^{-1}.$$

Beweis. Die erste Behauptung folgt aus der Gleichung

$$\sum_{j=0}^{\infty}(1-f)^j=(1-(1-f))^{-1}=f^{-1},$$

die zweite Behauptung ist dann trivial.

Bemerkung. Es gilt auch die folgende Eindeutigkeitsaussage, welche b charakterisiert:

Ist $e_i\in B$ *eine Einheit, ist* $\omega_i\in B'[X_n]$ *normiert vom Grade* $b_i\ge 0$ *und gilt* $\|X_n^{b_i}-\omega_i\|<t_n^{b_i}$, $i=1,2$, *so folgt aus* $e_1\omega_1=e_2\omega_2$ *bereits* $e_1=e_2$, $\omega_1=\omega_2$.

Beweis. Ist etwa $b_2 \le b_1$, so schreiben wir $\omega_2 = q\omega_1$, $q := e_1 e_2^{-1}$. Nach Satz 1 (mit $f = \omega_2$, $g = \omega_1$, $r = 0$) gilt $\operatorname{grad} q = b_2 - b_1$. Dies impliziert $b_2 - b_1 \ge 0$ und also $q \in B'$. Da ω_1, ω_2 normiert sind, folgt hieraus $q = 1$, w.z.b.w.

§ 3. Konvergente Potenzreihen

1. Definition konvergenter Potenzreihen. Eine formale Potenzreihe

$$f = \sum_0^\infty a_{\nu_1 \dots \nu_n} X_1^{\nu_1} \dots X_n^{\nu_n} \in k\{X_1, \dots, X_n\}$$

heißt *konvergent*, wenn es ein $t \in \mathbb{R}_+^n$ gibt mit $f \in B_t$. Ist f konvergent, so gilt

$$\lim_{t \to 0} \| f \|_t = |f(0)| = |a_{0 \dots 0}| .$$

Die Gesamtheit aller konvergenten Potenzreihen ist eine k-Unteralgebra von $k\{X_1, \dots, X_n\}$, die wir mit

$$K_n = k\langle X_1, \dots, X_n \rangle = k\langle X \rangle$$

bezeichnen. Im Fall $n = 0$ setzen wir $K_0 := k$. Es gilt:

$$k\langle X_1, \dots, X_n \rangle = \bigcup_{t \in \mathbb{R}_+^n} B_t\langle X_1, \dots, X_n \rangle .$$

Die Gleichung $k\langle X_1, \dots, X_n \rangle = k\{X_1, \dots, X_n\}$, $n > 0$, besteht genau dann, wenn die Bewertung von k trivial ist.

Bemerkung. Jedes Element $f \in K_n$ läßt sich in einem geeignet gewählten Polyzylinder $Z = \{(x_1, \dots, x_n) \in k^n : |x_\nu| < t_\nu, \nu = 1, \dots, n\}$ als holomorphe Funktion auffassen (vgl. die Bemerkung in § 1.1).

Satz 1. *Ein Element $f \in K_n$, $n \ge 0$, ist genau dann eine Einheit in K_n, wenn $o(f) = 0$, d.h. $f(0) \neq 0$ ist.*

Beweis. Die Bedingung ist notwendig, denn aus $fg = 1$ mit $g \in K_n$ folgt $f(0)g(0) = 1$, d.h. $f(0) \neq 0$. Ist umgekehrt $a := f(0) \neq 0$, so gilt $\lim_{t \to 0} \| 1 - a^{-1} f \|_t = 0$. Aufgrund von Hilfssatz 2.3 ist $a^{-1} f$ dann eine Einheit in B_t, wenn $t > 0$ hinreichend klein gewählt wird, w.z.b.w.

Unmittelbar aus Satz 1 folgt jetzt (vgl. Anhang, § 1):
K_n ist eine k-Stellenalgebra mit dem maximalen Ideal

$$\mathfrak{m}(K_n) := \{ f \in K_n : f(0) = 0 \} = K_n X_1 + \dots + K_n X_n .$$

Für jede natürliche Zahl $e \geq 1$ gilt

$$\mathfrak{m}(K_n)^e = \{f \in K_n : o(f) \geq e\}.$$

Dies impliziert in trivialer Weise

$$\bigcap_{e=1}^{\infty} \mathfrak{m}(K_n)^e = 0.$$

(In Satz 5.3 wird gezeigt, daß K_n sogar eine *noethersche k-Stellenalgebra* ist.) Der Restklassenepimorphismus $\omega : K_n \to k$ wird durch $\omega(f) = f(0)$ gegeben.

2. Analytische Homomorphismen. Für einen Substitutionshomomorphismus

$$\varphi : k\{X_1, \ldots, X_m\} \to k\{Y_1, \ldots, Y_n\}$$

gilt

$$\varphi(k\langle X_1, \ldots, X_m\rangle) \subset k\langle Y_1, \ldots, Y_n\rangle$$

höchstens dann, wenn

$$\varphi(X_\mu) \in k\langle Y_1, \ldots, Y_n\rangle, \qquad \mu = 1, \ldots, m.$$

Die Umkehrung gilt ebenfalls:

Satz 2. *Es sei* $\varphi : k\{X_1, \ldots, X_m\} \to k\{Y_1, \ldots, Y_n\}$ *ein Substitutionshomomorphismus mit* $\varphi(X_\mu) \in k\langle Y_1, \ldots, Y_n\rangle$, $\mu = 1, \ldots, m$. *Es sei* $t = (t_1, \ldots, t_m) > 0$ *und* $f \in B_t\langle X_1, \ldots, X_m\rangle$. *Dann gilt*

$$\|\varphi(f)\|_s \leq \|f\|_t$$

für jedes $s \in \mathbb{R}_+^n$ *mit* $\|\varphi(X_\mu)\|_s \leq t_\mu$; $\mu = 1, \ldots, m$, *(wegen* $\lim_{s \to 0} \|\varphi(X_\mu)\|_s = 0$ *gibt es solche* s*).*

Speziell gilt $\varphi(B_t\langle X_1, \ldots, X_m\rangle) \subset B_s\langle Y_1, \ldots, Y_n\rangle$ *für diese* s *und damit auch*

$$\varphi(k\langle X_1, \ldots, X_m\rangle) \subset k\langle Y_1, \ldots, Y_n\rangle.$$

Beweis. Es sei $f = \sum a_{\nu_1 \ldots \nu_m} X_1^{\nu_1} \ldots X_m^{\nu_m}$ und $f = \sum_{j=0}^{\infty} p_j$ die Entwicklung von f in homogene Polynome. Dann gilt nach Definition des Substitutionshomomorphismus $\varphi(f) = \sum_{j=0}^{\infty} \varphi(p_j)$. Daraus folgt mit der Voraussetzung über s:

$$\|\varphi(f)\|_s = \left\| \sum_{j=0}^{\infty} \varphi(p_j) \right\|_s \le \sum_{j=0}^{\infty} \|\varphi(p_j)\|_s$$

$$= \sum_{j=0}^{\infty} \left\| \sum_{\nu_1+\cdots+\nu_m=j} a_{\nu_1\ldots\nu_m} \varphi(X_1)^{\nu_1} \ldots \varphi(X_m)^{\nu_m} \right\|_s$$

$$\le \sum_0^{\infty} |a_{\nu_1\ldots\nu_m}| \cdot \|\varphi(X_1)\|_s^{\nu_1} \ldots \|\varphi(X_m)\|_s^{\nu_m}$$

$$\le \sum_0^{\infty} |a_{\nu_1\ldots\nu_m}| \, t_1^{\nu_1} \ldots t_m^{\nu_m} = \|f\|_t,$$

w.z.b.w.

Homomorphismen $\varphi: k\langle X_1, \ldots, X_m\rangle \to k\langle Y_1, \ldots, Y_n\rangle$, die gemäß Satz 2 von einem Substitutionshomomorphismus

$$k\{X_1, \ldots, X_m\} \to k\{Y_1, \ldots, Y_n\}$$

herrühren, nennen wir *analytische Homomorphismen.*

Satz 3. *Jeder k-Algebrahomomorphismus*

$$\psi: k\langle X_1, \ldots, X_m\rangle \to k\langle Y_1, \ldots, Y_n\rangle$$

ist lokal und analytisch.

Beweis. Als k-Algebrahomomorphismus zwischen k-Stellenalgebren ist ψ lokal. Daher gilt $o(\psi(X_\mu)) \ge 1$ für alle $\mu = 1, \ldots, m$. Nach § 0.2 und Satz 2 gibt es folglich einen Substitutionshomomorphismus $\varphi: k\langle X\rangle \to k\langle Y\rangle$ mit $\varphi(X_\mu) = \psi(X_\mu)$, $\mu = 1, \ldots, m$. Dann sind φ und ψ identisch auf $k[X_1, \ldots, X_m]$. Für jedes $f \in k\langle X\rangle$ folgt daher:

$$\varphi(f) - \psi(f) \in \mathfrak{m}(k\langle Y\rangle)^e \quad \text{für alle } e \ge 1,$$

also $\varphi(f) = \psi(f)$ wegen $\bigcap_{e=1}^{\infty} \mathfrak{m}(k\langle Y\rangle)^e = 0$, w.z.b.w.

3. Partielle Ableitungen. Wegen Satz 1.3 sind die partiellen Ableitungen eines Elementes aus K_n wieder konvergente Potenzreihen in K_n. Die Abbildungen $\dfrac{\partial}{\partial X_j}$, $j = 1, \ldots, n$, bilden also K_n in sich ab und sind k-linear.

Aus § 0.3 folgt unmittelbar die

Kettenregel. *Ist* $\varphi: k\langle X_1, \ldots, X_m\rangle \to k\langle Y_1, \ldots, Y_n\rangle$ *ein analytischer Homomorphismus, so gilt*

$$\frac{\partial}{\partial Y_j} \varphi(f) = \sum_{\mu=1}^{m} \frac{\partial \varphi(X_\mu)}{\partial Y_j} \varphi\left(\frac{\partial f}{\partial X_\mu}\right), \qquad j = 1, \ldots, n,$$

für jedes $f \in k\langle X_1, \ldots, X_m\rangle$.

Für jedes Ideal $\mathfrak{m}_m := K_n X_1 + \cdots + K_n X_m \subset K_n$, $1 \le m \le n$, gilt:

$$\frac{\partial}{\partial X_\mu} \mathfrak{m}_m \subset \mathfrak{m}_m, \qquad \mu = m+1, \ldots, n.$$

Wir werden zeigen, daß diese Abgeschlossenheitseigenschaft gegenüber partiellen Ableitungen in einem naheliegenden Sinne für die Ideale $\mathfrak{m}_m$ charakteristisch ist. Wir setzen noch $\mathfrak{m}_m := 0$, wenn $m = 0$, und beweisen

Satz 4. *Es sei m eine ganze Zahl mit* $0 \le m \le n$ *und* $\mathfrak{a}$ *ein Ideal in* K_n *mit folgender Eigenschaft:*

$$\frac{\partial}{\partial X_\mu} \mathfrak{a} \subset \mathfrak{a}; \qquad \mu = m+1, \ldots, n.$$

Dann gilt $\mathfrak{a} \subset \mathfrak{m}_m$, *falls k die Charakteristik* $\operatorname{char} k = 0$ *besitzt.*

Beweis. Für $m = n$ ist nichts zu beweisen. Sei also $m < n$ und $f \in \mathfrak{a}$. Dann gilt für alle $j_{m+1}, \ldots, j_n \ge 0$:

$$\frac{\partial^{j_{m+1} + \cdots + j_n} f}{\partial X_{m+1}^{j_{m+1}} \ldots \partial X_n^{j_n}} \in \mathfrak{a},$$

und also wegen $\mathfrak{a} \neq K_n$

$$\frac{\partial^{j_{m+1} + \cdots + j_n} f}{\partial X_{m+1}^{j_{m+1}} \ldots \partial X_n^{j_n}} (0) = 0.$$

In der wegen $\operatorname{char} k = 0$ geltenden Taylorentwicklung

$$f = \sum_{0}^{\infty} \frac{1}{j_1! \ldots j_n!} \frac{\partial^{j_1 + \cdots + j_n} f}{\partial X_1^{j_1} \ldots \partial X_n^{j_n}} (0) X_1^{j_1} \ldots X_n^{j_n}$$

von f verschwinden daher alle Glieder mit $j_1 = \cdots = j_m = 0$. Dies bedeutet aber $f \in \mathfrak{m}_m$, w.z.b.w.

Die Aussage von Satz 4 gilt nicht mehr, falls $\operatorname{char} k = p \neq 0$. Dann erfüllt z.B.

$$\mathfrak{a} := K_n X_{m+1}^p + \cdots + K_n X_n^p, \qquad m < n,$$

die Voraussetzung von Satz 4 ohne in $\mathfrak{m}_m$ enthalten zu sein. Satz 4 bleibt jedoch für vollkommene Grundkörper und reduzierte Ideale richtig.

Wegen Satz 1.3′ sind im Falle $\operatorname{char} k = 0$ auch die Integrale $\int_j f$ von konvergenten Potenzreihen f wieder konvergente Potenzreihen. Man hat somit k-lineare Abbildungen $\int_j : K_n \to K_n$, $j = 1, \ldots, n$.

4. Schwache Topologie und analytische Konvergenz. Die hier auf K_n zu definierende Topologie ist häufig als Hilfstopologie nützlich.

Die Bewertungstopologie von k gibt auf $k\{X_1, \ldots, X_n\}$ zur Topologie der koeffizientenweisen Konvergenz Anlaß (vgl. § 0.4). Die auf

$K_n \subset k\{X_1, \ldots, X_n\}$ induzierte Relativtopologie heißt die *schwache Topologie* auf K_n oder auch wieder die *Topologie der koeffizientenweisen Konvergenz* auf K_n.

Satz 5. *K_n ist, versehen mit der schwachen Topologie, eine topologische k-Algebra. Die schwache Topologie ist hausdorffsch und genügt dem 1. Abzählbarkeitsaxiom.*

Beweis. K_n ist als k-Unteralgebra der nach Satz 0.0 topologischen k-Algebra $k\{X_1, \ldots, X_n\}$ wieder eine topologische k-Algebra. Da die Bewertungstopologie von k hausdorffsch ist und dem 1. Abzählbarkeitsaxiom genügt, gilt dies nach Satz 0.0, Zusatz, auch für die Topologie von $k\{X_1, \ldots, X_n\}$ und also auch für die schwache Topologie von K_n, w.z.b.w.

Jeder k-Vektorraum $K_n/\mathfrak{m}^e \cong \left\{ \sum\limits_{|\nu|<e} a_\nu X^\nu \in K_n \right\}$ ist kanonisch isomorph zum $\binom{n+e-1}{e-1}$-dimensionalen k-Vektorraum $\{\{a_\nu\}_{|\nu|<e} : a_\nu \in k\}$. Wir bezeichnen mit $\Theta_e : k^{\binom{n+e-1}{e-1}} \xrightarrow{\sim} K_n/\mathfrak{m}^e$ diesen Isomorphismus. Die Produkttopologie auf $k^{\binom{n+e-1}{e-1}}$ induziert via Θ_e eine Topologie auf $K_n/\mathfrak{m}^e$, die $K_n/\mathfrak{m}^e$ zu einem hausdorffschen topologischen und vollständigen k-Vektorraum macht, $e \geq 1$. Es gilt:

Satz 6. *Die schwache Topologie auf K_n ist die gröbste Topologie auf K_n, für die alle k-Vektorraumrestklassenepimorphismen $\varepsilon_e : K_n \to K_n/\mathfrak{m}^e$ stetig sind, $e \geq 1$.*

Beweis. Nach § 0.4 ist die schwache Topologie auf K_n die gröbste Topologie, so daß alle Projektionen $\pi_\nu : K_n \to k$ stetig sind, $\nu \in \mathbb{N}^n$, wobei $\pi_\nu\left(\sum\limits_{i \in \mathbb{N}^n} a_i X^i\right) = a_\nu$. Die Abbildung ε_e ist für jedes $e \geq 1$ das Produkt der durch $f \mapsto \{\pi_\nu(f)\}_{|\nu|<e}$ gegebenen Abbildung
$\prod\limits_{|\nu|<e} \pi_\nu : K_n \to k^{\binom{n+e-1}{e-1}}$ mit Θ_e. Da Θ_e topologisch ist, sind mit allen π_ν auch alle ε_e und mit allen ε_e auch alle π_ν stetig. Die gröbsten Topologien auf K_n, bzgl. der alle Abbildungen π_ν bzw. alle Abbildungen ε_e stetig sind, stimmen folglich überein, w.z.b.w.

Wichtiger als der Begriff der koeffizientenweisen Konvergenz ist der Begriff der analytischen Konvergenz. Wir nennen eine Folge $\{f_j\}$ aus K_n *analytisch konvergent* gegen $f \in K_n$, in Zeichen $f = \lim\limits_{j \to \infty} f_j$, wenn es ein $t > 0$ gibt mit $f, f_j \in B_t$, $j \in \mathbb{N}$, so daß die Folge $\{f_j\}$ in der Banachtopologie von B_t gegen f konvergiert.

Man beachte, daß eine gegen f analytisch konvergente Folge $\{f_j\}$, auch wenn f und alle f_j in B_s liegen, nicht notwendig schon in der Banachtopologie von B_s gegen f zu konvergieren braucht (für $k = \mathbb{C}$,

$n=1$ konvergiert z.B. nach § 1.1 die Folge $f_j = X_1^\nu \in B_1$ in jedem B_t, $t<1$, gegen 0, aber nicht in B_1 selbst).

Ist $f = \sum_0^\infty p_\nu$ die Entwicklung von $f \in K_n$ nach homogenen Polynomen, so konvergiert die Folge der Partialsummen $f_j := \sum_0^j p_\nu$ analytisch gegen f.

Jede analytisch konvergente Folge ist aufgrund der Cauchyschen Koeffizientenabschätzung konvergent in der schwachen Topologie von K_n mit demselben Limes. Speziell ist also der Limes einer analytisch konvergenten Folge eindeutig bestimmt.

Aus der Definition folgt unmittelbar:

Satz 7 (Limesregeln). *Es seien $\{f_j\}$, $\{g_j\}$ in K_n analytisch konvergente Folgen. Dann sind auch die Folgen $\{f_j \pm g_j\}$ und $\{f_j g_j\}$ analytisch konvergent in K_n, und es gelten die Limesregeln:*

$$\lim_{j\to\infty}(f_j \pm g_j) = \lim_{j\to\infty} f_j \pm \lim_{j\to\infty} g_j,$$

$$\lim_{j\to\infty}(f_j g_j) = \left(\lim_{j\to\infty} f_j\right) \cdot \left(\lim_{j\to\infty} g_j\right).$$

Wir werden in den §§ 6–8 die analytisch konvergenten Folgen eingehend untersuchen.

Neben der schwachen Topologie betrachtet man in der lokalen Algebra auf K_n auch noch die sog. $\mathfrak{m}$-*adische Topologie (Krullsche Topologie)*. Eine 0-Umgebungsbasis in dieser Topologie bilden die Potenzen $\mathfrak{m}(K_n)^e$, $e \geq 1$, des maximalen Ideals von K_n; bez. dieser Topologie ist K_n ebenfalls eine topologische hausdorffsche k-Algebra (für $n=0$ hat man die diskrete Topologie auf $K_0 = k$). Die Krullsche Topologie ist *feiner* als die schwache Topologie, denn die Mengen

$$U_{i,\varepsilon} := \left\{ f = \sum_{\nu=0}^{\infty} a_\nu X^\nu \in K_n \colon |a_\nu| < \varepsilon \text{ für alle } \nu \text{ mit } |\nu| \leq i \right\},$$
$$i = 0, 1, 2, \ldots; \; \varepsilon > 0,$$

bilden eine 0-Umgebungsbasis in der schwachen Topologie, und es gilt $\mathfrak{m}(K_n)^i \subset U_{i,\varepsilon}$. Jedoch ist $\mathfrak{m}(K_n)^i$ keine 0-Umgebung in der schwachen Topologie, wenn k nichttrivial bewertet ist.

In der Krullschen Topologie und also erst recht in der schwachen Topologie ist jede Folge $\{f_\nu\}_{\nu \geq 1} \subset K_n$ mit $o(f_\nu) \to \infty$, also etwa $f_\nu \in \mathfrak{m}(K_n)^\nu$, eine Nullfolge.

Analytische Konvergenz und $\mathfrak{m}$-adische Konvergenz sind für $n \geq 1$ unvergleichbar: so konvergiert z.B. jede Nullfolge $\{a_\nu\} \subset k$, $a_\nu \neq 0$, analytisch, aber nicht $\mathfrak{m}$-adisch gegen 0 in K_n; andererseits konvergiert jede

Folge $\{a^{\nu^2} X_1^\nu\} \subset k\langle X_1\rangle$, wenn $a \in k$, $|a|>1$, in der Krullschen Topologie gegen 0, doch gilt für jedes $t \in \mathbb{R}_+$:

$$\|a^{\nu^2} X_1^\nu\|_t = (|a|^\nu t)^\nu \geq 1 \quad \text{für große } \nu,$$

so daß diese Folge nicht analytisch gegen 0 strebt.

Die Krullsche Topologie wird in diesem Buch nicht weiter behandelt werden.

§ 4. Weierstraßsche Formel und Weierstraßscher Vorbereitungssatz für K_n

Wir zeigen in diesem Paragraphen, daß man für konvergente Potenzreihen $g \in K_n$ die in Satz 2.1 und 2.2 gemachte Voraussetzung $\|X_n^b - g \cdot g_b^{-1}\|_t \leq \varepsilon t_n^b$ durch Wahl genügend kleiner n-Tupel t nach Anwendung spezieller linearer Automorphismen von K stets erfüllen kann.

1. Weierstraßsche Formel und Vorbereitungssatz. Sei $n>0$ fest. Wir setzen $K := k\langle X_1, \ldots, X_n\rangle$ und $K' := k\langle X_1, \ldots, X_{n-1}\rangle$. K' ist eine k-Unteralgebra von K. Ist $B_t = B_t\langle X_1, \ldots, X_n\rangle$, $t \in \mathbb{R}_+^n$, so sei $B_t' := B_t \cap K'$.

Eine Potenzreihe $g = \sum_{\nu=0}^{\infty} g_\nu X_n^\nu \in K$, $g_\nu \in K'$, heißt *X_n-allgemein von der Ordnung* $b>0$, wenn gilt:

$$g_0(0) = \cdots = g_{b-1}(0) = 0, \qquad g_b(0) \neq 0.$$

g heißt X_n-allgemein schlechthin, wenn g bez. X_n allgemein von einer endlichen Ordnung ist. Dies ist genau dann der Fall, wenn $g(0, \ldots, 0, X_n) \neq 0$, (d.h. geometrisch, wenn die durch g um $0 \in k^n$ definierte holomorphe Funktion auf der X_n-Achse nicht identisch verschwindet).

Für $n=1$ ist jedes $g \neq 0$ allgemein in X_1 von der Ordnung $o(g)$.

Ein Produkt $h_1 \cdot \ldots \cdot h_l$ ist X_n-allgemein genau dann, wenn alle h_λ, $\lambda = 1, \ldots, l$, allgemein in X_n sind.

Satz 1. *Es sei* $g = \sum_{\nu=0}^{\infty} g_\nu X_n^\nu \in K$, $g_\nu \in K'$, *bez.* X_n *allgemein von der Ordnung* $b>0$. *Dann gibt es zu jedem* $\varepsilon>0$ *ein* $\delta_n>0$ *und eine über dem Intervall* $(0, \delta_n)$ *definierte positive, monoton wachsende Funktion* δ, *so daß für jedes* $t = (t_1, \ldots, t_n) \in \mathbb{R}_+^n$ *mit* $t_n < \delta_n$, $t_\nu < \delta(t_n)$ *für* $\nu = 1, \ldots, n-1$ *gilt:*

a) g_b *ist Einheit in* B_t',

b) $\|X_n^b - g \cdot g_b^{-1}\|_t \leq \varepsilon t_n^b$.

Beweis. Es gelte etwa $g \in B_s$, wo $s=(s_1, \dots, s_n)$. Da

$$\lim_{t\to 0} \|g_b(0)^{-1} g_b - 1\|_t = 0,$$

so kann man ein positives $\eta \le \min_{1\le\nu\le n} s_\nu$ so bestimmen, daß

$$\|g_b(0)^{-1} g_b - 1\|_t < 1$$

für alle $t \in \mathbb{R}^n_+$ mit $t_\nu < \eta$, $\nu = 1, \dots, n$. Daher ist g_b bereits für jedes solche t eine Einheit in B'_t (vgl. Hilfssatz 2.3). Wir setzen

$$g g_b^{-1} = \sum_{\nu=0}^{\infty} c_\nu X_n^\nu$$

und wählen nun δ_n mit $0 < \delta_n \le \eta$ so klein, daß

$$\left\| \sum_{\nu=b+1}^{\infty} c_\nu X_n^\nu \right\|_t = t_n^{b+1} \sum_{\nu=b+1}^{\infty} \|c_\nu\|_t t_n^{\nu-b-1} \le \frac{\varepsilon}{2} t_n^b$$

für alle $t \in \mathbb{R}^n_+$ mit $t_j < \delta_n$, $j = 1, \dots, n$. Da $\lim_{t\to 0} \|c_\nu\|_t = |c_\nu(0)| = 0$ für $\nu = 0, \dots, b-1$, läßt sich weiter zu jedem positiven $t_n < \delta_n$ ein positives $\delta(t_n) < \delta_n$ so finden, daß

$$\|c_\beta\|_t \le \frac{1}{b}\,\frac{\varepsilon}{2} t_n^{b-\beta}, \qquad \beta = 0, 1, \dots, b-1,$$

für alle $t \in \mathbb{R}^n_+$ mit $t_\nu < \delta(t_n)$, $\nu = 1, \dots, n-1$, $t_n < \delta_n$. Es läßt sich sogar erreichen, daß die Funktion $\delta(t_n)$ monoton wächst. Nun gilt:

$$\left\| \sum_{\beta=0}^{b-1} c_\beta X_n^\beta \right\|_t = \sum_{\beta=0}^{b-1} \|c_\beta\|_t t_n^\beta \le \frac{\varepsilon}{2} t_n^b$$

für alle $t \in \mathbb{R}^n_+$ mit $t_\nu < \delta(t_n)$, $\nu = 1, \dots, n-1$, $t_n < \delta_n$. Hieraus folgt die Behauptung.

Ein normiertes Polynom $\omega = X_n^b + a_1 X_n^{b-1} + \dots + a_b \in K'[X_n]$ heißt ein *Weierstraßpolynom über* K' *in* X_n *vom Grade* $b \ge 0$, wenn $a_1, \dots, a_b \in \mathfrak{m}(K')$. Die Konstante $\omega = 1$ ist *das* Weierstraßpolynom vom Grade 0.

Aus den bisher bewiesenen Sätzen folgt nun

Satz 2. *Es sei* $g = \sum_{\nu=0}^{\infty} g_\nu X_n^\nu \in K$ *bez.* X_n *allgemein von der Ordnung* b. *Dann gibt es ein* $\delta_n > 0$ *und eine über dem Intervall* $(0, \delta_n)$ *definierte positive, monoton wachsende Funktion* $\delta(t_n)$ *mit den folgenden Eigenschaften:*

a) (Weierstraßsche Formel). *Es gilt* $g \in B_t$ *für alle*

$$t \in D := \{(t_1, \dots, t_n) \in \mathbb{R}^n_+ : t_n < \delta_n,\ t_\nu < \delta(t_n),\ \nu = 1, \dots, n-1\}.$$

Zu jedem $f \in K$ existieren eindeutig bestimmte Elemente

$$q \in K, \qquad r = r_0 + r_1 X_n + \cdots + r_{b-1} X_n^{b-1}, \qquad r_0, \ldots, r_{b-1} \in K',$$

so daß $f = qg + r$. Für jedes $t \in D$ gibt es eine Schranke $L_t > 0$, so daß für $f \in B_t$ die Abschätzungen gelten:

$$\|q\|_t \le L_t \|f\|_t, \qquad \|r\|_t \le 2\|f\|_t.$$

Ist zusätzlich $g, f \in K'[X_n]$ und $\operatorname{grad} g = b$, *so gilt $q \in K'[X_n]$ mit* $\operatorname{grad} q = \operatorname{grad} f - b$ *(und $q = 0$ für* $\operatorname{grad} f < s$*).*

b) (Weierstraßscher Vorbereitungssatz). *Es gibt genau ein Weierstraßpolynom b-ten Grades $\omega \in K'[X_n]$ und eine Einheit $e \in K$, so daß $g = e \cdot \omega$. Für jedes $t \in D$ gilt:*

$$\|X_n^b - \omega\|_t \le t_n^b, \qquad \|g_b^{-1} \cdot e - 1\|_t \le 1.$$

Falls $g \in K'[X_n]$, so gilt $e \in K'[X_n]$ mit $\operatorname{grad} e = \operatorname{grad} g - b$.

Beweis. Wir wählen gemäß Satz 1 zu g mit $\varepsilon := \frac{1}{4}$ ein $\delta_n > 0$ und eine positive, monoton wachsende Funktion $\delta(t_n)$ über $(0, \delta_n)$.

Die Aussage a) folgt dann aus Satz 2.1. Die Aussage b) folgt aus Satz 2.2; es bleibt nur zu begründen, daß $\omega = X_n^b + a_1 X_n^{b-1} + \cdots + a_b$ mit $a_1, \ldots, a_b \in K'$ ein Weierstraßpolynom über K' ist. Aus der Gleichung

$$\begin{aligned} g(0, X_n) &= X_n^b (g_b(0) + g_{b+1}(0) X_n + \cdots) \\ &= e(0, X_n)(X_n^b + a_1(0) X_n^{b-1} + \cdots + a_b(0)) \end{aligned}$$

folgt wegen $e(0,0) \neq 0$ durch Koeffizientenvergleich $a_1(0) = \cdots = a_b(0) = 0$, d.h. $a_1, \ldots, a_b \in \mathfrak{m}(K')$. – Satz 2 ist bewiesen.

Bemerkung 1. Die Weierstraßsche Formel besagt modultheoretisch, daß K_n als K_{n-1}-Modul (mit $K_{n-1} := k\langle X_1, \ldots, X_{n-1}\rangle$) die direkte Summe der K_{n-1}-Untermoduln $K_n g$ und $\bigoplus_{\beta=0}^{b-1} K_{n-1} X_n^\beta$ ist. Die beiden Projektionsabbildungen $K_n \to K_n g$ und $K_n \to \bigoplus_{\beta=0}^{b-1} K_{n-1} X_n^\beta \simeq b K_{n-1}$ [1], vor allem die letztere, werden im folgenden noch häufig verwendet.

Bemerkung 2. Der Weierstraßsche Vorbereitungssatz für $k = \mathbb{C}$ entstand aus der Frage nach der Struktur der Nullstellengebilde von holomorphen Funktionen mehrerer komplexer Veränderlichen. Erste Beiträge zu diesem Problem stammen von Cauchy 1831 für den Fall von zwei Veränderlichen, sodann 1879 allgemein für n Veränderliche von H. Poincaré [16]. K. Weierstraß hat seinen Vorbereitungssatz erst 1886

---

[1] Ist M ein Modul über einem Ring und b eine natürliche Zahl, so bezeichnen wir stets mit bM die b-fache direkte Summe von M mit sich selbst, also den Modul aller b-Tupel $\{(x_1, \ldots, x_b), x_\beta \in M\}$.

in der fünften Arbeit der „Abhandlungen aus der Functionenlehre" publiziert ([25], p. 105). Weierstraß sagt dort in einer Fußnote: „Diesen Satz habe ich seit dem Jahre 1860 wiederholt in meinen Universitätsvorlesungen vorgetragen."

Die Weierstraßsche Formel, die auch vielfach als Divisionssatz bezeichnet wird, geht nicht auf Weierstraß zurück; sie wurde nach bisher allgemeiner Ansicht erst 1929 für $k=\mathbb{C}$ von H. Späth [21] mittels ausschließlich lokaler Methoden bewiesen (Ansatz durch unbestimmte Koeffizienten und Majorantenmethode). W. Rückert machte 1933 in seiner heute klassischen Arbeit [18] die ersten wichtigen Anwendungen; damit rückte der Späthsche Divisionssatz in den Vordergrund des Interesses, und die bereits von Weierstraß und E. Lasker ([13], insb. p. 89) eingeleitete Algebraisierung der lokalen komplexen Funktionentheorie setzte sich endgültig durch. 1944 gab H. Cartan ([6], p. 192) für $k=\mathbb{C}$ mittels der Cauchyschen Integralformel einen Beweis, der auch Abschätzungen liefert.

Es war den Funktionentheoretikern indessen entgangen, daß bereits 1887 ein weitgehend algebraischer Beweis des Vorbereitungssatzes von L. Stickelberger [22] gegeben wurde, und daß darüber hinaus schon Stickelberger den Divisionssatz kannte (und benutzte) und durch einen eleganten einfachen Schluß aus dem Vorbereitungssatz ableitete. Darauf hat erst kürzlich (1968) C. L. Siegel [20] aufmerksam gemacht und zugleich eine *rein algebraische* Variante des Stickelbergerschen Beweises angegeben. Diese Dinge werden wir in einem Supplement zu diesem § besprechen.

Im übrigen haben auch W. Wirtinger [26] und F. Hartogs [10] Beweise für den Vorbereitungssatz publiziert. Des weiteren hat A. Brill [4] bereits 1891 einen Beweis des Vorbereitungssatzes für 2 Veränderliche skizziert, der die Späthsche Idee antizipiert; er kam 1910 noch einmal ausführlich darauf zurück [5]. Der an solchen historischen Fragen interessierte Leser sei auf den Siegelschen Artikel sowie auf eine neuere Arbeit von H. Cartan [8] des Titels „Sur le théorème de préparation de Weierstraß" aus dem Jahre 1966 verwiesen.

2. Scherungen. Im Divisionssatz und Vorbereitungssatz ist die Voraussetzung, daß g allgemein in X_n ist, wesentlich. So ist z.B. für $g=X_1X_2\in k\langle X_1,X_2\rangle$ keiner der beiden Sätze richtig. Für Anwendungen ist es daher wichtig zu wissen, ob jedes $g\in K_n$, $g\neq 0$, durch einen Automorphismus X_n-allgemein gemacht werden kann. In diesem Abschnitt wird gezeigt, daß dies stets mittels besonders einfacher Automorphismen, nämlich Scherungen, möglich ist.

Die Gruppe $\operatorname{Aut} K_n$ der analytischen Automorphismen von $K_n=k\langle X_1,\dots,X_n\rangle$, $n\geq 1$, hängt von „unendlich vielen Parametern" ab, z.B. liegt ein analytischer Homomorphismus $\varphi: K_1 \to K_1$ genau dann in Aut K_1, wenn für

$$\varphi(X_1) = a_1 X_1 + a_2 X_1^2 + \cdots + a_\nu X_1^\nu + \cdots$$

gilt: $a_1 \neq 0$ (Jacobischer Umkehrsatz, vgl. Satz II.3.2).

Besonders einfach zu handhaben sind die *linearen* Automorphismen λ von K_n, die durch lineare Gleichungen

$$\lambda(X_j) = \sum_{l=1}^{n} a_{jl} X_l, \qquad j=1,\ldots,n, \quad a_{jl} \in k, \quad \det(a_{jl}) \neq 0,$$

bestimmt werden; diese λ bilden eine zur Gruppe $\mathrm{GL}(n,k)$ der invertierbaren n-reihigen Matrizen isomorphe Untergruppe von Aut K_n. In dieser wiederum betrachten wir die Untergruppe Σ_{n-1} der *Scherungen* σ, die wir durch Gleichungen der Form

$$\sigma(X_\nu) := X_\nu + c_\nu X_n, \qquad c_\nu \in k, \qquad \nu = 1, \ldots, n-1, \qquad \sigma(X_n) := X_n$$

definieren. Σ_{n-1} ist zur additiven Gruppe k^{n-1} der $(n-1)$-Tupel $(c_1, \ldots, c_{n-1})$ isomorph.

Satz 3. *Zu jedem* $g \neq 0$ *aus* K_n, $n \geq 2$, *gibt es ein Polynom* $q(Y_1, \ldots, Y_{n-1}) \neq 0$ *aus* $k[Y_1, \ldots, Y_{n-1}]$ *mit folgender Eigenschaft:*

Für $\sigma \in \Sigma_{n-1}$ *mit* $\sigma(X_\nu) = X_\nu + c_\nu X_n$, $\nu = 1, \ldots, n-1$, *ist* $\sigma(g)$ *genau dann* X_n*-allgemein von der Ordnung* $o(g)$, *wenn*

$$q(c_1, \ldots, c_{n-1}) \neq 0.$$

Beweis. Sei $b := o(g)$ und $g = \sum_{j=b}^{\infty} p_j$, $p_b \neq 0$, die Entwicklung von g nach homogenen Polynomen. Falls $p_j = \sum_{\nu_1 + \cdots + \nu_n = j} a_{\nu_1 \ldots \nu_n} X_1^{\nu_1} \ldots X_n^{\nu_n}$, so gilt

$$\sigma(p_j) = \sum_{\nu_1 + \cdots + \nu_n = j} a_{\nu_1 \ldots \nu_n} (X_1 + c_1 X_n)^{\nu_1} \ldots (X_{n-1} + c_{n-1} X_n)^{\nu_{n-1}} X_n^{\nu_n},$$

also

$$\sigma(p_j)(0, \ldots, 0, X_n) = X_n^j \sum_{\nu_1 + \cdots + \nu_n = j} a_{\nu_1 \ldots \nu_n} c_1^{\nu_1} \ldots c_{n-1}^{\nu_{n-1}}$$
$$= p_j(c_1, \ldots, c_{n-1}, 1) X_n^j.$$

Aus $\sigma(g) = \sum_{j=b}^{\infty} \sigma(p_j)$ folgt dann

$$\sigma(g)(0, \ldots, 0, X_n) = \sum_{j=b}^{\infty} p_j(c_1, \ldots, c_{n-1}, 1) X_n^j,$$

und hieraus ergibt sich die Behauptung mit $q := p_b(Y_1, \ldots, Y_{n-1}, 1) \in k[Y_1, \ldots, Y_{n-1}]$, denn wegen $p_b \neq 0$ ist auch $q \neq 0$, w.z.b.w.

Bemerkung. Ist $g \neq 0$ allgemein in X_n von der Ordnung b, so gilt notwendig $b \geq o(g)$. Satz 3 besagt also speziell, daß man stets die Situation $b = o(g)$ herstellen kann.

Folgerung. *Hat der Körper k unendlich viele Elemente, so gibt es zu beliebig gegebenen Elementen $h_1 \neq 0, \ldots, h_l \neq 0$ aus K_n, $n \geq 2$, stets Scherungen σ, so daß $\sigma(h_1), \ldots, \sigma(h_l)$ sämtlich X_n-allgemein sind.*

Beweis. Es ist $h := h_1 \ldots h_l \neq 0$. Da k unendlich ist, verschwindet das gemäß Satz 3 zu h gehörende Polynom $q(Y_1, \ldots, Y_{n-1})$ nicht identisch auf k^{n-1}. Also gibt es Scherungen σ, so daß $\sigma(h) = \sigma(h_1) \ldots \sigma(h_l)$ allgemein in X_n ist. Nach einer eingangs gemachten Bemerkung sind dann auch alle Elemente $\sigma(h_\lambda)$, $\lambda = 1, \ldots, l$, allgemein in X_n, w.z.b.w.

Anmerkung. Hat k nur endlich viele Elemente (dann ist K_n der Ring der formalen Potenzreihen), so kann das Polynom $q \neq 0$ des Satzes 3 auf k^{n-1} identisch verschwinden. Doch gibt es auch in diesem Falle Automorphismen $\varphi: K_n \to K_n$, so daß $\varphi(g)$ bez. X_n allgemein ist, z.B. Abbildungen der Form

$$\varphi(X_\nu) := X_\nu + X_n^{c_\nu}, \qquad \nu = 1, \ldots, n-1, \qquad \varphi(X_n) := X_n$$

mit geeigneten $c_\nu \in \mathbb{N}$.

3. Analytische Karten in K_n. Ein n-Tupel $\langle Z_1, \ldots, Z_n \rangle$ mit $Z_\nu \in K_n = k\langle X_1, \ldots, X_n \rangle$, $\nu = 1, \ldots, n$, heißt eine *analytische Karte in K_n*, wenn es ein $\varphi \in \operatorname{Aut} K_n$ gibt mit $\varphi(X_\nu) = Z_\nu$, $\nu = 1, \ldots, n$. Faßt man die Z_ν als holomorphe Funktionen in einer Umgebung des Nullpunktes im k^n auf, so läßt sich eine analytische Karte geometrisch interpretieren als Koordinatensystem einer Umgebung der 0 in k^n. Analytische Karten nennen wir auch kurz Karten.

Ist $\langle Z_1, \ldots, Z_n \rangle$ eine Karte von K_n, so ist jedes $f \in K_n$ *eindeutig als konvergente Potenzreihe nach $Z_1, \ldots, Z_n$ entwickelbar.* Es gilt

$$f = \sum_0^\infty a_{\nu_1 \ldots \nu_n} Z_1^{\nu_1} \ldots Z_n^{\nu_n},$$

falls $\varphi^{-1}(f) = \sum_0^\infty a_{\nu_1 \ldots \nu_n} X_1^{\nu_1} \ldots X_n^{\nu_n}$ und φ der durch $\varphi(X_\nu) := Z_\nu$ gegebene Automorphismus ist. Wir schreiben daher auch

$$K_n = k\langle Z_1, \ldots, Z_n \rangle.$$

Sind $\langle Z_1, \dots, Z_n \rangle$ und $\langle Z'_1, \dots, Z'_n \rangle$ zwei Karten in K_n, so gibt es stets ein $\psi \in \operatorname{Aut} K_n$ mit $\psi(Z_\nu) = Z'_\nu$, $\nu = 1, \dots, n$.

Für jede Karte $\langle Z_1, \dots, Z_n \rangle$ sind die Redeweisen „$g \in K_n$ ist Z_n-allgemein", „$g \in k\langle Z_1, \dots, Z_{n-1} \rangle [Z_n]$ ist ein Weierstraßpolynom" etc. sinnvoll, entsprechend gelten die Sätze 1 und 2 mutatis mutandis für jede analytische Karte.

Die Folgerung zu Satz 3 kann (abgeschwächt) auch so ausgesprochen werden:

Hat k unendlich viele Elemente und sind $h_1 \neq 0, \dots, h_l \neq 0$ beliebig in K_n, so existieren stets Karten $\langle Z_1, \dots, Z_n \rangle$ in K_n, so daß $h_1, \dots, h_l$ sämtlich Z_n-allgemein sind.

Ist $\langle Z_1, \dots, Z_m \rangle$ eine Karte in K_m, so ist ein analytischer Homomorphismus $\chi: K_m \to K_n$ vollständig durch die Bilder $\chi(Z_\mu) \in K_n$, $\mu = 1, \dots, m$, bestimmt (da er ein Substitutionshomomorphismus ist).

Supplement zu § 4. Der Stickelberger-Siegelsche Beweis des Vorbereitungssatzes

Wir besprechen hier den eleganten Beweis des Vorbereitungssatzes, den L. Stickelberger [22] im Jahre 1887 gab und der kürzlich von C. L. Siegel der Vergessenheit entrissen und modifiziert wurde ([20], 1968). Der Stickelbergersche Beweis benutzt Sätze über Laurentreihen und damit implizit das Cauchysche Integral; die Siegelsche Variante benutzt nur noch Potenzreihen und gilt für alle vollständig bewerteten Grundkörper der Charakteristik 0.

1. Der Stickelbergersche Beweis. Wir arbeiten anstelle von n mit $n+1$ Unbestimmten und setzen $K_n := k\langle X_1, \dots, X_n \rangle$, $K_{n+1} := K_n \langle Y \rangle$. Wir wollen folgendes für $k = \mathbb{C}$ beweisen:

Sei $g = \sum_{\nu=0}^{\infty} g_\nu Y^\nu \in K_n \langle Y \rangle$ mit $g_0(0) = \cdots = g_{b-1}(0) = 0$, $g_b = 1$. Dann gibt es eine Einheit $e \in K_{n+1}$ und ein Weierstraßpolynom $\omega \in K_n[Y]$ vom Grade b, so daß gilt $g = e\omega$.

Beweis (nach [22], p. 402). Anstelle der früher verwendeten Zerlegung $g = \hat{g} + Y^b \tilde{g}$ schreiben wir jetzt:

$$g = Y^b(1+w), \quad \text{wo } w := u + v, \qquad u := \sum_{\beta=0}^{b-1} g_\beta Y^{\beta-b}, \qquad v := \sum_{\nu > b} g_\nu Y^{\nu-b}.$$

w ist eine Laurentreihe in Y mit u als endlichem Hauptteil. Wegen $g_\beta(0) = 0$, $0 \le \beta < b$, gibt es zu jedem $\varepsilon > 0$ ein $t = (t_1, \dots, t_n) \in \mathbb{R}_+^n$, so daß $g_0, \dots, g_{b-1}$ holomorphe Funktionen im Polyzylinder

$Z := \{x = (x_1, \ldots, x_n) \in \mathbb{C}^n \colon |x_1| < t_1, \ldots, |x_n| < t_n\}$ sind mit $|g_\beta(x)| < \varepsilon$ für alle $x \in Z$, $0 \le \beta < b$. Für jedes $\rho > 0$ ist

$$u(x,y) = \frac{g_0(x)}{y^b} + \frac{g_1(x)}{y^{b-1}} + \cdots + \frac{g_{b-1}(x)}{y}$$

eine im kartesischen Produkt von Z mit dem Kreisring $Q := \left\{ y \in \mathbb{C} \colon \frac{\rho}{2} < |y| < \rho \right\}$ der y-Ebene holomorphe Funktion, und für $\rho < 2$ und $\varepsilon < \frac{1}{2b}\left(\frac{\rho}{2}\right)^b$ gilt ersichtlich:

$$|u(x,y)| < \tfrac{1}{2} \quad \text{für alle } (x,y) \in Z \times Q.$$

Die Funktion $v(x,y) = \sum_{\nu > b}^{\infty} g_\nu y^{\nu - b}$ ist ebenfalls in $Z \times Q$ holomorph, wenn t und ρ klein genug gewählt werden. Da v den Faktor y enthält, kann man t und ρ noch so wählen, daß auch $|v(x,y)| < \frac{1}{2}$ für alle $(x,y) \in Z \times Q$ gilt. Insgesamt ist dann $w = u + v$ holomorph in $Z \times Q$, und es gilt stets $|w(x,y)| < 1$. Somit ist im Gebiet $Z \times Q \subset \mathbb{C}^{n+1}$ die Logarithmusfunktion

$$\ln(1+w) = w - \frac{w^2}{2} + \frac{w^3}{3} - \cdots$$

wohldefiniert und holomorph. Nach dem Satz von Laurent ist $\ln(1+w)$ dann in eine Laurentreihe nach y mit in Z holomorphen Koeffizienten entwickelbar; allerdings braucht der Hauptteil nicht mehr endlich zu sein. Wir schreiben nun

$$\ln(1+w) = A + B,$$

wo $A \in K_{n+1}$ der Tayloranteil und B der Hauptteil bzgl. y ist. Wegen

$$\exp(\ln(1+w)) = 1 + w, \quad \text{wo } \exp z := \sum_0^\infty \frac{z^\nu}{\nu!},$$

geht nun die über $Z \times Q$ bestehende Gleichung $g = y^b(1+w)$ über in

$$g \exp(-A) = y^b \exp B. \tag{1}$$

Hier steht links eine um $0 \in \mathbb{C}^{n+1}$ holomorphe Funktion und also eine Taylorreihe in y; rechts steht, da die Laurentreihe von $\exp B = 1 + B + \cdots$ außer dem konstanten Glied 1 nur negative Potenzen von y enthält, eine mit y^b beginnende Reihe nach fallenden Potenzen von y. Wegen der Eindeutigkeit der Laurententwicklung ist daher $\omega := y^b \exp B$ ein normiertes Polynom in y vom Grade b mit um $0 \in Z$ holomorphen Koeffizienten. Setzt man noch $e := \exp A$, so ist e eine Einheit in K_{n+1}, und es folgt $g=e\omega$. Wegen $g(0,y)=y^b(1+g_{b+1}(0)y+\cdots)=e(0,y)(y^b+\cdots)$ und $e(0,0)\neq 0$ folgt wie früher, daß ω ein Weierstraßpolynom ist, w.z.b.w.

2. Der Siegelsche Beweis. Die im letzten Abschnitt auftretende natürliche Zahl b ist, wenn die Karte $\langle X_1,\ldots,X_n,Y\rangle$ von K_{n+1} geeignet gewählt wird (vgl. Satz 4.3), die Ordnung $o(g)$ des Elementes g. Die Reihe für g ist dann von der Form

$$(*)\qquad g=Y^b+q_1\,Y^{b-1}+\cdots+q_b+h,$$

wo $q_\beta\in k[X_1,\ldots,X_n]$ ein homogenes Polynom vom Grade β ist, $\beta=1,\ldots,b$, und wo $h\in K_{n+1}$ eine Ordnung $o(h)\geq b+1$ hat. Die oben betrachtete Laurentreihe u besteht dann aus b Summanden $g_\beta\,Y^{\beta-b}$, $0\leq\beta<b$, wo $g_\beta\in K_n$ eine Ordnung $o(g_\beta)\geq b-\beta$ besitzt. Durch eine „Variablensubstitution" der Form $X_\nu=S_\nu Y$, $\nu=1,\ldots,n$, läßt sich u also in eine Potenzreihe in $S_1,\ldots,S_n,Y$ überführen. Es ist zu erwarten, daß in den neuen Unbestimmten der Stickelbergersche Beweis ohne Benutzung von Laurentreihen funktioniert. Dies wird im folgenden im Anschluß an [20] ausgeführt. k ist von nun an irgendein vollständig bewerteter Körper der Charakteristik 0.

Neben $K_{n+1}=k\langle X_1,\ldots,X_n,Y\rangle$ führen wir noch das Exemplar $K'_{n+1}:=k\langle S_1,\ldots,S_n,T\rangle$ ein. Für jedes Monom $M=c\,S_1^{\nu_1}\ldots S_n^{\nu_n}T^\nu$, $c\neq 0$, nennen wir

$$\operatorname{gew} M:=\nu-(\nu_1+\cdots+\nu_n)\in\mathbb{Z}$$

das *Gewicht* von $M\in K'_{n+1}$. Es gilt dann $\operatorname{gew}(M_1M_2)=\operatorname{gew}M_1+\operatorname{gew}M_2$ für je zwei Monome $\neq 0$.

Wir betrachten nun den durch die Gleichungen

$$\varphi(X_\nu):=S_\nu T,\qquad \nu=1,\ldots,n,\qquad \varphi(Y):=T$$

definierten analytischen Homomorphismus $\varphi: K_{n+1}\to K'_{n+1}$. Für jedes $f=\sum a_{\nu_1\ldots\nu_n\nu}X_1^{\nu_1}\ldots X_n^{\nu_n}Y^\nu\in K_{n+1}$ ist dann $\sum a_{\nu_1\ldots\nu_n\nu}S_1^{\nu_1}\ldots S_n^{\nu_n}T^{\nu+\nu_1+\cdots+\nu_n}$ *die* Potenzreihenentwicklung von $\varphi(f)\in K'_{n+1}$.

Mithin ist φ injektiv; und eine Potenzreihe $F\in K'_{n+1}$ liegt genau dann in $\varphi(K_{n+1})$, wenn jedes in F vorkommende Monom $c\,S_1^{\nu_1}\ldots S_n^{\nu_n}T^\nu\neq 0$ ein nichtnegatives Gewicht $\gamma=\nu-(\nu_1+\cdots+\nu_n)$ hat. Alsdann ist $c\,X_1^{\nu_1}\ldots X_n^{\nu_n}Y^\gamma$ das Urbildmonom.

Nach diesen Vorbemerkungen kommen wir nun zum eigentlichen Beweis. Sei g in der Form (*) gegeben. Dann gilt

$$\varphi(g)=\left(1+\sum_{\beta=1}^{b}q_\beta(S_1,\ldots,S_n)\right)T^b+\varphi(h).$$

Da $q_1,\ldots,q_b$ Polynome ohne konstantes Glied sind, und da $\varphi(h)=h(S_1T,\ldots,S_nT,T)$ wegen $o(h)\geq b+1$ den Faktor T^{b+1} abspaltet, folgt:

$$\varphi(g)=T^b(1+w)\quad\text{mit }w\in\mathfrak{m}(K'_{n+1}).$$

Daraus ergibt sich nun unmittelbar[2]

$$\ln(1+w) = w - \frac{w^2}{2} + - \cdots \in K'_{n+1}.$$

Die Stickelbergersche Zerlegung von $\ln(1+w)$ wird jetzt ersetzt durch die Siegelsche Zerlegung

$$\ln(1+w) = C + D,$$

wo D aus allen in $\ln(1+w) \in K'_{n+1}$ auftretenden Monomen echt negativen Gewichtes und C aus allen übrigen Monomen (nicht negativen Gewichtes) besteht. Entsprechend zur Gleichung (1) gilt nun

(1′) $\quad \varphi(g) = (\exp C)(T^b \exp D)$ als Identität in K'_{n+1}.

Da das Gewicht eines Produktes die Summe der Einzelgewichte ist, so kommen in $\exp C$ nur Monome nichtnegativen Gewichtes und in $T^b \exp D = T^b + T^b D + \cdots$ mit Ausnahme des Gliedes T^b nur Monome des Gewichtes $<b$ vor. Es gibt also ein $e \in K_{n+1}$ mit $\varphi(e) = \exp C$, und zwar ist e wegen $\exp C \notin \mathfrak{m}(K'_{n+1})$ eine Einheit in K_{n+1}. Wir haben nun eine Gleichung

$$\varphi(e^{-1}g) = T^b \exp D = T^b + \sum a_{\nu_1 \ldots \nu_n \nu} S_1^{\nu_1} \ldots S_n^{\nu_n} T^{\nu},$$

wobei stets $\gamma := \nu - (\nu_1 + \cdots + \nu_n) < b$ gilt. Diese Gewichte γ sind wegen $T^b \exp D \in \varphi(K_{n+1})$ auch sämtlich nicht negativ, so daß folgt

$$e^{-1}g = Y^b + \sum a_{\nu_1 \ldots \nu_n \nu} X_1^{\nu_1} \ldots X_n^{\nu_n} Y^{\nu - (\nu_1 + \cdots + \nu_n)}.$$

Da hier außer Y^b nur Monome der Form $a X_1^{\nu_1} \ldots X_n^{\nu_n} Y^{\gamma}$ mit $\gamma < b$ stehen, so ist $\omega := e^{-1}g$ in der Tat ein normiertes Polynom aus $K_n[Y]$ vom Grade b, w.z.b.w.

Anmerkung. Der gegebene Beweis kann ersichtlich auch so angelegt werden, daß er Abschätzungen liefert.

---

[2] Die Logarithmusreihe $w - \frac{w^2}{2} + \frac{w^3}{3} - + \cdots$ hat, auch wenn k nichtarchimedisch bewertet ist, als Integral der geometrischen Reihe $1 - w + w^2 - + \cdots$ einen positiven Konvergenzradius. Die Exponentialreihe $\sum_{\nu=0}^{\infty} \frac{w^\nu}{\nu!}$ hat alsdann ebenfalls einen positiven (aber endlichen) Konvergenzradius als „Umkehrreihe" des Logarithmus. Genauer: der durch $W \to \ln(1+Z)$ gegebene analytische Homomorphismus $\lambda: k\langle W \rangle \to k\langle Z \rangle$ ist – wie man leicht elementar einsehen kann – bijektiv; es gibt also ein $f \in k\langle W \rangle$ mit $Z = \lambda(f) = f(\ln(1+Z))$. Setzt man $f' := \frac{df}{dW}$, so gilt $1 = \frac{f'(\ln(1+Z))}{1+Z}$ wegen $\frac{d}{dZ}\ln(1+Z) = (1+Z)^{-1}$, d.h. $1 + \lambda(f) = f'(\lambda(W))$, d.h. $\lambda(1+f) = \lambda(f')$. Es folgt $1 + f = f'$. Hieraus ergibt sich $f = \sum_{\nu=1}^{\infty} \frac{W^\nu}{\nu!} = \exp W - 1 \in k\langle W \rangle$.

3. Herleitung der Weierstraßschen Formel aus dem Vorbereitungssatz. Es ist üblich, den Vorbereitungssatz aus der Weierstraßschen Formel herzuleiten, wie das auch im vorliegenden Buche geschehen ist (vgl. den Beweis von Satz 2.2). Der Divisionssatz scheint also stärker als der Vorbereitungssatz zu sein. Dies ist aber nicht der Fall; ein aufmerksamer Leser findet, wie Siegel bemerkt, eine Ableitung des Divisionssatzes aus dem Vorbereitungssatz bereits bei Stickelberger. Es wird wie folgt argumentiert ($k=\mathbb{C}$):

Es genügt, den Divisionssatz für Weierstraßpolynome $\omega = Y^b + a_1 Y^{b-1} + \cdots + a_b \in K_n[Y]$ als Divisoren zu beweisen. Im Stickelbergerschen Beweis des Vorbereitungssatzes ergab sich ω in der Form $\omega = y^b \exp B$, wo $\exp B$ eine Laurentreihe im Produktgebiet $Z \times Q \subset \mathbb{C}^{n+1}$ ist, die außer dem konstanten Glied 1 nur negative Potenzen von y enthält. Gleiches gilt auch für die Laurentreihe von $\exp(-B)$. Mithin hat ω^{-1} eine Laurententwicklung

$$\omega^{-1} = y^{-b}\exp(-B) = \frac{1}{y^b} + \frac{c_1(x)}{y^{b+1}} + \cdots + \frac{c_i(x)}{y^{b+i}} + \cdots$$

mit um $0 \in \mathbb{C}^n$ holomorphen Koeffizienten $c_i(x)$. Für jedes $f \in K_{n+1}$ läßt daher den Quotient $f\omega^{-1}$ (bei geeigneter Wahl des Polyzylinders Z und des Kreisringes Q) wieder eine Laurententwicklung nach y in $Z \times Q$ zu. Wie früher zerlegen wir diese Laurentreihe in ihren Hauptteil H und ihren Tayloranteil $q \in K_{n+1}$. Dann folgt

$$f - q\omega = H\omega.$$

Links steht wieder eine Potenzreihe, rechts steht, da ω ein Polynom in y vom Grade b ist, eine Laurentreihe aus Summanden der Form $r_\beta y^\beta$, $r_\beta \in K_n$, $-\infty < \beta \leq b-1$. Der Eindeutigkeitssatz für Laurentreihen zeigt, daß $r := H\omega$ ein Polynom in y über K_n vom Grade $\leq b-1$ ist, w.z.b.w.

Auch dieser Beweis läßt sich unter Heranziehung des im Abschnitt 2 eingeführten Homomorphismus φ von Laurentreihen befreien, wenn wir zusätzlich wieder $o(\omega)=b$ annehmen. Wir gewinnen so eine Ableitung des Divisionssatzes aus dem Vorbereitungssatz, die für beliebige Grundkörper der Charakteristik 0 gilt.

Aus $o(\omega)=b$ folgt $o(a_\beta) \geq \beta$, genauer $\varphi(a_\beta) = T^\beta c_\beta$ mit $c_\beta \in \mathfrak{m}(K'_n)$, für die Koeffizienten a_β von ω, $\beta = 1, \ldots, b$. Mithin gilt eine Gleichung $\varphi(\omega) = T^b G$ mit einer Einheit G in K'_{n+1} (im Falle $k=\mathbb{C}$ war $G = \exp D$); im übrigen enthält $\varphi(\omega)$ nur Glieder mit Gewichten $\leq b$. Für jedes $f \in K_{n+1}$ gilt nun die Gleichung

$$\varphi(Y^b f) = T^b \varphi(f) = \varphi(\omega)\,(G^{-1}\varphi(f)).$$

Wir zerlegen $G^{-1}\varphi(f)\in K'_{n+1}$ in zwei Summanden L und N, wo L bzw. N alle Glieder vom Gewichte $\geq b$ bzw. $<b$ enthält. L hat dann ein φ-Urbild der Form $Y^b q$. Es folgt

$$\varphi(Y^b f - Y^b q\omega) = \varphi(\omega)N.$$

Da in $\varphi(\omega)$ bzw. N nur Monome vom Gewicht $\leq b$ bzw. $<b$ vorkommen, so enthält $\varphi(\omega)N$ nur Glieder vom Gewichte $<2b$. Das φ-Urbild $Y^b f - Y^b q\omega$ ist also ein Polynom $r'\in K_n[Y]$ vom Grade $\leq 2b-1$. Es folgt $Y^b(f-q\omega)=r'$. Mithin ist r' durch Y^b teilbar: $r'=rY^b$ mit $r\in K_n[Y]$ und $\operatorname{grad} r\leq b-1$. Insgesamt folgt die Weierstraßsche Formel $f=q\omega+r$, w.z.b.w.

§ 5. Algebraische Struktur des Ringes K_n

k habe unendlich viele Elemente. Ist $\langle Z_1,\dots,Z_n\rangle$ eine fest gewählte Karte in K_n, so setzen wir stets $K_{n-1}:=k\langle Z_1,\dots,Z_{n-1}\rangle$.

1. Weierstraßhomomorphismen und Weierstraßpolynome. Ist $g\in K_n$ bez. Z_n allgemein von der Ordnung b, und ist

$$f=qg+r, \quad \text{wo} \quad r=r_0+r_1 Z_n+\cdots+r_{b-1}Z_n^{b-1}\in K_{n-1}[Z_n]$$

die Weierstraßzerlegung von $f\in K_n$ bez. g, so wird wegen der Eindeutigkeit von r durch die Zuordnung $f\mapsto(r_0,\dots,r_{b-1})$ eine Abbildung $\gamma: K_n\to bK_{n-1}$ definiert. γ ist ersichtlich ein K_{n-1}-Modulhomomorphismus, wenn K_n und bK_{n-1} ihre natürliche K_{n-1}-Modulstruktur tragen. Wir nennen γ den zu g bez. der Karte $\langle Z_1,\dots,Z_n\rangle$ gehörenden *Weierstraßhomomorphismus*.

Satz 1. *Der Weierstraßhomomorphismus $\gamma: K_n\to bK_{n-1}$ ist surjektiv, und es gilt:* $\operatorname{Ker}\gamma=K_n g$. *Die b Elemente $\gamma(Z_n^\beta)$, $\beta=0,1,\dots,b-1$, bilden eine K_{n-1}-Modulbasis des K_{n-1}-Moduls $K_n/K_n g$.*

Der Beweis ist trivial und sei dem Leser überlassen. Wir nennen Satz 1 auch den *Weierstraßschen Endlichkeitssatz;* er ermöglicht vielfach Induktionsbeweise nach n.

Im Satz 1 wird nichts über die Ringstruktur von $K_n/K_n g$ (als Restklassenring von K_n nach dem Hauptideal $K_n g$) ausgesagt. Es gilt:

Satz 2. *Sei $g\in K_n$ bez. Z_n allgemein und sei $\omega\in K_{n-1}[Z_n]$ das zu g (gemäß dem Vorbereitungssatz) gehörende Weierstraßpolynom. Dann induziert die Injektion $K_{n-1}[Z_n]\hookrightarrow K_n$ einen k-Algebraisomorphismus*

$$K_{n-1}[Z_n]/K_{n-1}[Z_n]\omega \xrightarrow{\sim} K_n/K_n g.$$

Beweis. Da $g=e\omega$ mit einer Einheit $e\in K_n$, so gilt: $K_n g=K_n\omega$. Die Injektion $K_{n-1}[Z_n]\hookrightarrow K_n$ induziert jedenfalls einen k-Algebrahomomorphismus

$$\alpha: K_{n-1}[Z_n]\to K_n/K_n\omega=K_n/K_n g,$$

der surjektiv ist, da jedes $f\in K_n$ nach der Weierstraßschen Formel mod $K_n\omega$ zu einem Polynom $r\in K_{n-1}[Z_n]$ kongruent ist. Es gilt $\operatorname{Ker}\alpha=K_n\omega\cap K_{n-1}[Z_n]=K_{n-1}[Z_n]\omega$ nach Satz 4.2a), w.z.b.w.

Folgerung. *Ein Weierstraßpolynom aus $K_{n-1}[Z_n]$ ist ein Primelement in $K_{n-1}[Z_n]$ genau dann, wenn es ein Primelement in K_n ist.*

Denn nach Definition ist in einem Ring ein Element genau dann prim, wenn der Restklassenring nach dem von ihm erzeugten Ideal nullteilerfrei und $\neq 0$ ist.

2. Noethereigenschaft. Ein kommutativer Ring R ist noethersch, wenn jeder Restklassenring R/Rf, $f\in R$, $f\neq 0$, noethersch ist. Diese Bemerkung dient zum Beweis von

Satz 3 (Rückert [18], p. 264). *K_n ist noethersch.*

Beweis. Durch Induktion nach n; der Induktionsbeginn $n=0$ ist trivial. Sei $n>0$ und $f\in K_n, f\neq 0$, beliebig. Sei $\langle Z_1,\dots,Z_n\rangle$ eine Karte in K_n, so daß f allgemein in Z_n ist, etwa von der Ordnung b. Nach Satz 1 besteht eine K_{n-1}-Modulisomorphie $K_n/K_n f\simeq bK_{n-1}$. Nach Induktionsannahme ist K_{n-1} noethersch. Also ist $K_n/K_n f$ ein noetherscher K_{n-1}-Modul und daher erst recht ein noetherscher Ring, w.z.b.w.

Bemerkung 1. Für $n=1$ ist Satz 3 in der folgenden verschärften Form elementar einzusehen:

$K_1=k\langle Z_1\rangle$ ist ein Hauptidealring. Die Ideale $K_1 Z_1^m$, $m\geq 0$, sind genau alle vom Nullideal verschiedenen Ideale in K_1.

Denn jedes Element $f\in k\langle Z_1\rangle$, $f=a_m Z_1^m+a_{m+1}Z_1^{m+1}+\cdots$ mit $a_m\neq 0$, läßt sich eindeutig schreiben in der Form $f=eZ_1^m$, wobei e eine Einheit in K_1 ist. Für jedes Ideal $\mathfrak{a}\neq 0$ in K_1 existiert ein $f=eZ_1^m\in\mathfrak{a}$ mit minimalem m. Daraus folgt $\mathfrak{a}=K_1 Z_1^m$, w.z.b.w.

In K_n, $n\geq 2$, ist das maximale Ideal $\mathfrak{m}$ kein Hauptideal.

Bemerkung 2. Der Quotientenkörper $Q(K_1)$ von $K_1=k\langle Z_1\rangle$ besteht aus allen „konvergenten Laurentreihen $\sum_{\nu=-q}^{\infty} a_\nu Z_1^\nu$, $q\in\mathbb{Z}$, mit endlichem Hauptteil“. Dagegen existiert im Falle $n\geq 2$ für die Elemente aus $Q(K_n)$ i.a. keine eindeutig bestimmte Laurententwicklung.

Bemerkung 3. Die Ringe K_n sind bezüglich der Ordnungsfunktion o nichtarchimedisch und diskret bewertet (vgl. § 0.1). Die Bewertung o setzt sich in natürlicher Weise zu einer Bewertung $\bar{o}$ von $Q(K_n)$ fort.

Jedoch ist nur im Falle $n=1$ der Ring K_n gleich dem Bewertungsring $\{f\in Q(K_n): \bar{o}(f)\geq 0\}$ der Bewertung o. Denn für $n\geq 2$ und $K_n=k\langle Z_1,\ldots,Z_n\rangle$ gilt z.B. $\bar{o}(Z_1 Z_2^{-1})=0$.

Bemerkung 4. Die analytischen Banachalgebren B_t selbst sind *nicht* noethersch (und auch nicht faktoriell). Wählt man z.B. $k=\mathbb{C}$, $n=1$ und $t=1$, so gilt

$$f_0 := (1-z)^2 \sin(\ln(1-z))\in B_1 .$$

f_0 hat im Punkt $z_\nu := 1-e^{-\nu\pi}$; $\nu=1,2,\ldots$, eine Nullstelle der Ordnung 1. Da auch die Elemente

$$f_\nu := (z-z_1)^{-1}\ldots(z-z_\nu)^{-1} f_0, \qquad \nu=1,2,\ldots,$$

in B_1 liegen, so ist

$$B_1 f_0 \subset B_1 f_1 \subset B_1 f_2 \subset \cdots \subset B_1 f_\nu \subset \cdots$$

eine echt aufsteigende Idealkette, die nicht stationär wird.[3] Es läßt sich übrigens zeigen, daß jede noethersche $\mathbb{C}$-Banachalgebra ein endlichdimensionaler $\mathbb{C}$-Vektorraum ist (vgl. das Supplement zu diesem §). Für nichtarchimedisch bewertete Grundkörper k gilt kein entsprechender Satz, wie die Beispiele der Tateschen Algebren T_n zeigen.

Aufgrund von Satz 2 ist jede Potenzreihenalgebra K_n eine noethersche k-Stellenalgebra. Speziell gilt also (vgl. Anhang, Satz 2.2, Folgerung):

Folgerung (Krullsches Lemma). *Es seien M_1, M_2 Untermoduln eines endlichen K_n-Moduls M, es gelte $M_1 \subset M_2 + \mathfrak{m}^e M$ für alle $e\geq 1$. Dann gilt $M_1 \subset M_2$.*

Hieraus ergibt sich

(Krull [12], p. 218): *Es seien $h, h_1, \ldots, h_p \in k\langle X_1,\ldots,X_n\rangle$ konvergente Potenzreihen; es gelte: $h = \sum_{j=1}^{p} a'_j h_j$ mit formalen Potenzreihen $a'_1,\ldots,a'_p \in k\{X_1,\ldots,X_n\}$. Dann gibt es konvergente Potenzreihen $a_1,\ldots,a_p\in k\langle X_1,\ldots,X_n\rangle$, so daß $h=\sum_{j=1}^{p} a_j h_j$.*

Denn: Für die Ideale $M_1 := K_n h$, $M_2 := K_n h_1 + \cdots + K_n h_p$ in $M := K_n$ gilt stets $M_1 \subset M_2 + \mathfrak{m}^e$, $e\geq 1$. Das Krullsche Lemma liefert die Behauptung, w.z.b.w.

3. Unbeschränktheit der Corangfunktion. Aufgrund von Satz 2 ist für jedes Ideal $\mathfrak{a}$ in K_n die *Minimalzahl der Erzeugenden von* $\mathfrak{a}$, also der Corang

$$\operatorname{cg}\mathfrak{a} := \dim_k \mathfrak{a}/\mathfrak{m}\,\mathfrak{a}$$

---

[3] Dieses Beispiel wurde von Herrn K. Langmann angegeben.

endlich (zu diesem Begriff vgl. Anhang, § 1.5 und § 2.4). Für $n=1$ gilt $\operatorname{cg}\mathfrak{a}=1$ für alle $\mathfrak{a}\neq 0$. Wir zeigen nun:

Ist $n\geq 2$, *so ist die Corangfunktion unbeschränkt. Z. B. gilt* $\operatorname{cg}\mathfrak{a}=m+1$ *für*

$$\mathfrak{a}:=K_n X_1^m+K_n X_1^{m-1}X_2+\cdots+K_n X_1 X_2^{m-1}+K_n X_2^m.$$

Beweis. Seien $c_0,\ldots,c_m\in k$ so beschaffen, daß $\sum_0^m c_\mu X_1^{m-\mu}X_2^\mu\in\mathfrak{m}\mathfrak{a}$. Da jedes $f\neq 0$ aus $\mathfrak{m}\mathfrak{a}$ eine Ordnung $\geq m+1$ hat, folgt

$$\sum_0^m c_\mu X_1^{m-\mu}X_2^\mu=0$$

und also $c_0=\cdots=c_m=0$. Im Vektorraum $\mathfrak{a}/\mathfrak{m}\mathfrak{a}$ sind also die Bilder der $X_1^{m-\mu}X_2^\mu$, $\mu=0,\ldots,m$, die $\mathfrak{a}/\mathfrak{m}\mathfrak{a}$ erzeugen, linear unabhängig. Folglich gilt $\dim_k\mathfrak{a}/\mathfrak{m}\mathfrak{a}=m+1$, w.z.b.w.

In dem soeben gegebenen Beispiel ist das Ideal $\mathfrak{a}$ nicht reduziert, d.h. es ist $\mathfrak{a}\neq\mathfrak{r}(\mathfrak{a})=\{f\in K_n: f^q\in\mathfrak{a},\ q\geq 1 \text{ geeignet}\}$. Für $n=2$ hat man in der Tat $\operatorname{cg}\mathfrak{a}\leq 2$ für alle reduzierten Ideale[4]. Dagegen gilt:

Ist $n\geq 4$, *so ist die Corangfunktion auf der Menge der reduzierten Ideale von* K_n *unbeschränkt.*

Beweis. Sei $m\geq 3$ eine natürliche Zahl, $m\not\equiv 0 \bmod(\operatorname{char} k)$. In $K_2:=k\langle S,T\rangle$ betrachten wir das von $\omega:=T^{m(m-2)}-S^m$ erzeugte Hauptideal. Wir behaupten, daß $K_2\omega$ reduziert ist. Dazu genügt es zu zeigen, da K_2 faktoriell ist (hier wird im Vorgriff Satz 5 benutzt), daß die Primfaktorzerlegung von ω in K_2 keine mehrfachen Faktoren enthält. Nun ist ω ein Weierstraßpolynom in $k\langle T\rangle[S]$; daher ist eine Primfaktorzerlegung von ω in $k\langle T\rangle[S]$ bereits eine Primfaktorzerlegung von ω in K_2 (vgl. Bemerkung im Anschluß an Satz 5). In $k\langle T\rangle[S]$ ist ω aber frei von mehrfachen Faktoren, da ω und $\dfrac{\partial\omega}{\partial S}=-mS^{m-1}\neq 0$ teilerfremd im Polynomring über $k\langle T\rangle$ sind.

Wir betrachten nun den durch

$$\varphi(X_1):=T^m,\qquad \varphi(X_2):=S,\qquad \varphi(X_3):=T^{m-1},\qquad \varphi(X_4):=ST$$

definierten Homomorphismus $\varphi: K_4:=k\langle X_1,X_2,X_3,X_4\rangle\to K_2$. Das Ideal $\mathfrak{a}:=\varphi^{-1}(K_2\omega)$ ist als Urbild eines reduzierten Ideals ebenfalls reduziert. Wir behaupten $\operatorname{cg}\mathfrak{a}\geq m-1$. Die $m-1$ Elemente

$$f_0:=X_1^{m-2}-X_2^m,\qquad f_\mu:=X_1^{\mu-1}X_3^{m-\mu}-X_2^{m-\mu}X_4^\mu,\qquad \mu=1,\ldots,m-2,$$

---

[4] Für $\mathfrak{a}=\mathfrak{m}(K_2)$ gilt $\operatorname{cg}\mathfrak{a}=2$; andernfalls ist jedes reduzierte Ideal ein Hauptideal, was sich unter Vorwegnahme von Satz 10 aus Kap. II, § 6 unmittelbar daraus ergibt, daß K_2 faktoriell und 2-dimensional ist.

gehören zu $\mathfrak{a}$; denn es gilt $\varphi(f_\mu)=T^\mu\omega$, $\mu=0,\ldots,m-2$. Seien nun $c_0,\ldots,c_{m-2}\in k$ so beschaffen, daß

$$c_0 f_0+\cdots+c_{m-2}f_{m-2}\in\mathfrak{m}\,\mathfrak{a},\qquad \mathfrak{m}=\mathfrak{m}(K_4).$$

Dann folgt durch Anwendung von φ mit Elementen $g_j\in K_2$ und $h_j\in\mathfrak{m}$:

$$\omega(c_0+c_1T+\cdots+c_{m-2}T^{m-2})=\omega\sum_{j=1}^{l} g_j\varphi(h_j).$$

Da in $\varphi(h_j)=h_j(T^m,S,T^{m-1},ST)$ alle reinen Potenzen von T mindestens den Exponenten $m-1$ haben, folgt $c_0=\cdots=c_{m-2}=0$, und somit gilt $\operatorname{cg}\mathfrak{a}\geq m-1$, w.z.b.w.

Anmerkung. Für $k=\mathbb{C}$ läßt sich zeigen, daß es bei beliebigem n zu jedem Ideal $\mathfrak{a}\subset K_n$ ein Ideal $\mathfrak{a}'\subset K_n$ mit $\mathfrak{r}(\mathfrak{a}')=\mathfrak{r}(\mathfrak{a})$ gibt, so daß gilt: $\operatorname{cg}\mathfrak{a}'\leq n$ (funktionentheoretisches Analogon eines von Kronecker für Polynomringe bewiesenen Satzes).

4. Cartanscher Abgeschlossenheitssatz. K_n sei mit der schwachen Topologie versehen. Die Produkttopologie in einem freien K_n-Modul $F:=pK_n$, $p\geq 1$, nennen wir dann wieder die *schwache Topologie.*

Jeder Restklassenmodul $F/\mathfrak{m}^eF$, $\mathfrak{m}=\mathfrak{m}(K_n)$, $e\geq 1$, ist ein endlich-dimensionaler topologischer, hausdorffscher k-Vektorraum, alle k-Vektorraumepimorphismen $\alpha_e\colon F\to F/\mathfrak{m}^eF$ sind stetig (vgl. § 3.4).

Satz 4. *Jeder K_n-Untermodul L von pK_n ist abgeschlossen in der schwachen Topologie.*

Beweis. Da pK_n hausdorffsch ist und das 1. Abzählbarkeitsaxiom gilt, so genügt es zu zeigen: Konvergiert eine Folge $\{f_j\}$, $f_j\in L$, schwach gegen $f\in F:=pK_n$, so gilt $f\in L$.

Wegen der Stetigkeit der Abbildungen α_e konvergiert jede Folge $\{\alpha_e(f_j)\}$, $e\geq 1$, gegen $\alpha_e(f)$ in $F/\mathfrak{m}^eF$. Der k-Untervektorraum $\alpha_e(L)$ ist abgeschlossen in $F/\mathfrak{m}^eF$, da $F/\mathfrak{m}^eF$ ein endlich-dimensionaler topologischer, hausdorffscher k-Vektorraum und k vollständig bewertet ist. Also gilt: $\alpha_e(f)\in\alpha_e(L)$, d.h. $K_nf\subset L+\mathfrak{m}^eF$ für alle $e\geq 1$. Aus dem Krullschen Lemma (Folgerung aus Satz 3) folgt unmittelbar $f\in L$, w.z.b.w.

Folgerung. (Cartan [6], p. 194). *Sei $\mathfrak{a}$ ein Ideal in K_n. Dann ist für jedes $t\in\mathbb{R}^n_+$ das Ideal $\mathfrak{a}\cap B_t$ abgeschlossen in B_t.*

Denn jede in B_t konvergente Folge konvergiert auch in der schwachen Topologie gegen denselben Limes.

5. Primfaktorzerlegung. Ein kommutativer Integritätsring I ist faktoriell, wenn jede Nichteinheit $\neq 0$ Produkt endlich vieler Primelemente ist. Wir beweisen den für die Teilbarkeitstheorie des K_n grundlegenden

Satz 5 (Rückert [18], p. 263). *K_n ist faktoriell.*

Der Beweis benutzt neben dem Gaußschen Lemma und Satz 2, Folgerung noch folgende Eigenschaft der Weierstraßpolynome:

Ein Produkt $\omega_1 \cdot \ldots \cdot \omega_s$ aus normierten Polynomen $\omega_1, \ldots, \omega_s \in K_{n-1}[Z_n]$ ist genau dann ein Weierstraßpolynom in Z_n, wenn alle Faktoren $\omega_1, \ldots, \omega_s$ Weierstraßpolynome in Z_n sind.

Dies folgt sofort daraus, daß ein normiertes Polynom $\omega \in K_{n-1}[Z_n]$ genau dann ein Weierstraßpolynom in Z_n vom Grade b ist (vgl. § 4.1), wenn gilt $\omega(0, \ldots, 0, Z_n) = Z_n^b$.

Wir beweisen nun den Satz 5 durch Induktion nach n; der Induktionsbeginn $n=0$ ist trivial. Sei $n>0$ und $f \neq 0$ Nichteinheit in K_n. Sei $\langle Z_1, \ldots, Z_n \rangle$ eine Karte in K_n, so daß f allgemein in Z_n ist. Satz 4.2b) liefert die Zerlegung $f = e\omega$, wo $\omega \in K_{n-1}[Z_n]$ ein Weierstraßpolynom und $e \in K_n$ eine Einheit ist. Da K_{n-1} nach Induktionsannahme faktoriell ist und Polynomringe über faktoriellen Ringen nach dem Gaußschen Lemma wieder faktoriell sind, so ist $K_{n-1}[Z_n]$ faktoriell. ω ist in $K_{n-1}[Z_n]$ keine Einheit; es gilt also eine Gleichung $\omega = \omega_1 \ldots \omega_s$ mit Primelementen $\omega_\sigma \in K_{n-1}[Z_n]$, $\sigma = 1, \ldots, s$. Da ω normiert ist, kann man auch alle ω_σ normieren; sie sind dann sämtlich Weierstraßpolynome in Z_n. Nach Satz 2, Folgerung sind $\omega_1, \ldots, \omega_s$ sogar Primelemente in K_n, und f besitzt in K_n die Primfaktorzerlegung $f = e\,\omega_1 \ldots \omega_s$, w.z.b.w.

Bemerkung. Wir haben insbesondere bewiesen:

Jede Primfaktorzerlegung eines Weierstraßpolynoms $\omega \in K_{n-1}[Z_n]$ im Polynomring $K_{n-1}[Z_n]$ ist auch eine Primfaktorzerlegung von ω im Oberring K_n.

Folgerung (aus Satz 5). *Der Ring K_n, $n \geq 1$, ist normal, d.h. ganzabgeschlossen in seinem Quotientenkörper $Q(K_n)$.*

Denn jeder faktorielle Ring hat diese Eigenschaft (vgl. Anhang, § 3.2).

6. Henselsches Lemma. In diesem Abschnitt wird bewiesen, daß für einen algebraisch abgeschlossenen Grundkörper k jede Potenzreihenalgebra K_n henselsch ist. Grundlegend ist (wir schreiben wieder abkürzend X für eine Karte $\langle X_1, \ldots, X_n \rangle$ und bezeichnen mit W eine weitere Unbestimmte)

Satz 6. *Ist*

$$\omega(X; W) = W^b + a_1(X)\, W^{b-1} + \cdots + a_b(X) \in K_n[W]$$

ein normiertes Polynom, $b \geq 1$, und gilt

$$\omega(0; W) = (W - c_1)^{b_1} \cdot \ldots \cdot (W - c_t)^{b_t},$$

wo $c_1, \ldots, c_t \in k$ *paarweise verschieden sind, so gibt es normierte Polynome* $\omega_j(X; W) \in K_n[W]$, $j=1, \ldots, t$, *so daß gilt:*

$$\omega(X; W) = \omega_1(X; W) \cdot \ldots \cdot \omega_t(X; W),$$
$$\omega_j(0; W) = (W - c_j)^{b_j}, \qquad j=1, \ldots, t.$$

$\omega_1, \ldots, \omega_t$ *sind eindeutig bestimmt und paarweise teilerfremd in* $K_n[W]$.

Beweis. a) Existenz: Wir führen Induktion nach t; der Induktionsbeginn $t=1$ ist trivial. Sei $t>1$. Dann ist $q(X; W) := \omega(X; W+c_1) \in K_n[W]$ ein normiertes Polynom, welches W-allgemein von der Ordnung b_1 ist. Nach dem Vorbereitungssatz gilt eine Gleichung

$$q(X; W) = e'(X; W) q_1(X; W),$$

wo $e', q_1 \in K_n[W]$, e' eine Einheit und q_1 ein Weierstraßpolynom vom Grade b_1 ist. Es gilt $e'(0,0) \neq 0$ und $q_1(0; W) = W^{b_1}$. Setzt man

$$\omega_1(X; W) := q_1(X; W - c_1), \qquad \omega'(X; W) := e'(X; W - c_1),$$

so folgt

$$\omega(X; W) = \omega_1(X; W)\omega'(X; W), \qquad \omega_1(0; W) = (W - c_1)^{b_1}.$$

Da $\omega'(X; W)$ nach Konstruktion ebenfalls ein normiertes Polynom in W ist und $\omega'(0; W) = \prod_{j=2}^{t} (W - c_j)^{b_j}$, so folgt die Existenz von $\omega_2, \ldots, \omega_t$ nach Induktionsannahme.

b) Eindeutigkeit und Teilerfremdheit: Da $K_n[W]$ nach Satz 5 und dem Gaußschen Lemma faktoriell ist, existiert eine Primfaktorzerlegung $\omega = \pi_1 \cdot \ldots \cdot \pi_v$, $\pi_\nu \in K_n[W]$. Da ω normiert ist, dürfen wir auch die π_ν als normiert voraussetzen; alsdann ist die obige Zerlegung von ω sogar bis auf die Reihenfolge der Primelemente π_ν eindeutig bestimmt. $\pi_\nu(0; W)$ ist als Faktor von $\omega(0; W)$ von der Form $\prod_{j=1}^{t} (W - c_j)^{\beta_j}$, $0 \leq \beta_j \leq b_j$. Damit erfüllt $\pi_\nu(X; W)$ ebenfalls die Voraussetzungen von Satz 6. Wären nun zwei Exponenten β_j von 0 verschieden, so wäre π_ν nach dem unter a) Bewiesenen zerlegbar, was nicht geht. $\pi_\nu(0; W)$ hat also genau eine Nullstelle c_j (evtl. mit einer Ordnung $< b_j$). Andererseits kommt jedes Element c_j, $j=1, \ldots, t$, als Nullstelle wenigstens eines $\pi_\nu(0; W)$ vor. Wir definieren nun Ω_j als das Produkt derjenigen π_ν, für welches c_j eine Nullstelle von $\pi_\nu(0; W)$ ist, $j=1, \ldots, t$. Die Polynome $\Omega_1, \ldots, \Omega_t$ sind dann normiert und paarweise teilerfremd.

Es seien nun $\omega_1, \ldots, \omega_t \in K_n[W]$ irgendwelche normierten Polynome, so daß gilt $\omega = \omega_1 \cdot \ldots \cdot \omega_t$ und $\omega_j(0; W) = (W - c_j)^{b_j}$, $j=1, \ldots, t$. Die obige Primfaktorzerlegung von ω erhält man dann auch, indem man die ω_j in Primfaktoren (normierte Polynome) zerlegt und dann das

Produkt bildet. Die Primfaktoren von Ω_j und ω_j müssen also übereinstimmen. Mithin gilt $\omega_j = \Omega_j$, $j=1, \ldots, t$. – Satz 6 ist bewiesen.

Ein Stellenring R mit dem maximalen Ideal $\mathfrak{m}$ heißt *Henselscher Ring* (oder *henselsch*), wenn für R das „Henselsche Lemma" gilt, d.h. wenn die folgende Aussage richtig ist (der Restklassenepimorphismus $\rho: R \to R/\mathfrak{m}$ induziert vermöge $\rho(W) := W$ einen Epimorphismus $\rho: R[W] \to R/\mathfrak{m}[W]$ der Polynomringe):

Ist $F \in R[W]$ ein normiertes Polynom und gilt $\rho(F) = Q_1 \cdot \ldots \cdot Q_t$ mit paarweise teilerfremden normierten Polynomen $Q_1, \ldots, Q_t \in R/\mathfrak{m}[W]$, so gibt es normierte Polynome $F_j \in R[W]$ mit $\rho(F_j) = Q_j$, $j=1, \ldots, t$, so daß $F = F_1 \cdot \ldots \cdot F_t$.

Wir nennen $F = F_1 \cdot \ldots \cdot F_t$ eine henselsche Faktorisierung von F und zeigen zugleich allgemein für eine spätere Anwendung:

Die Faktoren $F_1, \ldots, F_t \in R[W]$ einer jeden henselschen Faktorisierung sind paarweise strikt teilerfremd, d.h. für $i \neq j$, $1 \leq i, j \leq t$, gibt es stets Polynome $G_i, G_j \in R[W]$ mit $G_i F_i + G_j F_j = 1$.

Beweis. Im Ring $M := R[W]$ betrachten wir das von F_i und F_j erzeugte Ideal N. Es gilt $\rho(N) = R/\mathfrak{m}[W]$, denn die Restklassenpolynome $\rho(F_i)$ und $\rho(F_j)$ sind teilerfremd und daher, da $R/\mathfrak{m}[W]$ als Polynomring in einer Unbestimmten über einem Körper ein Hauptidealring ist, strikt teilerfremd. Somit folgt

$$M = N + \mathfrak{m}(R)M \quad \text{wegen } \operatorname{Ker} \rho = \mathfrak{m}(R)M.$$

Da F_i normiert ist, so ist jedes Polynom $P \in M$ modulo F_i kongruent zu einem Polynom über R vom Grade $< \operatorname{grad} F_i$ (Division mit Rest). Der R-Modul M/N ist daher endlich erzeugbar (mit den Restklassen der Potenzen $1, Y, \ldots, Y^{\operatorname{grad} F_i - 1}$ als Erzeugendensystem). Die Gleichung $M = N + \mathfrak{m}(R)M$ liefert $M/N = \mathfrak{m}(R)M/N$, woraus $M/N = 0$ nach dem Lemma von Nakayama folgt. Es gilt also $M = N$, d.h. $1 = G_i F_i + G_j F_j$ mit Polynomen $G_i, G_j \in R[W]$, w.z.b.w.

Mit der jetzt zur Verfügung stehenden Terminologie besagt Satz 6 insbesondere:

Satz 6'. *Jede Potenzreihenalgebra $K_n = k\langle X_1, \ldots, X_n \rangle$ über einem algebraisch abgeschlossenen Körper k ist ein Henselscher Ring.*

Die Voraussetzung der algebraischen Abgeschlossenheit von k ist überflüssig. Wir zeigen hier noch:

Satz 6''. *Jede Potenzreihenalgebra $K_n = k\langle X_1, \ldots, X_n \rangle$ über einem vollkommenen Grundkörper k ist henselsch.*

Beweis. Sei $\omega \in K_n[W]$ ein normiertes Polynom. Sei k' der Zerfällungskörper von $\omega(0; W)$. Die Bewertung von k setzt sich nach bekannten Sätzen der Bewertungstheorie eindeutig zu einer vollständigen

Bewertung von k' fort. Setzt man $K'_n := k'\langle X_1, \ldots, X_n\rangle \supset K_n$, so gibt es für $\omega \in K'_n[W]$ nach Satz 6 eine Faktorisierung $\omega = \omega'_1 \cdot \ldots \cdot \omega'_s$, $\omega'_i \in K'_n[W]$, wo $\omega'_i(0; W) = (W - c_i)^{b_i}$ mit $c_i \in k'$. Die Galoisgruppe G von k' bez. k operiert, da jedes $g \in G$ eine Isometrie bezüglich der Bewertung von k' ist, in natürlicher Weise auf $K'_n[W]$ und läßt genau $K_n[W]$ elementweise fest (denn k ist der Fixkörper von G, da k vollkommen ist). Für jedes $g \in G$ ist nun

$$\omega = g(\omega) = g(\omega'_1) \cdot \ldots \cdot g(\omega'_s)$$

ebenfalls eine Zerlegung von ω gemäß Satz 6, denn es gilt $g(\omega'_i)(0; W) = (W - g(c_i))^{b_i}$. Da die ω'_i eindeutig bestimmt sind, permutiert g also jeweils diejenigen ω'_i, deren Wurzeln c_i konjugiert sind. Bezeichnet daher ω_j das Produkt aller dieser ω'_i, so gilt $g(\omega_j) = \omega_j$ für alle $g \in G$, d.h. $\omega_j \in k\langle X\rangle[W]$. Ersichtlich ist

$$\omega = \omega_1 \cdot \ldots \cdot \omega_t$$

die gesuchte Faktorisierung von ω, w.z.b.w.

Bemerkung. Die Voraussetzung der Vollkommenheit von k ist auch noch entbehrlich. Es läßt sich zeigen (vgl. z.B. [1]), daß K_n *stets* henselsch ist, wenn k vollständig bewertet ist.

Supplement zu § 5.
Noethersche Banachalgebren über $\mathbb{R}$ und $\mathbb{C}$

Wir haben gesehen, daß die Banachalgebren B_t, die wir zum Studium der *noetherschen* Potenzreihenalgebren K_n, $n \geq 1$, entscheidend herangezogen haben, selbst *nicht noethersch* sind. Es ist nicht müßig zu fragen, ob K_n auch durch eine Familie von *noetherschen Banachalgebren* ausschöpfbar ist. Die Vorteile, die eine solche Beschreibung von K_n bieten würde, liegen auf der Hand. Für nichtarchimedisch bewertete Grundkörper kennt man in der Tat die Darstellung von K_n als induktiven Limes der sog. Tateschen Algebren, die noethersch und banachsch sind. Ziel dieses Supplements ist zu zeigen, daß in der reellen und komplexen Analysis keine solche Möglichkeit gegeben ist. Das ergibt sich sofort, da in K_n, $n \geq 1$, die Nichteinheiten $\neq 0$ in keinem Unterkörper von K_n liegen können, aus folgendem

Satz 1. *Jede (kommutative) noethersche, nullteilerfreie Banachalgebra über $\mathbb{R}$ (bzw. $\mathbb{C}$) ist ein Körper.*

Den Beweis stützen wir auf zwei Bemerkungen nebst Folgerungen, die für beliebige vollständig bewertete Grundkörper k gelten. Die Voraussetzung $k=\mathbb{R},\mathbb{C}$ wird erst ganz zum Schluß dahingehend verwendet, daß diese Körper zusammenhängend sind.

Sind E und F Banachräume und ist $\varphi: E \to F$ eine beschränkte lineare Abbildung, so versteht man unter der *Norm* von φ, in Zeichen $|\varphi|$, das Infimum aller reellen Zahlen $r>0$ mit $|\varphi(x)| \leq r|x|$, $x \in E$. Dann gilt auch stets $|\varphi(x)| \leq |\varphi|\,|x|$.

Bemerkung 1. *Es sei $\varphi: E \to F$ linear, beschränkt und injektiv; überdies sei $\varphi(E)$ abgeschlossen in F. Dann gibt es eine positive reelle Zahl $\varepsilon>0$, so daß auch jede beschränkte lineare Abbildung $\psi: E \to F$ mit $|\varphi-\psi|<\varepsilon$ injektiv ist.*

Beweis. Da $\varphi(E)$ abgeschlossen in F liegt, so ist $\varphi(E)$ selbst ein Banachraum. Die Umkehrabbildung $\varphi^{-1}: \varphi(E) \to E$ existiert wegen $\operatorname{Ker}\varphi=0$, sie ist linear und nach dem Satz von Banach beschränkt. Wir wählen $\varepsilon>0$ so klein, daß $|\varphi^{-1}|\varepsilon<1$.

Sei nun $\psi: E \to F$ mit $|\varphi-\psi|<\varepsilon$ gegeben. Wir setzen $\lambda := \varphi-\psi$. Gäbe es ein $x \neq 0$ mit $\psi(x)=0$, so müßte gelten $\varphi(x)=\lambda(x)$ und also $x=\varphi^{-1}(\lambda(x))$. Wegen $|\lambda| \leq \varepsilon$ impliziert dies den Widerspruch

$$|x| \leq |\varphi^{-1}|\,|\lambda|\,|x| \leq |\varphi^{-1}|\,\varepsilon|x| < |x|, \qquad \text{w.z.b.w.}$$

Folgerung. *Es sei B eine kommutative Banachalgebra, so daß jedes Hauptideal in B abgeschlossen in B liegt. Dann ist die Menge Ω aller Nichtnullteiler von B, die keine Einheiten in B sind, offen in B.*

Beweis. Wir betrachten den Banachraum $E := B \oplus k$, versehen mit der Norm $|(x,c)| := |x|+|c|$, und ordnen jedem $f \in B$ die durch $(x,c) \mapsto fx+c$ definierte k-lineare Abbildung $\varphi_f: E \to B$ zu. φ_f ist beschränkt mit $\max(1,|f|)$ als Schranke. Weiter ist $\varphi_f(E)=Bf+k$ abgeschlossen in B, denn nach Voraussetzung ist das Hauptideal Bf abgeschlossen in B; der Grundkörper k ist eo ipso abgeschlossen in B, und es gilt $k \subset Bf$ oder $Bf \cap k=\{0\}$, d.h. $\varphi_f(E)=Bf$ oder $\varphi_f(E)=Bf \oplus k$.

Der Grund dafür, daß man die Abbildungen φ_f einführt, wird klar durch folgende unmittelbar zu verifizierende Tatsache:

Es gilt $f \in \Omega$ genau dann, wenn φ_f injektiv ist.

Damit wird der Rest des Beweises kanonisch: Sei $f \in \Omega$. Die Abbildung $\varphi_f: E \to B$ erfüllt dann die Voraussetzungen der Bemerkung 1 (mit $F := B$). Wir wählen $\varepsilon>0$ entsprechend und betrachten alle $g \in B$ mit $|f-g|<\varepsilon$. Wegen $(\varphi_f-\varphi_g)(x,c)=(f-g)x$ gilt dann $|\varphi_f-\varphi_g|<\varepsilon$ und also $\operatorname{Ker}\varphi_g=0$, d.h. $g \in \Omega$, w.z.b.w.

Es folgt nun unmittelbar

Satz 1' (A. Douady). *Eine (kommutative) nullteilerfreie Banachalgebra B über $\mathbb{R}$, in der jedes Hauptideal abgeschlossen in B liegt, ist ein Körper.*

Beweis. Gilt bereits $B=\mathbb{R}$, so ist nichts zu beweisen. Sei also B ein mindestens 2-dimensionaler Vektorraum über $\mathbb{R}$. Dann ist $B\setminus\{0\}$ zusammenhängend. Da B nullteilerfrei ist, so ist $B\setminus\{0\}$ disjunkte Vereinigung der Menge Ω mit der Menge U aller Einheiten von B. Da U ebenfalls offen (Hilfssatz 2.3) und nicht leer ist, folgt $\Omega=\emptyset$. Jedes $x\neq 0$ in B ist also eine Einheit in B, d.h. B ist ein Körper, w.z.b.w.

Ist die Banachnorm $|\ |$ von B eine *Bewertung*, d.h. gilt $|fg|=|f|\,|g|$ für alle $f,g\in B$, so ist B *nullteilerfrei* und jedes Hauptideal Bg ist *abgeschlossen* in B (bei beliebigem Grundkörper k): ist nämlich $\{f_\nu g\}_{\nu\geq 1}\subset Bg$ eine gegen ein $h\in B$ konvergente Folge, so ist $\{f_\nu g\}$ eine Cauchyfolge in B und aus $|f_\mu-f_\nu|\,|g|=|f_\mu g-f_\nu g|$ folgt, daß auch $\{f_\nu\}$ eine Cauchyfolge in B ist und also einen Limes $f\in B$ hat. Es folgt $h=\lim\limits_\nu f_\nu g=fg\in Bg$, d.h. Bg ist abgeschlossen.

Mithin impliziert Satz 1′, *daß jede (kommutative) bewertete* $\mathbb{R}$*-Banachalgebra ein Körper ist.* Die Potenzreihenalgebren sind daher für $k=\mathbb{R},\mathbb{C}$ *nicht* durch bewertete Banachalgebren ausschöpfbar (dagegen sind in der nichtarchimedischen Funktionentheorie die Tateschen Algebren bewertete Banachalgebren).

Unsere nächste Bemerkung liefert ein Kriterium dafür, daß in einer Banachalgebra B ein Ideal abgeschlossen ist.

Bemerkung 2. *Es sei B eine Banachalgebra und $\mathfrak{b}\subset B$ ein Ideal, so daß der topologische Abschluß $\bar{\mathfrak{b}}$ von $\mathfrak{b}$ in B endlich erzeugbar ist. Dann gilt* $\mathfrak{b}=\bar{\mathfrak{b}}$.

Beweis. Sei $g_1,\dots,g_n$ ein Erzeugendensystem von $\bar{\mathfrak{b}}$. Durch $(f_1,\dots,f_n)\mapsto\sum\limits_{\nu=1}^{n} f_\nu g_\nu$ wird eine lineare surjektive Abbildung $\varphi: nB\to\bar{\mathfrak{b}}$ definiert. Versieht man nB mit einer Produktnorm, etwa $|(f_1,\dots,f_n)|:=\max\limits_\nu|f_\nu|$, so ist φ beschränkt und also offen nach dem Satz von Banach. Bezeichnet $D(\varepsilon)$ die Kugel vom Radius $\varepsilon>0$ um $0\in B$, so ist folglich $\sum\limits_{\nu=1}^{n} D(\varepsilon)g_\nu$ für jedes $\varepsilon>0$ eine 0-Umgebung in $\bar{\mathfrak{b}}$. Da $\mathfrak{b}$ dicht in $\bar{\mathfrak{b}}$ liegt, gilt also $\bar{\mathfrak{b}}=\mathfrak{b}+\sum\limits_{\nu=1}^{n} D(\varepsilon)g_\nu$. Es gibt mithin zu jedem $\varepsilon>0$ Elemente $h_1,\dots,h_n\in\mathfrak{b}$, $c_{\mu\nu}\in D(\varepsilon)$, $\mu,\nu=1,\dots,n$, so daß gilt:

$$g_\nu=h_\nu+\sum_{\mu=1}^{n} c_{\mu\nu}g_\nu,\qquad \nu=1,\dots,n.$$

Bezeichnen wir mit g bzw. h den Spaltenvektor mit den Komponenten g_ν bzw. h_ν und mit I bzw. C die $n\times n$-Einheitsmatrix bzw. die $n\times n$-Matrix mit den Elementen $c_{\mu\nu}$, so folgt

$$h=(I-C)g.$$

Können wir zeigen, daß die Matrix $(I-C)$ invertierbar ist, so gilt $g=(I-C)^{-1}h$, d.h. $g_1, \ldots, g_n \in \mathfrak{b}$, d.h. $\bar{\mathfrak{b}} \subset \mathfrak{b}$. Nach der Cramerschen Regel genügt es zu zeigen, daß die Determinante $\det(I-C) \in B$ eine Einheit in B ist. Nun gilt $\det(I-C)=1-p$, wo p ein Polynom in den $c_{\mu\nu}$ ohne konstantes Glied ist. Wird daher ε klein genug gewählt, so gilt $|p|<1$ und $1-p$ ist eine Einheit in B nach Hilfssatz 2.3, w.z.b.w.

Folgerung. *In einer noetherschen Banachalgebra sind alle Ideale abgeschlossen.*

Es folgt nun Satz 1 unmittelbar aus Satz 1′.

Ohne Beweis sei noch angemerkt, daß eine Banachalgebra, in der alle Ideale abgeschlossen sind, auch stets noethersch ist.

Ein klassischer Satz von Gelfand-Mazur besagt, daß jeder Banachsche Körper über $\mathbb{R}$ zu $\mathbb{R}$ oder $\mathbb{C}$ isomorph ist. Satz 1 beinhaltet dann also, daß $\mathbb{R}$ und $\mathbb{C}$ die einzigen nullteilerfreien noetherschen Banachalgebren der klassischen Analysis sind. Wir beweisen noch folgende Verallgemeinerung:

Satz 2. *Jede (kommutative) noethersche Banachalgebra über $\mathbb{R}$ bzw. $\mathbb{C}$ ist ein endlich-dimensionaler Vektorraum über $\mathbb{R}$.*

Zum Beweis ziehen wir folgende rein algebraische Aussage heran.

Es sei R ein noetherscher Ring und $k \subset R$ ein Körper. Es gelte $\dim_k R/\mathfrak{n} < \infty$, wobei $\mathfrak{n}$ das Nilradikal der nilpotenten Elemente von R ist. Dann gilt auch:

$$\dim_k R < \infty .$$

Beweis. Wir haben die absteigende k-Vektorraumkette

$$R \supset \mathfrak{n} \supset \mathfrak{n}^2 \supset \cdots$$

Zeigt man $\dim_k \mathfrak{n} < \infty$, so folgt die Behauptung wegen $\dim_k R = \dim_k \mathfrak{n} + \dim_k R/\mathfrak{n}$. Wir beweisen nun durch absteigende Induktion nach j:

$$\dim_k \mathfrak{n}^j < \infty , \qquad j=1,2, \ldots .$$

Für große j ist dies klar, da dann sogar $\mathfrak{n}^j = 0$ gilt (vgl. Anhang § 1.1.). Sei die Behauptung für alle $j>d$, $d \geq 1$, bewiesen. Wir haben eine exakte k-Sequenz

$$0 \to \mathfrak{n}^{d+1} \to \mathfrak{n}^d \to \mathfrak{n}^d/\mathfrak{n}^{d+1} \to 0 .$$

Wegen $\dim_k \mathfrak{n}^{d+1} < \infty$ genügt es, $\dim_k \mathfrak{n}^d/\mathfrak{n}^{d+1} < \infty$ einzusehen. Nun ist $\mathfrak{n}^d$ als Ideal eines noetherschen Ringes ein endlich erzeugter R-Modul. Daher wird $\mathfrak{n}^d/\mathfrak{n}^{d+1}$ ebenfalls als R-Modul endlich erzeugt. $\mathfrak{n}^d/\mathfrak{n}^{d+1}$ ist aber sogar ein $R/\mathfrak{n}$-Modul (denn $\mathfrak{n}$ liegt im Annulatorideal dieses Moduls). Mithin ist $\mathfrak{n}^d/\mathfrak{n}^{d+1}$ ein endlich erzeugter $R/\mathfrak{n}$-Modul, woraus wegen $\dim_k R/\mathfrak{n} < \infty$ sofort die Ungleichung $\dim_k \mathfrak{n}^d/\mathfrak{n}^{d+1} < \infty$ folgt, w.z.b.w.

Nun zum Beweis von Satz 2. Sei $\mathfrak{p}$ ein Primideal in B. Nach Bemerkung 2, Folgerung ist $\mathfrak{p}$ abgeschlossen in B. Die noethersche und nullteilerfreie Restklassenalgebra $B/\mathfrak{p}$ ist daher ebenfalls banachsch (bez. der Restklassennorm) und also nach Satz 1 ein Körper. Jedes Primideal $\mathfrak{p}$ in B ist also maximal.

In der allgemeinen Theorie der noetherschen Ringe wird bewiesen, daß das Nilradikal Durchschnitt von endlich vielen Primidealen ist (vgl. Anhang, § 1.7). Im vorliegenden Fall gibt es daher endlich viele maximale Ideale $\mathfrak{m}_1, \ldots, \mathfrak{m}_t$ in B mit $\mathfrak{n} = \bigcap_{j=1}^{t} \mathfrak{m}_j$. Wir bezeichnen mit $\pi_j: B \to B/\mathfrak{m}_j$ den Restklassenepimorphismus und betrachten den durch

$$B \ni x \mapsto (\pi_1(x), \ldots, \pi_t(x)) \in V := \bigoplus_{j=1}^{t} B/\mathfrak{m}_j$$

gegebenen Homomorphismus $\pi: B \to V$. Es gilt

$$\operatorname{Ker} \pi = \bigcap_{j=1}^{t} \operatorname{Ker} \pi_j = \bigcap_{j=1}^{t} \mathfrak{m}_j = \mathfrak{n}.$$

Da V nach dem Satz von Gelfand-Mazur endlich-dimensional über $\mathbb{R}$ ist, ist also $B/\mathfrak{n} \subset V$ ebenfalls endlich-dimensional. Hieraus folgt: $\dim_{\mathbb{R}} B < \infty$, w.z.b.w.

Bemerkung. Satz 2 besagt im wesentlichen, daß jede kommutative noethersche $\mathbb{R}$-Banachalgebra *artinsch* ist (zu diesem Begriff vgl. Kap. II, § 4.2). Der hier angegebene Beweis stammt von Douady (unveröffentlicht), er wurde uns von R. Kiehl mitgeteilt. K. Langmann leitete kürzlich den Rückert-Hilbertschen Nullstellensatz aus dem Satz von Douady her (ersch. in Math. Ann.).

§ 6. Die Folgentopologie des K_n

Die Algebra K_n ist, versehen mit der schwachen Topologie (vgl. § 3.4), eine topologische k-Algebra. Daneben führten wir im § 3.4 den Begriff der analytischen Konvergenz ein. Dieser Konvergenzbegriff gibt Anlaß zu einer Topologie auf K_n, die feiner als die schwache Topologie ist. Wir nennen sie die *Folgentopologie*. In diesem § stellen wir wichtige Eigenschaften dieser Topologie zusammen, die für beliebige vollständig bewertete Grundkörper gelten. Wir beginnen mit einigen allgemeinen Bemerkungen über sog. finale Topologien.

1. Finale Topologien. Es sei X eine Menge und $\{X_i\}_{i\in I}$ eine Familie von Teilmengen von X. Jede Menge X_i sei ein topologischer Raum mit einer Topologie T_i (= System aller offenen Mengen von X_i). Dann ist trivial:

Es gibt eine feinste Topologie T auf X, so daß alle Injektionen $X_i \hookrightarrow X$, $i\in I$, stetig sind. Eine Menge $U\subset X$ ist genau dann offen (bzw. abgeschlossen) in dieser Topologie, wenn alle Mengen $U\cap X_i$ offen (bzw. abgeschlossen) in X_i, $i\in I$, sind.

Eine Abbildung $\varphi: X\to Y$ in einen topologischen Raum Y ist genau dann stetig bez. der Topologie T, wenn alle Abbildungen $\varphi|X_i: X_i\to Y$, $i\in I$, stetig sind.

Man nennt T die (durch die Topologien T_i der Räume X_i bestimmte) *finale* Topologie von X.

Ist I' eine Teilmenge von I, so ist die durch die Familie $\{X_i\}_{i\in I'}$ bestimmte finale Topologie T' von X *feiner* als T. Ist I' „groß genug", so gilt $T'=T$; z.B. sieht man unmittelbar:

Gibt es zu jedem Index $i\in I$ einen Index $i'\in I'$, so daß $X_i\subset X_{i'}$ und die Injektion $X_i\hookrightarrow X_{i'}$ stetig ist, so gilt $T'=T$.

Eine Folge $\{x_j\}_{j\geq 1}\subset X$ heißt T_i-konvergent mit Grenzwert x, $i\in I$ fest, wenn x und alle x_j in X_i liegen und die Folge der x_j in der Topologie T_i gegen x konvergiert. Jede T_i-konvergente Folge mit Limes x konvergiert auch in der finalen Topologie T gegen x.

Satz 1. *Jeder Raum X_i, $i\in I$, sei hausdorffsch und genüge dem* 1. *Abzählbarkeitsaxiom (d.h. jeder Punkt von X_i besitzt eine abzählbare Umgebungsbasis). Dann gilt:*

a) *Eine Menge $M\subset X$ ist bereits dann abgeschlossen in X, wenn sie für alle $i\in I$ abgeschlossen ist bez. T_i-konvergenter Folgen.*

b) *Eine Abbildung $\varphi: X\to Y$ in einen hausdorffschen Raum Y ist bereits dann stetig, wenn für jede T_i-konvergente Folge $\{x_j\}\subset X$, $i\in I$ beliebig, gilt:*

$$\lim_j \varphi(x_j)=\varphi(\lim_j x_j).$$

Beweis. a) M ist genau dann abgeschlossen in X, wenn jede Menge $M\cap X_i$ abgeschlossen in X_i ist, $i\in I$. Da X_i dem 1. Abzählbarkeitsaxiom genügt, ist eine Menge M_i in X_i genau dann abgeschlossen, wenn sie folgenabgeschlossen ist, d.h. wenn der Limes jeder T_i-konvergenten Folge $\{x_j\}\subset M_i$ wieder in M_i liegt.

b) Ist A abgeschlossen in Y und gilt $\lim_j \varphi(x_j)=\varphi(\lim_j x_j)$ für alle T_i-konvergenten Folgen, $i\in I$, so ist $\varphi^{-1}(A)$ abgeschlossen bez. T_i-konvergenter Folgen und also abgeschlossen in X nach a), w.z.b.w.

2. Folgentopologie auf K_n. Wir wenden die Überlegungen des 1. Abschnitts an auf $X := K_n = k\langle X_1, \ldots, X_n\rangle$, $n \geq 0$, mit der Familie $\{B_t\}$ von Banachräumen $B_t = B_t\langle X_1, \ldots, X_n\rangle$, wo t die Indexmenge $I := \mathbb{R}_+^n$ durchläuft. Die so bestimmte finale Topologie T auf K_n nennen wir die *(analytische) Folgentopologie* auf K_n. Im Falle $n=0$ ist dies die Bewertungstopologie von $K_0 = k$.

Die im § 3.4 definierten analytisch konvergenten Folgen sind genau diejenigen Folgen in K_n, die T_t-konvergent sind für ein geeignetes $t \in \mathbb{R}_+^n$. Da analytisch konvergente Folgen auch in der schwachen Topologie konvergieren (vgl. § 3.4), so ergibt sich:

Satz 2. *Die Folgentopologie ist feiner als die schwache Topologie.*

Dieser Satz impliziert, da die schwache Topologie hausdorffsch ist und da Ideale bez. der schwachen Topologie abgeschlossen sind (Satz 3.4):

Satz 3. *Die Folgentopologie ist hausdorffsch. Jedes Ideal $\mathfrak{a} \subset K_n$ ist abgeschlossen bez. der Folgentopologie.*

Da für $k = \mathbb{R}, \mathbb{C}$ die von B_t auf B_s, $t < s$, induzierte Relativtopologie stets echt gröber ist als die Banachtopologie von B_s (vgl. § 1.1), so folgt:

Für $k = \mathbb{R}, \mathbb{C}$ ist die Banachtopologie eines jeden Raumes B_t, $t \in \mathbb{R}_+^n$, echt feiner als die von der Folgentopologie T des K_n auf B_t induzierte Relativtopologie.

Ist $\{t_\nu\}_{\nu \geq 1} \subset \mathbb{R}_+^n$ eine Nullfolge, so gibt es zu jedem $t \in \mathbb{R}_+^n$ einen Index ν mit $B_t \subset B_{t_\nu}$. Da alle Injektionen $B_t \hookrightarrow B_s$, $s \leq t$, stetig sind, so sieht man:

Die Folgentopologie T auf K_n wird durch jede abzählbare Familie $\{B_{t_\nu}\}_{\nu \geq 1}$ bestimmt, wo $t_\nu \in \mathbb{R}_+^n$ eine Nullfolge durchläuft.

Wählt man die Folge t_ν insbesondere monoton fallend, so gilt

$$B_{t_1} \subset B_{t_2} \subset \cdots \subset B_{t_\nu} \subset \cdots \subset \bigcup_\nu B_{t_\nu} = K_n$$

mit stetigen Injektionen.

Es ergibt sich jetzt unmittelbar folgende Verschärfung von Satz 1, b):

Satz 4 (Stetigkeitskriterium). *Eine Abbildung $\varphi: K_n \to Y$ von K_n (mit der Folgentopologie) in einen hausdorffschen Raum Y ist stetig, wenn es eine Nullfolge $\{t_\nu\} \subset \mathbb{R}_+^n$ gibt, so daß alle induzierten Abbildungen $\varphi|B_{t_\nu}: B_{t_\nu} \to Y$ stetig sind, d.h. wenn*

$$\lim_j \varphi(f_j) = \varphi(\lim_j f_j)$$

für jede T_{t_ν}-konvergente Folge $\{f_j\} \subset K_n$ gilt, $\nu \geq 1$.

Wir zeigen als nächstes, daß Addition und Multiplikation in K_n „partiell stetig“ sind:

Satz 5. *Sei* $f_0 \in K_n$ *fest gegeben. Dann sind die durch* $h \mapsto f_0 + h$ *und* $h \mapsto f_0 h$ *definierten Abbildungen von* K_n *in sich stetig.*

Beweis. Für jede analytisch konvergente Folge $\{h_j\}$ in K_n gilt

$$\lim(f_0 + h_j) = f_0 + \lim h_j \quad \text{und} \quad \lim f_0 h_j = f_0 \lim h_j$$

als Spezialfall der Limesregeln (Satz 3.7). Nach Satz 4 sind daher die Abbildungen $h \mapsto f_0 + h$ und $h \mapsto f_0 h$ stetig bez. der Folgentopologie von K_n, w.z.b.w.

Korollar. *Die Folgentopologie ist translationsinvariant, d.h. jede Translation* $h \mapsto f_0 + h$ *ist eine topologische Abbildung von* K_n *auf sich.*

Es sei hervorgehoben, daß die Limesregeln nicht ausreichen, um elementar zu zeigen, daß K_n eine topologische k-Algebra ist, d.h. daß Addition und Multiplikation in beiden Variablen stetig sind. Wir werden dieses Resultat erst im nächsten Paragraphen herleiten unter der zusätzlichen Annahme, daß k lokal-kompakt ist.

3. Stetigkeit analytischer Homomorphismen. Jede k-Stellenalgebra K_n, $n \geq 0$, sei (bez. einer fest gewählten Karte) mit der Folgentopologie T versehen.

Satz 6. *Jeder analytische Homomorphismus* $\varphi: K_m \to K_n$ *ist stetig. Ebenso jede partielle Ableitung* $\dfrac{\partial}{\partial X_i}: K_n \to K_n$ *und jede Integration* $\int_i : K_n \to K_n$.

Beweis. Es sei $K_m = k\langle X_1, \ldots, X_m\rangle$, $K_n = k\langle Y_1, \ldots, Y_n\rangle$, es seien $\{B_t\langle X\rangle\}$, $t \in \mathbb{R}_+^m$, bzw. $\{B_s\langle Y\rangle\}$, $s \in \mathbb{R}_+^n$, die zugehörigen Familien von Banachräumen. Wir müssen zeigen, daß jede Abbildung $\varphi | B_t\langle X\rangle : B_t\langle X\rangle \to K_n$, $t \in \mathbb{R}_+^m$, stetig ist. Nach Satz 3.2 gibt es zu jedem t ein $s \in \mathbb{R}_+^n$ mit $\varphi(B_t\langle X\rangle) \subset B_s\langle Y\rangle$, so daß die von φ induzierte Abbildung $\varphi' : B_t\langle X\rangle \to B_s\langle Y\rangle$ kontraktiv und also stetig ist. Da $\varphi | B_t\langle X\rangle$ das Produkt von φ' mit der stetigen Injektion $B_s\langle Y\rangle \hookrightarrow K_n$ ist, folgt die Stetigkeit von $\varphi | B_t\langle X\rangle$ für alle $t \in \mathbb{R}_+^n$.

Die Stetigkeit von $\dfrac{\partial}{\partial X_i}: K_n \to K_n$ und $\int_i : K_n \to K_n$ beweist man analog, indem man Satz 1.3 und Satz 1.3′ heranzieht, w.z.b.w.

Die Folgentopologie T auf K_n ist bez. einer fest gegebenen Karte $\langle X_1, \ldots, X_n\rangle$ von K_n bestimmt. Aus Satz 6 folgt, daß analytische Automorphismen $K_n \to K_n$ topologische Abbildungen und *die Folgentopologie also unabhängig von der Kartenwahl ist.*

In Satz 6 liegt die Bildalgebra $\varphi(K_m)$ i.a. nicht abgeschlossen in K_n (vgl. Kap. II, § 5.2). Wir zeigen:

Ist $\langle Z_1, \ldots, Z_n\rangle$ irgendeine Karte von K_n, so liegt $K_m := k\langle Z_1, \ldots, Z_m\rangle$ für jedes m, $0 \leq m \leq n$, abgeschlossen in K_n, und die Relativtopologie von $K_m \subset K_n$ ist die Folgentopologie von K_m.

Beweis. Wir betrachten die Injektion $i: K_m \hookrightarrow K_n$ und die durch

$$Z_\mu \mapsto Z_\mu, \quad \mu = 1, \ldots, m, \quad Z_\mu \mapsto 0, \quad \mu = m+1, \ldots, n,$$

gegebene Projektion $\pi: K_n \to K_m$. Beide Abbildungen sind analytische Homomorphismen und also stetig nach Satz 6. Die Stetigkeit von i impliziert, daß die Relativtopologie auf $K_m \subset K_n$ feiner als die Folgentopologie von K_m ist. Die Stetigkeit von π hat (da $\pi^{-1}(M) \cap K_m = M$ für jede Menge $M \subset K_m$ gilt) zur Folge, daß die Folgentopologie von K_m feiner als die Relativtopologie ist.

K_m liegt abgeschlossen in K_n, da K_m die Fixpunktmenge der stetigen Selbstabbildung $i \circ \pi: K_n \to K_n$ ist, w.z.b.w.

Bemerkung. Für $m = 0$ besagt die soeben bewiesene Aussage, daß k abgeschlossen in K_n liegt und daß die Bewertungstopologie von k die Relativtopologie von $k \subset K_n$ ist.

Für spätere Anwendungen ist wichtig

Satz 7. *Es sei $g \in K_n = k\langle Z_1, \ldots, Z_n\rangle$ bez. Z_n allgemein von der Ordnung b. Dann ist der zu g gehörende Weierstraßepimorphismus $\gamma: K_n \to {}^bK_{n-1}$ stetig, wenn ${}^bK_{n-1}$ die Produkttopologie trägt.*

Beweis. Nach Satz 4.2, a) gibt es eine Menge $D \subset \mathbb{R}^n_+$, so daß $g \in B_t$ für alle $t \in D$ gilt und jedes $f \in B_t$, $t \in D$, eine Weierstraßzerlegung

$$f = qg + r, \quad r = r_0 + r_1 Z_n + \cdots + r_{b-1} Z_n^{b-1},$$

gestattet mit $\|r\|_t \leq 2\|f\|_t$. Versieht man die direkte Summe ${}^bB'_t$, wo $B'_t := B_t \cap K_{n-1}$, mit der Summennorm

$$\|(h_0, \ldots, h_{b-1})\|_t = \sum_{\beta=0}^{b-1} \|h_\beta\|_t,$$

so gilt wegen $\|r_\beta\|_t \leq t_n^{-\beta} \|r\|_t$ (Cauchysche Koeffizientenabschätzung), wenn man $M := \sum_{\beta=0}^{b-1} t_n^{-\beta}$ setzt:

$$\|\gamma(f)\|_t = \|(r_0, \ldots, r_{b-1})\|_t \leq 2M \|f\|_t \quad \text{für alle} \quad f \in B_t, \quad t \in D.$$

Die Weierstraßabbildung $\gamma | B_t: B_t \to {}^bK_{n-1}$ induziert also für jedes $t \in D$ eine beschränkte lineare Abbildung $\gamma'_t: B_t \to {}^bB'_t$. Da $\gamma | B_t$ das Produkt von γ'_t mit der Injektion ${}^bB'_t \hookrightarrow {}^bK_{n-1}$ ist und alle diese Injektionen stetig sind, wenn ${}^bK_{n-1}$ die Produkttopologie trägt, so ist also jede Abbildung $\gamma | B_t: B_t \to {}^bK_{n-1}$ stetig, $t \in D$. Da die Menge D Nullfolgen $\{t_\nu\}$ enthält (vgl. Satz 4.2, a)), so folgt die Stetigkeit des Weierstraßepimorphismus γ aus Satz 4, w.z.b.w.

Neben dem zu g gehörenden Weierstraßepimorphismus γ hat man gelegentlich auch die ebenfalls durch die Weierstraßsche Formel $f = qg + r$ definierte Abbildung $f \mapsto q$ von K_n in sich zu betrachten. Wir bezeichnen diese Abbildung mit π; ersichtlich ist π ein K_{n-1}-Modulepimorphismus mit dem von $1, Z_n, \ldots, Z_n^{b-1}$ erzeugten K_{n-1}-Untermodul von K_n als Kern. Wir zeigen noch

Satz 7'. *$\pi: K_n \to K_n$ ist stetig (bez. der Folgentopologie von K_n).*

Beweis. Die Menge $D \subset \mathbb{R}_+^n$ sei wieder gemäß Satz 4.2, a) gewählt. Für jedes $f \in B_t$, $t \in D$, gilt dann $f = qg + r$ mit $\|q\|_t \leq L_t \|f\|_t$, wo $L_t > 0$ eine von $t \in D$ abhängende Schranke ist. Jede Abbildung $\pi | B_t : B_t \to K_n$, $t \in D$, ist also das Produkt einer k-linearen beschränkten Abbildung $B_t \to B_t$ mit der stetigen Injektion $B_t \hookrightarrow K_n$ und daher stetig. Hieraus folgt (wie oben für γ) die Stetigkeit von π, w.z.b.w.

§ 7. Folgentopologien bei lokal-kompaktem Grundkörper

Im letzten § haben wir nicht gezeigt, daß K_n, versehen mit der Folgentopologie T, eine topologische k-Algebra ist, d.h. daß die Rechenoperationen in K_n stetig sind. Um diesen Satz herzuleiten, muß man die Produkttopologie auf $K_n \times K_n$ genauer untersuchen. Wir zeigen hier, daß bei lokal-kompaktem Grundkörper k diese Produkttopologie stets die finale Topologie bez. der Produktfamilie $\{B_t \times B_t, t \in \mathbb{R}_+^n\}$, ist. Hieraus ergibt sich dann leicht für lokal-kompakte k die Stetigkeit der Rechenoperationen und weiter, daß die analytisch konvergenten Folgen genau die konvergenten Folgen bez. der Folgentopologie sind, womit insbesondere diese Namenwahl motiviert wird.

Es sei gesagt, daß die nachstehenden detaillierten Betrachtungen über die Folgentopologie des K_n für den Aufbau der lokalen Funktionentheorie weitgehend unerheblich sind. Entscheidend ist der Begriff der analytischen Konvergenz, wie er im § 3.4 erklärt wurde. Weniger wichtig ist, daß die analytisch konvergenten Folgen genau die konvergenten Folgen einer Topologie auf K_n sind, bez. der K_n eine topologische k-Algebra ist, denn die Limesregeln (Satz 3.7) bieten einen hinreichend guten Ersatz für die Stetigkeit der Rechenoperationen in K_n.

1. Produkttopologie. Silvasche Topologie. Wie im § 6.1 sei X eine Menge, die bez. einer Familie $\{X_i\}_{i \in I}$ von topologischen Räumen (mit Topologien T_i) eine finale Topologie T trägt. Neben X sei eine weitere Menge X' gegeben, die ebenfalls bez. einer Familie $\{X'_j\}_{j \in J}$ von topologischen Räumen (mit Topologien T'_j) eine finale Topologie T' trägt. Auf der Produktmenge $X \times X'$ betrachten wir dann diejenige finale

Topologie S, die durch die Familie $\{X_i \times X'_j\}_{(i,j)\in I\times J}$, wo $X_i \times X'_j$ jeweils die Produkttopologie $T_i \times T'_j$ trägt, bestimmt ist. Diese Topologie S ist *feiner* als die Produkttopologie $T \times T'$, denn jede Abbildung $X_i \times X'_j \hookrightarrow X \times X'$ ist stetig, wenn $X \times X'$ die Produkttopologie $T \times T'$ trägt. Im allgemeinen gilt $S \neq T \times T'$.

Sind alle Topologien T_i hausdorffsch, so braucht die finale Topologie T auf X keineswegs hausdorffsch zu sein. Wir zeigen

Satz 1. *Sind alle Räume X_i, $i \in I$, hausdorffsch und ist die durch die „Diagonalfamilie" $\{X_i \times X_i\}_{i\in I}$ bestimmte finale Topologie auf $X \times X$ die Produkttopologie $T \times T$, so ist auch T hausdorffsch.*

Beweis. Es ist zu zeigen, daß die Diagonale Δ in $X \times X$ abgeschlossen ist, wenn $X \times X$ die Topologie $T \times T$ trägt. Da $T \times T$ nach Voraussetzung die durch die Familie $\{X_i \times X_i\}_{i\in I}$ bestimmte finale Topologie ist, müssen wir also zeigen, daß $\Delta_i := \Delta \cap (X_i \times X_i)$ stets abgeschlossen in $X_i \times X_i$ ist, $i \in I$. Dies ist aber der Fall, da Δ_i die Diagonale in $X_i \times X_i$ und X_i hausdorffsch ist, w. z. b. w.

Wir betrachten von nun an nur noch spezielle finale Topologien, die wir durch eine besondere Redeweise hervorheben.

Eine finale Topologie T auf X heißt *Silvasche Topologie*, wenn T durch eine *Folge* $\{X_\nu\}_{\nu\geq 1}$ topologischer Räume gegeben wird, für die folgendes gilt:

1. $X_\nu \subset X_{\nu+1}$, $\nu \geq 1$; $X = \bigcup_{\nu=1}^{\infty} X_\nu$.
2. *Die Topologie T_ν des Raumes X_ν ist hausdorffsch und genügt dem 1. Abzählbarkeitsaxiom, $\nu \geq 1$.*
3. *Jede Injektion $X_\nu \hookrightarrow X_{\nu+1}$ ist vollstetig.*

Wir schreiben $T = \varinjlim T_\nu$. Ein *Silvascher Raum* ist ein topologischer Raum mit einer Silvaschen Topologie.

Die Folgentopologie T auf K_n ist nach § 6.2 die finale Topologie bez. jeder Folge $\{B_{t_\nu}\}_{\nu\geq 1}$, wo $t_\nu \in \mathbb{R}^n_+$ eine Nullfolge durchläuft. Wählt man die t_ν monoton fallend, so sind die Bedingungen 1. und 2. erfüllt; dagegen gilt 3. zunächst nur in der abgeschwächten Form, daß alle Injektionen $B_{t_\nu} \hookrightarrow B_{t_{\nu+1}}$ stetig sind. Wählt man die Folge $\{t_\nu\}$ *streng monoton fallend* und setzt man k als *lokal-kompakt* voraus, so sind alle diese Injektionen auch vollstetig (Satz 1.6). Wir haben daher das Ergebnis:

Satz 2. *Ist k lokal-kompakt, so ist die Folgentopologie T auf K_n eine Silvasche Topologie.*

In einem Silvaschen Raum X, der bez. der Folge $\{X_\nu\}_{\nu\geq 1}$ eine Silvatopologie trägt, hat man folgende Möglichkeit, zu einem Punkt $x \in X$ offene Umgebungen zu konstruieren: man wählt einen Index

$s \in \mathbb{N}$, so daß $x \in X_s$, und wählt weiter zu jedem $\nu > s$ eine offene Umgebung U_ν von x in X_ν derart, daß stets gilt: $U_\nu \subset U_{\nu+1}$. Dann ist

$$U := \bigcup_{\nu > s} U_\nu$$

eine offene Umgebung von x in X, denn es gilt $U \cap X_n = U_n \cup \bigcup_{\nu > n} (U_\nu \cap X_n)$ für jeden Index $n > s$, und alle Mengen $U_\nu \cap X_n$ sind offen in X_n, da $X_n \hookrightarrow X_\nu$ stetig ist. Wir nennen Umgebungen dieser Art *spezielle Umgebungen*. (Beachte, daß i. a. bei vorgegebener Umgebung U_ν von x in X_ν keine Umgebung U von x in X mit $U \cap X_\nu = U_\nu$ existiert). Es ist keineswegs klar, daß jeder Punkt $x \in X$ eine Umgebungsbasis besitzt, die aus speziellen Umgebungen besteht. Dieses (und mehr) wird im Abschnitt 3 bewiesen.

2. Produkttopologie von Silvatopologien. Wir betrachten in diesem Abschnitt zwei Silvasche Räume $X^{(i)}$, $i=1,2$, die jeweils eine Silvasche Topologie $T^{(i)} = \varinjlim T_\nu^{(i)}$ bez. einer Folge $\{X_\nu^{(i)}\}_{\nu \geq 1}$ topologischer Räume tragen. Die Folge $\{X_\nu^{(1)} \times X_\nu^{(2)}\}_{\nu \geq 1}$ von topologischen Produkträumen erfüllt dann ebenfalls die Bedingungen 1., 2., 3. und gibt somit zu einer Silvaschen Topologie $\varinjlim (T_\nu^{(1)} \times T_\nu^{(2)})$ auf der Produktmenge $X^{(1)} \times X^{(2)}$ Anlaß. Diese Topologie stimmt mit der durch die Familie $\{X_\mu^{(1)} \times X_\nu^{(2)}\}_{\mu,\nu=1,2,\ldots}$ bestimmten finalen Topologie überein und ist also speziell feiner als die Produkttopologie $T^{(1)} \times T^{(2)}$ (vgl. Abschnitt 1). Wir zeigen:

Satz 3. $\varinjlim (T_\nu^{(1)} \times T_\nu^{(2)}) = (\varinjlim T_\nu^{(1)}) \times (\varinjlim T_\nu^{(2)})$, *d.h. das topologische Produkt zweier Silvascher Räume ist ein Silvascher Raum.*

Den Beweis stützen wir auf eine Konstruktion, die wir für sich als Hilfssatz formulieren. Ist $M \subset X_\nu^{(i)}$, so bezeichnen wir mit $\mathrm{cl}_\nu M$ die abgeschlossene Hülle von M in $X_\nu^{(i)}$.

Hilfssatz 4. *Der Raum* $X^{(1)} \times X^{(2)}$ *trage die Silvatopologie* $\varinjlim (T_\nu^{(1)} \times T_\nu^{(2)})$. *Dann gibt es zu jeder Umgebung V eines jeden Punktes* $(x_1, x_2) \in X_1^{(1)} \times X_1^{(2)}$ *zwei Folgen* $\{U_\nu^{(i)}\}_{\nu \geq 1}$, $i=1,2$, *mit nachstehenden Eigenschaften:*

a) $U_1^{(i)} = \{x_i\}$, $i=1,2$.

b) *Für* $\nu \geq 2$ *ist* $U_\nu^{(i)}$ *eine* $T_\nu^{(i)}$*-offene Umgebung von* x_i, $i=1,2$.

c) *Es gilt* $U_\nu^{(i)} \subset U_{\nu+1}^{(i)}$ *für alle* $\nu \geq 1$ *und* $i=1,2$.

d) $U_\nu^{(1)} \times U_\nu^{(2)}$ *liegt relativ kompakt in* $V_{\nu+1} := V \cap (X_{\nu+1}^{(1)} \times X_{\nu+1}^{(2)})$.

Beweis. Wir führen Induktion nach ν; der Induktionsbeginn $\nu=1$ ist trivial. Sei $\nu \geq 2$ und seien $U_1^{(i)}, \ldots, U_\nu^{(i)}$, $i=1,2$, schon konstruiert. Nach Voraussetzung gilt: $\mathrm{cl}_{\nu+1} U_\nu^{(1)} \times \mathrm{cl}_{\nu+1} U_\nu^{(2)} \subset V_{\nu+1}$. Mit den Injektionen $X_{\nu+1}^{(i)} \hookrightarrow X_{\nu+2}^{(i)}$, $i=1,2$, ist auch die Produktinjektion

$X_{\nu+1}^{(1)} \times X_{\nu+1}^{(2)} \hookrightarrow X_{\nu+2}^{(1)} \times X_{\nu+2}^{(2)}$ vollstetig; wir können daher zu jedem Punkt $(y_1, y_2) \in V_{\nu+1}$ eine $T_{\nu+1}^{(1)} \times T_{\nu+1}^{(2)}$-offene Produktumgebung $W(y_1) \times W(y_2)$ von $(y_1, y_2) \in X_{\nu+1}^{(1)} \times X_{\nu+1}^{(2)}$ mit $W(y_1) \times W(y_2) \subset\subset V_{\nu+2}$ wählen (man beachte, daß die Umgebung $W(y_1)$ bzw. $W(y_2)$ auch von y_2 bzw. y_1 abhängt). Da $\{y_1\} \times \mathrm{cl}_{\nu+1} U_\nu^{(2)}$ kompakt in $V_{\nu+1}$ liegt, existieren endlich viele Punkte $(y_1, y_2^{(\lambda)}) \in \{y_1\} \times \mathrm{cl}_{\nu+1} U_\nu^{(2)}$, $\lambda = 1, \ldots, l$, so daß für die zugehörigen Produktumgebungen, die wir mit $W_\lambda(y_1) \times W(y_2^{(\lambda)})$ bezeichnen, gilt:

$$\{y_1\} \times \mathrm{cl}_{\nu+1} U_\nu^{(2)} \subset \bigcup_{\lambda=1}^{l} W_\lambda(y_1) \times W(y_2^{(\lambda)}) \subset\subset V_{\nu+2}.$$

Setzt man

$$Z(y_1) := \bigcap_{\lambda=1}^{l} W_\lambda(y_1), \qquad Z' := \bigcup_{\lambda=1}^{l} W(y_2^{(\lambda)}),$$

so ist $Z(y_1) \times Z'$ eine in $X_{\nu+1}^{(1)} \times X_{\nu+1}^{(2)}$ offene Menge, und es gilt erst recht:

$$\{y_1\} \times \mathrm{cl}_{\nu+1} U_\nu^{(2)} \subset Z(y_1) \times Z' \subset\subset V_{\nu+2}.$$

Da $\mathrm{cl}_{\nu+1} U_\nu^{(1)}$ kompakt in $X_{\nu+1}^{(1)}$ liegt, gibt es endlich viele Punkte $y_1^{(\mu)}$, $\mu = 1, \ldots, m$, in $X_{\nu+1}^{(1)}$, so daß gilt: $\mathrm{cl}_{\nu+1} U_\nu^{(1)} \subset \bigcup_{\mu=1}^{m} Z(y_1^{(\mu)})$. Bezeichnet $Z(y_1^{(\mu)}) \times Z'_\mu$ die zu $y_1^{(\mu)}$ gemäß obiger Konstruktion gehörende Produktmenge, so folgt:

$$\mathrm{cl}_{\nu+1} U_\nu^{(1)} \times \mathrm{cl}_{\nu+1} U_\nu^{(2)} \subset \bigcup_{\mu=1}^{m} (Z(y_1^{(\mu)}) \times Z'_\mu) \subset\subset V_{\nu+2}.$$

Die Mengen

$$U_{\nu+1}^{(1)} := \bigcup_{\mu=1}^{m} Z(y_1^{(\mu)}), \qquad U_{\nu+1}^{(2)} := \bigcap_{\mu=1}^{m} Z'_\mu$$

erfüllen nun offensichtlich die Bedingungen b)–d), w.z.b.w.

Der Beweis von Satz 3 ist jetzt trivial: Es ist lediglich zu zeigen, daß zu jeder $\varinjlim (T_\nu^{(1)} \times T_\nu^{(2)})$-offenen Umgebung V eines jeden Punktes $(x_1, x_2) \in X^{(1)} \times X^{(2)}$ stets $T^{(i)}$-offene Umgebungen $U^{(i)}$ von x_i, $i = 1, 2$, existieren mit $U^{(1)} \times U^{(2)} \subset V$. Man darf offensichtlich $x_i \in X_1^{(i)}$, $i = 1, 2$, annehmen. Wir setzen

$$U^{(i)} := \bigcup_{\nu=1}^{\infty} U_\nu^{(i)}, \qquad i = 1, 2,$$

wo die Folgen $\{U_\nu^{(i)}\}_{\nu=1,2,\dots}$ gemäß Hilfssatz 4 konstruiert sind. $U^{(i)}$ ist eine spezielle Umgebung von x_i in $X^{(i)}$, $i=1,2$ (vgl. Abschnitt 1). Es gilt

$$U^{(1)} \times U^{(2)} = \bigcup_{\mu,\nu=1}^{\infty} (U_\mu^{(1)} \times U_\nu^{(2)}) \subset V,$$

da stets $U_\mu^{(1)} \times U_\nu^{(2)} \subset U_{\max(\mu,\nu)}^{(1)} \times U_{\max(\mu,\nu)}^{(2)} \subset V$, w.z.b.w.

Aus Satz 3 ergibt sich unmittelbar mittels Satz 1 das

Korollar. *Jeder Silvasche Raum ist hausdorffsch.*

3. Ausgezeichnete Umgebungen. Charakterisierung konvergenter Folgen. X bezeichnet wieder einen Silvaschen Raum mit einer Silvatopologie $T = \varinjlim T_\nu$ bez. einer Folge $\{X_\nu\}_{\nu\geq 1}$ von topologischen Räumen. Eine spezielle Umgebung eines Punktes $x \in X$ ist nach Abschnitt 1 jede Menge der Form $\bigcup_{\nu>s} U_\nu$, wo $x \in X_s$ und U_ν eine offene Umgebung von x in X_ν ist derart, daß $U_\nu \subset U_{\nu+1}$ für alle $\nu > s$ gilt. Wir nennen eine spezielle Umgebung $U = \bigcup_{\nu>s} U_\nu$ *ausgezeichnet*, wenn U_ν jeweils relativ kompakt in $X_{\nu+1}$ liegt, $\nu > s$. Wir zeigen:

Satz 5. *Ein Silvascher Raum X besitzt eine aus ausgezeichneten Umgebungen bestehende Basis offener Mengen.*

Beweis. Sei $W \neq \emptyset$ irgendeine T-offene Menge in X. Zu jedem Punkt $x \in W$ konstruieren wir gemäß Hilfssatz 4 (mit $X^{(1)} := X^{(2)} := X$, $x_1 := x_2 := x$, $V := W \times W$) die Folge $\{U_\nu^{(1)}\}$, wobei wir anstelle von $\nu = 1$ mit $\nu = s$ beginnen, falls $x \in X_s$. Ersichtlich ist dann $U := \bigcup_{\nu>s} U_\nu^{(1)}$ eine ausgezeichnete Umgebung von x mit $U \subset W$, w.z.b.w.

Die Existenz ausgezeichneter Umgebungen ermöglicht es, *alle* in X konvergenten Folgen zu beschreiben.

Satz 6. *In einem Silvaschen Raum X konvergiert eine Folge $\{x_n\}$ genau dann gegen $x \in X$, wenn es einen Index $i \in \mathbb{N}$ gibt, so daß $\{x_n\}$ eine T_i-konvergente Folge mit x als Limes ist.*

Beweis. Nur eine Richtung ist zu verifizieren. Es sei x der T-Limes der Folge $\{x_n\}$. Wir zeigen zunächst:

Für jede Menge $S \subset \bigcup \{x_n\}$ *gilt:* $\mathrm{cl}_\nu S \cap X_\nu \subset \{x\} \cup (S \cap X_\nu)$ *für jedes* ν.

Sei $y \in X_\nu$ ein Häufungspunkt von $S \cap X_\nu$ in X_ν, der nicht in $S \cap X_\nu$ liegt. Da der Raum X_ν dem 1. Abzählbarkeitsaxiom genügt, gibt es dann eine Teilfolge von $S \cap X_\nu$, die in X_ν gegen y konvergiert. Diese Teilfolge konvergiert auch in X gegen y, und es folgt $y = x$, da X hausdorffsch ist.

Wir zeigen als nächstes:

Ist $U = \bigcup_{\nu>s} U_\nu$ *eine spezielle Umgebung von* x *in* X, *so gibt es einen Index* $t \in \mathbb{N}$, *so daß fast alle* x_n *in* U_t *liegen.*

Wäre das nicht der Fall, so gäbe es zu jedem $\nu > s$ ein $x_{1\nu} \in \bigcup \{x_n\}$ mit $x_{1\nu} \notin U_\nu$. Wir setzen $M := \bigcup_{\nu>s} \{x_{1\nu}\}$, es gilt $x \notin M$. Jede Menge $M \cap U_\nu$ ist endlich (wegen $x_{1\,\nu+i} \notin U_{\nu+i} \supset U_\nu$). Daher ist x kein Randpunkt von $M \cap X_\nu$ in X_ν, d.h. es gilt $\mathrm{cl}_\nu M \cap X_\nu = M \cap X_\nu$ für alle $\nu > s$. Mithin ist M abgeschlossen in X, im Widerspruch zur Tatsache, daß die Folge $\{x_{1\nu}\}$ als Teilfolge der Folge $\{x_n\}$ gegen $x \notin M$ konvergiert.

Es gibt also einen Index t mit $\bigcup \{x_n\} \subset U_t$. Wir wählen nun U zusätzlich als *ausgezeichnete Umgebung* von x. Dann liegt U_t relativ kompakt in X_{t+1}. Setzt man $i = t+1$, so liegt die Menge $\bigcup_n \{x_n\}$ also relativ kompakt in X_i. Wäre nun die Folge $\{x_n\}$ nicht T_i-konvergent gegen x, so gäbe es eine Umgebung V_i von x in X_i und eine Teilfolge $\{y_j\}$ der Folge $\{x_n\}$, so daß $y_j \notin V_i$ für alle $j \geq 1$ gilt. Wir setzen $Y := \bigcup_j \{y_j\}$. Es gilt $x \notin \mathrm{cl}_i Y$; daher ist Y abgeschlossen und als Teilmenge einer relativ kompakten Menge also kompakt in X_i. Dann liegt Y aber auch kompakt in X im Widerspruch dazu, daß die Folge $\{y_j\}$ in X gegen $x \notin Y$ konvergiert, w.z.b.w.

4. Folgentopologie auf K_n. Die Resultate der letzten Abschnitte sind auf die Folgentopologie T der k-Algebra $K_n = k\langle X_1, \ldots, X_n\rangle$ anwendbar, wenn k lokal-kompakt ist (Satz 2). Diese Zusatzannahme über k wird für den Rest dieses § stets gemacht.

Satz 7. *K_n ist, versehen mit der Folgentopologie T, eine topologische k-Algebra.*

Beweis. Wir zeigen zunächst, daß Addition und Multiplikation in K_n stetige Operationen bez. der Topologie T sind, d.h. daß die durch $(f,g) \mapsto f \dotplus g$ gegebenen Abbildungen $K_n \times K_n \to K_n$ stetig sind, wo $K_n \times K_n$ die Produkttopologie $T \times T$ trägt. Da $T \times T$ nach Satz 3 auch die Silvatopologie auf $K_n \times K_n$ bez. jeder Folge $\{B_{t_\nu} \times B_{t_\nu}\}_{\nu \geq 1}$ ist, wo $\{t_\nu\} \subset \mathbb{R}_+^n$ strikt monoton gegen 0 strebt, so braucht man also nur zu zeigen, daß für jede $T_t \times T_t$-konvergente Folge $\{(f_j, g_j)\} \subset B_t \times B_t$ die Bildfolge $\{f_j \dotplus g_j\}$ in B_t gegen $\lim f_j \dotplus \lim g_j$ konvergiert. Dies ist aber klar nach den Limesregeln (Satz 3.7).

Da $k \hookrightarrow K_n$ stetig ist, ist auch die Skalarenmultiplikation $(c,f) \mapsto cf$ eine stetige Abbildung $k \times K_n \to K_n$. Mithin ist K_n eine topologische k-Algebra, w.z.b.w.

Bemerkung. Die Tatsache, daß die Folgentopologie hausdorffsch ist, folgt jetzt aufs neue auch aus dem Korollar zu Satz 3.

Aus Satz 6 ergibt sich unmittelbar:

Satz 8. *Eine Folge* $\{f_j\} \subset K_n$ *konvergiert genau dann in der Folgentopologie* T *des* K_n, *wenn sie analytisch konvergent ist.*

Die Topologie T produziert also keine neuen konvergenten Folgen. Aus diesem Grunde ist die Bezeichung (analytische) Folgentopologie gerechtfertigt.

5. Erstes Abzählbarkeitsaxiom und Folgenabschluß. Wir zeigen in diesem Abschnitt, daß die Folgentopologie nicht durch eine Metrik induziert wird. Genauer:

Satz 9. *Sei* $k = \mathbb{R}$ *oder* $\mathbb{C}$. *Dann ist für die Folgentopologie auf* K_n, $n \geq 1$, *das* 1. *Abzählbarkeitsaxiom nicht erfüllt, speziell ist* K_n *nicht metrisierbar.*

Wir führen den Beweis, indem wir mehr zeigen. Für jede Menge $M \subset K_n$ bezeichnen wir mit $F(M)$ den Folgenabschluß von M, das ist die Menge M zusammen mit denjenigen Randpunkten, die Limes einer konvergenten Folge aus M sind. Da in einem hausdorffschen Raum mit 1. Abzählbarkeitsaxiom stets $F(M) = \overline{M}$ und also $F(F(M)) = F(M)$ gilt, so wird Satz 9 bewiesen sein, wenn wir zeigen, daß es in K_n, $n \geq 1$, Mengen mit $F(F(M)) \neq F(M)$ gibt, d.h. Mengen, die Randpunkte besitzen, gegen die keine Folge aus der Menge konvergiert. (Beachte, daß dies nicht im Widerspruch dazu steht, daß eine Menge $M \subset K_n$ genau dann abgeschlossen in K_n ist, wenn $M = F(M)$ gilt.) Genauer zeigen wir nun:

Ist $\{a_j\} \subset \mathbb{R}$ *eine monoton fallende Nullfolge positiver reeller Zahlen, so ist*

$$M := \left\{ f_{ij} := a_j + \sum_{\mu=i}^{\infty} \frac{j^\mu}{\mu^2} X_1^\mu,\ i,j = 1,2,\ldots \right\}$$

eine Menge in $K_1 = \mathbb{R}\langle X_1 \rangle$ *mit* $0 \in F(F(M))$ *aber* $0 \notin F(M)$.

Beweis. Wir setzen $t_\nu := \dfrac{1}{\nu}$ und schreiben B_ν bzw. $|\ |_\nu$ anstelle von B_{t_ν} bzw. $\|\ \|_{t_\nu}$, $\nu \geq 1$. Es gilt

$$|f_{ij}|_j = a_j + \sum_{\mu=i}^{\infty} \frac{j^\mu}{\mu^2} \left(\frac{1}{j}\right)^\mu = a_j + \sum_{\mu=i}^{\infty} \frac{1}{\mu^2} < \infty,$$

also $f_{ij} \in B_j$ für alle i,j; aber

$$|f_{ij}|_{j-1} = a_j + \sum_{\mu=i}^{\infty} \frac{j^\mu}{\mu^2} \left(\frac{1}{j-1}\right)^\mu = a_j + \sum_{\mu=i}^{\infty} \frac{1}{\mu^2} \left(1 + \frac{1}{j-1}\right)^\mu = \infty \quad \text{für } j \geq 2,$$

also $f_{ij} \notin B_{j-1}$ für alle i,j mit $j \geq 2$.

Es gilt $\lim_{i\to\infty} f_{ij} = a_j$, daher liegen alle a_j in $F(M)$. Wegen $\lim_{j\to\infty} a_j = 0$ folgt $0 \in F(F(M))$. Würde nun 0 bereits zu $F(M)$ gehören, so gäbe es eine Folge $\{g_\lambda\} \subset M$ mit $\lim g_\lambda = 0$ in K_n. Diese Folge konvergiert nach Satz 8 auch bereits in einem B_m gegen 0. Setzt man $g_\lambda = f_{i_\lambda j_\lambda}$, so gilt also $j_\lambda \leq m$ für alle λ und damit wäre

$$|g_\lambda|_m = |f_{i_\lambda j_\lambda}|_m \geq a_{j_\lambda} \geq a_m \quad \text{für alle } \lambda$$

im Widerspruch dazu, daß g_λ in B_m gegen 0 strebt, w.z.b.w.

Wir notieren schließlich noch

Satz 10. *Ist k separabel (also z.B. $k = \mathbb{R}$ oder $k = \mathbb{C}$), so ist die Folgentopologie auf K_n separabel.*

Beweis. Ist S eine abzählbare dichte Teilmenge in k, so ist die Menge aller Polynome in $X_1, \ldots, X_n$ mit Koeffizienten aus S abzählbar und dicht in K_n, w.z.b.w.

§ 8. Silvatopologie auf Vektorräumen und Algebren

In diesem § wird die Folgentopologie auf K_n weiter untersucht. Es erweist sich als zweckmäßig, die Überlegungen in einem größeren Rahmen durchzuführen, um z.B. im nächsten Kapitel Anwendungen auf allgemeine analytische k-Stellenalgebren und analytische Moduln zu ermöglichen. In diesem Zusammenhang sei auch auf die Lecture Notes von K. Floret und J. Wloka [9], insbes. p. 136, verwiesen.

k ist ein vollständig bewerteter Körper, der erst ab Abschnitt 4 lokalkompakt sein muß.

1. Definitionen. Es sei E ein k-Vektorraum und $E_1 \subset E_2 \subset \cdots$ eine aufsteigende Folge von k-Untervektorräumen, die E ausschöpft, d.h. $E = \bigcup_{\nu=1}^{\infty} E_\nu$. Jeder Raum E_ν, $\nu \geq 1$, sei ein Banachraum mit einer Topologie T_ν, jede Injektion $E_\nu \hookrightarrow E_{\nu+1}$ sei kontraktiv und also stetig. Dann nennen wir die finale Topologie T auf E bez. der Folge $\{E_\nu\}_{\nu\geq 1}$ eine *Limestopologie auf E*. E ist, versehen mit dieser Limestopologie, nicht ohne weiteres hausdorffsch und ein topologischer k-Vektorraum. Für Addition und Skalarenmultiplikation gelten aber die Limesregeln für T_ν-konvergente Folgen. Hieraus ergibt sich (wörtlich so wie der Beweis der entsprechenden Aussagen im Satz 6.5):

Die Limestopologie ist translationsinvariant, d.h. jede Translation $f \mapsto f_0 + f$, $f_0 \in E$ fest, ist eine topologische Abbildung von E auf sich.

Jede Homothetie $f \mapsto cf$, $c \in k$, ist eine stetige Abbildung von E in sich.

Ist E zusätzlich eine (kommutative) k-Algebra, so sprechen wir von einer Limestopologie auf dieser Algebra nur dann, wenn alle E_ν ebenfalls k-Unteralgebren von E sind, und wenn zusätzlich E_ν eine k-Banachalgebra ist, $\nu \geq 1$. Dann gilt auch für die Multiplikation die Limesregel für T_ν-konvergente Folgen, und es folgt wie im Falle der Addition:

Jede Abbildung $f \mapsto f_0 f$, $f_0 \in E$ fest, ist eine stetige Abbildung von E in sich.

2. Restklassenräume und Restklassenalgebren. E sei ein k-Vektorraum mit einer Limestopologie, die durch eine Ausschöpfungsfolge $\{E_\nu\}$ bestimmt ist. Ist F ein k-Untervektorraum von E, so setzen wir $F_\nu := F \cap E_\nu$, $\nu \geq 1$. Die Inklusionen $E_\nu \hookrightarrow E_{\nu+1}$, $E_\nu \hookrightarrow E$ induzieren Injektionen $E_\nu/F_\nu \hookrightarrow E_{\nu+1}/F_{\nu+1}$, $E_\nu/F_\nu \hookrightarrow E/F$, so daß die Diagramme

$$\begin{array}{ccc} E_\nu & \hookrightarrow & E_{\nu+1} \\ \downarrow{\scriptstyle \pi_\nu} & & \downarrow{\scriptstyle \pi_{\nu+1}} \\ E'_\nu := E_\nu/F_\nu & \longrightarrow & E_{\nu+1}/F_{\nu+1} \end{array} \qquad \begin{array}{ccc} E_\nu & \hookrightarrow & E \\ \downarrow{\scriptstyle \pi_\nu} & & \downarrow{\scriptstyle \pi} \\ E_\nu/F_\nu & \longrightarrow & E/F =: E' \end{array}$$

kommutativ sind, wenn senkrecht die Restklassenabbildungen stehen. Wir identifizieren E'_ν mit seinem Bild in E'. Dann ist $E'_1 \subset E'_2 \subset \cdots$ eine Folge von k-Untervektorräumen von E', die E' ausschöpft.

Sei nun F zusätzlich abgeschlossen in E. Dann ist F_ν abgeschlossen in E_ν, und E'_ν ist ein k-Banachraum bez. der Restklassennorm $|\ |'_\nu$, die durch

$$|x'|'_\nu := \inf_{x \in \pi_\nu^{-1}(x')} |x|_\nu$$

gegeben wird (hier bezeichnet $|\ |_\nu$ die Norm von E_ν). Jede Projektion π_ν ist kontraktiv und offen.

Jede Injektion $E'_\nu \hookrightarrow E'_{\nu+1}$ ist kontraktiv, denn für jedes $x' \in E'_\nu$ gilt, da $\pi_{\nu+1}^{-1}(x') \cap E_\nu = \pi_\nu^{-1}(x')$ und da alle Injektionen $E_\nu \hookrightarrow E_{\nu+1}$ kontraktiv sind:

$$|x'|'_{\nu+1} = \inf_{x \in \pi_{\nu+1}^{-1}(x')} |x|_{\nu+1} \leq \inf_{x \in \pi_\nu^{-1}(x')} |x|_{\nu+1} \leq \inf_{x \in \pi_\nu^{-1}(x')} |x|_\nu = |x'|'_\nu .$$

Auf dem Restklassenraum $E' = E/F$ bestimmt somit die Familie $\{E_\nu/F_\nu\}_{\nu \geq 1}$ von Banachräumen eine Limestopologie T'.

Ist E eine k-Algebra, T eine Limestopologie auf dieser Algebra und F ein abgeschlossenes Ideal in E, so ist in der soeben durchgeführten Betrachtung E' ebenfalls eine k-Algebra, und alle E'_ν sind k-Unteralgebren von E', die bez. der eingeführten Norm $|\ |'_\nu$ Banachalgebren sind. Man sieht damit:

Auf der Restklassenalgebra $E' = E/F$ bestimmt die Familie $\{E_\nu/F_\nu\}_{\nu \geq 1}$ von Banachalgebren eine Limestopologie T'.

Für die weiteren Überlegungen dieses Abschnitts ist es unwichtig, ob man in E auch multiplizieren kann. Wir setzen daher von nun an nur voraus, daß E ein k-Vektorraum mit einer Limestopologie T bez. der Familie $\{E_\nu\}$ ist, und daß F ein abgeschlossener k-Untervektorraum von E ist. Auf $E'=E/F$ können wir dann auch die vom Epimorphismus $\pi: E \to E'$ induzierte Restklassentopologie $\pi(T)$ der Limestopologie T betrachten: $\pi(T)$ ist per definitionem die feinste Topologie auf E', so daß π stetig ist, wenn E die Limestopologie T trägt. Eine Menge $U' \subset E'$ ist also genau dann offen in E', wenn $\pi^{-1}(U')$ offen in E ist. Die Projektion π ist auch *offen*, denn ist U offen in E, so ist auch

$$\pi^{-1}(\pi(U)) = U + F = \bigcup_{f \in F} (f + U)$$

wegen der Translationsinvarianz der Limestopologie auf E offen in E, d.h. $\pi(U)$ ist offen in E'. Es folgt:

$\pi(T)$ ist diejenige Topologie auf E', für die $\pi: E \to E'$ stetig und offen ist.

Wir zeigen nun:

Satz 1. *Die Restklassentopologie $\pi(T)$ auf E' stimmt mit der durch die Familie $\{E'_\nu\}_{\nu \geq 1}$ bestimmten Limestopologie T' auf E' überein.*

Beweis. Eine Menge $U' \subset E'$ ist genau dann T'-offen, wenn jede Menge $U' \cap E'_\nu$ offen in E'_ν ist, $\nu \geq 1$. Nun ist $U' \cap E'_\nu$ offen in E'_ν genau dann, wenn $\pi_\nu^{-1}(U' \cap E'_\nu)$ offen in E_ν ist (denn π_ν ist stetig und offen). Da $\pi_\nu^{-1}(U' \cap E'_\nu) = \pi^{-1}(U') \cap E_\nu$ für alle ν und jede Menge U' in E' gilt, so folgt, daß U' genau dann T'-offen ist, wenn jede Menge $\pi^{-1}(U') \cap E_\nu$ offen in E_ν ist, $\nu \geq 1$, d.h. wenn $\pi^{-1}(U')$ eine T-offene Menge in E ist. Das ist aber genau dann der Fall, wenn U' eine $\pi(T)$-offene Menge ist, w.z.b.w.

3. Beschränkte Mengen. E bezeichnet stets einen k-Vektorraum, der bez. einer Ausschöpfungsfolge $\{E_\nu\}_{\nu \geq 1}$ von Banachräumen eine Limestopologie T trägt. Wir setzen voraus, daß T *hausdorffsch* ist. Eine Teilmenge M von E werde *beschränkt* genannt, wenn für jede Folge $\{f_j\} \subset M$ und jede Nullfolge $\{a_j\} \subset k$ gilt: $\lim a_j f_j = 0$. Wir bemerken sofort:

Ist M beschränkt in E, so gibt es zu jeder 0-Umgebung $U \subset E$ ein $a \in k$ mit $M \subset aU$.

Beweis. Angenommen, es gäbe eine 0-Umgebung $U_0 \subset E$, so daß $M \not\subset aU_0$ für alle $a \in k$ gilt. Sei dann $\{a_j\} \subset k$, $a_j \neq 0$, eine Nullfolge und $f_j \in M$ so gewählt, daß $f_j \notin a_j^{-1} U_0$. Dann gilt $a_j f_j \notin U_0$ für alle j im Widerspruch zu $\lim a_j f_j = 0$, w.z.b.w.

Anmerkung. In einem hausdorffschen topologischen k-Vektorraum ist die soeben bewiesene Eigenschaft beschränkter Mengen charakteristisch für solche Mengen. Dies sieht man wie folgt: Sei $\{f_j\} \subset M$ irgendeine Folge und $\{a_j\} \subset k$ eine Nullfolge. Ist dann U eine 0-Umgebung, so wähle man zunächst eine kreisförmige[5] 0-Umgebung $U' \subset U$ und bestimme dann $a \neq 0$ in k so, daß $M \subset aU'$. Für jedes j mit $|a_j| \leq |a|^{-1}$ gilt dann $a_j f_j = (a_j a) a^{-1} f_j \subset a_j a U' \subset U'$, da U' kreisförmig ist. Mithin folgt $\lim a_j f_j = 0$, w.z.b.w.

Satz 2. *Eine Menge $M \subset E$ ist genau dann beschränkt in E, wenn es einen Index i ergibt, so daß $M \subset E_i$ und M beschränkt in E_i ist.*

Beweis. Es ist trivial, daß jede in einem Raum E_i beschränkte Menge M auch beschränkt in E ist.

Sei umgekehrt M beschränkt in E. Wir wählen ein $c \in k$, $0 < |c| < 1$, und bezeichnen mit $D_j(r)$ die offene Kugel um $0 \in E_j$ mit Radius $r > 0$. Wäre nun M in keiner Kugel $D_j(|c|^{-j})$ enthalten, so gäbe es zu jedem j ein $f_j \in M$ mit $f_j \notin D_j(|c|^{-j})$. Dann gilt $c^j f_j \notin D_j(1)$. Da M beschränkt ist, so ist $\{c^j f_j\}$ eine Nullfolge in E. Wir zeigen, daß im Widerspruch hierzu die Menge $S := \bigcup_j \{c^j f_j\}$, die nicht den Nullpunkt enthält, abgeschlossen in E liegt. Zunächst gilt $\mathrm{cl}_\nu(S \cap E_\nu) \subset \{0\} \cup (S \cap E_\nu)$ für jedes ν (man schließt wörtlich so wie im Beweis von Satz 7.6). 0 ist aber für keinen Index μ ein Randpunkt von $S \cap E_\mu$ in E, denn für jeden Index $j \geq \mu$ gilt $c^j f_j \notin D_j(1) \supset D_\mu(1)$, da die Injektion $E_\mu \hookrightarrow E_j$ kontraktiv ist. Es gibt folglich einen Index i mit $M \subset D_i(|c|^{-i})$, w.z.b.w.

Bemerkung. Man beachte die Analogie der Schlußweisen im vorstehenden Beweis und im ersten Teil des Beweises von Satz 7.6.

4. Silvasche Vektorräume und Silvasche Algebren. Von nun an ist k stets lokal-kompakt. Wie bisher sei E ein k-Vektorraum, der eine Limestopologie T bez. einer Ausschöpfungsfolge $\{E_\nu\}_{\nu \geq 1}$ von Banachräumen trägt. Wir setzen voraus, daß T zusätzlich eine *Silvasche Topologie* ist, d.h. daß folgendes gilt:

(S) *Jede Injektion $E_\nu \hookrightarrow E_{\nu+1}$ ist vollstetig,* $\nu \geq 1$.

Diese Bedingung ist äquivalent zu

(S′) *Jede in E_ν beschränkte Menge ist relativ kompakt in $E_{\nu+1}$,* $\nu \geq 1$.

Die Implikation (S)→(S′) ist trivial; der Beweis der Umkehrung verläuft wörtlich so wie der Beweis von Satz 1.6.

Ein Vektorraum E mit einer Silvaschen Topologie heißt ein *Silvascher Vektorraum.*

Satz 3. *Jeder Silvasche Vektorraum E ist ein hausdorffscher, topologischer k-Vektorraum.*

---

[5] Eine 0-Umgebung U' heißt *kreisförmig*, wenn mit $x \in U'$ stets $\lambda x \in U'$ für alle $\lambda \in k$, $|\lambda| \leq 1$, gilt. *Jede 0-Umgebung U enthält eine kreisförmige 0-Umgebung:* Wegen der Stetigkeit der Skalarenmultiplikation gibt es zunächst eine 0-Umgebung V, so daß $\lambda V \subset U$ für alle $\lambda \in k$, $|\lambda| \leq 1$, gilt. Dann ist $U' := \bigcup_{|\lambda| \leq 1} \lambda V$ die gesuchte Umgebung.

Beweis. Eine Silvasche Topologie ist hausdorffsch nach Satz 7.3, Korollar. Die Stetigkeit der Addition wird genauso bewiesen wie die entsprechende Aussage in Satz 7.7. Die Stetigkeit der Skalarenmultiplikation ergibt sich analog nach Satz 7.3, da die Produkttopologie auf $k \times E$ die Silvasche Topologie bez. der Folge $\{k \times E_\nu\}$ ist (da k lokalkompakt ist, so ist die Bewertungstopologie auf k eine Silvasche Topologie bez. der konstanten Folge $\{k_\nu\}$ mit $k_\nu := k$), w.z.b.w.

Eine k-Algebra E heißt eine *Silvasche Algebra*, wenn T eine Limestopologie auf dieser Algebra und E ein Silvascher k-Vektorraum ist.

Satz 3'. *Jede Silvasche Algebra E ist eine hausdorffsche topologische k-Algebra.*

Denn die Stetigkeit der Multiplikation in E folgt ebenfalls analog wie die entsprechende Aussage in Satz 7.7.

Es folgt weiter:

Satz 4. *Es sei E ein Silvascher Vektorraum bez. der Folge $\{E_\nu\}_{\nu \geq 1}$ und F ein abgeschlossener Unterraum von E. Dann ist der Restklassenraum E/F, versehen mit der Restklassentopologie, ein Silvascher Vektorraum bez. der Folge $\{E_\nu/F \cap E_\nu\}_{\nu \geq 1}$.*

Ist E zusätzlich eine Silvasche Algebra und F zusätzlich ein Ideal in E, so ist auch E/F eine Silvasche Algebra.

Beweis. Nach Satz 1 ist die Restklassentopologie auf E/F die Limestopologie bez. der Familie $\{E_\nu/F \cap E_\nu\}_{\nu \geq 1}$. Wir müssen zeigen, daß dies eine Silvasche Topologie ist, d.h. daß jede in $E_\nu/F \cap E_\nu$ beschränkte Menge M'_ν relativ kompakt in $E_{\nu+1}/F \cap E_{\nu+1}$ liegt. Wir betrachten das kommutative Diagramm

$$\begin{array}{ccc} E_\nu & \hookrightarrow & E_{\nu+1} \\ \downarrow{\scriptstyle \pi_\nu} & & \downarrow{\scriptstyle \pi_{\nu+1}} \\ E_\nu/F \cap E_\nu & \hookrightarrow & E_{\nu+1}/F \cap E_{\nu+1}\,. \end{array}$$

Da π_ν offen ist, gibt es eine beschränkte Menge M_ν in E_ν mit $\pi_\nu(M_\nu) = M'_\nu$. Nach Voraussetzung liegt M_ν relativ kompakt in $E_{\nu+1}$. Dann ist aber auch $\pi_{\nu+1}(M_\nu) = M'_\nu$ relativ kompakt in $E_{\nu+1}/F \cap E_{\nu+1}$, w.z.b.w.

Satz 7.2 formuliert sich jetzt wie folgt:

K_n mit der Folgentopologie T ist eine Silvasche Algebra für jede Folge $B_{t_1}, B_{t_2}, \ldots$ von Banachalgebren, wo die $t_\nu \in \mathbb{R}^n_+$ streng monoton gegen 0 konvergieren.

5. Kompakte Mengen. Für hausdorffsche topologische k-Vektorräume gilt allgemein:

Jede in E kompakte Menge M ist beschränkt und abgeschlossen.

Es genügt zu zeigen, daß kompakte Mengen beschränkt sind. Sei U eine kreisförmige 0-Umgebung in E. Da die Familie $\{aU\}$, $a \in k$, $a \neq 0$, eine offene Überdeckung von M ist, gibt es eine endliche Teilüberdeckung $\{a_1 U, \ldots, a_s U\}$. Es folgt $M \subset a_t U$, wenn $|a_t| := \max_{1 \leq i \leq s} \{|a_i|\}$. Da jede 0-Umgebung eine kreisförmige 0-Umgebung enthält, folgt die Beschränktheit von M, w.z.b.w.

Wir zeigen nun, daß in Silvaschen Vektorräumen die obige Aussage umkehrbar ist. Dies beruht auf

Satz 5. *Es sei E ein Silvascher Vektorraum und $\{E_\nu\}$ eine die Topologie von E bestimmende Ausschöpfungsfolge. Dann ist eine Menge $M \subset E$ genau dann kompakt in E, wenn es einen Index m gibt, so daß $M \subset E_m$ und M kompakt in E_m ist.*

Beweis. Es ist nur zu zeigen, daß es zu jeder in E kompakten Menge M einen solchen Index m gibt. Da M beschränkt in E ist, gibt es nach Satz 2 einen Index i, so daß $M \subset E_i$ und M beschränkt in E_i ist. Dann liegt M relativ kompakt und also, da M abgeschlossen ist, kompakt in E_{i+1}, w.z.b.w.

Es folgt jetzt unmittelbar der Satz von Heine-Borel für Silvasche Vektorräume:

In einem Silvaschen Vektorraum E ist eine Menge M genau dann kompakt, wenn sie beschränkt und abgeschlossen ist.

Dies impliziert z.B.:

Ein Silvascher Vektorraum E, der eine beschränkte 0-Umgebung besitzt, ist endlich-dimensional.

Denn die abgeschlossene Hülle einer beschränkten 0-Umgebung ist eine kompakte 0-Umgebung. E ist also ein lokal-kompakter Vektorraum und als solcher endlich-dimensional, w.z.b.w.

Ein unendlich-dimensionaler Silvascher Vektorraum ist also nie normierbar. Überdies ist in einem solchen Raum jede beschränkte Menge A *nirgends dicht*, denn hätte die abgeschlossene Hülle $\bar{A}$ einen inneren Punkt x_0, so wäre $U := \bar{A} - x_0$ eine beschränkte 0-Umgebung.

Man sieht weiter, daß für jede beschränkte Menge M in einem Silvaschen Vektorraum Folgenabschluß $F(M)$ und abgeschlossene Hülle $\bar{M}$ (da kompakt) übereinstimmen; das in § 7.5 gegebene Beispiel ist also nur für unbeschränkte Mengen möglich.

Ferner ergibt sich jetzt aufs neue (der nichttriviale Teil von Satz 7.6):

Ist $\{f_j\}$ eine konvergente Folge in einem Silvaschen Vektorraum E, so gibt es einen Index m, so daß $\{f_j\} \subset E_m$ und die Folge $\{f_j\}$ in E_m (bez. der Banachtopologie von E_m) konvergiert.

Denn: Die Menge $\bigcup_j \{f_j\}$ ist relativ kompakt in E und also auch relativ kompakt in einem E_m. Jede Teilfolge der Folge $\{f_j\}$ enthält also eine in E_m konvergente Teilfolge (beachte, daß E_m metrisch ist). Da alle diese Folgen denselben Limes haben, nämlich $\lim f_j$, konvergiert auch die Folge $\{f_j\}$ selbst in E_m, w.z.b.w.

Als weitere Anwendung zeigen wir

Satz 6. *Jeder Silvasche Vektorraum E ist folgenvollständig, d.h. jede Cauchy-Folge $\{f_j\}$ in E ist konvergent in E.*

Beweis. Wir zeigen zunächst, daß die Menge $S := \bigcup_{j\geq 1}\{f_j\}$ beschränkt in E ist. Sei U irgendeine 0-Umgebung in E. Wir wählen eine kreisförmige 0-Umgebung V mit $V - V \subset U$. Da $\{f_j\}$ eine Cauchy-Folge ist, gibt es einen Index m, so daß $f_j - f_m \in V$ für alle $j \geq m$ gilt. Es gibt ein $a \in k$, $|a| \geq 1$, mit $f_1, \ldots, f_m \in aV \subset aU$. Für alle $j \geq m$ gilt dann $f_j \in aV - V$. Da V kreisförmig ist, hat man $V \subset aV$ wegen $|a| \geq 1$. Es folgt:

$$S \subset aV - aV \subset aU.$$

Mithin liegt S beschränkt in E und also relativ kompakt in einem E_m. Es gibt daher eine Teilfolge $\{f_{j_\nu}\}$ der Folge $\{f_j\}$, die in E_m und also auch in E gegen ein Element f konvergiert. Dann konvergiert die Folge $\{f_j\}$ aber selbst gegen f, da

$$f - f_j = (f - f_{j_\nu}) + (f_{j_\nu} - f_j) \in V - V \subset U$$

für fast alle j gilt, w.z.b.w.

6. Lokale Konvexität. Eine Teilmenge M eines k-Vektorraumes E heißt *absolut-konvex*, wenn mit $x_1, \ldots, x_n \in M$ stets gilt

$$\sum_{\nu=1}^{n} c_\nu x_\nu \in M \quad \text{für alle } c_1, \ldots, c_n \in k \quad \text{mit } \sum_{\nu=1}^{n} |c_\nu| \leq 1.$$

In einem normierten Vektorraum E ist mit M auch jede Menge $M + D$, wo D eine Kugel um den Nullpunkt von E ist, absolut-konvex in E.

Ein topologischer k-Vektorraum heißt *lokal-konvex*, wenn es eine Umgebungsbasis des Nullpunktes gibt, die aus absolut-konvexen Mengen besteht. Normierte Vektorräume sind lokal-konvex, da alle Kugeln absolut-konvex sind. In einem Silvaschen Vektorraum $E = \bigcup_\nu E_\nu$ ist jede *spezielle* 0-Umgebung $U = \bigcup_\nu U_\nu$, wo U_ν absolut-konvex in E_ν ist, absolut-konvex.

Satz 7. *Jeder Silvasche Vektorraum E ist lokal-konvex.*

Den Beweis stützen wir auf eine Konstruktion, die wir für sich als Hilfssatz formulieren (beachte die Analogie zu Hilfssatz 7.4).

Hilfssatz 8. *Zu jeder offenen 0-Umgebung $W \subset E$ gibt es eine Folge $\{U_\nu\}_{\nu \geq 1}$ mit folgenden Eigenschaften:*

a) $U_1 = \{0\}$, $U_\nu \subset U_{\nu+1}$ *für alle* ν.

b) *Für* $\nu \geq 2$ *ist* U_ν *eine beschränkte, offene, absolut-konvexe 0-Umgebung in* E_ν.

c) $\mathrm{cl}_{\nu+1} U_\nu \subset W$ *für alle* $\nu \geq 1$.

Beweis. Wir führen Induktion nach ν; der Induktionsbeginn $\nu = 1$ ist trivial. Seien $U_1, \ldots, U_\nu$, $\nu \geq 1$, bereits konstruiert. Wir bezeichnen wieder mit $D_j(r)$ die offene Kugel um 0 mit Radius $r > 0$ in E_j und behaupten, daß es ein $\rho > 0$ gibt, so daß gilt:

$$U_\nu + D_{\nu+2}(\rho) \subset W.$$

Andernfalls gäbe es eine reelle Nullfolge $\varepsilon_1 > \varepsilon_2 > \cdots, \varepsilon_j > 0$, und Elemente $f_j = g_j + h_j$, $g_j \in U_\nu$, $h_j \in D_{\nu+2}(\varepsilon_j)$ mit $f_j \notin W$, $j \geq 1$. Die Menge $U_\nu + D_{\nu+2}(\varepsilon_1)$ ist beschränkt in $E_{\nu+2}$ und also relativ kompakt in $E_{\nu+3}$; es gibt daher wegen $D_{\nu+2}(\varepsilon_j) \subset D_{\nu+2}(\varepsilon_1)$, $j \geq 1$, eine Teilfolge $f_{1j} = g_{1j} + h_{1j}$ der Folge $\{f_j\}$, die in $E_{\nu+3}$ und also auch in E gegen ein Element f konvergiert. Da W offen ist, gilt $f \notin W$. Andererseits ist f aber, da h_j in $E_{\nu+2}$ und also auch in $E_{\nu+3}$ eine Nullfolge ist, in $E_{\nu+3}$ auch der Limes der Folge g_{1j}, d.h. es gilt $f \in \mathrm{cl}_{\nu+3} U_\nu$. Nun gilt $\mathrm{cl}_{\nu+3} U_\nu = \mathrm{cl}_{\nu+1} U_\nu$ (da $\mathrm{cl}_{\nu+1} U_\nu$ kompakt in $E_{\nu+1} \subset E_{\nu+3}$ ist), d.h. $f \in \mathrm{cl}_{\nu+1} U_\nu \subset W$. Widerspruch!

Es gibt also ein $\rho > 0$ mit $U_\nu + D_{\nu+2}(\rho) \subset W$. Da die Injektion $E_{\nu+1} \hookrightarrow E_{\nu+2}$ kontraktiv ist, gilt $\mathrm{cl}_{\nu+2} D_{\nu+1}(\eta) \subset D_{\nu+2}(\frac{\rho}{2})$ für jedes positive $\eta < \dfrac{\rho}{2}$. Wir setzen nun

$$U_{\nu+1} := U_\nu + D_{\nu+1}(\eta) \quad \text{mit } 0 < \eta < \frac{\rho}{2}.$$

Dann ist die Inklusion $U_\nu \subset U_{\nu+1}$ klar. Da U_ν beschränkt und absolutkonvex in E_ν und also auch in $E_{\nu+1}$ ist, so ist $U_{\nu+1}$ eine beschränkte, offene, absolut-konvexe 0-Umgebung in $E_{\nu+1}$. Es bleibt die Inklusion $\mathrm{cl}_{\nu+2} U_{\nu+1} \subset W$ zu verifizieren. Sei also $x \in \mathrm{cl}_{\nu+2} U_{\nu+1}$ und $x_j = y_j + z_j$, $y_j \in U_\nu$, $z_j \in D_{\nu+1}(\eta)$ eine in $E_{\nu+2}$ gegen x konvergente Folge. Da U_ν relativ kompakt in $E_{\nu+2}$ ist, dürfen wir annehmen, daß die Folge y_j gegen ein $y \in \mathrm{cl}_{\nu+2} U_\nu$ konvergiert. Die Folge z_j konvergiert dann gegen ein $z \in \mathrm{cl}_{\nu+2} D_{\nu+1}(\eta)$, d.h. es gilt $x \in \mathrm{cl}_{\nu+2} U_\nu + \mathrm{cl}_{\nu+2} D_{\nu+1}(\eta)$. Da $\mathrm{cl}_{\nu+2} U_\nu \subset U_\nu + D_{\nu+2}(\frac{\rho}{2})$ und $\mathrm{cl}_{\nu+2} D_{\nu+1}(\eta) \subset D_{\nu+2}(\frac{\rho}{2})$ nach Wahl von η, so folgt $x \in U_\nu + D_{\nu+2}(\frac{\rho}{2}) + D_{\nu+2}(\frac{\rho}{2}) \subset U_\nu + D_{\nu+2}(\rho) \subset W$, d.h.

$\mathrm{cl}_{\nu+2} U_{\nu+1} \subset W$. Die Menge $U_{\nu+1}$ hat also die gewünschten Eigenschaften a), b), c), w.z.b.w.

Der Beweis von Satz 7 ist jetzt trivial. Zu zeigen ist, daß es zu jeder offenen 0-Umgebung $W \subset E$ eine lokal-konvexe 0-Umgebung $U \subset E$ mit $U \subset W$ gibt. Es genügt zu setzen $U := \bigcup_{\nu \geq 1} U_\nu$, wo die Folge $\{U_\nu\}$ gemäß Hilfssatz 8 konstruiert ist, w.z.b.w.

7. Ausblick. Die in den letzten beiden Paragraphen angestellten Betrachtungen über die Folgentopologie des K_n benutzen an wesentlichen Stellen entscheidend, daß der Grundkörper k lokal-kompakt ist. Für vollständig bewertete Grundkörper k, die nicht lokal-kompakt sind, sind die Resultate nicht völlig zufriedenstellend. Es läßt sich zeigen, daß auch in diesen Fällen eine *natürliche lokal-konvexe, hausdorffsche Topologie* auf K_n vorhanden ist, die K_n zu einer topologischen k-Algebra macht, derart, daß Ideale wieder abgeschlossen und analytische Homomorphismen wieder stetig sind. Man gewinnt diese Topologie als *die feinste lokal-konvexe Topologie auf* K_n, bezüglich der alle Injektionen $B_t \hookrightarrow K_n$ stetig sind (Satz 7 besagt dann, daß dies bei lokal-kompaktem k die feinste Topologie schlechthin auf K_n mit dieser Eigenschaft ist). Da nach allgemeinen Sätzen der Bewertungstheorie nicht lokal-kompakte Körper notwendig nichtarchimedisch bewertet sind, wird man allerdings zweckmäßigerweise die grundlegenden Definitionen der Situation anpassen; so ist die Dreiecksungleichung $|x+y| \leq |x|+|y|$ überall durch die verschärfte Ungleichung $|x+y| \leq \max\{|x|, |y|\}$ zu ersetzen. (Dies führt dann z.B. dazu, daß man die Norm in B_t durch $\|f\|_t := \max_\nu \{|a_\nu| t^\nu\}$ zu erklären hat, und daß man bei der Definition von absolut-konvexen Mengen die Koeffizientenbedingung $\sum_{\rho=1}^{r} |c_\rho| \leq 1$ durch die Ungleichung $\max_{1 \leq \rho \leq r} \{|c_\rho|\} \leq 1$ zu ersetzen hat.) Schwierigkeiten neuer Art entstehen dadurch nirgends. Wir verzichten hier auf die Durchführung dieses Programms, zumal beim Aufbau der nichtarchimedischen Funktionentheorie die Tateschen Algebren T_n viel stärker im Mittelpunkt des Interesses stehen als die lokalen Algebren K_n.

Kapitel II

Analytische k-Stellenalgebren

In diesem Kapitel bezeichnet k stets einen vollständig bewerteten Körper mit unendlich vielen Elementen. Wir setzen der Einfachheit halber k zusätzlich als vollkommen voraus, um bei Benutzung des Henselschen Lemmas stets Satz I.5.6″ zitieren zu können. Es sei jedoch betont, daß diese zusätzliche Annahme überflüssig ist.

§ 0. Analytische k-Stellenalgebren und analytische Moduln

1. Die Kategorie $\mathfrak{A}$. Jede k-Restklassenalgebra $A := K/\mathfrak{a}$ einer Potenzreihenalgebra $K = K_n = k\langle X_1, \ldots, X_n\rangle$ nach einem Ideal $\mathfrak{a} \neq K$ heißt eine *analytische k-Stellenalgebra.* Der Restklassenepimorphismus $\alpha: K \to A$ bildet $k \subset K$ injektiv in A ab; wir identifizieren $\alpha(k)$ mit k. Dann gilt (direkte Summe von k-Vektorräumen):

$$A = k \oplus \mathfrak{m}(A), \quad \text{wo } \mathfrak{m}(A) := \alpha(\mathfrak{m}(K)).$$

Mithin ist A tatsächlich eine k-Stellenalgebra mit $\mathfrak{m}(A)$ als maximalem Ideal und k als Restklassenkörper $A/\mathfrak{m}(A)$. Da K noethersch und henselsch ist, folgt somit

Satz 1. *Jede analytische k-Stellenalgebra A ist eine noethersche, henselsche k-Stellenalgebra mit $k \subset A$ als Restklassenkörper.*

Aufgrund von Satz 1 werden wir vielfach bei der Untersuchung von analytischen k-Stellenalgebren Hilfsmittel aus der allgemeinen Theorie der lokalen Algebra heranziehen (vgl. Anhang). Mit A, B werden stets analytische k-Stellenalgebren bezeichnet; $\mathfrak{m}(A)$, $\mathfrak{m}(B)$ bezeichnet das maximale Ideal von A, B.

k-Algebrahomomorphismen $\varphi: A \to B$ zwischen analytischen k-Stellenalgebren heißen *analytisch;* sie sind stets lokal.

Dann ist trivial:

Die analytischen k-Stellenalgebren mit den analytischen Homomorphismen als Morphismen bilden eine Kategorie $\mathfrak{A}$.

Die Restklasse eines Elementes $f \in A$ unter dem natürlichen Epimorphismus $A \to k = A/\mathfrak{m}(A)$ bezeichnen wir stets mit $f(0) \in k$. Dies wird gerechtfertigt durch die folgende geometrische Interpretation.

Bemerkung: Es ist zum besseren Verständnis der Theorie der analytischen k-Stellenalgebren mehr als nützlich, sich die Elemente einer analytischen Stellenalgebra als holomorphe Funktionen um den Nullpunkt eines sog. „analytischen" Raumes $X \subset k^n$ vorzustellen. Dies kann etwa wie folgt geschehen: Ist A als Restklassenalgebra $K_n/\mathfrak{a}$ gegeben, $K_n = k\langle X_1, \ldots, X_n\rangle$, so wähle man ein Erzeugendensystem $h_1, \ldots, h_m$ von $\mathfrak{a}$ und ein $t = (t_1, \ldots, t_n) \in \mathbb{R}^n_+$ mit $h_1, \ldots, h_m \in B_t$. Dann stellt jedes h_i eine holomorphe Funktion im Polyzylinder $Z_t := \{(x_1, \ldots, x_n) \in k^n: |x_1| < t_1, \ldots, |x_n| < t_n\}$ dar (vgl. Kap. I, § 1.1). Die gemeinsame Nullstellenmenge der $h_1, \ldots, h_m$ in Z_t ist eine den Nullpunkt 0 enthaltende sog. „analytische" Menge X. Diese Menge X ist um 0 durch $A = K_n/\mathfrak{a}$ eindeutig bestimmt im folgenden Sinne: wählt man ein anderes Erzeugendensystem $h'_1, \ldots, h'_{m'}$ des Ideals $\mathfrak{a}$ und dazu entsprechend wie eben ein $t' \in \mathbb{R}^n_+$, und bezeichnet man mit X' die gemeinsame Nullstellenmenge der $h'_1, \ldots, h'_{m'} \in B_{t'}$ in $Z_{t'}$, so gibt es einen Polyzylinder $Z \subset Z_t \cap Z_{t'}$ um 0 mit $X \cap Z = X' \cap Z$.

Jedes $f \in \mathfrak{a}$ verschwindet um $0 \in k^n$ auf X; daher kann jede $\mathfrak{a}$-Restklasse $F \in A$ als „Funktion um 0 auf X mit Werten in k" aufgefaßt werden. A wird so zur Algebra der um 0 auf X holomorphen Funktionen. Wenngleich wir im vorliegenden Buche nie diese Interpretation von analytischen k-Stellenalgebren bei Beweisen verwenden (das Studium des Wechselspiels zwischen Algebren einerseits und Räumen andererseits ist ein Hauptanliegen unseres Bandes „Kohärente analytische Garben" in dieser Gelben Sammlung), so sei dem Leser doch dringend empfohlen, sich die grundlegenden Sätze über analytische Stellenalgebren in der soeben beschriebenen Weise geometrisch vor Augen zu führen.

Für jedes $A \in \mathfrak{A}$ ist die Menge $\operatorname{End} A$ aller analytischen Endomorphismen $\varphi: A \to A$ bez. der Komposition eine (i.a. nicht kommutative) Halbgruppe. Ist $\varphi \in \operatorname{End} A$ bijektiv, so gilt auch $\varphi^{-1} \in \operatorname{End} A$; wir nennen φ dann einen Automorphismus von A. Die Menge $\operatorname{Aut} A$ aller analytischen Automorphismen von A ist eine Untergruppe von $\operatorname{End} A$.

Da für analytische Stellenalgebren der Krullsche Durchschnittssatz gilt, ist ein analytischer Homomorphismus $\varphi: A \to B$ bereits eindeutig durch seine Werte auf einem Erzeugendensystem des maximalen Ideals $\mathfrak{m}(A)$ bestimmt (Anhang, Satz 2.3). I.a. kann man aber die Werte von φ auf einem (minimalen) Erzeugendensystem von $\mathfrak{m}(A)$ nicht beliebig in $\mathfrak{m}(B)$ vorschreiben. Es gilt aber

Satz 2. *Ist* $\langle Z_1, \dots, Z_r \rangle$ *eine Karte von* K_r, *so gibt es zu jedem System* $g_1, \dots, g_r \in \mathfrak{m}(B)$ *genau einen analytischen Homomorphismus* $\gamma: K_r \to B$ *mit* $\gamma(Z_\rho) = g_\rho$, $\rho = 1, \dots, r$.

Beweis. Nur die Existenz von γ ist zu beweisen. Sei $\beta: K_n \to B$ ein Epimorphismus, sei $f_\rho \in \mathfrak{m}(K_n)$ ein β-Urbild von g_ρ, $\rho = 1, \dots, r$. Nach Satz I.3.2 gibt es einen analytischen Homomorphismus $\vartheta: K_r \to K_n$ mit $\vartheta(Z_\rho) = f_\rho$, $\rho = 1, \dots, r$. Dann ist $\gamma := \beta \circ \vartheta$ ein gesuchter Homomorphismus, w.z.b.w.

Wegen der soeben bewiesenen Eigenschaft werden die Algebren K_n auch *freie analytische k-Stellenalgebren* genannt.

Für häufige Anwendungen notieren wir

Satz 3. (Liftungssatz). *Sei* $\varphi: A \to B$ *ein analytischer Homomorphismus, und seien* $\alpha: K_m \to A$, $\beta: K_n \to B$ *analytische Epimorphismen. Dann gibt es einen (nicht natürlichen) analytischen Homomorphismus* $\psi: K_m \to K_n$, *so daß das folgende Diagramm kommutiert:*

$$\begin{array}{ccc} K_m & \xrightarrow{\psi} & K_n \\ {\scriptstyle\alpha}\downarrow & & \downarrow{\scriptstyle\beta} \\ A & \xrightarrow{\varphi} & B \end{array}$$

Beweis. Wir wählen eine analytische Karte in $K_m := k\langle X_1, \dots, X_m \rangle$. Da α und φ lokal sind, gilt $(\varphi \circ \alpha)(X_\mu) \in \mathfrak{m}(B)$, $\mu = 1, \dots, m$. Wegen $\beta(\mathfrak{m}(K_n)) = \mathfrak{m}(B)$ kann man Elemente $g_\mu \in \mathfrak{m}(K_n)$ finden, so daß $\beta(g_\mu) = (\varphi \circ \alpha)(X_\mu)$, $\mu = 1, \dots, m$. Sei ψ der durch $\psi(X_\mu) := g_\mu$ definierte Substitutionshomomorphismus $K_m \to K_n$. Da $\varphi \circ \alpha(X_\mu) = \beta \circ \psi(X_\mu)$, $\mu = 1, \dots, m$, so folgt $\varphi \circ \alpha = \beta \circ \psi$, w.z.b.w.

Die Kategorie $\mathfrak{A}$ ist *abgeschlossen gegenüber Restklassenbildung:* mit $A \in \mathfrak{A}$ gilt auch $A/\mathfrak{a} \in \mathfrak{A}$ für jedes Ideal $\mathfrak{a} \neq A$. Speziell sind mit A auch alle Primkomponenten $A/\mathfrak{p}$, $\mathfrak{p} \in \operatorname{Isol} A$, analytische k-Stellenalgebren. Weiter gilt mit $A \in \mathfrak{A}$ auch $\operatorname{red} A \in \mathfrak{A}$, wo $\operatorname{red} A := A/\mathfrak{n}(A)$, $\mathfrak{n}(A) :=$ Nilradikal von A, die Reduktion von A ist; denn $\mathfrak{n}(A) \neq A$ wegen $1 \notin \mathfrak{n}(A)$.

Jeder analytische Homomorphismus $\varphi: A \to B$ induziert wegen $\varphi(\mathfrak{n}(A)) \subset \mathfrak{n}(B)$ einen natürlichen analytischen Homomorphismus $\operatorname{red}\varphi: \operatorname{red} A \to \operatorname{red} B$, so daß das Diagramm

$$\begin{array}{ccc} A & \xrightarrow{\varphi} & B \\ \downarrow & & \downarrow \\ \operatorname{red} A & \xrightarrow{\operatorname{red}\varphi} & \operatorname{red} B \end{array}$$

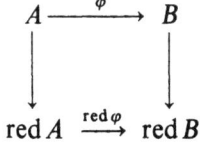

kommutiert. Mit $\varphi: A \to B$, $\psi: B \to C$ gilt $\operatorname{red}(\psi \circ \varphi) = \operatorname{red}\psi \circ \operatorname{red}\varphi$. Mit anderen Worten:

red *ist ein kovarianter Funktor der Kategorie* $\mathfrak{A}$ *in sich.*

Gelegentlich erweist es sich bei Beweisen als unangenehm, daß die Kategorie $\mathfrak{A}$ *nicht abgeschlossen gegenüber Quotientenbildung* ist, d.h. ist S ein multiplikatives System in einer Algebra $A \in \mathfrak{A}$, so ist i.a. $\operatorname{Quot}_S A \notin \mathfrak{A}$ (vgl. Anhang, § 1.4). Zum Beispiel gehören die Quotientenkörper der Algebren K_n, $n \geq 1$, nicht zu $\mathfrak{A}$.

Ebenso ist *nicht jede k-Unterstellenalgebra einer Algebra* $A \in \mathfrak{A}$ *analytisch.* Z.B. ist

$$R := \{f \in K_2 = k\langle X_1, X_2\rangle : f(0, X_2) \in k\} = k \oplus K_2 X_1$$

eine k-Unterstellenalgebra von K_2, die *nicht noethersch* ist (das maximale Ideal $\mathfrak{m}(R) = K_2 X_1$, das von der Folge $\{X_1 X_2^\nu\}_{\nu \geq 0}$ erzeugt wird, ist nicht endlich erzeugbar, da $X_1 X_2^{s+1}$ nicht von der Form $\sum_{i=0}^{s} r_i X_1 X_2^i$, $r_i \in R$, ist).

Ist $B \in \mathfrak{A}$, so heißt eine k-Unteralgebra A von B eine *analytische k-Unterstellenalgebra von B*, wenn $A \in \mathfrak{A}$. Offenbar ist diese Bedingung genau dann erfüllt, wenn es einen analytischen Homomorphismus $\alpha: K_m \to B$ mit $\alpha(K_m) = A$ gibt. Für jede analytische k-Unterstellenalgebra A von B ist die Identität $id: A \hookrightarrow B$ ein analytischer Homomorphismus.

2. Die Kategorie $\mathfrak{M}_A$. Ist A eine fest vorgegebene analytische k-Stellenalgebra, so nennen wir jeden endlich erzeugten A-Modul M einen *analytischen A-Modul.* Zu jedem analytischen A-Modul M gibt es eine natürliche Zahl $p \geq 0$ und einen A-Modulepimorphismus

$$pA \to M .$$

A-Modulhomomorphismen $\varphi: M \to N$ zwischen analytischen A-Moduln heißen *analytisch.* Es gilt:

Die analytischen A-Moduln mit den analytischen Homomorphismen als Morphismen bilden eine Kategorie $\mathfrak{M}_A$.

Mit M liegt auch jeder Untermodul N von M und jeder Restklassenmodul M/N in $\mathfrak{M}_A$. Sind $M_1, \ldots, M_q \in \mathfrak{M}_A$, so gilt auch $M_1 \oplus \cdots \oplus M_q \in \mathfrak{M}_A$. Speziell gilt $qA \in \mathfrak{M}_A$ für jedes $q \geq 0$.

Auf analytische Moduln lassen sich die allgemeinen Sätze über endliche Moduln über noetherschen Stellenringen anwenden (vgl. Anhang, § 2).

Unmittelbar zu verifizieren ist der folgende Liftungssatz:

Satz 4. *Sei $\varphi: M \to N$ ein analytischer Homomorphismus, $M, N \in \mathfrak{M}_A$, und seien $\alpha: pA \to M$, $\beta: qA \to N$ analytische Epimorphismen. Dann gibt es einen analytischen Homomorphismus $\psi: pA \to qA$, so daß das Diagramm*

$$\begin{array}{ccc} pA & \xrightarrow{\psi} & qA \\ {\scriptstyle\alpha}\downarrow & & \downarrow{\scriptstyle\beta} \\ M & \xrightarrow{\varphi} & N \end{array}$$

kommutativ ist.

§ 1. Topologie auf analytischen Stellenalgebren und analytischen Moduln

In diesem Paragraphen führen wir auf analytischen Stellenalgebren und analytischen Moduln die schwache Topologie und die Folgentopologie ein, vgl. auch [11].

1. Schwache Topologie auf analytischen Stellenalgebren. Ist $A \in \mathfrak{A}$, so ist jeder k-Vektorraum $A/\mathfrak{m}(A)^e$, $e \geq 1$, endlich-dimensional, denn ist $\alpha: K_m \to A$ ein Epimorphismus, so gilt $\mathfrak{m}(A)^e = \alpha(\mathfrak{m}(K_m)^e)$, und α induziert folglich einen k-Vektorraumepimorphismus des endlich-dimensionalen Vektorraumes $K_m/\mathfrak{m}(K_m)^e$ auf $A/\mathfrak{m}(A)^e$. Mithin ist $A/\mathfrak{m}(A)^e$ in natürlicher Weise ein vollständiger topologischer (normierbarer) k-Vektorraum. Die von A induzierte Restklassenmultiplikation in $A/\mathfrak{m}(A)^e$ ist ebenfalls stetig.

Die *schwache Topologie auf A* wird definiert als die gröbste Topologie auf A, so daß alle Restklassenepimorphismen $\varepsilon_e: A \to A/\mathfrak{m}(A)^e$, $e \geq 1$, stetig sind. Für $A = K_n$ ist dies gerade die in Kap. I, § 3.4 definierte Topologie.

Wir setzen $A_e := A/\mathfrak{m}(A)^e$, $e \geq 1$. Für jedes d, $1 \leq d \leq e$, hat man einen natürlichen k-Algebraepimorphismus $\varepsilon_{ed}: A_e \to A_d$, so daß $\varepsilon_d = \varepsilon_{ed}\varepsilon_e$. Die Abbildung ε_{ed} ist stetig und offen.

Da stets $\bigcap_{i=1}^{m} \varepsilon_i^{-1}(U_i) = \varepsilon_m^{-1}\left(\bigcap_{i=1}^{m} \varepsilon_{mi}^{-1}(U_i)\right)$, so ergibt sich:

Die offenen Mengen in A sind gerade alle Vereinigungen von Mengen der Form $\varepsilon_e^{-1}(U_e)$, wo U_e offen in A_e ist.

Hieraus folgt:

Eine Abbildung $\varphi: X \to A$ eines topologischen Raumes X in A ist stetig, wenn alle Abbildungen $\varepsilon_e \circ \varphi: X \to A_e$ stetig sind, $e \geq 1$.

Denn für jede Menge $\varepsilon_e^{-1}(U_e) \subset A$ gilt: $\varphi^{-1}(\varepsilon_e^{-1}(U_e)) = (\varepsilon_e \circ \varphi)^{-1}(U_e)$.

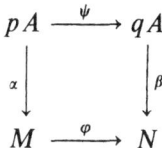

Speziell sieht man:

Eine Folge $\{f_\nu\} \subset A$ *konvergiert schwach gegen* $f \in A$, *wenn für jedes* $e \geq 1$ *die Folge* $\{\varepsilon_e(f_\nu)\} \subset A_e$ *gegen* $\varepsilon_e(f)$ *konvergiert. Insbesondere ist jede Folge* $\{f_\nu\}$ *mit* $f_\nu \in \mathfrak{m}(A)^\nu$ *eine Nullfolge.*

Durch $f \mapsto (\varepsilon_1(f), \varepsilon_2(f), \ldots)$ wird eine k-lineare Abbildung $\varepsilon: A \to \prod_{e \geq 1} A_e$ von A in den Produktraum $\prod_{e \geq 1} A_e$ definiert. Es gilt:

ε *ist injektiv.* ε *induziert eine topologische Abbildung* $A \to \varepsilon(A)$, *wenn* A *die schwache Topologie und* $\varepsilon(A) \subset \prod_{e \geq 1} A_e$ *die von der Produkttopologie induzierte Relativtopologie trägt.*

Beweis. Es gilt $\operatorname{Ker} \varepsilon = \bigcap_{e \geq 1} \operatorname{Ker} \varepsilon_e = \bigcap_{e \geq 1} \mathfrak{m}(A)^e$. Aufgrund des Krullschen Durchschnittssatzes ist ε also injektiv.

ε ist stetig, denn für jede in $\prod A_e$ offene Menge der Form $U = U_1 \times \cdots \times U_m \times \prod_{\mu > m} A_\mu$ gilt:

$$\varepsilon^{-1}(U) = \varepsilon_1^{-1}(U_1) \cap \cdots \cap \varepsilon_m^{-1}(U_m).$$

Mithin ist auch die induzierte Bijektion $A \to \varepsilon(A)$ stetig. Diese Abbildung ist aber auch offen, da für jede in A offene Menge der Form $\varepsilon_e^{-1}(U_e)$ gilt:

$$\varepsilon(\varepsilon_e^{-1}(U_e)) = \varepsilon(A) \cap (A_1 \times \cdots \times A_{e-1} \times U_e \times A_{e+1} \times \cdots),$$

w. z. b. w.

Es folgt nun leicht:

Satz 1. *A ist, versehen mit der schwachen Topologie, eine topologische k-Algebra. Die schwache Topologie ist hausdorffsch und genügt dem 1. Abzählbarkeitsaxiom.*

Beweis. Da $\prod_{e \geq 1} A_e$ bzgl. der Produkttopologie ein hausdorffscher topologischer k-Vektorraum ist und da ε einen k-Vektorraumisomorphismus $A \to \varepsilon(A) \subset \prod_{e \geq 1} A_e$ induziert, der topologisch ist, so ist A jedenfalls ein hausdorffscher, topologischer k-Vektorraum. Da $\prod_{e \geq 1} A_e$ dem 1. Abzählbarkeitsaxiom genügt, gilt dies auch für A.

Es bleibt zu zeigen, daß die durch $(f, g) \mapsto f \cdot g$ gegebene Multiplikation $\mu: A \times A \to A$ stetig ist. Dazu genügt es zu zeigen, daß alle Abbildungen $\varepsilon_e \circ \mu: A \times A \to A_e$ stetig sind, $e \geq 1$. Nun gilt $\varepsilon_e \circ \mu = \mu_e \circ (\varepsilon_e \times \varepsilon_e)$, wenn $\mu_e: A_e \times A_e \to A_e$ die Multiplikation in A_e bezeichnet. Da μ_e für jedes e stetig ist, folgt die Behauptung, w. z. b. w.

Es gilt weiter:

Satz 2. *Trägt* A *die schwache Topologie und* pA, $1 \leq p < \infty$, *die Produkttopologie, so ist jeder A-Untermodul von* pA *abgeschlossen.*

Der Beweis verläuft wörtlich so wie der Beweis dieses Satzes für $A = K_n$ (Satz I.5.4), da auch für analytische Stellenalgebren der Krullsche Durchschnittssatz zur Verfügung steht.

Die schwache Topologie von A läßt sich auch als Restklassentopologie beschreiben. Ist $\alpha: K_m \to A$ ein analytischer Epimorphismus, so verstehen wir unter der schwachen α-Restklassentopologie auf A die feinste Topologie, so daß α stetig ist, wenn K_m die schwache Topologie trägt. α ist auch *offen* (vgl. Kap. I, § 8.2).

Satz 3. *Für jeden analytischen Epimorphismus* $\alpha: K_m \to A$ *ist die schwache* α*-Restklassentopologie auf* A *die schwache Topologie von* A.

Beweis. Wegen $\alpha(\mathfrak{m}(K_m)^e) \subset \mathfrak{m}(A)^e$ induziert α für jedes $e \geq 1$ einen k-Homomorphismus $\alpha_e: K_m/\mathfrak{m}(K_m)^e \to A_e$, so daß das Diagramm

$$\begin{array}{ccc} K_m & \xrightarrow{\alpha} & A \\ {\scriptstyle \delta_e}\downarrow & & \downarrow{\scriptstyle \varepsilon_e} \\ K_m/\mathfrak{m}^e & \xrightarrow{\alpha_e} & A_e \end{array}$$

kommutativ ist (dabei bezeichnet δ_e den Restklassenepimorphismus).

Für jede Menge $U_e \subset A_e$ gilt $\alpha^{-1}(\varepsilon_e^{-1}(U_e)) = \delta_e^{-1}(\alpha_e^{-1}(U_e))$. Da α_e und δ_e stetig sind, so ist also für jede offene Menge U_e die Menge $\alpha^{-1}(\varepsilon_e^{-1}(U_e))$ offen in K_m, d. h. $\varepsilon_e^{-1}(U_e)$ ist offen in A bzgl. der schwachen α-Restklassentopologie. Bezüglich dieser Topologie sind mithin alle Abbildungen ε_e stetig, die schwache α-Restklassentopologie ist daher feiner als die schwache Topologie von A.

Es bleibt zu zeigen, daß die schwache Topologie auch feiner als die schwache α-Restklassentopologie auf A ist, d. h. daß jede Menge U in A, für die $\alpha^{-1}(U)$ offen in K_m ist, Vereinigung von Mengen der Form $\varepsilon_i^{-1}(U_i)$, U_i offen in A_i, ist, $i \geq 1$. Sei $g \in U$ und sei $f \in \alpha^{-1}(U)$ ein α-Urbild von g. Da $\alpha^{-1}(U)$ offen in der schwachen Topologie von K_m ist, gibt es einen Index i und eine offene Menge V_i in $K_m/\mathfrak{m}^i$, so daß $f \in \delta_i^{-1}(V_i) \subset \alpha^{-1}(U)$. Da α_i offen ist, so ist $U_i := \alpha_i(V_i)$ offen in A_i, und wir sind fertig, wenn wir zeigen:

$$g \in \varepsilon_i^{-1}(U_i) \subset U.$$

Zunächst folgt $\varepsilon_i(g) = \varepsilon_i \alpha(f) = \alpha_i \delta_i(f) \in \alpha_i(V_i) = U_i$. Weiter gilt:

$$\varepsilon_i(\varepsilon_i^{-1}(U_i)) = U_i = \alpha_i(V_i) = \alpha_i \delta_i(\delta_i^{-1}(V_i)) = \varepsilon_i(\alpha(\delta_i^{-1}(V_i)),$$

also $\varepsilon_i^{-1}(U_i) \subset \alpha(\delta_i^{-1}(V_i)) + \operatorname{Ker} \varepsilon_i$. Nun gilt aber

$$\delta_i^{-1}(V_i) + \mathfrak{m}(K_m)^i = \delta_i^{-1}(V_i) \subset \alpha^{-1}(U)$$

wegen $\operatorname{Ker}\delta_i = \mathfrak{m}(K_m)^i$, woraus wegen $\operatorname{Ker}\varepsilon_i = \mathfrak{m}(A)^i = \alpha(\mathfrak{m}(K_m)^i)$ folgt:

$$\alpha(\delta_i^{-1}(V_i)) + \operatorname{Ker}\varepsilon_i \subset U,$$

w. z. b. w.

2. Folgentopologie auf analytischen Stellenalgebren. Wie im Fall der freien Algebren ist die schwache Topologie zwar als Hilfstopologie sehr nützlich, indessen ist die wichtigere Topologie wieder die Folgentopologie, die jetzt betrachtet werden soll. Von nun an denken wir uns jede freie Algebra K_m mit der Folgentopologie T versehen. Ist $A \in \mathfrak{A}$ und $\alpha: K_m \to A$ ein analytischer Epimorphismus, so betrachten wir auf A die *α-Restklassentopologie* $\alpha(T)$, deren offene Mengen gerade die Mengen $\alpha(U)$, U offen in K_m, sind (vgl. Kap. I, § 8.2). Um zu zeigen, daß diese Topologie unabhängig von der Wahl des Epimorphimus α ist, beweisen wir allgemein:

Satz 4. *Es seien $\alpha: K_m \to A$ und $\beta: K_n \to B$ analytische Epimorphismen. Dann ist jeder analytische Homomorphismus $\varphi: A \to B$ stetig, wenn A und B die Restklassentopologien tragen.*

Beweis. Nach dem Liftungssatz (Satz 0.3) gibt es einen analytischen Homomorphismus $\psi: K_m \to K_n$, der das Diagramm

$$\begin{array}{ccc} K_m & \xrightarrow{\psi} & K_n \\ {\scriptstyle\alpha}\downarrow & & \downarrow{\scriptstyle\beta} \\ A & \xrightarrow{\varphi} & B \end{array}$$

kommutativ macht. Ist dann $U \subset B$ offen, so ist wegen der Stetigkeit von β und ψ (letzteres nach Satz I.6.6) und der Offenheit von α die Menge

$$\varphi^{-1}(U) = \alpha(\psi^{-1}(\beta^{-1}(U)))$$

offen in A, w. z. b. w.

Korollar. *Sind $\alpha: K_m \to A$ und $\beta: K_n \to A$ zwei Epimorphismen, so ist die α-Restklassentopologie auf A identisch mit der β-Restklassentopologie auf A.*

Denn: Die identische Abbildung $id: A \to A$ und ihre Umkehrabbildung id^{-1} sind beide stetig nach Satz 4, w. z. b. w.

Wir nennen von nun an die unabhängig vom Epimorphismus α auf A definierte Topologie die *Folgentopologie* auf A und denken uns A stets mit dieser Topologie versehen; es ist eine Limestopologie auf der k-Algebra A im Sinne von Kap. I, § 8; wird die Folgentopologie auf K_m durch die Familie $\{B_{t_\nu}\}_{\nu \geq 1}$ von k-Banachalgebren bestimmt, so wird die Folgentopologie auf $A \cong K_m/\operatorname{Ker}\alpha$ durch die Familie $\{B_{t_\nu}/\operatorname{Ker}\alpha \cap B_{t_\nu}\}_{\nu \geq 1}$ gegeben.

Analytische Homomorphismen zwischen analytischen Stellenalgebren, die die Folgentopologie tragen, sind stetig nach Satz 4. Wir zeigen weiter:

Satz 5. *Jeder analytische Epimorphismus* $\varphi: A \to B$ *ist offen.*

Beweis. Sei $\alpha: K_m \to A$ ein Epimorphismus. Dann ist $\varphi \circ \alpha: K_m \to B$ surjektiv und also offen, da die Folgentopologie auf B die $\varphi \circ \alpha$-Restklassentopologie auf B ist. Ist also $U \subset A$ offen, so ist $\alpha^{-1}(U)$ offen in K_m und weiter $\varphi \circ \alpha(\alpha^{-1}(U)) = \varphi(U)$ offen in B, w. z. b. w.

Wie für freie Algebren gilt:

Satz 6. *Die Folgentopologie auf* A *ist feiner als die schwache Topologie auf* A.

Beweis. Sei $\alpha: K_m \to A$ ein Epimorphismus. Da die Folgentopologie von K_m feiner als die schwache Topologie von K_m ist, gilt dies auch für die zugehörigen α-Restklassentopologien, w. z. b. w.

Korollar. *Die Folgentopologie einer jeden analytischen* k*-Stellenalgebra* A *ist hausdorffsch. Jedes Ideal in* A *ist abgeschlossen bzgl. der Folgentopologie.*

Setzt man den Grundkörper k als lokal-kompakt voraus, so kann man die Resultate von Kap. I, § 8.4 (speziell Satz I.8.4) anwenden, und man erhält:

Satz 7. *Es sei* k *lokal-kompakt. Dann ist jede analytische* k*-Stellenalgebra* A*, versehen mit der Folgentopologie, eine Silvasche Algebra und also speziell eine lokal-konvexe topologische, folgenvollständige* k*-Algebra. Die kompakten Mengen in* A *sind genau die beschränkten und abgeschlossenen Mengen.*

Ist $\alpha: K_m \to A$ *ein analytischer Epimorphismus, so ist eine Folge in* A *genau dann konvergent in der Folgentopologie, wenn es eine in* K_m *konvergente Urbildfolge gibt.*

Beweis. Es ist nur zu zeigen, daß zu jeder in A konvergenten Folge $\{g_j\}$ eine in K_m konvergente Urbildfolge $\{f_j\}$ existiert. Sei $\{B_{t_\nu}\}_{\nu \geq 1}$ eine die Folgentopologie von K_m bestimmende Familie. Dann wird die Folgentopologie von A durch die Familie $\{B'_{t_\nu}\}_{\nu \geq 1}$, wo $B'_{t_\nu} := B_{t_\nu}/\mathrm{Ker}\,\alpha \cap B_{t_\nu}$, bestimmt; und es gibt also einen Index i, so daß die Folge $\{g_j\}$ in B'_{t_i} liegt und in der Banachtopologie von B'_{t_i} gegen ein $g \in B'_{t_i}$ konvergiert. Da die von α induzierte Abbildung $\alpha_i: B_{t_i} \to B'_{t_i}$ offen ist, gibt es eine α_i-Urbildfolge $\{f_j\} \subset B_{t_i}$, die gegen ein (beliebig gewähltes) α-Urbild f von g konvergiert (man benutzt, daß B_{t_i} dem 1. Abzählbarkeitsaxiom genügt), w. z. b. w.

3. Schwache Topologie und Folgentopologie auf analytischen Moduln. Es sei $A \in \mathfrak{A}$ fest gegeben; wir bezeichnen mit T bzw. S die Folgentopologie bzw. die schwache Topologie auf A. Jeder freie A-Modul pA, $1 \leq p < \infty$, trägt dann die Produkttopologie pT und pS, die wir wieder die Folgentopologie und schwache Topologie auf pA nennen. Die Folgentopologie ist feiner als die schwache Topologie; wegen Satz 2 sind daher A-Untermoduln von pA bzgl. beider Topologien abgeschlossen in pA.

Bemerkung. Wird die Folgentopologie auf A durch die Familie $\{B'_{t_\nu}\}$ von Banachalgebren bestimmt, so ist die Folgentopologie auf pA i. a. gröber als die durch die Familie $\{pB'_{t_\nu}\}$ von Banachräumen bestimmte finale Topologie (vgl. Kap. I, § 7). Bei lokal-kompaktem Grundkörper sind beide Topologien gleich (Satz I.7.3), und pA ist ein Silvascher Vektorraum.

Ist $M \in \mathfrak{M}_A$ irgendein analytischer A-Modul und $\alpha: pA \to M$ ein A-Modulepimorphismus, so trägt M die beiden α-Restklassentopologien $\alpha(pT)$ und $\alpha(pS)$, von denen die erste wieder feiner als die zweite ist. Um zu zeigen, daß beide Topologien unabhängig von der Wahl des Epimorphismus α sind, beweisen wir (vgl. Satz 4):

Satz 8. *Es sei $A \in \mathfrak{A}$, und die Addition in A sei stetig bzgl. der Folgentopologie T. Es seien $M, N \in \mathfrak{M}_A$ analytische Moduln und $\alpha: pA \to M$, $\beta: qA \to N$ Modulepimorphismen. Dann ist jeder A-Modulhomomorphismus $\varphi: M \to N$ stetig, wenn M und N die Restklassentopologien $\alpha(pT)$ und $\beta(qT)$ bzw. $\alpha(pS)$ und $\beta(qS)$ tragen.*

Beweis. Nach dem Liftungssatz 0.4 gibt es einen A-Modulhomomorphismus $\psi: pA \to qA$, der das Diagramm

$$\begin{array}{ccc} pA & \xrightarrow{\psi} & qA \\ \downarrow{\scriptstyle\alpha} & & \downarrow{\scriptstyle\beta} \\ M & \xrightarrow{\varphi} & N \end{array}$$

kommutativ macht. Die Stetigkeit von φ folgt dann, da jeweils β stetig und α offen ist, sobald die Stetigkeit von ψ sichergestellt ist. Dazu hat man nur zu zeigen, daß alle Abbildungen $\pi_j \circ \psi: pA \to A$ stetig sind, wenn π_j die Projektion $(g_1, \ldots, g_q) \mapsto g_j$ bezeichnet, $j = 1, \ldots, q$. Nun ist $\pi_j \circ \psi$ von der Form $(f_1, \ldots, f_p) \mapsto \sum_{i=1}^{p} a_{ij} f_j$ mit festen Elementen $a_{ij} \in A$. Diese Abbildung ist aber stetig, da Homothetien $f \mapsto af$ und Addition $(h_1, h_2) \mapsto h_1 + h_2$ stetig bzgl. der Topologien T und S sind, w. z. b. w.

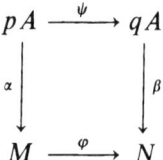

Wie bei analytischen Stellenalgebren ergibt sich als

Korollar. *Sei* $A \in \mathfrak{A}$, *die Addition in* A *sei stetig bzgl. der Folgentopologie* T. *Sind dann* $\alpha: pA \to M$, $\beta: qA \to M$ *zwei Modulepimorphismen, so gilt* $\alpha(pT) = \beta(qT)$ *und* $\alpha(pS) = \beta(qS)$.

Wir nennen die so unabhängig vom Epimorphismus auf M definierten Topologien die *schwache Topologie* und die *Folgentopologie* auf M. Man beachte, daß die Betrachtungen betr. Folgentopologie wesentlich die Voraussetzung benutzen, daß in A die Addition bzgl. der Folgentopologie stetig ist. Aus diesem Grunde machen wir von nun an immer, wenn auf einem analytischen A-Modul die Folgentopologie T betrachtet wird, die Voraussetzung, daß A eine topologische k-Algebra ist (was z. B. für lokal-kompakte Grundkörper stets der Fall ist). Modulhomomorphismen sind dann immer stetig, analog zu Satz 5 gilt:

Satz 9. *Jeder Modulepimorphismus* $\psi: M \to N$, $M, N \in \mathfrak{M}_A$, *ist offen.*

Wir beenden unsere Betrachtungen über Topologien auf analytischen Moduln mit

Satz 10. *Ist* A *eine topologische* k*-Algebra bzgl. der Folgentopologie* T, *so ist jeder analytische* A*-Modul* M *bzgl. seiner Folgentopologie ein hausdorffscher topologischer* A*-Modul.*

Jeder A*-Untermodul* L *von* M *ist abgeschlossen in* M.

Beweis. Da A eine topologische Algebra ist, so ist jeder freie A-Modul pA bzgl. der Produkttopologie ein topologischer A-Modul. Wir zeigen als nächstes, daß in jedem Modul $M \in \mathfrak{M}_A$ die Addition bzgl. der Folgentopologie stetig ist. Dazu ist zu zeigen, daß es bei vorgegebenen $x_1, x_2 \in M$ zu jeder Umgebung V von $x_1 + x_2$ eine Umgebung V_i von x_i gibt, $i = 1, 2$, mit $V_1 + V_2 \subset V$.

Sei $\alpha: pA \to M$ ein Epimorphismus und seien $y_1, y_2 \in pA$ Urbilder von x_1, x_2. Dann ist $\alpha^{-1}(V)$ eine Umgebung von $y_1 + y_2$ in pA, und es gibt also eine Umgebung U_i von y_i, $i = 1, 2$, mit $U_1 + U_2 \subset \alpha^{-1}(V)$. Da α offen ist, ist $V_i := \alpha(U_i)$ eine Umgebung von x_i in M der gesuchten Art. In gleicher Weise zeigt man die Stetigkeit der durch $(a, x) \mapsto ax$ definierten Skalarenmultiplikation $A \times M \to M$. Mithin ist M ein topologischer A-Modul.

Wir zeigen als nächstes, daß M hausdorffsch ist. Seien $x_1, x_2 \in M$, $x_1 \neq x_2$. Sei $y \in pA$ ein α-Urbild von $x_1 - x_2$. Dann gilt $y \notin \operatorname{Ker} \alpha$ und $U := pA \setminus \operatorname{Ker} \alpha$ ist, da der A-Untermodul $\operatorname{Ker} \alpha \subset pA$ abgeschlossen in pA liegt, eine offene Umgebung von y mit $U \cap \operatorname{Ker} \alpha = \emptyset$. Die Menge $V := \alpha(U)$ ist eine offene Umgebung von $x_1 - x_2$ in M mit $0 \notin V$. Wegen der Stetigkeit der Subtraktion in A existieren Umgebungen V_i von x_i, $i = 1, 2$, mit $V_1 - V_2 \subset V$. Es gilt $V_1 \cap V_2 = \emptyset$.

Um einzusehen, daß jeder A-Untermodul $L \subset M$ abgeschlossen in M ist, beachten wir die Gleichung $M \setminus L = \alpha(pA \setminus \alpha^{-1}(L))$. Da $\alpha^{-1}(L)$ ein

Untermodul von pA ist, so ist $pA \setminus \alpha^{-1}(L)$ offen in K_m. Da α offen ist, so ist also $M \setminus L$ offen in M, w.z.b.w.

Bemerkung. Wir werden später sehen (§ 2.7), daß die Folgentopologie in L mit der von M auf $L \subset M$ induzierten Relativtopologie übereinstimmt.

§ 2. Quasi-endliche und endliche Homomorphismen

A, B, C bezeichnen analytische k-Stellenalgebren, alle Homomorphismen sind analytisch.

1. Quasi-endliche Moduln. Ein A-Modul M heißt *quasi-endlich*, wenn der k-Vektorraum $M/\mathfrak{m}M$, $\mathfrak{m} = \mathfrak{m}(A)$, endlich-dimensional ist. Jeder endliche A-Modul ist quasi-endlich; es gilt dann

$$\dim_k M/\mathfrak{m}M = \operatorname{cg} M < \infty,$$

(vgl. Anhang, § 2.4). Quasi-endliche Moduln sind nicht stets endlich: Ist z. B. $A := k\langle X_1 \rangle$ und M der Quotientenkörper von A, so ist M nicht endlich über A, doch gilt $M = \mathfrak{m}M$, d. h. $\dim_k M/\mathfrak{m}M = 0$.

Im folgenden Satz wird gezeigt, daß in wichtigen Fällen aus der Quasi-Endlichkeit die Endlichkeit folgt. Haupthilfsmittel beim Beweis sind das Dedekindsche Lemma (vgl. Anhang, Satz 3.2) sowie die Weierstraßsche Formel in Gestalt von Satz I.5.1.

Wir setzen $K := k\langle X_1, \ldots, X_m \rangle$. Jeder $K\langle Y_1, \ldots, Y_n \rangle$-Modul M ist aufgrund der natürlichen Einbettung $K \hookrightarrow K\langle Y_1, \ldots, Y_n \rangle$ auch ein K-Modul.

Satz 1. *Jeder endliche $K\langle Y_1, \ldots, Y_n \rangle$-Modul M, der ein quasi-endlicher K-Modul ist, ist ein endlicher K-Modul.*

Wir beweisen diesen Satz zunächst für $n = 1$ in folgender verschärfter Fassung

Satz 1'. *Es sei M ein endlicher $K\langle Y_1 \rangle$-Modul, der als K-Modul quasi-endlich ist. Dann enthält das Annulatorideal*

$$\operatorname{An}_{K\langle Y_1 \rangle} M = \{h \in K\langle Y_1 \rangle : hM = 0\}$$

von M ein Y_1-allgemeines Element g.

Ist $\gamma : K\langle Y_1 \rangle \to bK$ der zu g gehörende Weierstraßepimorphismus, so induziert jeder $K\langle Y_1 \rangle$-Modulepimorphismus $\mu : pK\langle Y_1 \rangle \to M$ einen K-Modulepimorphismus $\mu' : pbK \to M$, so daß das Diagramm

$$\begin{array}{ccc} pK\langle Y_1 \rangle & \xrightarrow{p\gamma} & pbK \\ & {\scriptstyle\mu}\searrow \quad \swarrow{\scriptstyle\mu'} & \\ & M & \end{array}$$

kommutativ ist.

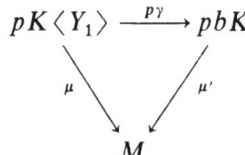

Beweis. Wir schreiben Y für Y_1 und $\tilde{K}$ für $K\langle Y_1\rangle$. Nach Voraussetzung ist der $\tilde{K}$-Modul $M/\mathfrak{m}M$, wo $\mathfrak{m}=\mathfrak{m}(K)$ das maximale Ideal von K bezeichnet, ein endlich-dimensionaler k-Vektorraum. Nach dem Dedekindschen Lemma (Anhang, Satz 3.2, mit $N=M/\mathfrak{m}M$, $S=\tilde{K}$, $\mathfrak{a}=R=k$, $s=Y$) gibt es Elemente $c_1,\ldots,c_q\in k$, so daß gilt

$$f:=Y^q+c_1Y^{q-1}+\cdots+c_q\in \mathrm{An}_{\tilde{K}}\,M/\mathfrak{m}M\,,$$

d.h. $Mf\subset\mathfrak{m}M$.

Erneute Anwendung desselben Lemmas (mit $N=M$, $R=S=\tilde{K}$, $\mathfrak{a}=\mathfrak{m}\tilde{K}$, $s=f$) liefert Elemente $h_1,\ldots,h_r\in\mathfrak{m}\tilde{K}$ mit

$$g:=f^r+h_1f^{r-1}+\cdots+h_r\in\mathrm{An}_{\tilde{K}}M\,.$$

Es gilt $g(0,\ldots,0,Y)=f^r\neq 0$, *d.h. g ist Y-allgemein.*

Nach Satz I.5.1 gehört zu g ein Weierstraßhomomorphismus $\gamma: K\langle Y_1\rangle\to bK$ mit $\mathrm{Ker}\,\gamma=\tilde{K}g$ (wenn g allgemein in Y_1 von der Ordnung b ist). Für den auf der direkten Summe induzierten K-Modulepimorphismus $p\gamma: p\tilde{K}\to pbK$ gilt dann $\mathrm{Ker}\,p\gamma=p(\mathrm{Ker}\,\gamma)=p(\tilde{K}g)$. Für jeden $\tilde{K}$-Homomorphismus $\mu: p\tilde{K}\to M$ folgt somit

$$\mathrm{Ker}\,p\gamma\subset\mathrm{Ker}\,\mu \quad \text{wegen } g\in\mathrm{An}_{\tilde{K}}M\,.$$

Jedes solche μ induziert daher einen K-Homomorphismus $\mu': pbK\to M$ mit $\mu=\mu'\circ(p\gamma)$. Mit μ ist auch μ' surjektiv. Damit ist Satz 1′ und also auch Satz 1 für $n=1$ bewiesen.

Der Beweis von Satz 1 für den Allgemeinfall ergibt sich nun unmittelbar durch vollständige Induktion nach n. Der quasi-endliche K-Modul M ist erst recht ein quasi-endlicher $K\langle Y_1,\ldots,Y_{n-1}\rangle$-Modul und also nach Satz 1′ ein endlicher $K\langle Y_1,\ldots,Y_{n-1}\rangle$-Modul. Nach Induktionsvoraussetzung ist M dann auch ein endlicher K-Modul, w.z.b.w.

2. Quasi-endliche und endliche analytische Homomorphismen. Jeder analytische Homomorphismus $\varphi: A\to B$ macht B in kanonischer Weise zu einem A-Modul. φ heißt *endlich*, wenn B ein endlicher A-Modul ist. Mit $\varphi: A\to B$ und $\psi: B\to C$ ist auch $\psi\circ\varphi: A\to C$ endlich. Ist $\varphi: A\to B$ endlich und $\mathfrak{a}\neq A$ ein Ideal in A, so ist auch der induzierte Homomorphismus $\bar{\varphi}: A/\mathfrak{a}\to B/B\varphi(\mathfrak{a})$ endlich. Epimorphismen sind stets endlich.

Ist M ein analytischer B-Modul und $\varphi: A\to B$ ein analytischer Homomorphismus, so wird M vermöge der Definition

$$f\cdot x:=\varphi(f)x,\ f\in A,\ x\in M\,,$$

zu einem A-Modul. Es gilt i.a. $M\notin\mathfrak{M}_A$. Ist jedoch φ endlich, so wird M auch als A-Modul endlich erzeugt und φ induziert einen *kovarianten Funktor der Kategorie $\mathfrak{M}_B$ in die Kategorie $\mathfrak{M}_A$*. Das Studium dieser Funktoren, vor allem die Herleitung von Invarianzaussagen, ist ein Hauptanliegen der Theorie der analytischen Stellenalgebren.

Wir geben bereits an dieser Stelle einen Beweis für den sog. Noetherschen Normalisierungssatz, der für den späteren Aufbau von großer Bedeutung sein wird und der besagt:

Zu jeder analytischen k-Stellenalgebra A existiert eine natürliche Zahl d und ein endlicher analytischer Monomorphismus $\varphi: K_d \hookrightarrow A$.

Beweis. Die Menge D aller natürlichen Zahlen $m \geq 0$, zu denen es einen endlichen Homomorphismus $K_m \to A$ gibt, ist nicht leer, da A Restklassenalgebra einer Algebra K_n ist. Sei $d \in D$ minimal und $\varphi: K_d \to A$ ein zugehöriger endlicher Homomorphismus. Angenommen, es gäbe ein Element $g \neq 0$ in $\operatorname{Ker} \varphi$. Wir betrachten den von φ induzierten endlichen Homomorphismus $\bar{\varphi}: K_d/K_d g \to A$. Nach Kap. I, §5.1 gibt es einen endlichen Monomorphismus $\psi: K_{d-1} \to K_d/K_d g$ (Weierstraßscher Endlichkeitssatz). Dann ist auch $\bar{\varphi} \circ \psi: K_{d-1} \to A$ endlich, im Widerspruch zur Wahl von d. Es folgt $\operatorname{Ker} \varphi = 0$, w.z.b.w.

Wir werden später sehen (Satz 5.4), daß die in obiger Aussage vorkommende Zahl d eine wichtige Invariante von A, nämlich die Dimension von A ist.

Ein analytischer Homomorphismus $\varphi: A \to B$ heißt *quasi-endlich*, wenn B ein quasi-endlicher A-Modul ist, d.h. wenn gilt:

$$\dim_k B/B\varphi(\mathfrak{m}(A)) < \infty .$$

Wir notieren sogleich, *daß* $\varphi: A \to B$ *sicher dann quasi-endlich ist, wenn es eine natürliche Zahl* $r \geq 1$ *gibt mit* $\mathfrak{m}(B)^r \subset B\varphi(\mathfrak{m}(A))$, denn $B/\mathfrak{m}(B)^r$ ist ein endlich-dimensionaler k-Vektorraum und $B/B\varphi(\mathfrak{m}(A))$ ist epimorphes Bild von $B/\mathfrak{m}(B)^r$. So ist z.B. jeder Homomorphismus $\varphi: A \to k\langle X_1 \rangle$ mit $\varphi(A) \neq k$ quasi-endlich (denn liegt $X_1^r e$, e Einheit in K_1, $r \geq 1$, in $\varphi(A)$, so gilt $\mathfrak{m}(K_1)^r \subset K_1 \varphi(\mathfrak{m}(A))$).

Bemerkung. Die angegebene hinreichende Bedingung für Quasiendlichkeit ist auch notwendig, d.h. ist $\varphi: A \to B$ *quasi-endlich, so gibt es stets ein* $r \geq 1$ *mit* $\mathfrak{m}(B)^r \subset B\varphi(\mathfrak{m}(A))$.

Wir zeigen sogleich etwas mehr, nämlich:

Sei $B \in \mathfrak{A}$ *und* $\mathfrak{b} \subset \mathfrak{m}(B)$ *ein Ideal mit* $\dim_k B/\mathfrak{b} =: r < \infty$. *Dann gilt* $\mathfrak{m}(B)^r \subset \mathfrak{b}$.

Zum Beweis betrachten wir die absteigende Kette

$$B \supsetneqq \mathfrak{b} + \mathfrak{m}(B) \supset \mathfrak{b} + \mathfrak{m}(B)^2 \supset \cdots \supset \mathfrak{b} + \mathfrak{m}(B)^i \supset \cdots$$

von B-Moduln. Rechnen wir modulo $\mathfrak{b}$, so erhalten wir eine absteigende Kette

$$B/\mathfrak{b} \supsetneqq (\mathfrak{b} + \mathfrak{m}(B))/\mathfrak{b} \supset (\mathfrak{b} + \mathfrak{m}(B)^2)/\mathfrak{b} \supset \cdots \supset (\mathfrak{b} + \mathfrak{m}(B)^i)/\mathfrak{b} \supset \cdots$$

von endlich-dimensionalen k-Vektorräumen. Wegen $\dim_k B/\mathfrak{b} = r$ gibt es einen Index $s \le r$ mit $(\mathfrak{b} + \mathfrak{m}(B)^s)/\mathfrak{b} = (\mathfrak{b} + \mathfrak{m}(B)^{s+1})/\mathfrak{b}$ (beachte, daß $\dim_k(\mathfrak{b} + \mathfrak{m}(B))/\mathfrak{b} \le r-1$). Dies impliziert $\mathfrak{b} + \mathfrak{m}(B)^s = \mathfrak{b} + \mathfrak{m}(B)^{s+1}$ und also $\mathfrak{m}(B)^s \subset \mathfrak{b} + \mathfrak{m}(B)^s \mathfrak{m}(B)$. Das Nakayamalemma (mit $M := \mathfrak{m}(B)$, $N' := \mathfrak{m}(B)^s$, $N := \mathfrak{b}$, vgl. Anhang, Satz 2.1) liefert $\mathfrak{m}(B)^s \subset \mathfrak{b}$, w.z.b.w.

Jeder endliche analytische Homomorphismus ist quasi-endlich. Satz 1 impliziert die fundamentale Umkehrung:

Satz 2. (Endlichkeitssatz). *Jeder quasi-endliche analytische Homomorphismus $\varphi: A \to B$ ist endlich.*

Beweis. Sei $\alpha: K_m \to A$ ein Epimorphismus. Dann ist $\varphi \circ \alpha$ genau dann endlich bzw. quasi-endlich, wenn φ es ist. Man darf also $A = K_m = k\langle X_1, \ldots, X_m \rangle$ annehmen.

Ist nun $\beta: K_n = k\langle Y_1, \ldots, Y_n \rangle \to B$ surjektiv, so wird B durch den vermöge

$$\psi(X_\mu) := \varphi(X_\mu), \qquad \mu = 1, \ldots, m,$$
$$\psi(Y_\nu) := \beta(Y_\nu), \qquad \nu = 1, \ldots, n,$$

definierten Epimorphismus $\psi: K_{m+n} = K_m\langle Y_1, \ldots, Y_n \rangle \to B$ zu einem endlichen K_{m+n}-Modul. Die natürliche Einbettung $id: K_m \hookrightarrow K_{m+n}$ induziert auf B dieselbe K_m-Modulstruktur wie φ, da $\psi \circ id = \varphi$. Nach Voraussetzung ist B also als K_m-Modul quasi-endlich. Nach Satz 1 ist B dann ein endlicher K_m-Modul, d.h. φ ist endlich, w.z.b.w.

Bemerkung. Man kann Satz 2 an die Spitze der gesamten Theorie stellen, da aus ihm leicht die Weierstraßsche Formel für K_n folgt. Es gibt direkte Beweise von Satz 2, vgl. z.B. Houzel [7], Exp. 18, und S. Bosch [2]; der letztere liefert sogar Abschätzungen.

Aus Satz 2 folgert man das

Korollar 1. *Seien $A, B \in \mathfrak{A}$, und sei $\varphi: A \to B$ ein analytischer Homomorphismus. Die Elemente $g_1, \ldots, g_t \in B$ erzeugen B als A-Modul genau dann, wenn die Restklassen $\bar{g}_1, \ldots, \bar{g}_t \in B/B\varphi(\mathfrak{m}(A))$ den k-Vektorraum $B/B\varphi(\mathfrak{m}(A))$ erzeugen.*

Beweis. Nur eine Richtung ist zu zeigen: Sei $B' := B/B\varphi(\mathfrak{m}(A))$. Wird B' von $\bar{g}_1, \ldots, \bar{g}_t$ erzeugt, so ist φ quasi-endlich und somit nach Satz 2 endlich. Sei B'' der von $g_1, \ldots, g_t$ erzeugte A-Untermodul von B. Dann gibt es zu jedem $g \in B$ ein $h \in B''$ mit $g - h \in B\varphi(\mathfrak{m}(A))$, d.h. es gilt:

$$B = B'' + B\varphi(\mathfrak{m}(A)).$$

Da B ein endlicher A-Modul ist, so folgt $B = B''$ aus dem Nakayama-Lemma (vgl. Anhang, Satz 2.1), w.z.b.w.

Unmittelbar aus Korollar 1 ergibt sich

Korollar 2. *Sei* $\varphi: A \to B$ *ein analytischer Homomorphismus und* $g_1, \ldots, g_n$ *ein Erzeugendensystem des Ideals* $\mathfrak{m}(B)$. *Es gelte* $\mathfrak{m}(B)^r \subset B\varphi(\mathfrak{m}(A))$ *für einen geeigneten Exponenten* $r \geq 1$. *Dann ist* φ *endlich, und die Monome*

$$g_1^{\nu_1} \cdot \ldots \cdot g_n^{\nu_n}, \qquad 0 \leq \nu_1 + \cdots + \nu_n < r,$$

erzeugen B *als* A-*Modul.*

Denn: die Restklassen dieser Monome erzeugen $B/B\varphi(\mathfrak{m}(A))$ als k-Vektorraum, w.z.b.w.

Bemerkung. Ein Exponent r mit $\mathfrak{m}(B)^r \subset B\varphi(\mathfrak{m}(A))$ existiert stets dann, wenn es ein Erzeugendensystem $g_1, \ldots, g_n$ von $\mathfrak{m}(B)$ und einen Exponenten $b \geq 1$ mit

$$g_1^b, \ldots, g_n^b \in \varphi(A)$$

gibt: ersichtlich leistet $r := nb$ das Verlangte.

Man sieht insbesondere, daß jeder Homomorphismus $\varphi: A \to k\langle X_1 \rangle$ mit $\varphi(A) \neq k$ endlich ist, und daß $1, X_1, \ldots, X_1^{b-1}$ ein A-Erzeugendensystem des A-Moduls $k\langle X_1 \rangle$ ist, wenn $X_1^b \in \varphi(A)$, $b \geq 1$.

3. Analytische Epimorphismen und analytische Erzeugendensysteme. Ein analytischer Homomorphismus $\varphi: A \to B$ ist genau dann surjektiv, wenn $\mathfrak{m}(B) = \varphi(\mathfrak{m}(A))$. Für Anwendungen ist folgende Abschwächung sehr wichtig.

Satz 3. $\varphi: A \to B$ *ist bereits surjektiv, wenn* $\mathfrak{m}(B) = B\varphi(\mathfrak{m}(A))$.

Beweis. Das Korollar 2 von Satz 2 ist mit $r = 1$ anwendbar und liefert, daß $1 \in B$ den A-Modul B erzeugt, w.z.b.w.

Es ist naheliegend, jedes System $g_1, \ldots, g_n \in \mathfrak{m}(A)$, $A \in \mathfrak{A}$, für welches der durch $\gamma(X_\nu) := g_\nu$, $\nu = 1, \ldots, n$, definierte analytische Homomorphismus $\gamma: K_n = k\langle X_1, \ldots, X_n \rangle \to A$ surjektiv ist, ein *analytisches Erzeugendensystem von* A zu nennen. Denn ist $g \in A$ und $f = \sum_0^\infty a_{\nu_1 \ldots \nu_n} X^{\nu_1} \cdot \ldots \cdot X^{\nu_n} \in K_n$ ein α-Urbild von g, so konvergiert wegen der Stetigkeit von α die Folge $\{g^{(j)} := \sum_{\nu_1 + \cdots + \nu_n \leq j} a_{\nu_1 \ldots \nu_n} g_1^{\nu_1} \ldots g_n^{\nu_n}\}_{j \in \mathbb{N}}$ in A analytisch gegen g, d.h. es gilt

$$g = \sum_0^\infty a_{\nu_1 \ldots \nu_n} g_1^{\nu_1} \ldots g_n^{\nu_n}.$$

Aus diesem Grunde schreibt man auch häufig $A = k\langle g_1, \ldots, g_n \rangle$, wenn A von $g_1, \ldots, g_n$ analytisch erzeugt wird.

Aus Satz 3 folgt nun, daß der Begriff des analytischen Erzeugendensystems überflüssig ist. Es gilt nämlich

Korollar zu Satz 3. *$g_1, \ldots, g_n \in \mathfrak{m}(A)$ bilden genau dann ein analytisches Erzeugendensystem von A, wenn $g_1, \ldots, g_n$ das maximale Ideal von A erzeugen, d.h. wenn $\mathfrak{m}(A) = A \cdot (g_1, \ldots, g_n)$.*[6]

Beweis. Ist $\gamma: K_n = k\langle X_1, \ldots, X_n \rangle \to A$ mit $\gamma(X_\nu) = g_\nu$, $\nu = 1, \ldots, n$, surjektiv, so gilt:

$$\mathfrak{m}(A) = \gamma(\mathfrak{m}(K_n)) = \gamma(K_n \cdot (X_1, \ldots, X_n)) = A \cdot (g_1, \ldots, g_n).$$

Wird umgekehrt $\mathfrak{m}(A)$ von $g_1, \ldots, g_n$ erzeugt, so gilt für den durch die Setzungen $\gamma(X_\nu) := g_\nu$, $\nu = 1, \ldots, n$, definierten Homomorphismus $\gamma: K_n \to A$ die Gleichung

$$\mathfrak{m}(A) = A \cdot (g_1, \ldots, g_n) = A \cdot (\gamma(X_1), \ldots, \gamma(X_n)) = A \cdot \gamma(\mathfrak{m}(K_n)).$$

Aus Satz 3 (mit $A = K_n$, $B = A$ und $\varphi = \gamma$) folgt $\gamma(K_n) = A$, w.z.b.w.

4. Ganze Elemente und endliche Homomorphismen. Ist $\varphi: A \to B$ ein analytischer Homomorphismus, so sagen wir, daß ein Element $g \in B$ ein Polynom $P = a_0 Y^b + a_1 Y^{b-1} + \cdots + a_b \in A[Y]$ anulliert, wenn gilt: $P(g) := \varphi(a_0) g^b + \varphi(a_1) g^{b-1} + \cdots + \varphi(a_b) = 0$. Wir nennen g *ganz über A*, wenn $a_0 = 1$. Ist φ endlich, so ist jedes Element $g \in B$ *ganz über A* (vgl. Anhang, Satz 3.2). Für Anwendungen ist es wichtig zu wissen, daß im Falle $g \in \mathfrak{m}(B)$ alle Koeffizienten $a_1, \ldots, a_b \in A$ in $\mathfrak{m}(A)$ gewählt werden können.

Wir nennen wieder (in Analogie zur Situation für K_n) jedes normierte Polynom

$$\omega = Y^b + a_1 Y^{b-1} + \cdots + a_b \in A[Y], \qquad a_1, \ldots, a_b \in \mathfrak{m}(A),$$

ein *Weierstraßpolynom über A*. Wir zeigen:

Satz 4. *Es sei $\varphi: A \to B$ ein analytischer Homomorphismus und $g \in \mathfrak{m}(B)$ ganz über A; es sei $\omega = Y^b + a_1 Y^{b-1} + \cdots + a_b \in A[Y]$ ein Polynom kleinsten Grades mit $\omega(g) = 0$. Dann ist ω ein Weierstraßpolynom über A.*

Beweis. Ohne Einschränkung der Allgemeinheit dürfen wir $A \subset B$ und $\varphi = id$ annehmen. Wegen $g \in \mathfrak{m}(B)$ gilt:

$$a_b = -g(g^{b-1} + a_1 g^{b-2} + \cdots + a_{b-1}) \in \mathfrak{m}(B) \cap A \subset \mathfrak{m}(A).$$

---

[6] Sind $a_1, \ldots, a_s$ Elemente eines Ringes A und ist M ein A-Modul, so schreiben wir für den A-Modul $M a_1 + \cdots + M a_s \subset M$ abkürzend $M(a_1, \ldots, a_s)$ oder auch $(a_1, \ldots, a_s)M$.

Gäbe es ein $a_j \notin \mathfrak{m}(A)$, so sei d der größte Index mit $a_d \notin \mathfrak{m}(A)$. Es gilt $1 \leq d < b$. Bezeichnet $\psi: A[Y] \to k[Y]$ den vom Restklassenepimorphismus $A \to A/\mathfrak{m}(A) = k$ induzierten Epimorphismus, so ist

$$\psi(\omega) = Y^{b-d}(Y^d + \psi(a_1)Y^{d-1} + \cdots + \psi(a_d)) \in k[Y]$$

wegen $\psi(a_d) \neq 0$ eine teilerfremde Zerlegung von $\psi(\omega)$ in $k[Y]$. Da A henselsch ist, gibt es normierte Polynome $\omega_1, \omega_2 \in A[Y]$ mit $\psi(\omega_1) = Y^{b-d}$, $\psi(\omega_2) = Y^d + \psi(a_1) Y^{d-1} + \cdots + \psi(a_d)$, so daß gilt: $\omega = \omega_1 \cdot \omega_2$. Wäre $\omega_2(g) \in \mathfrak{m}(B)$, so müßte wegen $g \in \mathfrak{m}(B)$ das konstante Glied von ω_2 zu $\mathfrak{m}(A)$ gehören und $\psi(\omega_2)$ wäre durch Y teilbar. Also ist $\omega_2(g)$ eine Einheit in B und aus $\omega(g) = 0$ folgt $\omega_1(g) = 0$. Da ω_1 vom Grade $b - d < b$ in Y ist, haben wir einen Widerspruch zur Annahme, daß ω von kleinstem Grade ist. Es gilt mithin $a_1, \ldots, a_b \in \mathfrak{m}(A)$, w.z.b.w.

Es folgt nun unmittelbar ein weiterer Endlichkeitssatz.

Satz 5. *Ein analytischer Homomorphismus $\varphi: A \to B$ ist bereits dann endlich, wenn es ein Erzeugendensystem $g_1, \ldots, g_n$ des Ideals $\mathfrak{m}(B)$ gibt, so daß jedes g_ν ganz über A ist.*

Beweis. Wegen $g_\nu \in \mathfrak{m}(B)$, $\nu = 1, \ldots, n$, gibt es nach Satz 4 einen Exponenten b, so daß gilt: $g_1^b, \ldots, g_n^b \in B\varphi(\mathfrak{m}(A))$. Hieraus folgt nach Satz 2, Korollar 2 nebst Bemerkung die Behauptung, w.z.b.w.

5. Analytische k-Unterstellenalgebren. Eine (abgeschlossene) k-Unterstellenalgebra einer analytischen k-Stellenalgebra gehört i.a. nicht wieder zur Kategorie $\mathfrak{A}$, vgl. § 0.1. Es gilt aber der für Anwendungen sehr nützliche

Satz 6. *Es sei B eine analytische k-Stellenalgebra und A eine k-Unteralgebra von B mit folgenden Eigenschaften:*

(i) *A ist abgeschlossen in B.*

(ii) *Es gibt ein Erzeugendensystem $g_1, \ldots, g_n$ von $\mathfrak{m}(B)$, so daß jedes g_ν ganz über A ist.*

Dann ist A eine analytische k-Unterstellenalgebra, und B ist ein endlicher A-Modul.

Beweis. Seien $p_\nu \in A[Y]$ normierte Polynome mit $p_\nu(g_\nu) = 0$, $\nu = 1, \ldots, n$. Sind $a'_1, \ldots, a'_s \in A$ die Koeffizienten aller dieser Polynome, so ist die k-Algebra

$$P := k[a'_1, \ldots, a'_s]$$

in A enthalten. Wir können P auch durch Elemente $a_1, \ldots, a_s \in \mathfrak{m}(B)$ erzeugen (man subtrahiere die konstanten Glieder). Ist $\alpha: k\langle Y_1, \ldots, Y_s\rangle \to B$ der durch die Gleichungen $\alpha(Y_i) := a_i$, $i = 1, \ldots, s$, definierte analytische Homomorphismus, so ist $A' := \operatorname{Im} \alpha$ eine analytische k-Unterstellenalgebra von B. Da $P = \alpha(k[Y_1, \ldots, Y_s])$ dicht in A' liegt und A abgeschlossen in B ist, gilt: $A' \subset A$.

Die über P ganzen Elemente $g_1, \ldots, g_s$ sind erst recht ganz über A'; nach Satz 5 ist B also ein endlicher A'-Modul. Dann ist A auch ein endlicher A'-Modul. Sei $1, h_1, \ldots, h_t$, $h_i \in \mathfrak{m}(B) \cap A$, ein A'-Erzeugendensystem von A. Durch die Gleichungen

$$\beta(Y_i) := a_i,\ i = 1, \ldots, s, \qquad \beta(Z_j) := h_j, j = 1, \ldots, t,$$

wird α zu einem analytischen Homomorphismus

$$\beta : K_{s+t} \to B, \qquad K_{s+t} := k\langle Y_1, \ldots, Y_s, Z_1, \ldots, Z_t \rangle,$$

fortgesetzt. Es gilt

$$\beta(k\langle Y_1, \ldots, Y_s\rangle [Z_1, \ldots, Z_t]) = A$$

und also auch $\beta(K_{s+t}) = A$ wegen der Abgeschlossenheit von A. Mithin folgt $A \in \mathfrak{A}$. Ersichtlich ist B ein endlicher A-Modul. Satz 6 ist bewiesen.

Bemerkung. Setzt man Dimensionstheorie als bekannt voraus, so läßt sich zusätzlich noch sagen, daß *A und B gleichdimensional sind.* Dies folgt sofort aus Satz 5.2.

6. Invarianz der Modultopologie. In diesem und im nächsten Abschnitt wird vorausgesetzt, daß $A, B \in \mathfrak{A}$ bzgl. der Folgentopologie topologische k-Algebren sind. Ist $\varphi : A \to B$ ein endlicher analytischer Homomorphismus, so trägt jeder analytische B-Modul, da er bzgl. φ auch ein analytischer A-Modul ist (vgl. Abschnitt 2), zwei natürliche Topologien: seine B-Modultopologie und seine A-Modultopologie. Wir zeigen, daß beide Topologien gleich sind, allgemeiner:

Satz 7. *Es sei $\varphi : A \to B$ ein analytischer Homomorphismus und M ein analytischer B-Modul, der bzgl. φ auch ein analytischer A-Modul ist. Dann stimmen A-Modultopologie und B-Modultopologie auf M überein.*

Beweis. Wir zeigen als erstes, daß die A-Modultopologie von M feiner ist als die B-Modultopologie, d. h. daß jede B-offene Menge in M (das ist eine Menge, die offen in der B-Modultopologie von M ist) auch A-offen ist. Dazu genügt es, da jeder A-Modulepimorphismus $rA \to M$ die A-Modultopologie von M als Restklassentopologie induziert, folgendes zu zeigen:

Jeder A-Modulepimorphismus $\Theta : rA \to M$ ist stetig, wenn M die B-Modultopologie und rA die A-Modultopologie trägt.

Wird Θ durch $(a_1, \ldots, a_r) \mapsto \sum_{i=1}^{r} \varphi(a_i) x_i$, $x_1, \ldots, x_r \in M$, gegeben, so bezeichnen wir mit Θ' den durch $(b_1, \ldots, b_r) \mapsto \sum_{i=1}^{r} b_i x_i$ definierten B-Modulhomomorphismus $\Theta' : rB \to M$. Dann ist Θ die zusammengesetzte Abbildung $rA \xrightarrow{r\varphi} rB \xrightarrow{\Theta'} M$. Nun ist Θ' als B-Modulhomomorphismus stetig, wenn rB und M die B-Modultopologie tragen, und $r\varphi$ ist stetig, da φ es ist (Satz 1.4). Mithin ist $\Theta = \Theta' \circ (r\varphi)$ stetig.

Es bleibt zu zeigen, daß A-offene Mengen in M auch stets B-offen sind. Sei zunächst φ surjektiv. Dann ist φ offen (Satz 1.5) und also auch $r\varphi$, wenn rA die A-Modultopologie und rB die B-Modultopologie trägt. Ist daher $U \subset M$ eine A-offene Menge, d.h. ist $W := \Theta^{-1}(U)$ offen in rA, so ist $r\varphi(W)$ offen in rB. Es gilt aber $\Theta'^{-1}(U) = r\varphi(W)$, so daß U auch B-offen ist.

Wir behandeln nun den Allgemeinfall. Wir wählen einen Epimorphismus $\alpha: K_m \to A$. Nach dem bereits Bewiesenen sind A-offene Mengen von M auch K_m-offen; daher genügt es zu zeigen, daß K_m-offene Mengen B-offen sind. Wir dürfen also $A = K_m$ annehmen. Wir wählen (wie im Beweis von Satz 2) einen Epimorphismus $\psi: K_m\langle Y_1, \ldots, Y_n\rangle \to B$, dessen Beschränkung auf K_m gerade φ ist. Dann ist M ein endlicher $K_m\langle Y_1, \ldots, Y_n\rangle$-Modul, der bzgl. der natürlichen Injektion $K_m \hookrightarrow K_m\langle Y_1, \ldots, Y_n\rangle$ ein endlicher K_m-Modul ist. Zeigen wir, daß K_m-offene Mengen von M stets $K_m\langle Y_1, \ldots, Y_n\rangle$-offen sind, so sind wir fertig, denn nach dem schon Bewiesenen sind $K_m\langle Y_1, \ldots, Y_n\rangle$-offene Mengen B-offen, da ψ surjektiv ist. Es bleibt also folgender Hilfssatz zu verifizieren:

Hilfssatz 8. *Es sei M ein endlicher $K_m\langle Y_1, \ldots, Y_n\rangle$-Modul, der vermöge der natürlichen Injektion $K_m \hookrightarrow K_m\langle Y_1, \ldots, Y_n\rangle$ ein endlicher K_m-Modul ist. Dann ist jede K_m-offene Menge in M auch $K_m\langle Y_1, \ldots, Y_n\rangle$-offen.*

Beweis. Durch Induktion nach n. Sei zunächst $n = 1$. Wir wählen einen $K_m\langle Y_1\rangle$-Modulepimorphismus $\mu: pK_m\langle Y_1\rangle \to M$. Nach Satz 1′ gibt es einen Weierstraßepimorphismus $\gamma: K_m\langle Y_1\rangle \to bK_m$ und einen K_m-Modulepimorphismus $\mu': pbK_m \to M$, so daß das Diagramm

$$\begin{array}{ccc} pK_m\langle Y_1\rangle & \xrightarrow{p\gamma} & pbK_m \\ & {\scriptstyle\mu}\searrow \quad \swarrow{\scriptstyle\mu'} & \\ & M & \end{array}$$

kommutiert. Nach Satz I.6.7 ist γ stetig. Folglich ist auch $p\gamma$ stetig. Ist daher U eine K_m-offene Menge in M, d.h. ist $W := \mu'^{-1}(U)$ offen in pbK_m, so ist $(p\gamma)^{-1}(W)$ offen in $pK_m\langle Y_1\rangle$. Da $\mu^{-1}(U) = (p\gamma)^{-1}(W)$, so ist U also $K_m\langle Y_1\rangle$-offen.

Sei nun $n > 1$. Da M auch ein endlicher $K_m\langle Y_1, \ldots, Y_{n-1}\rangle$-Modul ist, so sind nach Induktionsbeginn $K_m\langle Y_1, \ldots, Y_{n-1}\rangle$-offene Mengen von M stets $K_m\langle Y_1, \ldots, Y_n\rangle$-offen. Da K_m-offene Mengen nach Induktionsannahme $K_m\langle Y_1, \ldots, Y_{n-1}\rangle$-offen sind, folgt die Behauptung. Hilfssatz 8 und Satz 7 sind bewiesen.

Korollar. *Ist $\varphi: A \to B$ endlich, so ist $\varphi(A)$ abgeschlossen in B.*

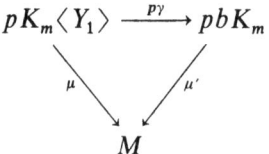

Beweis. B ist bzgl. φ ein endlicher A-Modul; nach Satz 7 stimmt also die Folgentopologie der analytischen Stellenalgebra B mit der A-Modultopologie von $B \in \mathfrak{M}_A$ überein. Da $\varphi(A)$ ein A-Untermodul von B ist, folgt die Behauptung aus Satz 1.10, w. z. b. w.

Wir sehen insbesondere, *daß jeder endliche Homomorphismus $\varphi: A \to B$, bei dem $\varphi(A)$ dicht in B liegt, surjektiv ist.* Im nächsten Paragraph wird sich ergeben, daß in dieser Aussage die Voraussetzung der Endlichkeit von φ überflüssig ist.

7. Relativtopologie und strikte Homomorphismen. Alle analytischen k-Stellenalgebren $A \in \mathfrak{A}$ tragen die Folgentopologie und werden als topologische k-Algebren vorausgesetzt. Ist $M \in \mathfrak{M}_A$ mit der Folgentopologie versehen, so trägt jeder A-Untermodul $L \subset M$ neben seiner Folgentopologie noch die von M induzierte Relativtopologie. Letztere ist, da die Injektion $L \hookrightarrow M$ stetig ist, gröber als die Folgentopologie von L. Das Hauptanliegen dieses Abschnittes ist der Beweis von

Satz 9. *Die Folgentopologie von L stimmt mit der Relativtopologie überein.*

Beweis. Es ist nur zu zeigen, daß es zu jeder 0-Umgebung W in L eine 0-Umgebung U in M gibt mit $U \cap L \subset W$. In zwei Schritten reduzieren wir zunächst das Problem auf Untermoduln L von freien Moduln pK_n, $1 \leq p < \infty$, über freien Algebren K_n, $n \geq 0$.

1. Reduktionsschritt: *Es genügt, die Fälle $M := pA$, $1 \leq p < \infty$, zu betrachten.*

Zu vorgegebenem M gibt es nämlich ein $p \geq 1$ und einen A-Modulepimorphismus $\alpha: pA \to M$. Wir setzen $L' := \alpha^{-1}(L)$, $W' := \alpha^{-1}(W)$. Dann ist W' eine 0-Umgebung des A-Moduls $L' \in \mathfrak{M}_A$, und es gibt folglich nach Annahme eine 0-Umgebung U' in pA mit $U' \cap L' \subset W'$. Wegen der Offenheit von α ist dann $U := \alpha(U')$ eine gesuchte 0-Umgebung in M.

2. Reduktionsschritt: *Es genügt, die Fälle $M := pK_n$, $1 \leq p < \infty$, $0 \leq n < \infty$, zu betrachten.*

Zu vorgegebenem A gibt es nämlich ein $n \geq 0$ und einen analytischen Epimorphimus $\varphi: K_n \to A$, der zu einer stetigen und offenen k-linearen Abbildung $p\varphi: pK_n \to pA$ Anlaß gibt. $L' := (p\varphi)^{-1}(L)$ ist ein K_n-Untermodul von pK_n, wir können daher wörtlich weiter schließen wie im 1. Reduktionsschritt.

Somit wird Satz 9 bewiesen sein, wenn wir folgendes zeigen:

(*) *Ist L ein K_n-Untermodul von pK_n, $1 \leq p < \infty$, $0 \leq n < \infty$, so gibt es zu jeder 0-Umgebung W von L eine 0-Umgebung U von pK_n mit $U \cap L \subset W$.*

Wir beweisen zunächst durch Induktion nach p, daß es genügt, bei festem n den Fall $p=1$ (d. h. Ideale in K_n) zu diskutieren. Ist die Behauptung nämlich für diesen Fall (Induktionsbeginn!) richtig, so kann man wie folgt argumentieren: Sei $p>1$. Für jedes $f=(f_1,\ldots,f_p)\in L$ setzen wir

$$\sigma(f):=(f_1,\ldots,f_{p-1})\in(p-1)K_n, \qquad \tau(f):=f_p\in K_n.$$

Dann sind $\sigma: L\to(p-1)K_n$ und $\tau: L\to K_n$ zwei K_n-Modulhomomorphismen mit $f=(\sigma(f),\tau(f))$.

Die K_n-Moduln $L\cap(0,K_n)=\operatorname{Ker}\sigma$ und $\tau(\operatorname{Ker}\sigma)\subset K_n$ sind vermöge τ isomorph. Wir wählen 0-Umgebungen W_1 und W_2' in L mit $W_1+W_2'\subset W$. Dann ist $\tau(W_1\cap\operatorname{Ker}\sigma)$ eine 0-Umgebung in $\tau(\operatorname{Ker}\sigma)$, und es gibt nach Induktionsbeginn $(p=1)$ eine 0-Umgebung V in K_n mit $V\cap\tau(\operatorname{Ker}\sigma)\subset\tau(W_1\cap\operatorname{Ker}\sigma)$, d. h. $L\cap(0,V)\subset W_1\cap\operatorname{Ker}\sigma$. Zu V gibt es eine 0-Umgebung U'' in K_n mit $U''-U''\subset V$. Es gilt dann

$$L\cap(0,U''-U'')\subset W_1.$$

Da τ stetig ist, können wir eine 0-Umgebung $W_2\subset W_2'$ in L mit $\tau(W_2)\subset U''$ wählen. Da σ einen Epimorphismus und also eine (bzgl. der Folgentopologie) offene Abbildung $L\to\sigma(L)$ induziert, so ist $\sigma(W_2)$ eine 0-Umgebung des K_n-Moduls $\sigma(L)\subset(p-1)K_n$, und es gibt folglich nach Induktionsannahme eine 0-Umgebung U' in $(p-1)K_n$ mit $U'\cap\sigma(L)\subset\sigma(W_2)$. Wir setzen nun $U:=(U',U'')$. Dies ist eine 0-Umgebung in pK_n. Wir behaupten: $U\cap L\subset W$.

Sei $f\in U\cap L$. Es folgt $\sigma(f)\in U'\cap\sigma(L)\subset\sigma(W_2)$, d. h. es gibt ein $h\in W_2$ mit $\sigma(h)=\sigma(f)$. Dann gilt $w:=f-h\in\operatorname{Ker}\sigma$. Da $\tau(f)\in U''$ wegen $f\in U$ und $\tau(h)\in U''$ wegen $\tau(W_2)\subset U''$, folgt weiter $w=(0,\tau(f)-\tau(h))\in L\cap(0,U''-U'')\subset W_1$. Insgesamt haben wir: $f=w+h\in W_1+W_2\subset W$ wie behauptet.

Es bleibt jetzt zu zeigen, daß (*) für Ideale L in $K_n, n\geq 0$, richtig ist. Wir führen diesmal Induktion nach n, der Induktionsbeginn $n=0$ ist trivial. Sei $n\geq 1$ und $L\neq 0$. Aufgrund des bereits Bewiesenen dürfen wir annehmen, daß die Induktionsannahme für alle Untermoduln aller freien Moduln pK_{n-1} richtig ist. Wir wählen ein Element $g\neq 0$ in L und bestimmen eine Karte $\langle X_1,\ldots,X_n\rangle$ in K_n, so daß g allgemein in X_n, etwa von der Ordnung b, ist. Wir bezeichnen wieder mit $\gamma: K_n\to bK_{n-1}$ den zu g bzgl. dieser Karte gehörenden Weierstraßepimorphismus. Mit $\pi: K_n\to K_n$ werde der ebenfalls durch die Weierstraßsche Formel $f=qg+r\mapsto q$ bestimmte K_{n-1}-Modulhomomorphismus bezeichnet. Nach Kap. I, § 6.3 sind γ und π stetig.

Zu vorgegebener 0-Umgebung W in L wählen wir wieder zwei 0-Umgebungen W_1 und W_2' in L mit $W_1+W_2'\subset W$. Da die Homothetie $f\mapsto gf$ ein stetiger K_n-Modulhomomorphismus $K_n\to L$ und da die Subtraktion in K_n ebenfalls stetig ist, gibt es eine 0-Umgebung V_1 in

K_n mit $(V_1 - V_1)g \subset W_1$. Da π stetig ist, gibt es eine 0-Umgebung $W_2 \subset W_2'$ in L mit $\pi(W_2) \subset V_1$. Da γ einen K_n-Epimorphismus und also eine offene Abbildung $L \to \gamma(L)$ induziert, so ist $\gamma(W_2)$ eine 0-Umgebung in $\gamma(L)$ bzgl. der K_n-Folgentopologie von $\gamma(L)$. Da $\gamma(L) \subset bK_{n-1}$ auch ein endlicher K_{n-1}-Modul ist, so stimmt nach Satz 7 die K_n-Folgentopologie mit der K_{n-1}-Folgentopologie auf $\gamma(L)$ überein. Daher ist $\gamma(W_2)$ auch eine 0-Umgebung in der K_{n-1}-Folgentopologie von $\gamma(L)$, und es gibt folglich nach Induktionsannahme eine 0-Umgebung V_2 in bK_{n-1} mit $V_2 \cap \gamma(L) \subset \gamma(W_2)$. Sei nun

$$U := \pi^{-1}(V_1) \cap \gamma^{-1}(V_2).$$

Dies ist eine 0-Umgebung in K_n; wir behaupten: $U \cap L \subset W$.

Sei $f \in U \cap L$. Es folgt $\gamma(f) \in V_2 \cap \gamma(L) \subset \gamma(W_2)$, d. h. es gibt ein $h \in W_2$ mit $\gamma(h) = \gamma(f)$. Dann gilt $w := f - h \in \operatorname{Ker} \gamma$. In der Weierstraß-zerlegung $w = \pi(w)g + r$ von w bzgl. g verschwindet also der Rest r, d. h. es gilt $w = (\pi(f) - \pi(h))g$. Da $\pi(f) \in V_1$ wegen $f \in U$ und $\pi(h) \in V_1$ wegen $\pi(W_2) \subset V_1$, so folgt $w \in (V_1 - V_1)g \subset W_1$. Insgesamt haben wir: $f = w + h \in W_1 + W_2 \subset W$. – Satz 9 ist vollständig bewiesen.

Anmerkung. Im soeben durchgeführten Beweis wurde Doppelinduktion nach p und n geführt. Induktionsschlüsse dieser Art werden in der Funktionentheorie mehrerer Veränderlichen vielfach angewendet, sie gehen auf K. Oka zurück.

In Übereinstimmung mit einer allgemein üblichen Terminologie nennen wir einen analytischen Homomorphismus $\varphi: A \to B$ *strikt*, wenn die Restklassentopologie auf $\varphi(A) = A/\operatorname{Ker} \varphi$ mit der von der Folgentopologie von B auf $\varphi(A) \subset B$ induzierten Relativtopologie übereinstimmt. Zum Beispiel ist nach Kap. I, § 6.3 jede Injektion $k\langle Z_1, \dots, Z_m \rangle \hookrightarrow k\langle Z_1, \dots, Z_n \rangle$, $m \leq n$, strikt. Als Anwendung von Satz 9 zeigen wir:

Satz 10. *Jeder endliche analytische Homomorphismus $\varphi: A \to B$ ist strikt.*

Beweis. Da Folgentopologie von B und A-Modultopologie von B nach Satz 7 übereinstimmen, so ist die Relativtopologie auf $\varphi(A) \subset B$ nach Satz 9 die A-Modultopologie von $\varphi(A)$, d. h. die Restklassentopologie, w. z. b. w.

§ 3. Einbettungsdimension. Epimorphismen. Umkehrsatz

1. Cotangentialraum. Einbettungsdimension. Ableitung. Sei A eine analytische k-Stellenalgebra und $\mathfrak{m} = \mathfrak{m}(A)$ ihr maximales Ideal. Dann heißt der k-Vektorraum

$$\dot{A} := \mathfrak{m}/\mathfrak{m}^2$$

der *Cotangentialraum von A* und

$$\operatorname{eib} A := \dim \dot{A} = \operatorname{cg} \mathfrak{m}(A)$$

die *Einbettungsdimension* von A. Es gilt $\dot{A}=0$ genau dann, wenn $A=k$ (denn $\mathfrak{m}=\mathfrak{m}^2$ impliziert $\mathfrak{m}=0$ nach dem Lemma von Nakayama). Wir bezeichnen durchweg mit δ die k-lineare Restklassenabbildung $\mathfrak{m}(A)\to\dot{A}$; δ ist sogar ein A-Modulepimorphismus. δ ist stetig.

Bemerkung. Die Abbildung $\delta:\mathfrak{m}(A)\to\dot{A}$ wird durch

$$\delta(f) := \delta(f - f(0))$$

zu einer Abbildung $A\to\dot{A}$ fortgesetzt. δ bleibt k-linear, ist aber *kein* A-Homomorphismus mehr, sondern eine *Derivation* (vgl. Kap. III, § 4).

Die Elemente $f_1,\dots,f_s\in\mathfrak{m}(A)$ sind genau dann ein minimales Erzeugendensystem von $\mathfrak{m}(A)$, wenn $\delta(f_1),\dots,\delta(f_s)$ eine Basis von $\dot{A}$ bilden (vgl. Anhang, Satz 2.4). Für $K_n=k\langle X_1,\dots,X_n\rangle$ ist speziell $\delta(X_1),\dots,\delta(X_n)$ eine Basis von $\dot{K}_n$, es gilt also:

$$\operatorname{eib} K_n = n.$$

Für jedes $f\in\mathfrak{m}(K_n)$ gilt

$$\delta(f) = \frac{\partial f}{\partial X_1}(0)\cdot\delta(X_1) + \cdots + \frac{\partial f}{\partial X_n}(0)\cdot\delta(X_n)$$

aufgrund der Taylorschen Formel. Dies impliziert:

Wird das Ideal $\mathfrak{a}\subset\mathfrak{m}(K_n)$ von $f_1,\dots,f_m$ erzeugt, so gilt für den Jacobirang von $\mathfrak{a}$ (vgl. Anhang, § 2.6):

$$\operatorname{jg}\mathfrak{a} = \dim_k \delta(\mathfrak{a}) = \operatorname{rg}\left(\frac{\partial f_\mu}{\partial X_\nu}(0)\right)_{\substack{\mu=1,\dots,m\\ \nu=1,\dots,n}}.$$

Ist $\varphi: A\to B$ ein analytischer Homomorphismus, so induziert φ wegen $\varphi(\mathfrak{m}(A)^e)\subset\mathfrak{m}(B)^e$ einen k-Vektorraumhomomorphismus

$$\dot{\varphi}: \dot{A}\to\dot{B},$$

so daß das Diagramm

$$\begin{array}{ccc} \mathfrak{m}(A) & \xrightarrow{\varphi} & \mathfrak{m}(B) \\ \downarrow{\scriptstyle\delta} & & \downarrow{\scriptstyle\delta} \\ \dot{A} & \xrightarrow{\dot{\varphi}} & \dot{B} \end{array}$$

kommutiert. Wir nennen $\dot{\varphi}$ die *Ableitung* von φ, es gilt $\dot{\varphi}(\dot{A})=\delta\varphi(\mathfrak{m}(A))$. Ist $\psi: B\to C$ ein weiterer analytischer Homomorphismus, so gilt die *Kettenregel*

$$\dot{\widehat{\psi\circ\varphi}} = \dot{\psi}\circ\dot{\varphi}.$$

Mit anderen Worten:

$A \rightsquigarrow \dot{A}$ ist ein kovarianter Funktor der Kategorie $\mathfrak{A}$ in die Kategorie der endlich-dimensionalen k-Vektorräume.

Sind $f_1,\dots,f_m \in \mathfrak{m}(A)$ und $g_1,\dots,g_n \in \mathfrak{m}(B)$ minimale Erzeugendensysteme der maximalen Ideale, so wird die Ableitung $\dot{\varphi}$ eines Homomorphismus $\varphi: A \to B$ bzgl. der Basen $\delta(f_1),\dots,\delta(f_m)$ bzw. $\delta(g_1),\dots,\delta(g_n)$ von $\dot{A}$ bzw. $\dot{B}$ durch eine (m,n)-Matrix gegeben, deren Rang der Rang $\operatorname{rg}\dot{\varphi}$ von $\dot{\varphi}$, d. h. die Dimension des Bildraumes $\dot{\varphi}(\dot{A})$ ist. Für $A = k\langle X_1,\dots,X_m\rangle$, $B = k\langle Y_1,\dots,Y_n\rangle$ kann man $X_1,\dots,X_m$ und $Y_1,\dots,Y_n$ als minimale Erzeugendensysteme wählen, und die in Rede stehende Matrix ist gerade die *Jacobische Matrix*

$$\left(\frac{\partial \varphi(X_\mu)}{\partial Y_\nu}(0)\right)_{\substack{\mu=1,\dots,m\\ \nu=1,\dots,n}}.$$

Anmerkung. Zu vorgegebenem $A \in \mathfrak{A}$ kann man auch die „höheren Cotangentialräume“ $\dot{A}_e := \mathfrak{m}(A)^e/\mathfrak{m}(A)^{e+1}$, $e \geq 1$, einführen. Zu jedem analytischen Homomorphismus $\varphi: A \to B$ gehört dann eine „e-te Ableitung“ $\dot{\varphi}_e: \dot{A}_e \to \dot{B}_e$; wir werden in diesem Buch jedoch nur den Fall $e=1$ diskutieren.

2. Epimorphiekriterium. Mit $\varphi: A \to B$ ist auch $\dot{\varphi}: \dot{A} \to \dot{B}$ surjektiv. Der Endlichkeitssatz impliziert die Umkehrung.

Satz 1. *Sei $\varphi: A \to B$ ein analytischer Homomorphismus. Ist $\dot{\varphi}$ surjektiv, so ist φ ein Epimorphismus.*

Beweis. Die Voraussetzung $\dot{\varphi}(\dot{A}) = \dot{B}$ besagt

$$\mathfrak{m}(B) = \varphi(\mathfrak{m}(A)) + \mathfrak{m}(B)^2.$$

Das Nakayama-Lemma (angewendet auf den endlichen B-Modul $\mathfrak{m}(B)$ und den B-Untermodul $B\varphi(\mathfrak{m}(A))$) liefert: $\mathfrak{m}(B) = B\varphi(\mathfrak{m}(A))$. Nach Satz 2.3 ist dann $\varphi(A) = B$, w. z. b. w.

Wir notieren sogleich eine

Folgerung. *Es seien $A, B \in \mathfrak{A}$ topologische k-Algebren bez. der Folgentopologie. Dann ist jeder analytische Homomorphismus $\varphi: A \to B$, für den $\varphi(A)$ dicht in B liegt, ein Epimorphismus.*

Beweis. Es genügt zu zeigen, daß $\varphi(\mathfrak{m}(A))$ dicht in $\mathfrak{m}(B)$ liegt. Alsdann liegt nämlich, da $\delta: \mathfrak{m}(B) \to \dot{B}$ stetig ist, $\delta\varphi(\mathfrak{m}(A)) = \dot{\varphi}(\dot{A})$ dicht in $\dot{B}$. Da $\dot{\varphi}(\dot{A})$ ein abgeschlossener Unterraum von $\dot{B}$ ist, folgt $\dot{\varphi}(\dot{A}) = \dot{B}$ und also $\varphi(A) = B$ nach Satz 1.

Um zu zeigen, daß in vorgegebener Umgebung U eines Elementes $g \in \mathfrak{m}(B)$ ein Element $\varphi(f)$, $f \in \mathfrak{m}(A)$, liegt, wählen wir zunächst eine 0-Umgebung W' und eine Umgebung W von g in B so klein, daß gilt: $W - W' \subset U$. Da die Injektion $k \to B$ und die durch $h \mapsto h(0)$ gegebene

Projektion $\sigma: B \to k$ stetig sind, kann man wegen $g(0)=0$ speziell W so klein wählen, daß $\sigma(W) \subset W' \cap k$. Dann gilt also $W-\sigma(W) \subset U$.

Nach Voraussetzung gibt es ein $h \in A$ mit $\varphi(h) \in W$. Für $f := h - h(0) \in \mathfrak{m}(A)$ folgt:

$$\varphi(f) = \varphi(h) - h(0) = \varphi(h) - \sigma(\varphi(h)) \in W - \sigma(W) \subset U,$$

w.z.b.w.

Die Folgerung impliziert insbesondere, daß der topologische Abschluß $\bar{A}$ einer nicht abgeschlossen in B liegenden analytischen k-Unterstellenalgebra A von B nie wieder eine analytische Unterstellenalgebra von B ist (ein Beispiel hierzu geben wir in § 5.2).

3. Jacobischer Umkehrsatz. Analytische Isomorphismen haben bijektive Ableitungen. Die Umkehrung gilt nicht allgemein; z.B. haben alle Restklassenepimorphismen $\varphi: K_n \to K_n/\mathfrak{m}^2$, $n \geq 1$, bijektive Ableitungen, indessen ist φ wegen $\operatorname{Ker} \varphi = \mathfrak{m}^2 \neq 0$ nicht injektiv. Es gilt jedoch:

Satz 2 (Jacobischer Umkehrsatz). *Jeder analytische Homomorphismus $\varphi: A \to K_n = k\langle X_1, \dots, X_n \rangle$ mit bijektiver Ableitung $\dot{\varphi}$ ist ein Isomorphismus.*

Beweis. Sei $\dot{\varphi}$ bijektiv. Nach Satz 1 ist φ dann surjektiv. Es gibt also Elemente $g_1, \dots, g_n \in \mathfrak{m}(A)$ mit $\varphi(g_\nu) = X_\nu$, $\nu = 1, \dots, n$. $g_1, \dots, g_n$ erzeugen $\mathfrak{m}(A)$, denn $\delta(g_1), \dots, \delta(g_n)$ sind wegen $\delta(g_\nu) = \dot{\varphi}^{-1}\delta(X_\nu)$, $\nu = 1, \dots, n$, eine Basis von $\dot{A}$. Es bezeichne γ den durch die Gleichungen $\gamma(X_\nu) := g_\nu$, $\nu = 1, \dots, n$, definierten analytischen Homomorphismus $\gamma: K_n \to A$. Wegen $\gamma \circ \varphi(g_\nu) = g_\nu$ gilt $\gamma \circ \varphi = id$. Daher ist φ auch injektiv, w.z.b.w.

Bemerkung. Der Umkehrsatz kann auch wie folgt formuliert werden: *Ein analytischer Homomorphismus $\varphi: A \to K_n$ ist bijektiv, wenn* eib $A = \operatorname{rg} \dot{\varphi} = n$.

Denn unter diesen Voraussetzungen ist $\dot{\varphi}$ bijektiv.

Speziell ist $\varphi: k\langle Z_1, \dots, Z_n \rangle \to k\langle X_1, \dots, X_n \rangle$ schon bijektiv, wenn φ surjektiv ist. Das gilt genau dann, wenn

$$\frac{\partial(\varphi(Z_1), \dots, \varphi(Z_n))}{\partial(X_1, \dots, X_n)}(0) \neq 0,$$

da dann $\operatorname{rg} \dot{\varphi} = n$. Dies ist die geläufige Form des Jacobischen Umkehrsatzes.

Korollar 1. *Die folgenden Aussagen über r Nichteinheiten $Z_1, \dots, Z_r$ von $K_n = k\langle X_1, \dots, X_n \rangle$, $1 \leq r \leq n$, sind äquivalent:*

(i) $Z_1, \ldots, Z_r$ *sind zu einer analytischen Karte* $\langle Z_1, \ldots, Z_n \rangle$ *von* K_n *ergänzbar.*

(ii) $\operatorname{rg}\left(\frac{\partial Z_\rho}{\partial X_\nu}(0)\right)_{\substack{\rho=1,\ldots,r\\ \nu=1,\ldots,n}} = r$.

(iii) *Die* r *Restklassen* $\delta(Z_\rho) \in \dot{K}_n$, $\rho = 1, \ldots, r$, *erzeugen einen* r*-dimensionalen Unterraum von* $\dot{K}_n$.

Beweis. Die Implikationen (i)→(ii)→(iii) sind trivial. Zum Beweis von (iii)→(i) wählen wir $n-r$ Elemente $Z_{r+1}, \ldots, Z_n \in \mathfrak{m}(K_n)$ derart, daß die n Restklassen $\delta(Z_\nu) \in \dot{K}_n$, $\nu = 1, \ldots, n$, eine Basis von $\dot{K}_n$ bilden. Durch die Gleichungen

$$\varphi(X_\nu) := Z_\nu, \qquad \nu = 1, \ldots, n,$$

wird nun ein Isomorphismus $\varphi: K_n \to K_n$ gegeben, denn $\dot{\varphi}$ bildet die Basis $\delta(X_1), \ldots, \delta(X_n)$ von K_n auf die Basis $\delta(Z_1), \ldots, \delta(Z_n)$ ab und ist also bijektiv. Mithin ist $\langle Z_1, \ldots, Z_n \rangle$ eine analytische Karte von K_n, w.z.b.w.

Korollar 2. *Sei* $\varphi: A \to K_n$ *ein analytischer Homomorphismus und* $r := \operatorname{rg} \dot{\varphi}$. *Dann gibt es eine analytische Karte* $\langle Z_1, \ldots, Z_n \rangle$ *in* K_n *und einen analytischen Monomorphismus* $\mu: k\langle Z_1, \ldots, Z_r \rangle \hookrightarrow A$, *so daß* $\varphi \circ \mu: k\langle Z_1, \ldots, Z_r \rangle \to K_n$ *die natürliche Injektion ist; speziell ist* $\dot{\mu}$ *injektiv.*

Beweis: Es gibt r Elemente $g_1, \ldots, g_r \in \mathfrak{m}(A)$, so daß $\dot{\varphi}\delta(g_1), \ldots, \dot{\varphi}\delta(g_r)$ eine Basis von $\dot{\varphi}(A) \subset \dot{K}_n$ bilden. Wir setzen $Z_\rho := \varphi(g_\rho)$, $\rho = 1, \ldots, r$. Wegen $\delta(Z_\rho) = \dot{\varphi}\delta(g_\rho)$ sind dann nach Korollar 1 die Elemente $Z_1, \ldots, Z_r$ zu einer analytischen Karte $\langle Z_1, \ldots, Z_n \rangle$ von K_n ergänzbar. Durch $\mu(Z_\rho) := g_\rho$, $\rho = 1, \ldots, r$, wird ein analytischer Homomorphismus $\mu: k\langle Z_1, \ldots, Z_r \rangle \to A$ gegeben. Da $\varphi\mu(Z_\rho) = Z_\rho$, so ist $\varphi\mu$ wie behauptet die natürliche Injektion, und es folgt, daß μ und $\dot{\mu}$ injektiv sind, w.z.b.w.

Im Korollar 2 ist enthalten:

Ist $\varphi: A \to K_n$ *ein analytischer Homomorphismus und ist* $\dot{\varphi}$ *injektiv, so ist* φ *injektiv und* μ *bijektiv.*

Denn: Es gilt $\operatorname{Ker} \dot{\varphi} = 0$ genau dann, wenn $r = \operatorname{rg} \dot{\varphi} = \operatorname{eib} A$. Da $\dot{\varphi} \circ \dot{\mu}: \dot{K}_r \to \dot{K}_n$ injektiv ist, gilt auch $\operatorname{rg} \dot{\mu} = \operatorname{eib} A$, d.h. $\dot{\mu}$ ist surjektiv. Daher ist μ surjektiv und also insgesamt bijektiv. Dann muß φ selbst injektiv sein, w.z.b.w.

Bemerkung. Mit $\varphi: K_m \to K_n$ braucht $\dot{\varphi}$ keineswegs injektiv zu sein. So wird z.B. durch $\varphi(X_\mu) := X_\mu^2$, $\mu = 1, \ldots, m$, ein analytischer Monomorphismus $\varphi: K_m \to K_m$ definiert, doch gilt $\dot{\varphi} = 0$. Es gibt sogar analytische Monomorphismen $K_m \to K_n$ mit $m > n \geq 2$ (vgl. § 5.2).

4. Satz über implizite Funktionen. Wir beweisen zunächst

Satz 3. *Es seien* $f_1, \ldots, f_r$, $1 \le r \le n$, *Nichteinheiten in*

$$K_n = k\langle X_1, \ldots, X_n\rangle$$

mit

$$\frac{\partial(f_1, \ldots, f_r)}{\partial(X_1, \ldots, X_r)}(0) \neq 0 .$$

Dann gibt es einen Epimorphismus $\tau: K_n \to K_{n-r} := k\langle X_{r+1}, \ldots, X_n\rangle$, *so daß*

$$\operatorname{Ker} \tau = K_n \cdot (f_1, \ldots, f_r), \qquad \tau(X_\nu) = X_\nu \quad \textit{für } \nu = r+1, \ldots, n .$$

τ *ist eindeutig bestimmt. Es gilt*

$$\tau^2 = \tau, \qquad \operatorname{Ker} \tau = K_n(X_1 - \tau(X_1), \ldots, X_r - \tau(X_r)) .$$

Beweis. Nach Rechenregeln für Determinanten gilt

$$\frac{\partial(f_1, \ldots, f_r, X_{r+1}, \ldots, X_n)}{\partial(X_1, \ldots, X_n)}(0) = \frac{\partial(f_1, \ldots, f_r)}{\partial(X_1, \ldots, X_r)}(0) \neq 0 ;$$

nach Korollar 1 ist daher $\langle f_1, \ldots, f_r, X_{r+1}, \ldots, X_n\rangle$ eine analytische Karte von K_n. Durch die Setzungen

$$\tau(f_\rho) := 0, \quad \rho = 1, \ldots, r ; \quad \tau(X_\nu) := X_\nu, \quad \nu = r+1, \ldots, n,$$

wird also ein Epimorphismus $\tau: K_n \to K_{n-r}$ definiert. Es gilt per definitionem

$$\operatorname{Ker} \tau = K_n(f_1, \ldots, f_r).$$

Ist $\tau^*: K_n \to K_{n-r}$ irgendein Epimorphismus mit $\tau^*(X_\nu) = X_\nu$ für $\nu > r$ und $\operatorname{Ker} \tau \subset \operatorname{Ker} \tau^*$, so gilt $\tau^*(f_\rho) = 0$ für alle $\rho = 1, \ldots, r$. Daher haben τ und τ^* auf der Karte $\langle f_1, \ldots, f_r, X_{r+1}, \ldots, X_n\rangle$ dieselben Werte. Dies impliziert $\tau = \tau^*$.

Die Identität $\tau^2 = \tau$ ist trivial, da $\tau^2(f_\rho) = \tau(f_\rho)$, $\rho = 1, \ldots, r$, und $\tau^2(X_\nu) = X_\nu$ für $\nu > r$.

Um die Gleichung $\operatorname{Ker} \tau = K_n(X_1 - \tau(X_1), \ldots, X_r - \tau(X_r))$ zu beweisen, setzen wir $h_\rho := X_\rho - \tau(X_\rho)$, $\rho = 1, \ldots, r$. Dann sind $h_1, \ldots, h_r$ Nichteinheiten in K_n, und wegen $\tau(X_\rho) \in k\langle X_{r+1}, \ldots, X_n\rangle$, $\rho = 1, \ldots, r$, ist die Jacobische Matrix

$$\left(\frac{\partial h_\rho}{\partial X_\nu}\right)_{\nu, \rho = 1, \ldots, r}$$

die Einheitsmatrix. Daher ist auch $\langle h_1, \ldots, h_r, X_{r+1}, \ldots, X_n\rangle$ eine Karte von K_n, und es gibt folglich einen Epimorphismus $\sigma: K_n \to K_{n-r}$ mit $\sigma(X_\nu) = X_\nu$ für $\nu > r$ und $\operatorname{Ker} \sigma = K_n(h_1, \ldots, h_r)$. Da $\tau(h_\rho) = \tau(X_\rho)$

$-\tau^2(X_\rho)=0$, $\rho=1,\ldots,r$, wegen $\tau^2=\tau$, so haben σ und τ auf der Karte $\langle h_1,\ldots,h_r,X_{r+1},\ldots,X_n\rangle$ dieselben Werte und es folgt $\sigma=\tau$, d.h.

$$K_n(X_1-\tau(X_1),\ldots,X_r-\tau(X_r))=\operatorname{Ker}\sigma=\operatorname{Ker}\tau, \quad \text{w.z.b.w.}$$

Folgerung (Satz über implizite Funktionen). *Es seien* $f_1,\ldots,f_r$, $1\le r\le n$, *Nichteinheiten in* $K_n=k\langle X_1,\ldots,X_n\rangle$ *mit*

$$\frac{\partial(f_1,\ldots,f_r)}{\partial(X_1,\ldots,X_r)}(0)\neq 0\,.$$

Dann gibt es eindeutig bestimmte Nichteinheiten

$$g_1,\ldots,g_r\in K_{n-r}:=k\langle X_{r+1},\ldots,X_n\rangle,$$

so daß

$$f_\rho(g_1(X_{r+1},\ldots,X_n),\ldots,g_r(X_{r+1},\ldots,X_n),X_{r+1},\ldots,X_n)=0, \qquad \rho=1,\ldots,r.$$

Überdies gilt:

$$K_n(f_1,\ldots,f_r)=K_n(X_1-g_1,\ldots,X_r-g_r)\,.$$

Beweis. Sei $\tau\colon K_n\to K_{n-r}$ der nach Satz 3 existierende Epimorphismus mit $\operatorname{Ker}\tau=K_n(f_1,\ldots,f_r)$, $\tau(X_\nu)=X_\nu$, $\nu=r+1,\ldots,n$. Für die Nichteinheiten $g_\rho:=\tau(X_\rho)\in K_{n-r}$, $\rho=1,\ldots,r$, gilt dann, da τ ein Substitutionshomomorphismus ist:

$$f_\rho(g_1,\ldots,g_r,X_{r+1},\ldots,X_n)=f_\rho(\tau(X_1),\ldots,\tau(X_n))=\tau(f_\rho)=0, \qquad \rho=1,\ldots,r.$$

Sind g_ρ^*, $\rho=1,\ldots,r$, weitere Nichteinheiten in K_{n-r} mit dieser Eigenschaft, so betrachten wir den durch $\tau^*(X_\rho):=g_\rho^*$, $\rho=1,\ldots,r$, $\tau^*(X_\nu):=X_\nu$, $\nu=r+1,\ldots,n$, definierten Epimorphismus. Da $\tau^*(f_\rho)=0$, $\rho=1,\ldots,r$, nach Annahme, so folgt $\tau=\tau^*$, d.h. $g_\rho^*=g_\rho$, $\rho=1,\ldots,r$.

Die Gleichung $K_n(f_1,\ldots,f_r)=K_n(X_1-g_1,\ldots,X_r-g_r)$ gilt, da $\operatorname{Ker}\tau=K_n(X_1-\tau(X_1),\ldots,X_r-\tau(X_r))$ nach Satz 3, w.z.b.w.

5. Einbettungsdimension und Epimorphismen. Für jede analytische Stellenalgebra $A=K_m/\mathfrak{a}$ gilt

$$\operatorname{eib}A=m-\operatorname{jg}\mathfrak{a}\le m$$

(vgl. Anhang, § 2.6). Wir wollen zeigen, daß man stets $\operatorname{jg}\mathfrak{a}=0$, d.h. $m=\operatorname{eib}A$, erreichen kann. Wir zeigen sogleich mehr:

Satz 4. *Es sei* $\alpha: K_m \to A$ *ein Epimorphismus und* $e := \operatorname{eib} A$. *Dann gibt es eine Karte* $\langle Z_1, \ldots, Z_m \rangle$ *in* K_m *mit* $Z_{e+1}, \ldots, Z_m \in \operatorname{Ker} \alpha$. *Das Diagramm*

$$\begin{array}{ccc} & K_m & \\ {}^{\pi}\swarrow & & \searrow^{\alpha} \\ K_e & \xrightarrow{\alpha'} & A \end{array}$$

ist kommutativ, wenn $\pi: K_m \to K_e = K_m / K_m(Z_{e+1}, \ldots, Z_m) = k\langle Z_1, \ldots, Z_e \rangle$ *der Restklassenepimorphismus und* α' *die Beschränkung von* α *auf* $K_e \subset K_m$ *ist. Speziell ist* $\alpha': K_e \to A$ *surjektiv.*

Beweis. $\delta(\operatorname{Ker} \alpha) \subset \dot{K}_m$ ist ein Untervektorraum von $\dot{K}_m$ der Dimension

$$\operatorname{jg} \operatorname{Ker} \alpha = m - \operatorname{eib} A = m - e \,.$$

Seien $Z_{e+1}, \ldots, Z_m \in \operatorname{Ker} \alpha$ so gewählt, daß $\delta(Z_i)$, $i = e+1, \ldots, m$, eine Basis von $\delta(\operatorname{Ker} \alpha)$ bilden. Nach Korollar 1 zu Satz 2 ist das System $Z_{e+1}, \ldots, Z_m$ zu einer Karte $\langle Z_1, \ldots, Z_m \rangle$ von K_m ergänzbar. Ersichtlich gilt dann $\alpha = \alpha' \circ \pi$, w.z.b.w.

Wir zeigen weiter:

Satz 5. *Es seien* $\varphi: A \to B$, $\alpha: K_m \to A$ *und* $\beta: K_{\operatorname{eib} B} \to B$ *Epimorphismen. Dann ist jeder Homomorphismus* $\psi: K_m \to K_{\operatorname{eib} B}$, *der das Diagramm*

$$\begin{array}{ccc} K_m & \xrightarrow{\psi} & K_{\operatorname{eib} B} \\ {\scriptstyle\alpha}\downarrow & & \downarrow{\scriptstyle\beta} \\ A & \xrightarrow{\varphi} & B \end{array}$$

kommutativ macht, surjektiv.

Beweis. Es genügt zu zeigen, daß $\dot{\psi}$ surjektiv ist. Wir betrachten das induzierte kommutative Diagramm

$$\begin{array}{ccc} \dot{K}_m & \xrightarrow{\dot{\psi}} & \dot{K}_{\operatorname{eib} B} \\ {\scriptstyle\dot{\alpha}}\downarrow & & \downarrow{\scriptstyle\dot{\beta}} \\ \dot{A} & \xrightarrow{\dot{\varphi}} & \dot{B} \end{array}$$

$\dot{\alpha}, \dot{\beta}$ und $\dot{\varphi}$ sind surjektiv, wegen $\dim_k \dot{B} = \dim_k \dot{K}_{\operatorname{eib} B}$ ist $\dot{\beta}$ sogar bijektiv. Daher ist auch $\dot{\psi} = \dot{\beta}^{-1} \circ \dot{\varphi} \circ \dot{\alpha}$ surjektiv, w.z.b.w.

Korollar. *Sind* $\varphi, \varphi': K_{\operatorname{eib} A} \to A$ *zwei Epimorphismen, so ist jeder Homomorphismus* $\Phi: K_{\operatorname{eib} A} \to K_{\operatorname{eib} A}$ *mit* $\varphi' = \varphi \circ \Phi$ *ein Automorphismus.*

Denn Φ ist nach Satz 5 surjektiv und also auch bijektiv.

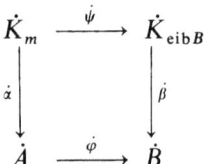

§ 4. Dimensionstheorie analytischer k-Stellenalgebren. Aktives Lemma

$A, B, \ldots$ bezeichnen analytische k-Stellenalgebren, $\varphi, \psi, \ldots$ analytische Homomorphismen. Das maximale Ideal bzw. das Nilradikal von A wird mit $\mathfrak{m}(A)$ bzw. $\mathfrak{n}(A)$ bezeichnet. $K = K_d$ bezeichnet wieder die freie Algebra $k\langle X_1, \ldots, X_d \rangle$.

Alle vorkommenden Moduln sind endlich.

1. Aktive Elemente. Ein Element $f \in A$ heißt *aktiv*, wenn $\operatorname{red} f$ kein Nullteiler in $\operatorname{red} A$ ist, d.h. wenn aus $f \cdot g \in \mathfrak{n}$ stets $g \in \mathfrak{n}$ folgt. Nichtnullteiler sind aktiv; die Menge aller aktiven Elemente von A ist multiplikativ abgeschlossen. Aktive Elemente sind nicht nilpotent, genauer gilt:

Satz 1. *$f \in A$ ist genau dann aktiv, wenn f in keinem isolierten Primideal von A liegt.*

Beweis. Seien $\mathfrak{p}_1, \ldots, \mathfrak{p}_t$ die isolierten Primideale von A, also $\mathfrak{n} = \bigcap_1^t \mathfrak{p}_i$. Falls $f \notin \bigcup_1^t \mathfrak{p}_i$, so folgt aus $f \cdot g \in \bigcap_1^t \mathfrak{p}_i$ sofort $g \in \mathfrak{n}$, d.h. f ist aktiv. Gilt aber $f \in \bigcup_1^t \mathfrak{p}_i$, etwa $f \in \mathfrak{p}_1$, so wähle man ein $g \in \bigcap_2^t \mathfrak{p}_i$ mit $g \notin \mathfrak{p}_1$ (dies ist möglich, da $\mathfrak{p}_1 \not\supset \mathfrak{p}_t$, falls $t > 1$): dann gilt $f \cdot g \in \mathfrak{n}$, aber $g \notin \mathfrak{n}$, d.h. f ist nicht aktiv, w.z.b.w.

Da in einem noetherschen Ring die Menge aller Nichtnullteiler das Komplement der Vereinigung aller zum Nullideal assoziierten Primideale ist, so haben wir die

Folgerung. *Die Menge aller aktiven Elemente von A stimmt genau dann mit der Menge aller Nichtnullteiler von A überein, wenn das Nullideal von A keine eingebetteten Primideale besitzt.*

Der folgende Hilfssatz wird im Beweis des aktiven Lemmas (Satz 9) benutzt.

Hilfssatz 2. *Ist $\varphi: K_d \to A$ endlich, so gilt $\varphi^{-1}(Af) \neq 0$ für jedes aktive Element $f \in A$.*

Beweis. Da f ganz über $\varphi(K_d)$ ist, gelten auch Gleichungen:

$$f^s + a_1 f^{s-1} + \cdots + a_s \in \mathfrak{n}(A), \qquad a_1, \ldots, a_s \in \varphi(K_d).$$

Wird $s \geq 1$ minimal gewählt, so gilt $a_s \neq 0$, da sonst wegen der Aktivität von f der Widerspruch $f^{s-1} + \cdots + a_{s-1} \in \mathfrak{n}(A)$ folgt. Es gibt einen Exponenten $m \geq 1$, so daß gilt

$$(f^s + \cdots + a_s)^m = 0, \quad \text{d.h. } a_s^m \in Af.$$

Ist nun $a \in K_d$ ein φ-Urbild von a_s, so gilt $a^m \neq 0$ und $a^m \in \varphi^{-1}(Af)$, w. z. b. w.

2. Artinsche Algebren. A heißt *artinsch*, wenn A ein endlich-dimensionaler k-Vektorraum ist. Mit A sind alle Restklassenalgebren $A/\mathfrak{a}$ artinsch. Jede analytische k-Stellenalgebra $A/\mathfrak{m}(A)^e$, $e \geq 1$, ist artinsch. Ist $\varphi: A \to B$ endlich, so ist mit A auch B artinsch.

Satz 3. *Die folgenden Aussagen über A sind äquivalent:*

a) *A ist artinsch.*

b) *Jede absteigende Idealkette in A ist stationär.*

c) $\mathfrak{m}$ *ist ein isoliertes (und folglich das einzige) Primideal von A.*

d) $\mathfrak{m} = \mathfrak{n}$.

Beweis. a)→b): Jede absteigende Idealkette in A ist eine k-Untervektorraumkette und als solche stationär.

b)→c): Sei $\mathfrak{p} \subset A$ ein isoliertes Primideal. Im Integritätsring $A' := A/\mathfrak{p}$ ist auch jede absteigende Idealkette stationär. Ist daher $f \in A'$, so gibt es zur Kette $A'f \supset A'f^2 \supset \cdots$ einen Exponenten $q \geq 1$ und ein $g \in A'$, so daß gilt: $f^q = g f^{q+1}$. Falls $f \neq 0$, so folgt $1 = gf$, d. h. $A/\mathfrak{p}$ ist ein Körper. $\mathfrak{p}$ ist folglich maximal, d. h. $\mathfrak{p} = \mathfrak{m}$.

c)→d): Trivial, da $\mathfrak{n}$ der Durchschnitt aller Primideale von A ist.

d)→a): Es gibt einen Exponenten $q \geq 1$, so daß $\mathfrak{m}^q = 0$. Folglich ist $A = A/\mathfrak{m}^q$ endlich-dimensional über k, w. z. b. w.

Folgerung 1. *A ist genau dann artinsch, wenn* red A *artinsch ist (d. h.* red $A = k$*).*

Klar wegen d).

Folgerung 2. *A ist genau dann artinsch, wenn* $\mathfrak{m}$ *keine aktiven Elemente enthält.*

Denn: Ist A artinsch, so sind alle Elemente von $\mathfrak{m}$ nilpotent und also nicht aktiv.

Besteht umgekehrt $\mathfrak{m}$ aus lauter inaktiven Elementen, so gilt

$$\mathfrak{m} \subset \bigcup_1^t \mathfrak{p}_i$$

nach Satz 1, wenn $\mathfrak{p}_1, \ldots, \mathfrak{p}_t$ die isolierten Primideale von A sind. Es gibt dann ein i_0, so daß $\mathfrak{m} \subset \mathfrak{p}_{i_0}$. Dann gilt notwendig $\mathfrak{m} = \mathfrak{p}_{i_0}$, d. h. $\mathfrak{m}$ ist isoliertes Primideal, w. z .b. w.

Folgerung 3. *A ist artinsch, wenn es ein isoliertes Primideal* $\mathfrak{p} \subset A$ *gibt, so daß* $A/\mathfrak{p}$ *artinsch ist.*

Denn: $A/\mathfrak{p}$ ist, da reduziert, ein Körper nach Folgerung 1. Also gilt $\mathfrak{p} = \mathfrak{m}(A)$, w. z. b. w.

Der nachstehende Hilfssatz wird ebenfalls im Beweis des aktiven Lemmas benutzt.

Hilfssatz 4. *Zu jedem* $f_1 \in \mathfrak{m}(K_d)$, $f_1 \neq 0$, *gibt es* $d-1$ *Elemente* $f_2, \ldots, f_d \in \mathfrak{m}(K_d)$, *so daß* $K_d/K_d(f_1, \ldots, f_d)$ *artinsch ist.*

Beweis. Ist $\langle X_1, \ldots, X_d \rangle$ eine Karte in K_d, so daß f_1 allgemein in X_1, etwa von der Ordnung $b \geq 1$ ist, so leisten

$$f_2 := X_2, \ldots, f_d := X_d$$

das Verlangte, da offensichtlich nach dem Vorbereitungssatz

$$K_d/K_d(f_1, X_2, \ldots, X_d) \simeq k\langle X_1 \rangle / k\langle X_1 \rangle X_1^b$$

ein b-dimensionaler k-Vektorraum ist, w. z. b. w.

Anmerkung. Artinsche analytische Stellenalgebren lassen sich auch topologisch charakterisieren. Es gilt nämlich:

Ist k lokal-kompakt, so ist A genau dann artinsch, wenn Folgentopologie und schwache Topologie von A übereinstimmen.

Beweis. Sei zunächst A ein endlich-dimensionaler k-Vektorraum, etwa $A = k^m$. Die schwache Topologie auf A ist dann die Produkttopologie auf k^m. Da die Folgentopologie auf A die finale Topologie bzgl. einer A ausschöpfenden Folge $\{E_\nu\}$ von Banachräumen ist, stimmt einer dieser Räume E_i mit k^m überein. Die Folgentopologie ist also ebenfalls die Produkttopologie.

Seien umgekehrt Folgentopologie und schwache Topologie auf A identisch. Nach § 2.2 gibt es ein $d \geq 0$ und einen endlichen Monomorphismus $\varphi: K_d \hookrightarrow A$. Angenommen, es wäre $d > 0$. Wir wählen eine Karte $\langle X_1, \ldots, X_d \rangle$ in K_d und betrachten eine Folge $\{f_\nu\}_{\nu \geq 1} \subset K_n$, wo $f_\nu := a^{\nu^2} X_1^\nu$ mit $a \in k$, $|a| > 1$ (vgl. Kap. I, § 3.4). Es gilt $\varphi(f_\nu) \in \mathfrak{m}(A)^\nu$, daher konvergiert die Bildfolge $\{\varphi(f_\nu)\}$ in A schwach und also auch analytisch gegen 0. Da φ strikt ist, müßte dann auch $\{f_\nu\}$ in K_n analytisch gegen 0 konvergieren, was nicht der Fall ist. Mithin gilt $d = 0$, d. h. A ist artinsch, w. z. b. w.

Der soeben geführte Beweis zeigt auch, daß jede analytische Stellenalgebra A, in der *alle* Elemente von $\mathfrak{m}(A)$ *topologisch nilpotent* (d. h. $\lim_{n \to \infty} f^n = 0$ für alle $f \in \mathfrak{m}(A)$) *bzgl. der Folgentopologie* sind, artinsch ist.

3. Dimension. Der hier einzuführende Dimensionsbegriff präzisiert und algebraisiert die geometrische Vorstellung, daß in einem d-dimensionalen Raum X die Lösungsmenge *einer* Gleichung ein $(d-1)$-dimensionaler Unterraum ist, und daß man daher mindestens d Gleichungen benötigt, um endliche Mengen, d. h. 0-dimensionale Unterräume zu beschreiben. Die Dimension von X in einem Punkt p ist also bei dieser Auffassung die *Minimalzahl von Hyperflächen* $H_1, \ldots, H_d$ durch p, so daß p isoliert im Durchschnitt $\bigcap_{i=1}^{d} H_i$ liegt. Die algebraische Übersetzung dieser Vorstellung (die übrigens nur für $k = \mathbb{C}$ aufgrund des

Hilbertschen Nullstellensatzes den richtigen topologischen Dimensionsbegriff liefert, denn im $\mathbb{R}^n$, $n>1$, hat schon die Funktion $\sum_{\nu=1}^{n} X_\nu^2$ eine isolierte Nullstelle!) ist wie folgt: X wird um p aufgefaßt als „analytischer Raum", auf dem die Elemente $f\in A$ als holomorphe Funktionen definiert sind; p ist der Nullpunkt und also die Nullstellenmenge jedes Ideals $\mathfrak{m}(A)^e$, $e\geq 1$. Hyperflächen H_i durch p sind die Nullstellenflächen von Hauptidealen Af_i, die Menge $\bigcap_{i=1}^{d} H_i$ ist die Nullstellenfläche des Summenideals $A(f_1,\ldots,f_d)$. Die Bedingung, daß p isoliert in $\bigcap_{i=1}^{d} H_i$ liegt, übersetzt sich nun in eine Inklusion der Form $\mathfrak{m}(A)^e\subset A(f_1,\ldots,f_d)$, $e\geq 1$, denn die Nullstellenmenge eines Ideals verkleinert sich, wenn das Ideal vergrößert wird. Eine solche Inklusion besagt aber gerade, daß die Restklassenalgebra $A/A(f_1,\ldots,f_d)$ (als epimorphes Bild von $A/\mathfrak{m}(A)^e$) artinsch ist.

Nach diesen heuristischen Bemerkungen ist nun folgende exakte Definition naheliegend: Sei $A\in\mathfrak{A}$ und $M\neq 0$ ein analytischer A-Modul. Unter der (Chevalleyschen) *Dimension* von M – in Zeichen $\dim_A M$ – verstehen wir die kleinste natürliche Zahl $d\geq 0$, so daß es d Elemente $f_1,\ldots,f_d\in\mathfrak{m}$ gibt, derart, daß $M/(f_1,\ldots,f_d)M$ ein endlich-dimensionaler k-Vektorraum ist. Jedes System $f_1,\ldots,f_d$ dieser Art heißt ein *Parametersystem* von M. Wir setzen $\dim_A M:=-1$ für $M=0$.

Statt $\dim_A A$ schreiben wir abkürzend $\dim A$; wir nennen $\dim A$ auch die *Dimension der analytischen k-Stellenalgebra A*.

Jeder analytische A-Modul M ist endlich-dimensional, es gilt:

$$\dim_A M\leq \operatorname{eib} A, \quad \text{speziell: } \dim A\leq \operatorname{eib} A.$$

A ist genau dann 0-dimensional, wenn A artinsch ist.

Satz 5. *Sind $f_1,\ldots,f_q\in\mathfrak{m}(A)$, so gilt*

$$q+\dim_A M/(f_1,\ldots,f_q)M\geq \dim_A M \tag{1}$$

für jeden endlichen A-Modul M.

Gleichheit gilt genau dann, wenn die Elemente $f_1,\ldots,f_q$ zu einem Parametersystem von M ergänzt werden können.

Beweis. Sei $d:=\dim_A M/(f_1,\ldots,f_q)M$ und $g_1,\ldots,g_d\in\mathfrak{m}(A)$ ein Parametersystem von $N:=M/(f_1,\ldots,f_q)M$, also $\dim_k N/(g_1,\ldots,g_d)N<\infty$. Es gibt einen natürlichen Isomorphismus

$$M/(f_1,\ldots,f_q,g_1,\ldots,g_d)M\cong N/(g_1,\ldots,g_d)N.$$

Der k-Vektorraum $M/(f_1,\ldots,f_q,g_1,\ldots,g_d)M$ ist also endlich-dimensional, d. h. es gilt: $\dim_A M\leq q+d$.

Besteht Gleichheit, so ist laut Definition $f_1,\ldots,f_q, g_1,\ldots,g_d$ ein Parametersystem von M.

Ist umgekehrt $f_1,\ldots,f_q, f_{q+1},\ldots,f_{q+r}\in\mathfrak{m}(A)$ ein Parametersystem von M, so folgt jetzt aus der Isomorphie

$$M/(f_1,\ldots,f_{q+r})M \cong N/(f_{q+1},\ldots,f_{q+r})N,$$

wo wieder $N := M/(f_1,\ldots,f_q)M$, daß der k-Vektorraum $N/(f_{q+1},\ldots,f_{q+r})N$ endlich-dimensional ist. Daher gilt $r \geq \dim_A N = d$, d.h. $\dim_A M = q+r \geq q+d$, also Gleichheit in (1), w.z.b.w.

Für jeden A-Modul $M \neq 0$ gilt:

$$\dim_A M = \dim_{A/\mathrm{An}\,M} M,$$

da das Annulatorideal $\mathrm{An}\,M \subset A$ trivial auf M operiert. Insbesondere gilt

$$\dim_A A/\mathfrak{a} = \dim A/\mathfrak{a} \quad \text{für jedes Ideal } \mathfrak{a} \text{ in } A,$$

und aus Satz 5 folgt die Ungleichung

$$\dim A \leq \dim A/\mathfrak{a} + \mathrm{cg}\,\mathfrak{a}.$$

Der nächste Satz reduziert das Problem der Dimensionsbestimmung analytischer Moduln auf das (einfachere) Problem der Dimensionsbestimmung analytischer k-Stellenalgebren.

Satz 6. *Für jeden analytischen A-Modul $M \neq 0$ gilt:*

$$\dim_A M = \dim A/\mathrm{An}\,M.$$

$f_1,\ldots,f_d\in\mathfrak{m}(A)$ *ist genau dann ein Parametersystem von M, wenn die Bildelemente in $A/\mathrm{An}\,M$ ein Parametersystem von $A/\mathrm{An}\,M$ sind.*

Falls $\mathrm{An}\,M \subset \mathfrak{n}(A)$, *so gilt sogar*

$$\dim_A M = \dim A,$$

und die Parametersysteme von M sind genau die Parametersysteme von A.

Beweis. Sei zunächst $\mathrm{An}\,M \subset \mathfrak{n}(A)$. Für jedes System $h_1,\ldots,h_j\in\mathfrak{m}$ ist $M/(h_1,\ldots,h_j)M$ ein endlicher $A/(h_1,\ldots,h_j)A$-Modul. Diese Bemerkung beweist bereits die Ungleichung $\dim_A M \leq \dim A$ und liefert weiter, sobald $\dim_A M = \dim A$ nachgewiesen ist, daß Parametersysteme von A auch Parametersysteme von M sind.

Wir setzen $d := \dim_A M$ und behandeln zunächst den Fall $d=0$. Es gilt dann $\dim_k M < \infty$. Sei etwa $m_1,\ldots,m_q$ eine k-Vektorraumbasis von M. Durch

$$A \ni a \mapsto (am_1,\ldots,am_q) \in qM$$

wird ein A-Modulhomomorphismus $\alpha: A \to qM$ gegeben. Daher folgt:

$$\dim_k A/\operatorname{Ker} \alpha \leq \dim_k qM < \infty.$$

Nun gilt $\operatorname{Ker} \alpha = \operatorname{An} M \subset \mathfrak{n}(A)$, also erst recht: $\dim_k A/\mathfrak{n} < \infty$, d. h. $\operatorname{red} A$ ist artinsch. Nach Satz 3, Folgerung 1, ist dann auch A artinsch, d. h. $\dim A = 0$.

Sei nun $d \geq 1$, sei $f_1, \ldots, f_d \in \mathfrak{m}$ ein Parametersystem von M, also $M' := M/(f_1, \ldots, f_d)M$ endlich-dimensional über k. Setzen wir $A' := A/(f_1, \ldots, f_d)A$, so ist M' ein endlicher A'-Modul mit $\dim_{A'} M' = 0$. Wegen $\operatorname{An} M \subset \mathfrak{n}(A)$ gilt $\operatorname{An} M' \subset \mathfrak{n}(A')$ nach dem unten bewiesenen Hilfssatz 7 (mit $\mathfrak{a} = (f_1, \ldots, f_d)A$). Aus dem schon behandelten Fall $d = 0$ folgt daher $\dim A' = 0$ und daraus $\dim A \leq d$. Da $\dim A \geq d$ nach dem eingangs Bemerkten klar ist, erhalten wir $\dim A = d$, und $f_1, \ldots, f_d$ ist ein Parametersystem von A. Damit sind, falls $\operatorname{An} M \subset \mathfrak{n}(A)$, alle im Satz 6 gemachten Behauptungen verifiziert.

Sei nun $M \neq 0$ ein beliebiger analytischer A-Modul. Wir setzen $A' := A/\operatorname{An} M$. Es gilt $A' \in \mathfrak{A}$, und M ist auch ein analytischer A'-Modul mit $\operatorname{An}_{A'} M = 0$. Daher folgen wegen $\dim_A M = \dim_{A'} M$ alle Behauptungen aus dem schon bewiesenen Teil von Satz 6, w. z. b. w.

Wir tragen den im vorstehenden Beweis benutzten Hilfssatz nach.

Hilfssatz 7. *Es sei M ein endlicher A-Modul mit* $\operatorname{An} M \subset \mathfrak{n}(A)$. *Es sei* $\mathfrak{a} \subset \mathfrak{m}$ *ein Ideal, es sei* $A' := A/\mathfrak{a}$, $M' := M/\mathfrak{a}M$. *Dann gilt* $\operatorname{An} M' \subset \mathfrak{n}(A')$ *für den endlichen A'-Modul M'.*

Beweis. Sei $x' \in \operatorname{An} M'$ und $x \in A$ ein Urbild von x'. Dann gilt $xM \subset \mathfrak{a}M$ und das Dedekindsche Lemma (mit $N = M$, $R = S = A$, $s = x$; vgl. Anhang, Satz 3.2) liefert ein $m \geq 1$ und Elemente $a_1, \ldots, a_m \in \mathfrak{a}$, so daß gilt:

$$x^m + a_1 x^{m-1} + \cdots + a_m \in \operatorname{An} M \subset \mathfrak{n}(A).$$

Für die Restklassen $\operatorname{mod} \mathfrak{a}$ folgt: $x'^m \in \mathfrak{n}(A')$, d. h. $x' \in \mathfrak{n}(A')$, w. z. b. w.

Aus Satz 6 ergibt sich die wichtige

Folgerung. *Für jedes Ideal* $\mathfrak{a} \subset \mathfrak{n}(A)$ *gilt:*

$$\dim A/\mathfrak{a} = \dim A.$$

Speziell gilt: $\dim(\operatorname{red} A) = \dim A$.

Klar (mit $M = A/\mathfrak{a}$) nach Satz 6 und der Gleichung $\dim_A M = \dim_{A/\operatorname{An} M} M$, da $\operatorname{An}(A/\mathfrak{a}) = \mathfrak{a}$.

4. Aktives Lemma. Zum Beweis des Hauptsatzes dieses Abschnittes zeigen wir vorbereitend:

Satz 8. *Es gilt* $\dim A \leq d$ *genau dann, wenn es einen endlichen Homomorphismus* $\varphi: K_d \to A$ *gibt.*

Beweis. Nach Definition gilt $\dim A \leq d$ genau dann, wenn es einen Homomorphismus $\varphi: k\langle X_1, \ldots, X_d\rangle \to A$ gibt, so daß

$$A/(\varphi(X_1), \ldots, \varphi(X_d))A$$

artinsch ist. Da jedes solche φ quasi-endlich ist, folgt die Behauptung aus Satz 2.2, w. z. b. w.

Entscheidend für die weitere Entwicklung der Dimensionstheorie ist nun

Satz 9 (Aktives Lemma). *Für jedes aktive Element* $f \in \mathfrak{m}(A)$ *gilt:*

$$\dim A/Af = \dim A - 1.$$

Beweis. Sei $d := \dim A$. Wegen Satz 5 ist nur $\dim A/Af \leq d-1$ zu zeigen. Wir wählen gemäß Satz 8 einen endlichen Homomorphismus $\varphi: K_d \to A$. Nach Hilfssatz 2 gibt es ein $f_1 \neq 0$ in $\varphi^{-1}(Af) \subset \mathfrak{m}(K_d)$, nach Hilfssatz 4 gibt es zu f_1 Elemente $f_2, \ldots, f_d \in \mathfrak{m}(K_d)$, so daß $K_d/(f_1, \ldots, f_d)K_d$ artinsch ist.

φ zusammen mit dem Restklassenepimorphismus $A \to A/Af$ gibt einen endlichen Homomorphismus $\psi: K_d \to A/Af$, der seinerseits einen endlichen Homomorphismus

$$\bar{\psi}: K_d/(f_1, \ldots, f_d)K_d \to (A/Af)/(\psi(f_1), \ldots, \psi(f_d)) \cdot (A/Af)$$

induziert. Mit $K_d/(f_1, \ldots, f_d)K_d$ ist also auch

$$(A/Af)/(\psi(f_1), \ldots, \psi(f_d)) \cdot (A/Af)$$

artinsch. Da $\psi(f_1) = 0$ wegen $\varphi(f_1) \in Af$, so folgt $\dim A/Af \leq d-1$, w. z. b. w.

Folgerung. $\dim K_n = n$.

Beweis. Durch Induktion nach n, der Fall $n=0$ ist trivial. Sei $n \geq 1$, etwa $K_n = k\langle X_1, \ldots, X_n\rangle$. Da $X_n \in \mathfrak{m}(K_n)$ aktiv ist und da $K_n/K_n X_n \simeq K_{n-1}$, so folgt aus Satz 9 und Induktionsannahme:

$$n-1 = \dim K_{n-1} = \dim K_n - 1, \quad \text{d. h.} \quad \dim K_n = n,$$

w. z. b. w.

Der Satz 9 impliziert insbesondere, daß jedes aktive Element aus $\mathfrak{m}(A)$ zu einem Parametersystem von A ergänzt werden kann.

Aus der Definition der Dimension folgt unmittelbar, daß analytische Epimorphismen $\varphi: A \to B$ *dimensionserniedrigend* sind, d. h. daß stets gilt $\dim B \leq \dim A$ (ist nämlich $f_1, \ldots, f_d \in \mathfrak{m}(A)$ ein Parametersystem von A, so induziert φ einen Epimorphismus $A/(f_1, \ldots, f_d)A \to B/(\varphi(f_1), \ldots, \varphi(f_d))B$ und man sieht: $\dim_k B/(\varphi(f_1), \ldots, \varphi(f_d))B < \infty$, d. h. $\dim B \leq d$). Das aktive Lemma lehrt, daß immer dann eine echte Dimensionserniedrigung eintritt, wenn $\operatorname{Ker} \varphi$ wenigstens ein aktives Element f enthält, denn dann faktorisiert sich φ in zwei Epimorphismen $A \to A/fA$ und $A/fA \to B$ und man folgert aus Satz 9, daß $\dim B \leq \dim A/fA < \dim A$. So gilt z. B. stets $\dim A > \dim B$, wenn A nullteilerfrei und $\varphi: A \to B$ surjektiv aber nicht injektiv ist. Wir werden im nächsten Paragraphen sehen, daß alle diese Aussagen allgemeiner für *endliche* analytische Epimorphismen gelten.

In unserem Aufbau der Dimensionstheorie analytischer k-Stellenalgebren ersetzt das „Aktive Lemma" weitgehend den in der Dimensionstheorie noetherscher Halbstellenringe zentralen „Krullschen Hauptidealsatz" (vgl. § 6.2). Es sei betont, daß die Gleichung $\dim A/Af = \dim A - 1$ auch gelten kann, wenn $f \in \mathfrak{m}(A)$ nicht aktiv in A ist. Vgl. hierzu die Bemerkung im Abschnitt 7 dieses Paragraphen.

5. Konstruktion aktiver Elemente. Das aktive Lemma ist auf jede analytische k-Stellenalgebra A positiver Dimension anwendbar, denn jedes solche A besitzt aktive Elemente in $\mathfrak{m}(A)$. Dies folgt z. B. aus Satz 3, Folgerung 2, aber auch aus nachstehendem Satz 10, der ein Konstruktionsverfahren für aktive Elemente angibt. Um hier und im folgenden Abschnitt eine bequeme Redeweise zu haben, nennen wir eine Teilmenge L eines k^r, $r \geq 1$, einen *linearen Rest*, wenn es endlich viele k-Untervektorräume $U_i \neq k^r$, $i = 1, \ldots, t$, von k^r gibt, so daß L das Komplement von $\bigcup_1^t U_i$ in k^r ist.

Jeder lineare Rest von k^r liegt *offen und dicht* in k^r, der Durchschnitt endlich vieler linearer Reste von k^r ist wieder ein linearer Rest von k^r; ist L_i ein linearer Rest von k^{r_i}, $i = 1, 2$, so ist $L_1 \times L_2$ ein linearer Rest von $k^{r_1 + r_2}$. Es gilt nun

Satz 10. *Es sei A nicht artinsch, es seien $f_1, \ldots, f_r \in \mathfrak{m}$ so beschaffen, daß $A/(f_1, \ldots, f_r)A$ artinsch ist. Dann ist die Menge aller $(c_1, \ldots, c_r) \in k^r$, für welche $\sum_1^r c_\rho f_\rho \in \mathfrak{m}$ aktiv in A ist, ein linearer Rest von k^r.*

Beweis. Seien $\mathfrak{p}_1, \ldots, \mathfrak{p}_t$ die isolierten Primideale von A und $\pi_i: A \to A/\mathfrak{p}_i$ die Restklassenepimorphismen, $i = 1, \ldots, t$. Mit $A/(f_1, \ldots, f_r)A$ sind dann auch alle Ringe $(A/\mathfrak{p}_i)/(\pi_i(f_1), \ldots, \pi_i(f_r))(A/\mathfrak{p}_i)$ artinsch.

Durch

$$k^r \ni (c_1, \ldots, c_r) \mapsto \sum_{\rho=1}^r c_\rho \pi_i(f_\rho) \in A/\mathfrak{p}_i$$

werden k-lineare Abbildungen $\psi_i: k^r \to A/\mathfrak{p}_i$ definiert, $i = 1, \ldots, t$. Laut Definition ist $\sum_1^r c_\rho f_\rho \in \mathfrak{m}$ genau dann aktiv in A, wenn $(c_1, \ldots, c_r) \notin \bigcup_1^t \operatorname{Ker} \psi_i$. Setzen wir $U_i := \operatorname{Ker} \psi_i$, so ist also lediglich noch $U_i \neq k^r$ zu zeigen. Wäre etwa $U_j = k^r$, d.h. $\pi_j(f_1) = \cdots = \pi_j(f_r) = 0$, so wäre $A/\mathfrak{p}_j$ und daher nach Satz 3, Folgerung 3, auch A selbst artinsch. Das ist ein Widerspruch, w.z.b.w.

Folgerung. *Ist $\varphi: A \to B$ endlich und B nicht artinsch, so gibt es in A aktive Elemente $f \in \mathfrak{m}(A)$, so daß $\varphi(f) \in \mathfrak{m}(B)$ aktiv in B ist.*

Beweis. Mit B ist auch A nicht artinsch. Seien $f_1, \ldots, f_r \in \mathfrak{m}(A)$ so gewählt, daß $A/(f_1, \ldots, f_r)A$ artinsch ist. Dann ist auch $B/(\varphi(f_1), \ldots, \varphi(f_r))B$ artinsch, wobei $\varphi(f_1), \ldots, \varphi(f_r) \in \mathfrak{m}(B)$. Nach Satz 10 sind die Mengen

$$\{(c_1, \ldots, c_r) \in k^r : \sum_1^r c_\rho f_\rho \text{ ist aktiv in } A\}$$

und

$$\{(c_1, \ldots, c_r) \in k^r : \sum_1^r c_\rho \varphi(f_\rho) \text{ ist aktiv in } B\}$$

lineare Restmengen im k^r. Ihr Durchschnitt D ist also nicht leer. Für jedes $(\hat{c}_1, \ldots, \hat{c}_r) \in D$ ist $f := \sum_1^r \hat{c}_\rho f_\rho$ bzw. $g := \sum_1^r \hat{c}_\rho \varphi(f_\rho)$ aktiv in A bzw. in B. Es gilt $\varphi(f) = g$, w.z.b.w.

6. Konstruktion von Parametersystemen. In diesem Abschnitt wird Satz 10 verallgemeinert.

Satz 11. *Es sei M ein endlicher d-dimensionaler A-Modul, $d \geq 1$, es seien $f_1, \ldots, f_r \in \mathfrak{m}$ so beschaffen, daß gilt: $\dim_k M/(f_1, \ldots, f_r)M < \infty$. Dann gibt es eine lineare Restmenge $L \subset k^{rd}$, so daß für jeden Punkt $(c_{11}, \ldots, c_{1r}, c_{21}, \ldots, c_{dr}) \in L$ die d Elemente*

$$g_1 := \sum_1^r c_{1\rho} f_\rho, \quad g_2 := \sum_1^r c_{2\rho} f_\rho, \ldots, g_d := \sum_1^r c_{d\rho} f_\rho$$

jeweils ein Parametersystem von M bilden.

Beweis. Aufgrund von Satz 6 dürfen wir $M = A$ annehmen. Wir führen Induktion nach d. Nach Satz 10 gibt es im k^r einen linearen Rest L_1, so daß alle Elemente $g_1 := \sum_1^r c_{1\rho} f_\rho$, $(c_{11}, \ldots, c_{1r}) \in L_1$, aktiv in A sind. Nach dem aktiven Lemma gilt $\dim A/Ag_1 = d-1$ für jedes solches g_1. Damit ist der Induktionsbeginn $d=1$ bereits erledigt.

Sei $d > 1$. Ist π der natürliche Epimorphismus $A \to A/Ag_1$, so ist $(A/Ag_1)/(\pi(f_1), \ldots, \pi(f_r))A/Ag_1$ ebenfalls artinsch; nach Induktionsannahme gibt es also einen linearen Rest $L_2 \subset k^{r(d-1)}$, so daß für jeden Punkt $(c_{21}, \ldots, c_{2r}, \ldots, c_{d1}, \ldots, c_{dr}) \in L_2$ die $(d-1)$ Elemente

$$\bar{g}_2 := \sum_1^r c_{2\rho} \pi(f_\rho), \ldots, \bar{g}_d := \sum_1^r c_{d\rho} \pi(f_\rho)$$

jeweils ein Parametersystem von A/Ag_1 bilden. Dann ist $L := L_1 \times L_2$ ein linearer Rest von k^{rd} der gesuchten Art, w.z.b.w.

Korollar. *Es seien $M_1, \ldots, M_t$ endliche A-Moduln der Dimensionen $d_1, \ldots, d_t$; es gelte $d_1 \leq d_2 \leq \cdots \leq d_t$. Dann gibt es Elemente $f_1, \ldots, f_{d_t} \in \mathfrak{m}(A)$, so daß $f_1, \ldots, f_{d_j}$ ein Parametersystem von M_j ist, $j = 1, \ldots, t$.*

Folgerung. *Es gilt*

$$\dim_A\left(\bigoplus_{j=1}^{t} M_j\right) = \max_{j=1,\ldots,t} \{\dim_A M_j\}$$

für beliebige endliche A-Moduln M_j, $j = 1, \ldots, t$.

Denn: Die Ungleichung $\max_{j=1,\ldots,t} \{\dim_A M_j\} \leq \dim_A\left(\bigoplus_{j=1}^{t} M_j\right)$ ist trivial einzusehen, die andere Ungleichung folgt unmittelbar aus dem Korollar.

7. Tiefe eines Ideals. Ist $\mathfrak{a} \neq A$ ein Ideal in $A \in \mathfrak{A}$, so nennen wir die natürliche Zahl

$$\operatorname{tf} \mathfrak{a} := \dim A/\mathfrak{a}$$

die *Tiefe von* $\mathfrak{a}$ (in A). (Geometrisch ist dies also die Dimension der Nullstellenmenge von $\mathfrak{a}$ im zu A gehörenden analytischen Raum X.) Für Ideale $\mathfrak{a}$ in K_n hat man folgendes bequeme Verfahren zur Tiefenberechnung:

Es sei $\mathfrak{a}$ ein Ideal in K_n und $\langle X_1, \ldots, X_n \rangle$ eine analytische Karte in K_n. Es sei d die kleinste natürliche Zahl, so daß es d Linearformen

$$l_1 = \sum_{\nu=1}^{n} c_{1\nu} X_\nu, \ldots, l_d = \sum_{\nu=1}^{n} c_{d\nu} X_\nu, \qquad c_{11}, \ldots, c_{dn} \in k$$

gibt, derart daß das Ideal $\mathfrak{a} + K_n l_1 + \cdots + K_n l_d$ eine Potenz von $\mathfrak{m}(K_n)$ enthält. Dann gilt $\operatorname{tf} \mathfrak{a} = d$.

Beweis. Wir setzen $A := K_n/\mathfrak{a}$. Sind $l_1, \ldots, l_s$ irgendwelche Linearformen in $X_1, \ldots, X_n$, so daß $\mathfrak{a} + K_n l_1 + \cdots + K_n l_s$ eine Potenz von $\mathfrak{m}(K_n)$ enthält, so gilt notwendig $s \geq \dim A = \operatorname{tf} \mathfrak{a}$, denn der Ring $A/(\bar{l}_1, \ldots, \bar{l}_s)A$, wo $\bar{l}_i$ die Restklasse von l_i modulo $\mathfrak{a}$ bezeichnet, $i = 1, \ldots, s$, ist artinsch.

Es bleibt zu zeigen, daß es d Linearformen, wo $d := \operatorname{tf} \mathfrak{a}$, der behaupteten Art gibt. Es gilt $\dim_k A/(\bar{X}_1, \ldots, \bar{X}_n)A < \infty$, wenn $\bar{X}_\nu$ die Restklasse von X_ν modulo $\mathfrak{a}$ bezeichnet, $\nu = 1, \ldots, n$. Nach Satz 11 gibt es dann ein Parametersystem $g_1, \ldots, g_d$ von A der Form

$$g_i = \sum_{\nu=1}^{n} c_{i\nu} \bar{X}_\nu, \qquad c_{i\nu} \in k, \qquad i = 1, \ldots, d.$$

Wir setzen $l_i := \sum_{\nu=1}^{n} c_{i\nu} X_\nu$, $i=1,\dots,d$. Dann ist

$$K_n/\mathfrak{a} + K_n l_1 + \dots + K_n l_d \simeq A/(g_1,\dots,g_d)A$$

artinsch, d.h. $\mathfrak{a} + K_n l_1 + \dots + K_n l_d$ enthält eine Potenz von $\mathfrak{m}(K_n)$, w.z.b.w.

Bemerkung. Der geometrische Inhalt der soeben bewiesenen Aussage ist, daß eine analytische Menge X durch $0 \in k^n$ (= Nullstellenmenge von $\mathfrak{a}$) genau dann d-dimensional in $0 \in X$ ist, wenn es eine $(n-d)$-dimensionale *Ebene* E (gegeben als Nullstellenmenge von d Linearformen) und keine Ebene größerer Dimension durch den Nullpunkt 0 gibt, so daß 0 isoliert in $X \cap E$ liegt (Nach Satz 11 sind dann übrigens „fast alle $(n-d)$-dimensionalen Ebenen" von dieser Art). In dieser Weise wurde der Begriff der Dimension 1953 in [17] für analytische Mengen im $\mathbb{C}^n$ eingeführt.

Als Folgerung aus Satz 6 und Satz 11 beweisen wir noch

Satz 12. *Sind* $\mathfrak{a}_1,\dots,\mathfrak{a}_t$ *Ideale in* A, *so gilt*

$$\operatorname{tf} \bigcap_{j=1}^{t} \mathfrak{a}_j = \max_{j=1,\dots,t} \{\operatorname{tf} \mathfrak{a}_j\}.$$

Sind $\mathfrak{p}_1,\dots,\mathfrak{p}_t$ *die isolierten Primideale eines Ideals* $\mathfrak{a}$, *so ist*

$$\operatorname{tf} \mathfrak{a} = \max_{j=1,\dots,t} \{\operatorname{tf} \mathfrak{p}_j\}.$$

Insbesondere gilt:

$$\operatorname{tf} \mathfrak{r}(a) = \operatorname{tf} \mathfrak{a}, \qquad \dim A = \dim(\operatorname{red} A),$$

und

$$\dim A = \max_{\mathfrak{p}_j \in \operatorname{Isol} A} \{\dim A/\mathfrak{p}_j\}.$$

Beweis. Für die A-Moduln $M_j := A/\mathfrak{a}_j$, $j=1,\dots,t$, gilt: $\operatorname{An}\left(\bigoplus_{j=1}^{t} M_j\right) = \bigcap_{j=1}^{t} \mathfrak{a}_j$, $\operatorname{An} M_j = \mathfrak{a}_j$. Also folgt aus Satz 6 und der Folgerung aus Satz 11:

$$\dim\left(A/\bigcap_{j=1}^{t} \mathfrak{a}_j\right) = \dim_A\left(\bigoplus_{j=1}^{t} M_j\right) = \max_{j=1,\dots,t} \{\dim_A M_j\} = \max_{j=1,\dots,t} \{\dim A/\mathfrak{a}_j\}.$$

Seien $\mathfrak{p}_1,\dots,\mathfrak{p}_t$ die isolierten Primideale von $\mathfrak{a}$ und $\varphi: A \to \bar{A} := A/\mathfrak{a}$ der natürliche Epimorphismus, $\bar{\mathfrak{p}}_j := \varphi(\mathfrak{p}_j)$, $j=1,\dots,t$. Dann gilt $\varphi^{-1}(\varphi(\mathfrak{p}_j)) = \mathfrak{p}_j + \mathfrak{a} = \mathfrak{p}_j$ wegen $\mathfrak{a} \subset \mathfrak{p}_j$ und somit

$$A/\mathfrak{p}_j = A/\varphi^{-1}(\bar{\mathfrak{p}}_j) \simeq \bar{A}/\bar{\mathfrak{p}}_j,$$

d.h. $\max\{\mathrm{tf}\,\mathfrak{p}_j\} = \max\{\mathrm{tf}\,\bar{\mathfrak{p}}_j\}$. Da $\bar{\mathfrak{p}}_j$ die isolierten Primideale von $\bar{A}$ sind, gilt $\bigcap \bar{\mathfrak{p}}_j = \mathfrak{n}(\bar{A})$, und aus Satz 6, Folgerung schließt man

$$\mathrm{tf}\,\mathfrak{a} = \dim \bar{A} = \dim \bar{A}/\mathfrak{n}(\bar{A}) = \mathrm{tf} \bigcap \bar{\mathfrak{p}}_j = \max\{\mathrm{tf}\,\bar{\mathfrak{p}}_j\} = \max\{\mathrm{tf}\,\mathfrak{p}_j\}.$$

Die letzten Behauptungen von Satz 12 sind klar wegen

$$\mathfrak{r}(\mathfrak{a}) = \bigcap_{j=1}^{t} \mathfrak{p}_j, \qquad \text{w.z.b.w.}$$

Die Gleichung $\dim A = \max\limits_{\mathfrak{p} \in \mathrm{Isol}\, A} \{\dim A/\mathfrak{p}\}$ erlaubt uns, über das aktive Lemma hinausgehend alle Elemente $f \in \mathfrak{m}(A)$ zu charakterisieren, für die die Dimensionsformel

$$\dim A/Af = \dim A - 1$$

gilt. Nämlich:

Satz 13. *Es gilt* $\dim A/Af = \dim A - 1$ *für ein Element* $f \in m(A)$ *genau dann, wenn* f *in keinem Primideal* $\mathfrak{p} \in \mathrm{Isol}\, A$ *mit* $\mathrm{tf}\,\mathfrak{p} = \dim A$ *liegt.*

Beweis. Zunächst ist klar, daß die Dimensionsformel höchstens dann gelten kann, wenn f zu keinem $\mathfrak{p} \in \mathrm{Isol}\, A$ mit $\mathrm{tf}\,\mathfrak{p} = \dim A$ gehört; denn $f \in \mathfrak{p}_1$, wo $\mathfrak{p}_1 \in \mathrm{Isol}\, A$ und $\mathrm{tf}\,\mathfrak{p}_1 = \dim A$, liefert einen Epimorphismus $A/Af \to A/\mathfrak{p}_1$ und also $\dim A/Af \geq \dim A/\mathfrak{p}_1 = \dim A$.

Sei umgekehrt f in keinem isolierten Primideal maximaler Tiefe enthalten. Wir setzen $d := \dim A$ und $A' := A/Af$. Zeigen wir, daß $\dim A'/\mathfrak{p}' < d$ für jedes Primideal $\mathfrak{p}' \in \mathrm{Isol}\, A'$ gilt, so folgt

$$\dim A' = \max_{\mathfrak{p}' \in \mathrm{Isol}\, A'} \{\dim A'/\mathfrak{p}'\} < d$$

und also die Behauptung, da die Ungleichung $\dim A' \geq d - 1$ trivial ist.

Sei also $\mathfrak{p}' \in \mathrm{Isol}\, A'$ gegeben. Wir bezeichnen mit $\alpha: A \to A'$ den Restklassenepimorphismus und betrachten in A das Primideal $\mathfrak{q} := \alpha^{-1}(\mathfrak{p}')$. Wir wählen ein $\mathfrak{p} \in \mathrm{Isol}\, A$ mit $\mathfrak{p} \subset \mathfrak{q}$. Dann folgt, da α zusammen mit dem Restklassenepimorphismus $A' \to A'/\mathfrak{p}'$ einen Isomorphismus $A/\mathfrak{q} \simeq A'/\mathfrak{p}'$ induziert:

$$\dim A'/\mathfrak{p}' = \dim A/\mathfrak{q} \leq \dim A/\mathfrak{p}.$$

Ist $\mathfrak{p}$ nicht von maximaler Tiefe d, so gilt $\dim A/\mathfrak{p} < d$, und wir sind schon fertig. Sei also $\mathrm{tf}\,\mathfrak{p} = d$. Nach Voraussetzung gilt dann $f \notin \mathfrak{p}$. Da aber $f \in \mathfrak{q}$ nach Konstruktion von $\mathfrak{q}$ gilt, so hat der Epimorphismus $A/\mathfrak{p} \to A/\mathfrak{q}$ einen Kern $\neq 0$, und es folgt, da $A/\mathfrak{p}$ nullteilerfrei ist:

$$\dim A'/\mathfrak{p}' = \dim A/\mathfrak{q} < \dim A/\mathfrak{p} = d, \qquad \text{w.z.b.w.}$$

Der soeben bewiesene Satz enthält speziell folgende Umkehrung des aktiven Lemmas.

Haben alle isolierten Primideale von A die gleiche Tiefe, so ist jedes Element $f \in \mathfrak{m}(A)$ *mit* $\dim A/Af = \dim A - 1$ *aktiv in A.*

Denn: f kann in keinem isolierten Primideal liegen, da diese alle die Tiefe $\dim A$ haben.

Analytische Stellenalgebren, für die alle isolierten Primideale die gleiche Tiefe haben, heißen *rein-dimensional* und werden im §6.3 noch näher betrachtet.

§ 5. Dimension und endliche analytische Homomorphismen

1. Invarianz der Dimension. Die Dimension analytischer Moduln ist invariant gegenüber endlichen analytischen Homomorphismen der Grundringe. Wir beweisen vorbereitend:

Satz 1. *Ist* $\varphi: A \to B$ *endlich, so gilt:*

$$\dim B = \dim A/\mathrm{Ker}\,\varphi .$$

Beweis. Wir führen Induktion nach $d := \dim B$. Es genügt, die Behauptung für den Fall, daß φ injektiv ist, zu beweisen. Ist $d=0$, d.h. $\dim_k B < \infty$, so gilt wegen $A \simeq \varphi(A) \subset B$ auch $\dim_k A < \infty$, d. h. $\dim A = 0$.

Sei $d>0$. Es ist $d = \dim A$ zu zeigen. Da B nicht artinsch ist, gibt es nach Satz 4.10, Folgerung ein aktives Element $f \in \mathfrak{m}(A)$, so daß $\varphi(f) \in \mathfrak{m}(B)$ aktiv in B ist. Wir setzen $A' := A/Af$, $B' := B/B\varphi(f)$ und betrachten den von φ induzierten Homomorphismus $\varphi': A' \to B'$. φ' ist wieder endlich. Da $\dim B' = d-1$ nach dem aktiven Lemma, so folgt nach Induktionsannahme

$$\dim A'/\mathrm{Ker}\,\varphi' = d-1 .$$

Wegen $\mathrm{Ker}\,\varphi = \mathrm{An}_A\, B = 0$ gilt (nach Hilfssatz 4.7 mit $M = B$ und $\mathfrak{a} = Af$) $\mathrm{Ker}\,\varphi' = \mathrm{An}_{A'}\, B' \subset \mathfrak{n}(A')$. Aus Satz 4.6, Folgerung schließen wir dann

$$\dim A' = \dim A'/\mathrm{Ker}\,\varphi' = d-1 .$$

Da auch $\dim A' = \dim A - 1$ nach dem aktiven Lemma gilt, so folgt $\dim A = d$, w.z.b.w.

Es folgt nun schnell

Satz 2 (Invarianzsatz). *Ist* $\varphi: A \to B$ *endlich, so gilt*

$$\dim_A M = \dim_B M$$

für jeden analytischen B-Modul M.

Beweis. Nach Satz 4.6 gilt

$$\dim_A M = \dim A', \qquad \dim_B M = \dim B',$$

wenn $A' := A/\mathrm{An}_A M$, $B' := B/\mathrm{An}_B M$. Es ist also die Gleichung $\dim A' = \dim B'$ zu beweisen.

Das Produkt von φ mit dem Restklassenepimorphismus $B \to B'$ ist ein endlicher Homomorphismus $A \to B'$, dessen Kern das Ideal $\varphi^{-1}(\mathrm{An}_B M)$ ist. Nun gilt aber $\varphi^{-1}(\mathrm{An}_B M) = \mathrm{An}_A M$; daher induziert φ einen endlichen Monomorphismus $\varphi' \colon A' \hookrightarrow B'$. Die Behauptung folgt aus Satz 1, w.z.b.w.

2. Endliche Monomorphismen. Osgoodsches Beispiel. Aus Satz 1 folgt speziell, daß bei einem endlichen Monomorphismus $A \hookrightarrow B$ die Algebren A, B dimensionsgleich sind. Wir beweisen eine Umkehrung.

Satz 3. *Ist* $\varphi\colon A \to B$ *endlich,* A *nullteilerfrei, und gilt* $\dim A = \dim B$, *so ist* φ *injektiv.*

Beweis. φ induziert einen endlichen Monomorphismus $A/\mathrm{Ker}\,\varphi \hookrightarrow B$. Wäre $\mathrm{Ker}\,\varphi \neq 0$, so folgt aus dem aktiven Lemma, da jedes $f \in \mathrm{Ker}\,\varphi$, $f \neq 0$, aktiv in A ist: $\dim A/\mathrm{Ker}\,\varphi < \dim A$. Dies ist, da $\dim B = \dim A/\mathrm{Ker}\,\varphi$ nach Satz 1 gilt, ein Widerspruch zu $\dim B = \dim A$. Es gilt also $\mathrm{Ker}\,\varphi = 0$, w.z.b.w.

In § 2.3 haben wir die Erzeugendensysteme von $\mathfrak{m}(A)$ dadurch charakterisiert, daß sie einen Epimorphismus $K_n \to A$ induzieren. Im folgenden Satz charakterisieren wir die Parametersysteme von A.

Satz 4. $f_1, \ldots, f_d \in \mathfrak{m}(A)$ *sind genau dann ein Parametersystem von* A, *wenn der durch*

$$\varphi(X_1) := f_1, \ldots, \varphi(X_d) := f_d$$

definierte analytische Homomorphismus $\varphi\colon K_d \to A$ *endlich und injektiv ist.*

Beweis. Wir benutzen die Gleichung $A \cdot \varphi(\mathfrak{m}(K_d)) = A(f_1, \ldots, f_d)$. Ist $f_1, \ldots, f_d$ ein Parametersystem, so gilt: $\dim_k A/A \cdot \varphi(\mathfrak{m}(K_d)) < \infty$. Mithin ist φ quasi-endlich und also endlich. Wegen $\dim A = d$ ist φ nach Satz 3 injektiv.

Ist umgekehrt φ ein endlicher Monomorphismus, so gilt $\dim A = d$ nach Satz 1. Da φ auch quasi-endlich ist, gilt auch $\dim_k A/(f_1, \ldots, f_d)A < \infty$. Mithin ist $f_1, \ldots, f_d$ ein Parametersystem von A, w.z.b.w.

Bemerkung. Satz 4 besagt speziell, daß es zu jeder d-dimensionalen analytischen k-Stellenalgebra A einen endlichen Monomorphismus $K_d \hookrightarrow A$ gibt. Dies ist – mit jetzt interpretiertem d – die Aussage des Noetherschen Normalisierungslemmas, vgl. § 2.2.

Die Voraussetzung der Endlichkeit von φ in Satz 1 ist wesentlich, wie die einfachen Beispiele $K_m \hookrightarrow K_n$, $m < n$, zeigen. Eine analytische

k-Stellenalgebra kann sogar höherdimensionale analytische k-Unterstellenalgebren enthalten. So gilt:

Zu jedem $m>2$ gibt es einen analytischen Monomorphismus $K_m \hookrightarrow K_2$.

Wir beschränken uns auf den Fall $k=\mathbb{C}$, $m=3$ und zeigen genauer (Osgood [15], p. 155):

Ist $t(Y_2) \in \mathbb{C}\langle Y_2 \rangle$ ganz transzendent, so ist der durch die Gleichungen

$$\varphi(X_1) := Y_1, \quad \varphi(X_2) := Y_1 Y_2, \quad \varphi(X_3) := Y_1 Y_2 t(Y_2)$$

bestimmte analytische Homomorphismus $\varphi: \mathbb{C}\langle X_1, X_2, X_3 \rangle \to \mathbb{C}\langle Y_1, Y_2 \rangle$ injektiv.

Beweis. Sei $f \in \operatorname{Ker} \varphi$ und $f = \sum_{\nu=0}^{\infty} p_\nu$ die Entwicklung von f nach homogenen Polynomen $p_\nu(X_1, X_2, X_3)$. Dann gilt

$$\begin{aligned} 0 = \varphi(f) &= \sum_{\nu=0}^{\infty} \varphi(p_\nu) = \sum_{\nu=0}^{\infty} p_\nu(Y_1, Y_1 Y_2, Y_1 Y_2 t(Y_2)) \\ &= \sum_{\nu=0}^{\infty} p_\nu(1, Y_2, Y_2 t(Y_2)) Y_1^\nu, \end{aligned}$$

d.h. $p_\nu(1, Y_2, Y_2 t(Y_2)) = 0$ für alle $\nu \geq 0$. Um $f=0$ folgern zu können, genügt es also, folgendes zu zeigen:

Für jedes homogene Polynom $p \in k[X_1, X_2, X_3]$ mit $p(1, Y_2, Y_2 t(Y_2)) = 0$ gilt $p=0$.

Zum Beweis sei s der Totalgrad von p und $p = \sum_{i=0}^{s} q_i X_1^{s-i}$ die Entwicklung von p nach X_1. Dann ist $q_i(X_2, X_3)$ ein homogenes Polynom in X_2, X_3 vom Grade i. Es gilt

$$0 = p(1, Y_2, Y_2 t(Y_2)) = \sum_{i=0}^{s} q_i(Y_2, Y_2 t(Y_2)) = \sum_{i=0}^{s} q_i(1, t(Y_2)) Y_2^i.$$

Da $t(Y_2)$ eine ganze transzendente Funktion ist, gibt es eine Folge $y_0, y_1, \ldots$ paarweise verschiedener Punkte und ein $c \in \mathbb{C}$, so daß $t(y_j) = c$; $j = 0, 1, \ldots$. Das Polynom $\sum_{i=0}^{s} q_i(1,c) Y^i \in \mathbb{C}[Y]$ hat dann die unendlich vielen Nullstellen y_j, $j \geq 0$. Es folgt $q_i(1,c) = 0$, $i = 0, \ldots, s$. Da es sogar unendlich viele c gibt, zu denen man eine Folge y_j mit der obigen Eigenschaft finden kann, folgt $q_i(1,c) \equiv 0$ in c. Dies impliziert, da q_i homogen, $q_i(X_2, X_3) = 0$, $i = 0, \ldots, s$, d.h. $p = 0$, w.z.b.w.

Das Beispiel kann auf beliebige Grundkörper verallgemeinert werden.

Wir zeigen noch:

Ist $\varphi: K_3 \hookrightarrow K_2$ der Osgoodsche Monomorphismus mit $t(Y_2) := e^{Y_2}$, so liegt $\varphi(K_3)$ nicht abgeschlossen in K_2, und φ ist nicht strikt.

Beweis. Es genügt offensichtlich, eine Folge $\{q_\nu\}_{\nu>1} \subset K_3$ zu konstruieren mit folgenden Eigenschaften:

a) q_ν ist ein homogenes Polynom vom Grade ν, $\nu \geq 1$.

b) Die Folge $\{q_\nu\}$ ist in jedem Banachraum B_t, $t \in \mathbb{R}^3_+$, unbeschränkt und also nicht konvergent in K_3.

c) Die Folge $\{\varphi(q_\nu)\}$ ist eine Nullfolge in K_2.

d) Die Folge $\{g_n\}_{n\geq 1} \subset K_2$, $g_n := \varphi\left(\sum_{\nu=1}^{n} q_\nu\right)$, konvergiert in K_2 gegen ein Element $g \notin \varphi(K_3)$.

Wir setzen

$$q_1 := X_3 - X_2, \qquad q_\nu := \nu(X_1 q_{\nu-1} - X_2^\nu) \quad \text{für } \nu \geq 2.$$

Dann ist a) trivial. Weiter folgt b), denn für jedes $t = (t_1, t_2, t_3) \in \mathbb{R}^3_+$ gilt

$$\|q_\nu\|_t = \nu(t_1 \|q_{\nu-1}\|_t + t_2^\nu) \geq \nu t_1 \|q_{\nu-1}\|_t, \qquad \nu \geq 2,$$

und also $\|q_\nu\|_t \geq \|q_1\|_t \cdot t_1^{\nu-1} \cdot \nu!$.

Um c) und d) zu verifizieren, zeigt man zunächst durch Induktion nach ν, daß gilt:

$$\varphi(q_1) = Y_1 Y_2 (e^{Y_2} - 1), \qquad \varphi(q_\nu) = Y_1^\nu \sum_{i=0}^{\infty} \frac{\nu!}{(\nu+i)!} Y_2^{i+\nu+1}$$

$$= Y_1^\nu Y_2^{\nu+1} \sum_{i=0}^{\infty} \frac{\nu!}{(\nu+i)!} Y_2^i.$$

Es folgt für jedes $s = (s_1, s_2) \in \mathbb{R}^2_+$ mit $s_1 < 1$, $s_2 < 1$:

$$\|g_{m+j} - g_m\|_s \leq \sum_{\nu=m+1}^{m+j} \|\varphi(q_\nu)\|_s \leq \sum_{\nu=m+1}^{m+j} s_1^\nu s_2^{\nu+1} \sum_{i=0} s_2^i$$

$$= \frac{s_2}{1-s_2} \sum_{\nu=m+1}^{m+j} (s_1 s_2)^\nu,$$

d.h. die Folge $\{g_n\}$ ist in jedem dieser B_s eine Cauchyfolge. Speziell ist $\{\varphi(q_\nu) = g_\nu - g_{\nu-1}\}$ eine Nullfolge in K_2, womit c) bewiesen ist.

Sei nun $g = \lim_n g_n = \sum_{\nu=1}^{\infty} \varphi(q_\nu)$ der Limes der Folge $\{g_n\}$ in K_2. Angenommen, es gäbe ein $f \in K_3$ mit $\varphi(f) = g$. Ist $f = \sum_{\nu=0}^{\infty} p_\nu$ die Entwicklung von f nach homogenen Polynomen, so folgt

$$g = \varphi(f) = \sum_{\nu=0}^{\infty} \varphi(p_\nu) = \sum_{\nu=0}^{\infty} p_\nu(1, Y_2, Y_2 e^{Y_2}) Y_1^\nu.$$

Da in der Reihe $g=\sum_{\nu=1}^{\infty}\varphi(q_\nu)$ gerade der Summand $\varphi(q_\nu)$ und kein anderer den Faktor Y_1^ν enthält, folgt $\varphi(q_\nu)=\varphi(p_\nu)$ und also $p_\nu=q_\nu$, $\nu\geq 1$, wegen der Injektivität von φ. Also gilt $f=\sum_1^\infty q_\nu \in K_3$. Dies ist aber unmöglich, da $\|f\|_t=\sum_{\nu=1}^{\infty}\|q_\nu\|_t$ wegen a) und $\lim_\nu \|q_\nu\|_t=\infty$ für jedes $t\in\mathbb{R}_+^3$ nach b) gilt, w.z.b.w.

Das Phänomen des Osgoodschen Beispiels ist nur möglich, wenn die Bildalgebra mindestens 2-dimensional ist[7]. Es gilt nämlich

Satz 5. *Ist* $\varphi\colon A\to B$ *injektiv und gilt* $\dim A>0$, $\dim B=1$, *so folgt* $\dim A=1$. *Es gibt ein isoliertes Primideal* $\mathfrak{p}$ *von* B, *so daß der induzierte Homomorphismus* $A\to B/\mathfrak{p}$ *endlich ist (speziell ist* φ *immer endlich, wenn* B *nullteilerfrei ist).*

Beweis. Sei zunächst B nullteilerfrei. Wegen $\dim A>0$ gibt es aktive Elemente $f\in\mathfrak{m}(A)$ in A. Dann gilt $\varphi(f)\neq 0$ wegen $\operatorname{Ker}\varphi=0$, und $\varphi(f)\in\mathfrak{m}(B)$ ist aktiv in B, da B nullteilerfrei ist. Nach dem aktiven Lemma ist also $B/B\varphi(f)$ und folglich wegen $B\varphi(f)\subset B\varphi(\mathfrak{m}(A))$ erst recht $B/B\varphi(\mathfrak{m}(A))$ artinsch. φ ist also quasi-endlich und mithin endlich. Nach Satz 1 folgt $\dim A=1$.

Sei nun B beliebig. Sei $n:=\dim A$. Wir wählen einen (endlichen) Monomorphismus $\psi\colon K_n\to A$ und setzen $\gamma:=\varphi\circ\psi$. Dann ist $\gamma\colon K_n\to B$ ebenfalls injektiv. Wir behaupten, daß es ein isoliertes Primideal $\mathfrak{p}$ von B gibt, so daß der aus γ und dem Restklassenhomomorphismus $\pi_\mathfrak{p}\colon B\to B/\mathfrak{p}$ zusammengesetzte Homomorphismus $\gamma_\mathfrak{p}\colon K_n\to B/\mathfrak{p}$ injektiv ist. Wäre das nämlich nicht der Fall, so gäbe es zu jedem $\mathfrak{p}\in\operatorname{Isol}B$ ein $f_\mathfrak{p}\neq 0$ in K_n mit $\gamma_\mathfrak{p}(f_\mathfrak{p})=0$. Wir bezeichnen mit f das endliche Produkt über alle $f_\mathfrak{p}$. Es gilt

$$f\neq 0,\qquad \gamma_\mathfrak{p}(f)=0\quad \text{für alle } \mathfrak{p}\in\operatorname{Isol}B.$$

Da $\gamma_\mathfrak{p}=\pi_\mathfrak{p}\circ\gamma$ und $\operatorname{Ker}\pi_\mathfrak{p}=\mathfrak{p}$, so folgt

$$\gamma(f)\in\bigcap_{\mathfrak{p}\in\operatorname{Isol}B}\mathfrak{p}=\mathfrak{n}(B).$$

$\gamma(f)$ ist also nilpotent. Wegen $\gamma(f)^m=\gamma(f^m)$ und $\operatorname{Ker}\gamma=0$ folgt der Widerspruch $f=0$.

---

[7] Von S. Abhyankar und M. van der Put wurde kürzlich gezeigt (Homomorphisms of analytic local rings, Jour. Reine Angew. Math. 242, 26–60 (1970)): Ist k vollständig, so gibt es zu jeder nullteilerfreien analytischen k-Stellenalgebra A einen analytischen Monomorphismus $A\hookrightarrow K_2$. – Die Voraussetzung der Vollständigkeit von k kann noch abgeschwächt werden (vgl. p. 41).

Sei nun $\mathfrak{p}_0 \in \operatorname{Isol} B$ so gewählt, daß $\gamma_{\mathfrak{p}_0}: K_n \to B/\mathfrak{p}_0$ injektiv ist. Da $n>0$ und $B/\mathfrak{p}_0$ nicht artinsch und nullteilerfrei ist, folgt $n=1$ und die Endlichkeit von $\gamma_{\mathfrak{p}_0}$ nach dem schon Bewiesenen. Mit $\gamma_{\mathfrak{p}_0}$ ist dann aber auch $\pi_{\mathfrak{p}_0} \circ \varphi: A \to B/\mathfrak{p}_0$ endlich, w.z.b.w.

Bemerkung. Hat B Nullteiler, so braucht im vorstehenden Satz φ selbst nicht endlich zu sein. Bezeichnet z.B. $\iota: k\langle X\rangle \hookrightarrow K_2 := k\langle X, Y\rangle$ die natürliche Injektion und $\beta: K_2 \to B := K_2/K_2 X Y$ die natürliche Projektion, so ist B eine reduzierte 1-dimensionale analytische Stellenalgebra und $\varphi := \beta \circ \iota: k\langle X\rangle \hookrightarrow B$ ein Monomorphismus, der nicht endlich ist, da B alle konvergenten Potenzreihen in Y enthält. B hat zwei isolierte Primideale $\mathfrak{p}_1 = B\cdot\overline{X}$, $\mathfrak{p}_2 = B\cdot\overline{Y}$ (wo Querstriche Restklassen modulo $K_2 X Y$ bezeichnen); die von φ induzierte Abbildung $k\langle X\rangle \to B/\mathfrak{p}_1$ ist konstant.

In der algebraischen Geometrie gibt es keine zum Osgoodschen Beispiel analogen Beispiele. Jeder Monomorphismus $k[X_1, \ldots, X_m] \hookrightarrow k[Y_1, \ldots, Y_n]$ setzt sich nämlich zu einem Monomorphismus $k(X_1, \ldots, X_m) \hookrightarrow k(Y_1, \ldots, Y_n)$ der Quotientenkörper fort, und es ist wohlbekannt, daß ein algebraischer Funktionenkörper vom Transzendenzgrad n nur Unterkörper vom Transzendenzgrad $m \leq n$ enthält.

3. Reguläre analytische k-Stellenalgebren. Eine analytische k-Stellenalgebra A heißt *regulär*, wenn $\dim A = \operatorname{eib} A$. Die Potenzreihenalgebren K_n sind regulär; wir beweisen sofort die Umkehrung:

Satz 6. *Jede reguläre analytische k-Stellenalgebra A ist zu einer freien Potenzreihenalgebra isomorph; jeder Epimorphismus $K_e \to A$ mit $e = \operatorname{eib} A$ ist bijektiv.*

Beweis. Nach Satz 3.4 gibt es analytische Epimorphismen $K_e \to A$; sei α ein solcher. Im Falle $\operatorname{Ker}\alpha \neq 0$ gilt

$$\dim A = \dim K_e/\operatorname{Ker}\alpha < e = \operatorname{eib} A,$$

d.h. A ist nicht regulär. Für reguläre A ist α mithin bijektiv, w.z.b.w.

Der vorstehende Satz läßt sich verschärfen, wenn man den Satz 3.4 voll heranzieht.

Satz 7 (Jacobisches Kriterium). *Die folgenden Aussagen über ein Ideal $\mathfrak{a}$ in K_n sind äquivalent:*

(i) *Es gibt eine analytische Karte $\langle X_1, \ldots, X_n\rangle$ in K_n und eine natürliche Zahl $e \leq n$, so daß $\mathfrak{a}$ von $X_{e+1}, \ldots, X_n$ erzeugt wird.*

(ii) *Es gilt* $\operatorname{cg}\mathfrak{a} = \operatorname{jg}\mathfrak{a} (= n-e)$.

(iii) $K_n/\mathfrak{a}$ *ist regulär.*

Beweis. (i)→(ii): Für das Ideal $\mathfrak{a}=K_n\cdot(X_{e+1},\dots,X_n)$ gilt $\operatorname{cg}\mathfrak{a}=n-e$, da $X_{e+1},\dots,X_n$ modulo $\mathfrak{a}\mathfrak{m}$ über k linear unabhängig sind. Ebenso gilt

$$\operatorname{jg}\mathfrak{a}=\operatorname{rg}\left(\frac{\partial X_\mu}{\partial X_\nu}\right)_{\substack{\mu=e+1,\dots,n\\ \nu=1,\dots,n}}=n-e$$

wegen $\dfrac{\partial(X_{e+1},\dots,X_n)}{\partial(X_{e+1},\dots,X_n)}=1.$

(ii)→(iii): Wir benutzen die beiden allgemein geltenden Formeln

$$\begin{aligned}\dim K_n/\mathfrak{a}&\geq\dim K_n-\operatorname{cg}\mathfrak{a}=n-\operatorname{cg}\mathfrak{a},\\ \operatorname{eib}K_n/\mathfrak{a}&=\operatorname{eib}K_n-\operatorname{jg}\mathfrak{a}=n-\operatorname{jg}\mathfrak{a}.\end{aligned}$$

Wegen $\operatorname{cg}\mathfrak{a}=\operatorname{jg}\mathfrak{a}$ implizieren sie $\operatorname{eib}K_n/\mathfrak{a}\leq\dim K_n/\mathfrak{a}$. Da stets $\dim K_n/\mathfrak{a}\leq\operatorname{eib}K_n/\mathfrak{a}$, folgt $\operatorname{eib}K_n/\mathfrak{a}=\dim K_n/\mathfrak{a}$ und also die Regularität von $K_n/\mathfrak{a}$.

(iii)→(i): Wir setzen $A:=K_n/\mathfrak{a}$ und $e=\operatorname{eib}A$. Nach Satz 3.4 gibt es eine analytische Karte $\langle X_1,\dots,X_n\rangle$ in K_n mit $X_{e+1},\dots,X_n\in\mathfrak{a}$. Wir haben dann ein kommutatives Diagramm

$$\begin{array}{ccc} & K_n & \\ {\scriptstyle\pi}\swarrow & & \searrow{\scriptstyle\alpha} \\ K_e & \xrightarrow{\ \alpha'\ } & A\,, \end{array}$$

wo $\alpha:K_n\to K_n/\mathfrak{a}$ und $\pi:K_n\to K_e=K_n/K_n(X_{e+1},\dots,X_n)$ die Restklassenepimorphismen sind und α' die Beschränkung von α auf $K_e=k\langle X_1,\dots,X_e\rangle$ bezeichnet. α' ist surjektiv und also, da A regulär ist, bijektiv. Dies impliziert $\operatorname{Ker}\alpha=\operatorname{Ker}\pi$, d.h. $\mathfrak{a}=K_n(X_{e+1},\dots,X_n)$, w.z.b.w.

Beispiel. Es sei $K_n=k\langle X_1,\dots,X_n\rangle$, $n\geq 2$, und

$$\omega=X_n^b+a_1X_n^{b-1}+\cdots+a_b\in K_{n-1}[X_n],\qquad K_{n-1}=k\langle X_1,\dots,X_{n-1}\rangle,$$

ein *Eisensteinpolynom*, d.h. es gelte $a_1,\dots,a_b\in\mathfrak{m}(K_{n-1})$, $a_b\notin\mathfrak{m}(K_{n-1})^2$.

Behauptung: *$K_n/K_n\omega$ ist eine $(n-1)$-dimensionale reguläre k-Stellenalgebra.*

Beweis. Wir setzen $\mathfrak{a}:=K_n\omega$. Dann gilt $\operatorname{cg}\mathfrak{a}=1$. Wegen $a_b\notin\mathfrak{m}(K_{n-1})^2$ gibt es einen Index i, $1\leq i\leq n-1$, mit

$$\frac{\partial a_b}{\partial X_i}(0)\neq 0.$$

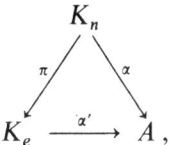

Dann ist $\dfrac{\partial \omega}{\partial X_i}(0) = \dfrac{\partial a_b}{\partial X_i}(0) \neq 0$ und somit

$$\operatorname{jg} \mathfrak{a} = \operatorname{rg}\left(\frac{\partial \omega}{\partial X_\nu}(0)\right)_{\nu=1,\ldots,n} = 1 .$$

Satz 7 liefert die Behauptung.

Das Jacobische Kriterium gibt eine notwendige und hinreichende Bedingung dafür an, daß eine analytische Stellenalgebra A, die als Restklassenalgebra einer regulären Algebra gegeben ist, wieder regulär ist. Wir beweisen nun eine Aussage, die umgekehrt aus der Regularität einer Restklassenalgebra $A/\mathfrak{a}$ auf die Regularität von A zu schließen gestattet.

Satz 8. *Es sei* $\mathfrak{a}$ *ein Ideal in* $A \in \mathfrak{A}$, *so daß gilt:* $\dim A/\mathfrak{a} = \dim A - \operatorname{cg} \mathfrak{a}$. *Dann ist mit* $A/\mathfrak{a}$ *auch* A *regulär.*

Beweis. Es gilt $\operatorname{eib} A/\mathfrak{a} = \operatorname{eib} A - \operatorname{jg} \mathfrak{a}$. Aus $\operatorname{eib} A/\mathfrak{a} = \dim A/\mathfrak{a}$ folgt daher:

$$\dim A - \operatorname{eib} A = \operatorname{cg} \mathfrak{a} - \operatorname{jg} \mathfrak{a} .$$

Da stets $\operatorname{jg} \mathfrak{a} \leq \operatorname{cg} \mathfrak{a}$, so sehen wir $\operatorname{eib} A \leq \dim A$, d.h. $\operatorname{eib} A = \dim A$, w.z.b.w.

Folgerung. *Ist* $f \in \mathfrak{m}(A)$ *aktiv in* A *und* A/Af *regulär, so ist* A *selbst regulär.*

Denn: Es gilt $\operatorname{cg} Af = 1$ und $\dim A/Af = \dim A - 1$ nach dem aktiven Lemma.

Ein weiteres Regularitätskriterium werden wir im Kap. III, § 4 kennenlernen.

§ 6. Krullsche Dimension. Rein-dimensionale analytische Stellenalgebren

Dem Chevalleyschen Dimensionsbegriff liegt die geometrische Vorstellung zugrunde, daß in einem d-dimensionalen Raum die Lösungsmenge *einer* Gleichung ein $(d-1)$-dimensionaler Unterraum ist, und daß man daher *mindestens d* Gleichungen benötigt, um endliche Mengen, d.h. 0-dimensionale Unterräume, zu beschreiben. Der in diesem Paragraphen zu besprechende Krullsche Dimensionsbegriff geht von einer anderen Vorstellung aus: nämlich der, daß man in einem d-dimensionalen Raum R durch jeden Punkt p eine 1-dimensionale Kurve K (z.B. eine Gerade), durch K dann eine 2-dimensionale Fläche F (z.B. eine Ebene), durch F dann ein 3-dimensionales Gebilde usf. legen kann und so eine echt aufsteigende Kette enthält, die aber in jedem Fall nach *höchstens* d Schritten mit R selbst endet.

1. Primidealketten. Eine endliche aufsteigende Folge

$$\mathfrak{p}_0 \subset \mathfrak{p}_1 \subset \cdots \subset \mathfrak{p}_l$$

von Primidealen in einer analytischen k-Stellenalgebra A heißt eine *Primidealkette der Länge* l, wenn $\mathfrak{p}_{\lambda-1} \neq \mathfrak{p}_\lambda$ für alle $\lambda = 1, \ldots, l$. Wir zeigen sogleich:

Satz 1. *Für die Länge einer jeden Primidealkette* $\mathfrak{p}_0 \subset \cdots \subset \mathfrak{p}_l$ *gilt:*

$$l \leq \operatorname{tf} \mathfrak{p}_0 - \operatorname{tf} \mathfrak{p}_l .$$

Den Beweis stützen wir auf folgenden

Hilfssatz 2. *Sind* $\mathfrak{p}, \mathfrak{p}'$ *Primideale in* A *mit* $\mathfrak{p} \subsetneqq \mathfrak{p}'$, *so gilt:* $\operatorname{tf} \mathfrak{p} > \operatorname{tf} \mathfrak{p}'$.

Beweis. Sei $\varphi : A/\mathfrak{p} \to A/\mathfrak{p}'$ der natürliche Restklassenepimorphismus. Dann gilt $\dim A/\mathfrak{p} \geq \dim A/\mathfrak{p}'$. Bestünde Gleichheit, so wäre φ injektiv nach Satz 5.3, und es würde $\mathfrak{p} = \mathfrak{p}'$ folgen, im Widerspruch zur Voraussetzung. Also gilt

$$\operatorname{tf} \mathfrak{p} = \dim A/\mathfrak{p} > \dim A/\mathfrak{p}' = \operatorname{tf} \mathfrak{p}', \qquad \text{w.z.b.w.}$$

Nun zum Beweis von Satz 1. Sei $\mathfrak{p}_0 \subset \mathfrak{p}_1 \subset \cdots \subset \mathfrak{p}_l$ irgendeine Primidealkette in A der Länge l. Aus Hilfssatz 2 folgt

$$\operatorname{tf} \mathfrak{p}_0 > \operatorname{tf} \mathfrak{p}_1 > \cdots > \operatorname{tf} \mathfrak{p}_l ,$$

also $\operatorname{tf} \mathfrak{p}_l + l \leq \operatorname{tf} \mathfrak{p}_0$, w.z.b.w.

Folgerung. *Jede Primidealkette in A ist von einer Länge* $\leq \dim A$.
Denn: Es gilt stets $\operatorname{tf} \mathfrak{p}_0 \leq \dim A$ und $\operatorname{tf} \mathfrak{p}_l \geq 0$.
In $K_n = k\langle X_1, \ldots, X_n \rangle$ ist

$$0 \subset K_n \cdot X_1 \subset K_n \cdot (X_1, X_2) \subset \cdots \subset K_n \cdot (X_1, \ldots, X_n)$$

eine Primidealkette der Länge $n = \dim K_n$. Es ist keineswegs trivial, daß es in jeder analytischen Stellenalgebra A Primidealketten der Länge $\dim A$ gibt. Ein Beweis für diese Aussage wird im folgenden Abschnitt erbracht.

2. Krullscher Hauptidealsatz. Wir beweisen zunächst 2 Hilfssätze.

Hilfssatz 3. *Es sei* A *eine nullteilerfreie analytische* k*-Stellenalgebra und* $K_d \hookrightarrow A$ *ein endlicher analytischer Monomorphismus.* $\mathfrak{p}$ *sei ein Primideal in* K_d. *Ist dann* $h \in A\mathfrak{p}$ *und*

$$P = Y^r + c_1 Y^{r-1} + \cdots + c_r$$

das Minimalpolynom von h *über dem Quotientenkörper von* K_d, *so gilt* $c_1, \ldots, c_r \in \mathfrak{p}$.

Beweis. Da K_d normal ist, liegen (nach Sätzen der allgemeinen Körpertheorie) alle c_ρ, $\rho = 1, \ldots, r$, in K_d, und P teilt über $K_d[Y]$ jedes Polynom $Q \in K_d[Y]$ mit $Q(h) = 0$. Nach dem Dedekindschen Lemma (Anhang, Satz 3.2) (mit $R = K_d$, $S = N = A$, $\mathfrak{a} = \mathfrak{p}$ und $s = h$) annulliert h ein Polynom

$$P_1 = Y^b + a_1 Y^{b-1} + \cdots + a_b,$$

wo $a_1, \ldots, a_b \in \mathfrak{p}$. Sei dann $P_1 = P \cdot P_2$, wobei $P_2 \in K_d[Y]$ ebenfalls normiert ist. Bezeichnen wir mit $\tilde{P}, \tilde{P}_1, \tilde{P}_2 \in (K_d/\mathfrak{p})[Y]$ die aus P, P_1, P_2 durch Restklassenbildung modulo $\mathfrak{p}$ bei den Koeffizienten entstehenden Polynome, so gilt

$$Y^b = \tilde{P}_1 = \tilde{P} \cdot \tilde{P}_2 .$$

Wegen $\tilde{P} = Y^r + \cdots$ und der Nullteilerfreiheit von $K_d/\mathfrak{p}$ folgt $\tilde{P} = Y^r$, d.h. $c_1, \ldots, c_r \in \mathfrak{p}$, w.z.b.w.

Hilfssatz 4. *Unter den Voraussetzungen von Hilfssatz 3 gilt*

$$\mathfrak{q} \cap K_d = \mathfrak{p}$$

für jedes zu $A\mathfrak{p}$ gehörende isolierte Primideal $\mathfrak{q} \subset A$.

Speziell gilt

$$\operatorname{tf} \mathfrak{q} = \operatorname{tf} \mathfrak{p}$$

für alle solchen Primideale $\mathfrak{q}$.

Beweis. Um $\mathfrak{q} \cap K_d = \mathfrak{p}$ zu beweisen, ist nur die Inklusion $\mathfrak{q} \cap K_d \subset \mathfrak{p}$ zu verifizieren. Es gibt ein $g \in A$, $g \notin \mathfrak{q}$, so daß für jedes $f \in \mathfrak{q}$ gilt: $f \cdot g \in \mathfrak{r}(A\mathfrak{p})$. Sind nämlich $\mathfrak{q}_1 = \mathfrak{q}, \mathfrak{q}_2, \ldots, \mathfrak{q}_t$ sämtliche isolierten Primideale von $A\mathfrak{p}$ in A, so leistet wegen $\mathfrak{r}(A\mathfrak{p}) = \bigcap_{j=1}^{t} \mathfrak{q}_j$ jedes $g \notin \mathfrak{q}_1$, $g \in \bigcap_{j=2}^{t} \mathfrak{q}_j$ das Verlangte (solche g existieren nach Anhang, Satz 1.2). Sei nun $f \in \mathfrak{q} \cap K_d$ und $e \in \mathbb{N}$ so groß, daß $(f \cdot g)^e \in A\mathfrak{p}$. Ist dann

$$Y^r + c_1 Y^{r-1} + \cdots + c_r \in K_d[Y]$$

das Minimalpolynom von g^e über K_d, so ist

$$Y^r + (c_1 f^e) Y^{r-1} + \cdots + c_r f^{re}$$

wegen $f^e \in K_d$ das Minimalpolynom von $(f \cdot g)^e \in A\mathfrak{p}$ über K_d. Nach Hilfssatz 3 gilt also

$$c_1 f^e, c_2 f^{2e}, \ldots, c_r f^{re} \in \mathfrak{p} .$$

Wäre $f \notin \mathfrak{p}$, so folgte $c_1, \ldots, c_r \in \mathfrak{p}$ und also

$$g^{re} = -c_1 g^{(r-1)e} - \cdots - c_r \in A\mathfrak{p} \subset \mathfrak{q},$$

d.h. $g \in \mathfrak{q}$ im Widerspruch zur Wahl von g.

Es bleibt die Gleichung $\operatorname{tf}\mathfrak{q} = \operatorname{tf}\mathfrak{p}$ zu begründen. Die Injektion $K_d \hookrightarrow A$ impliziert einen endlichen Monomorphismus $K_d/\mathfrak{p} \hookrightarrow A/\mathfrak{q}$ wegen $\mathfrak{q} \cap K_d = \mathfrak{p}$. Nach Satz 5.1 gilt also

$$\operatorname{tf}\mathfrak{q} = \dim A/\mathfrak{q} = \dim K_d/\mathfrak{p} = \operatorname{tf}\mathfrak{p}, \qquad \text{w.z.b.w.}$$

In einer nullteilerfreien d-dimensionalen analytischen Stellenalgebra A ist das Nullideal 0 das einzige Primideal $\mathfrak{p}$ der Tiefe d, denn die Restklassenabbildung $A \to A/\mathfrak{p}$ ist nach Satz 5.3 injektiv. Der folgende Satz macht eine Aussage über Primideale der Tiefe $d-1$.

Satz 5 (Krullscher Hauptidealsatz). *Es sei A eine nullteilerfreie analytische k-Stellenalgebra und $f \neq 0$ eine Nichteinheit in A. Dann hat jedes zu Af assoziierte isolierte Primideal $\mathfrak{q}$ die Tiefe* $\dim A - 1$.

Beweis. Sei $d := \dim A$. Der Fall $d = 0$ ist nicht möglich, da dann $A = k$ keine Nichteinheit $\neq 0$ enthält. Sei also $d \geq 1$. Da f aktiv in A ist, existiert ein endlicher analytischer Monomorphismus $\varphi: K_d = k\langle X_1, \ldots, X_d\rangle \hookrightarrow A$ mit $\varphi(X_d) = f$. Ohne Einschränkung der Allgemeinheit dürfen wir $K_d \subset A$, $\varphi = id$ und somit $f = X_d$ annehmen. Dann ist $\mathfrak{p} = K_d f$ ein Primideal in K_d. Da $A\mathfrak{p} = Af$, so folgt $\operatorname{tf}\mathfrak{q} = \operatorname{tf}\mathfrak{p}$ nach Hilfssatz 4 und also:

$$\operatorname{tf}\mathfrak{q} = \operatorname{tf}\mathfrak{p} = \dim K_d/K_d X_d = \dim K_{d-1} = d-1, \qquad \text{w.z.b.w.}$$

Der Hauptidealsatz hat viele wichtige Konsequenzen. Als erstes zeigen wir

Satz 6. *Es sei A eine beliebige analytische k-Stellenalgebra. Dann ist jede Primidealkette zwischen zwei Primidealen $\mathfrak{p} \subset \mathfrak{p}'$ in A zu einer Primidealkette der maximalen Länge* $\operatorname{tf}\mathfrak{p} - \operatorname{tf}\mathfrak{p}'$ *verfeinerbar.*

Beweis. Es ist nur zu zeigen, daß zwischen zwei Primidealen $\mathfrak{p} \subset \mathfrak{p}'$ mit $\operatorname{tf}\mathfrak{p} \geq \operatorname{tf}\mathfrak{p}' + 2$ stets ein Primideal $\mathfrak{q}$ liegt mit $\mathfrak{p} \subsetneqq \mathfrak{q} \subsetneqq \mathfrak{p}'$. Diese Behauptung reduzieren wir zunächst auf folgende Aussage:

(*) *Ist $\varphi: B \to C$ ein Epimorphismus zwischen nullteilerfreien analytischen Stellenalgebren und gilt* $\dim C \leq \dim B - 2$, *so gibt es in B ein Primideal* $\mathfrak{b} \subset \operatorname{Ker}\varphi$ *mit* $\operatorname{tf}\mathfrak{b} = \dim B - 1$.

Hieraus ergibt sich das gesuchte Primideal $\mathfrak{q}$ wie folgt: Wir setzen $B := A/\mathfrak{p}$, $C := A/\mathfrak{p}'$ und bezeichnen mit φ den (wegen $\mathfrak{p} \subset \mathfrak{p}'$) induzierten Epimorphismus. Dann gilt $\dim C = \operatorname{tf}\mathfrak{p}' \leq \operatorname{tf}\mathfrak{p} - 2 = \dim B - 2$, und nach (*) kann man in B ein Primideal $\mathfrak{b} \subset \operatorname{Ker}\varphi$ finden mit $\operatorname{tf}\mathfrak{b} = \dim B - 1$. Bezeichnet $\alpha: A \to B$ den Restklassenepimorphismus, so ist $\mathfrak{q} := \alpha^{-1}(\mathfrak{b})$ ein Primideal in A mit $\mathfrak{p} \subset \mathfrak{q} \subset \mathfrak{p}'$. Da α einen Isomorphismus $A/\mathfrak{q} \simeq B/\mathfrak{b}$ induziert, so gilt

$$\operatorname{tf}\mathfrak{q} = \operatorname{tf}\mathfrak{b} = \dim B - 1 = \operatorname{tf}\mathfrak{p} - 1.$$

Hieraus folgt $\mathfrak{p} \neq \mathfrak{q}$ und $\mathfrak{p}' \neq \mathfrak{q}$.

Wir beweisen nun (∗). Es gilt $\operatorname{Ker}\varphi \neq 0$; sei $g \in \operatorname{Ker}\varphi$, $g \neq 0$. Sind $\mathfrak{b}_1, \ldots, \mathfrak{b}_s$ die zu Bg assoziierten isolierten Primideale, so gilt

$$\bigcap_1^s \mathfrak{b}_i = \mathfrak{r}(Bg) \subset \operatorname{Ker}\varphi\,;$$

daher gibt es auch ein zu Bg assoziiertes isoliertes Primideal $\mathfrak{b} \subset \operatorname{Ker}\varphi$. Nach dem Hauptidealsatz gilt: $\operatorname{tf}\mathfrak{b} = \dim B - 1$, w.z.b.w.

Korollar. *In jeder analytischen k-Stellenalgebra A gibt es Primidealketten der Länge* $\dim A$.

Beweis. Nach Satz 4.12 gibt es ein $\mathfrak{p} \in \operatorname{Isol} A$ mit $\dim A = \operatorname{tf}\mathfrak{p}$. Da $\operatorname{tf}\mathfrak{m}(A) = 0$, so liefert Satz 6, angewandt auf die Kette $\mathfrak{p} \subset \mathfrak{m}(A)$, die Behauptung.

Bemerkung. In der allgemeinen Idealtheorie versteht man unter der *Krullschen Dimension eines Ringes* die maximale Länge aller Primidealketten. Das Korollar besagt, daß die Krullsche Dimension einer analytischen k-Stellenalgebra mit ihrer (Chevalleyschen) Dimension übereinstimmt. Vgl. hierzu allgemeiner [19].

Ist A eine nullteilerfreie analytische Stellenalgebra, so heißt ein Primideal $\mathfrak{p} \neq 0$ in A *minimal*, wenn für jedes Primideal $\mathfrak{p}'$ in A mit $\mathfrak{p}' \subset \mathfrak{p}$, $\mathfrak{p}' \neq \mathfrak{p}$, gilt $\mathfrak{p}' = 0$. Mit $\operatorname{Min} A$ bezeichnen wir die Menge aller minimalen Primideale von A. Es folgt unmittelbar:

Satz 7. *In einer nullteilerfreien d-dimensionalen analytischen k-Stellenalgebra A besteht die Menge* $\operatorname{Min} A$ *genau aus den Primidealen der Tiefe* $d-1$ $(d \geq 1)$.

3. Rein-dimensionale analytische k-Stellenalgebren. Eine analytische k-Stellenalgebra A heißt *rein-dimensional*, wenn alle Primkomponenten von A gleichdimensional sind:

$$\dim A = \dim A/\mathfrak{p} \quad \text{für alle } \mathfrak{p} \in \operatorname{Isol} A\,.$$

Eindimensionale analytische Stellenalgebren A sind stets rein-dimensional, da nach Satz 4.3 keine Primkomponente von A artinsch sein kann.

Da A und $\operatorname{red} A$ dieselben Primkomponenten haben, so ist A genau dann rein-dimensional, wenn $\operatorname{red} A$ rein-dimensional ist.

Der folgende Satz gibt ein Kriterium dafür an, wann eine Algebra $A \in \mathfrak{A}$ rein-dimensional ist.

Satz 8. *Ist* $\varphi\colon K_d \hookrightarrow A$ *ein endlicher Monomorphismus, so ist A genau dann rein d-dimensional, wenn jedes Element* $\varphi(f)$, $f \in \mathfrak{m}(K_d)$, $f \neq 0$, *aktiv in A ist.*

Beweis. Sei $\operatorname{Isol} A = \{\mathfrak{p}_1, \ldots, \mathfrak{p}_t\}$. Wir betrachten die zusammengesetzten endlichen Homomorphismen

$$\varphi_j \colon K_d \to A/\mathfrak{p}_j.$$

Ist A rein d-dimensional, so sind alle φ_j injektiv (Satz 5.3). Für jedes $f \in \mathfrak{m}(K_d)$, $f \neq 0$, gilt also $\varphi_j(f) \neq 0$, d.h. $\varphi(f)$ ist aktiv in A.

Sind umgekehrt alle Elemente $\varphi(f)$, $f \in \mathfrak{m}(K_d)$, $f \neq 0$, aktiv in A, so gilt $\varphi_j(f) \neq 0, j = 1, \ldots, t$, für alle diese f. Somit sind alle φ_j injektiv, und aus Satz 5.1 folgt

$$\dim A/\mathfrak{p}_j = d \quad \text{für alle } \mathfrak{p}_j \in \operatorname{Isol} A, \qquad \text{w.z.b.w.}$$

Es gilt die folgende Verallgemeinerung des Hauptidealsatzes:

Satz 9. *Ist A rein d-dimensional, $d \geq 1$, und f aktiv in A, so ist jedes zu Af assoziierte isolierte Primideal von der Tiefe $d-1$.*

Beweis. Sei $\mathfrak{q}$ ein zu Af assoziiertes isoliertes Primideal. Es gibt ein $\mathfrak{p} \in \operatorname{Isol} A$ mit $\mathfrak{p} \subset \mathfrak{q}$. Wir betrachten den Restklassenepimorphismus $\alpha \colon A \to A/\mathfrak{p}$. Da f aktiv ist, gilt $\alpha(f) \neq 0$. In $A/\mathfrak{p}$ ist $\alpha(\mathfrak{q})$ ein zu $(A/\mathfrak{p})\alpha(f)$ assoziiertes isoliertes Primideal; denn es gibt in $A/\mathfrak{p}$ kein Primideal $\mathfrak{q}' \neq \alpha(\mathfrak{q})$ mit $\alpha(f) \in \mathfrak{q}'$, $\mathfrak{q}' \subset \alpha(\mathfrak{q})$, da sonst $\mathfrak{p}' := \alpha^{-1}(\mathfrak{q}')$ ein von $\mathfrak{q}$ verschiedenes Primideal in A wäre, das f enthält und (wegen $\alpha^{-1}(\alpha(\mathfrak{q})) = \mathfrak{q} + \mathfrak{p} = \mathfrak{q}$) in $\mathfrak{q}$ enthalten ist, was der Isoliertheit von $\mathfrak{q}$ widerspricht.

Wegen $\dim A/\mathfrak{p} = d$ folgt $\operatorname{tf} \alpha(\mathfrak{q}) = d-1$ nach dem Hauptidealsatz. Da $\alpha(\mathfrak{q})$ der Kern des Restklassenepimorphismus $A/\mathfrak{p} \to A/\mathfrak{q}$ ist, gilt $\operatorname{tf} \mathfrak{q} = \operatorname{tf} \alpha(\mathfrak{q}) = d-1$, w.z.b.w.

Korollar. *Es sei A rein d-dimensional, $d \geq 1$, und $\mathfrak{a}$ ein Ideal in A mit* $\operatorname{tf} \mathfrak{a} = d-1$, *so daß es ein Hauptideal Af mit $\mathfrak{a} \subset Af \subset \mathfrak{r}(\mathfrak{a})$ gibt (z.B. gelte $\mathfrak{a} = Af$, wo f aktiv in A ist). Dann ist $A/\mathfrak{a}$ rein $(d-1)$-dimensional.*

Beweis. Da $A/\mathfrak{a}$ und A/Af wegen $\mathfrak{r}(\mathfrak{a}) = \mathfrak{r}(Af)$ dieselben Primkomponenten haben, dürfen wir $\mathfrak{a} = Af$ annehmen. Wegen $\dim A/Af = d-1$ ist f dann aktiv in A nach den Schlußbemerkungen von § 4. Sei $\varphi \colon A \to \bar{A} := A/fA$ der natürliche Restklassenepimorphismus. Ist $\bar{\mathfrak{p}} \in \operatorname{Isol}_{\bar{A}} \bar{A}$, so ist $\mathfrak{p} := \varphi^{-1}(\bar{\mathfrak{p}}) \in \operatorname{Isol}_A A/Af$ und $A/\mathfrak{p} \simeq \bar{A}/\bar{\mathfrak{p}}$. Wegen Satz 9 folgt $\operatorname{tf} \bar{\mathfrak{p}} = \operatorname{tf} \mathfrak{p} = d-1$, w.z.b.w.

Speziell ist jede Restklassenalgebra $K_d/K_d f$, $f \in \mathfrak{m}(K_d)$, $f \neq 0$, rein $(d-1)$-dimensional.

Wir beweisen nun eine Umkehrung des Korollars.

Satz 10. *Sei $A \in \mathfrak{A}$ faktoriell und $\mathfrak{a}$ ein Ideal in A mit* $\operatorname{tf} \mathfrak{a} = \dim A - 1$. *Dann ist $A/\mathfrak{a}$ genau dann rein-dimensional, wenn $\mathfrak{r}(\mathfrak{a})$ ein Hauptideal ist.*

Beweis. Es ist nur zu zeigen, daß $\mathfrak{r}(\mathfrak{a})$ ein Hauptideal ist, wenn $A/\mathfrak{a}$ rein-dimensional ist, d.h. wenn gilt $\operatorname{tf} \mathfrak{p} = \dim A - 1$ für alle $\mathfrak{p} \in \operatorname{Isol}_A A/\mathfrak{a}$.

Nach Satz 7 folgt zunächst $\operatorname{Isol}_A A/\mathfrak{a} \subset \operatorname{Min} A$. Da A faktoriell ist, so ist jedes minimale Primideal in A ein Hauptideal (vgl. Anhang, Satz 3.11). Es gibt daher zu jedem $\mathfrak{p} \in \operatorname{Isol}_A A/\mathfrak{a}$ ein $f_\mathfrak{p} \in A$ mit $\mathfrak{p} = A f_\mathfrak{p}$. Hieraus folgt

$$\mathfrak{r}(\mathfrak{a}) = \bigcap_{\mathfrak{p} \in \operatorname{Isol} A/\mathfrak{a}} A f_\mathfrak{p} = A g \quad \text{mit } g := \prod_\mathfrak{p} f_\mathfrak{p}, \qquad \text{w.z.b.w.}$$

Speziell folgt:

Ist $K_d/\mathfrak{a}$ *nullteilerfrei und* $(d-1)$*-dimensional, so ist* $\mathfrak{a}$ *ein Primhauptideal.*

Bemerkung. Im vorstehenden Satz braucht das Ideal $\mathfrak{a}$ selbst kein Hauptideal zu sein. Als Beispiel betrachten wir im Ring $K_2 = k\langle X_1, X_2\rangle$ das Ideal $\mathfrak{a} := K_2(X_1^2, X_1 X_2)$. Es gilt $\mathfrak{r}(\mathfrak{a}) = K_2 X_1$, daher ist $K_2 X_1$ das *einzige isolierte* Primideal von $\mathfrak{a}$. Die Restklassenalgebra $K_2/\mathfrak{a}$ ist rein 1-dimensional. $\mathfrak{a}$ ist aber kein Hauptideal; vielmehr läßt sich leicht verifizieren, daß für jedes $a \in k$ die Gleichung

$$\mathfrak{a} = K_2 X_1 \cap K_2(X_1^2, X_2 + a X_1)$$

besteht und eine Noetherzerlegung von $\mathfrak{a}$ ist. Zum Primärideal $K_2(X_1^2, X_2 + a X_1)$ gehört dabei das Primideal $K_2(X_1, X_2) = \mathfrak{m}(K_2)$; das Ideal $\mathfrak{a}$ hat also das maximale Ideal $\mathfrak{m}(K_2)$ als eingebettetes Primideal.

Das Beispiel zeigt, daß eine rein-dimensionale analytische k-Stellenalgebra eingebettete Primideale besitzen kann. Man nennt eine Algebra $A \in \mathfrak{A}$ *ungemischt*, wenn A rein-dimensional ist und keine eingebetteten Primideale besitzt. Dies ist genau dann der Fall, wenn alle dem Nullideal assoziierten Primideale die gleiche Tiefe haben.

Satz 11. *Ist* $\varphi: K_d \hookrightarrow A$ *ein endlicher Homomorphismus, so ist* A *genau dann ungemischt, wenn jedes Element* $\varphi(f)$, $0 \neq f \in \mathfrak{m}(K_d)$, *ein Nichtnullteiler in* A *ist.*

Beweis. Sei A ungemischt. Dann ist A speziell rein-dimensional, d.h. jedes Element $\varphi(f)$, $0 \neq f \in \mathfrak{m}(K_d)$, ist aktiv in A. Da A keine eingebetteten Primideale besitzt, ist jedes in A aktive Element ein Nichtnullteiler.

Sei umgekehrt jedes Element $\varphi(f)$, $0 \neq f \in \mathfrak{m}(K_d)$, ein Nichtnullteiler in A. Dann ist jedes solche $\varphi(f)$ aktiv in A und A somit nach Satz 8 rein-dimensional. Sei nun $g \in A$ aktiv. Dann gibt es nach Hilfssatz 4.2 ein Element $f \in K_d$, $f \neq 0$, mit

$$\varphi(f) = g \cdot h, \qquad h \in A.$$

Gilt nun $g \cdot g_1 = 0$, $g_1 \in A$, so gilt auch $\varphi(f) \cdot g_1 = 0$ und also $g_1 = 0$, d.h. jedes aktive Element $g \in A$ ist ein Nichtnullteiler in A. Dann hat A keine eingebetteten Primideale, w.z.b.w.

Wichtige Beispiele für ungemischte k-Stellenalgebren sind die Cohen-Macauley-Algebren (vgl. Kap. III, § 1).

§ 7. Endliche Erweiterungen analytischer Stellenalgebren. Normalisierung

In diesem § ist k stets algebraisch abgeschlossen. Wir benutzen die Sätze des Anhangs, § 3.

1. Endliche Erweiterungen. Ist $\varphi: A \to B$ ein endlicher k-Algebrahomomorphismus einer analytischen k-Stellenalgebra $A \in \mathfrak{A}$ in eine k-Algebra B, so gilt keineswegs notwendig $B \in \mathfrak{A}$. Sind z.B. $\varphi_\nu: A \to B_\nu$ endliche analytische Homomorphismen, $\nu = 1, \ldots, n$, so wird durch $a \mapsto (\varphi_1(a), \ldots, \varphi_n(a))$ ein endlicher k-Algebrahomomorphismus $\varphi: A \to B$ von A in die (ringtheoretische) direkte Summe $B := B_1 \oplus \cdots \oplus B_n$ gegeben, und es gilt $B \notin \mathfrak{A}$, falls $n \geq 2$. Der folgende Satz zeigt, daß diese Situation schon den Allgemeinfall beschreibt.

Satz 1. *Es sei A eine analytische k-Stellenalgebra und $\varphi: A \to B$ ein endlicher k-Algebrahomomorphismus von A in eine k-Algebra B. Dann ist B die (ringtheoretische) direkte Summe von endlich vielen analytischen k-Stellenalgebren $B_1, \ldots, B_n \in \mathfrak{A}$.*

Beweis. Wir führen den Beweis in mehreren Schritten.

1. Es genügt, eine k-Algebra B' und einen k-Algebraepimorphismus $\beta: B' \to B$ zu konstruieren, so daß B' die direkte Summe $B'_1 \oplus \cdots \oplus B'_t$ von analytischen k-Stellenalgebren ist. Dann ist nämlich $\operatorname{Ker} \beta$ die direkte Summe $\bigoplus_1^t \mathfrak{b}'_i$ von Idealen $\mathfrak{b}'_i$ in B'_i, und es folgt eine k-Algebraisomorphie

$$B \simeq B'/\operatorname{Ker} \beta \simeq B'_1/\mathfrak{b}'_1 \oplus \cdots \oplus B'_t/\mathfrak{b}'_t.$$

Da $B'_i/\mathfrak{b}'_i = 0$ oder $B'_i/\mathfrak{b}'_i \in \mathfrak{A}$, so ist mit B' also auch B von der behaupteten Form.

2. Nach Voraussetzung gibt es Elemente $y_1, \ldots, y_n \in B$, die B als A-Modul erzeugen. Jedes y_ν ist dann ganz über A, sei $\omega_\nu \in A[Y_\nu]$ ein normiertes Polynom mit $\omega_\nu(y_\nu) = 0$, $\nu = 1, \ldots, n$. Durch $Y_1 \mapsto y_1, \ldots, Y_n \mapsto y_n$ wird der gegebene Homomorphismus $\varphi: A \to B$ zu einem k-Algebraepimorphismus $\Phi: A[Y_1, \ldots, Y_n] \to B$ fortgesetzt. Das von $\omega_1, \ldots, \omega_n$ in $A[Y_1, \ldots, Y_n]$ erzeugte Ideal $\mathfrak{a}$ liegt in $\operatorname{Ker} \Phi$, daher induziert Φ einen k-Algebraepimorphismus $\beta: B' \to B$, wo $B' := A[Y_1, \ldots, Y_n]/\mathfrak{a}$. Nach dem unter 1. Bewiesenen genügt es also, den Satz für Algebren B der Form $A[Y_1, \ldots, Y_n]/\mathfrak{a}$, wo das Ideal $\mathfrak{a}$ von n normierten Polynomen $\omega_\nu \in A[Y_\nu]$, $\nu = 1, \ldots, n$, erzeugt wird, und φ der komponierte Homomorphismus $A \to A[Y_1, \ldots, Y_n]/\mathfrak{a}$ ist, zu verifizieren.

3. Sei $B = A[Y_1, \ldots, Y_n]/\mathfrak{a}$ wie eben. Wir zeigen durch Induktion nach n, daß B die direkte Summe endlich vieler Algebren aus $\mathfrak{A}$ ist. Wir führen zunächst den Induktionsschluß durch. Sei also $n > 1$. Wir setzen

$A' := A[Y_1, \dots, Y_{n-1}]/\mathfrak{a}'$, wo das Ideal $\mathfrak{a}'$ von den $n-1$ normierten Polynomen $\omega_\nu \in A[Y_\nu]$, $\nu = 1, \dots, n-1$, erzeugt wird. Wir schreiben Y anstelle von Y_n und setzen den Restklassenepimorphismus $A[Y_1, \dots, Y_{n-1}] \to A'$ vermöge $Y \mapsto Y$ zu einem k-Algebraepimorphismus $\psi: A[Y_1, \dots, Y_{n-1}, Y] \to A'[Y]$ fort. Ker ψ besteht aus allen Polynomen $\sum_{\nu=0}^{<\infty} p_\nu Y^\nu$ mit $p_\nu \in \mathfrak{a}'$, es gilt also Ker $\psi \subset \mathfrak{a}$. Daher gibt es einen k-Algebraepimorphismus $\lambda: A'[Y] \to B$, so daß das Diagramm

$$\begin{array}{ccc} A[Y_1, \dots, Y_{n-1}, Y] & \xrightarrow{\ \psi\ } & A'[Y] \\ & {\scriptstyle\mu} \searrow \quad \swarrow {\scriptstyle\lambda} & \\ & B & \end{array}$$

kommutativ ist (dabei bezeichnet μ den Restklassenepimorphismus mod $\mathfrak{a}$).

$\omega' := \psi(\omega_n)$ ist ein normiertes Polynom über A', es gilt $\lambda(\omega') = \mu(\omega) = 0$, d.h. $\omega' \in$ Ker λ. Somit gibt es auch einen k-Algebraepimorphismus

$$A'[Y]/A'[Y]\omega' \to B.$$

Nach dem unter 1. Gesagten brauchen wir nur zu zeigen, daß $A'[Y]/A'[Y]\omega'$ eine direkte Summe endlich vieler Algebren aus $\mathfrak{A}$ ist. Nach Induktionsannahme gilt:

$$A' = A'_1 \oplus \cdots \oplus A'_m \quad \text{mit } A'_i \in \mathfrak{A}.$$

Dann hat man auch eine kanonische Isomorphie der Polynomalgebren

$$A'[Y] = A'_1[Y] \oplus \cdots \oplus A'_m[Y].$$

ω' ist alsdann eine Summe $\omega'_1 + \cdots + \omega'_m$, wo ω'_i ein normiertes Polynom über A'_i ist. Es folgt:

$$A'[Y]/A'[Y]\omega' = A'_1[Y]/A'_1[Y]\omega'_1 \oplus \cdots \oplus A'_m[Y]/A'_m[Y]\omega'_m.$$

Da $A'_i \in \mathfrak{A}$, so stehen hier rechts lauter Summanden, auf die der Induktionsbeginn zutrifft. Ist dieser also bewiesen, so ist jeder Summand rechts und daher auch $A'[Y]/A'[Y]\omega'$ die direkte Summe endlich vieler Algebren aus $\mathfrak{A}$.

4. Wir diskutieren nun den Induktionsbeginn $n=1$, also den Fall $B = A[Y]/A[Y]\omega$, wo $\omega \in A[Y]$ ein normiertes Polynom ist. Da A henselsch ist, so ist ω das Produkt $\omega_1 \cdot \ldots \cdot \omega_t$ von normierten Polynomen $\omega_1, \dots, \omega_t \in A[Y]$, die *paarweise strikt teilerfremd* sind, und die modulo $\mathfrak{m}(A)$ Primpolynompotenzen $\bar{\omega}_1, \dots, \bar{\omega}_t \in k[Y]$ induzieren (vgl.

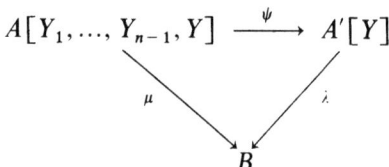

Kap. I, § 5.6). Wir betrachten die Restklassenepimorphismen

$$\Theta_i: A[Y] \to B_i := A[Y]/A[Y]\omega_i, \qquad i=1,\ldots,t,$$

und bezeichnen mit Θ den durch $p \mapsto (\Theta_1(p), \ldots, \Theta_t(p))$ definierten k-Algebrahomomorphismus von $A[Y]$ in die direkte Summe $B_1 \oplus \cdots \oplus B_t$. Für $i \neq j$ gilt stets $\operatorname{Ker}\Theta_i + \operatorname{Ker}\Theta_j = A[Y]\omega_i + A[Y]\omega_j = A[Y]$, da ω_i und ω_j strikt teilerfremd sind. Daher ist Θ surjektiv (nach Anhang, Satz 4.2). Es gilt

$$\operatorname{Ker}\Theta = \bigcap_{i=1}^{t} \operatorname{Ker}\Theta_i = \bigcap_{i=1}^{t} A[Y]\omega_i.$$

Wegen der Teilerfremdheit der ω_i folgt $\operatorname{Ker}\Theta = A[Y]\omega_1 \cdot \ldots \cdot \omega_t$, daher induziert Θ einen k-Algebraisomorphismus $\vartheta: B \to B_1 \oplus \cdots \oplus B_t$.

Wir behaupten nun $B_i \in \mathfrak{A}$. Da k algebraisch abgeschlossen ist, so ist $\bar{\omega}_i$ (= Restklasse von ω_i modulo $\mathfrak{m}(A)$) von der Form $(Y-c_i)^{b_i}$, $c_i \in k$. Führt man statt Y die neue Unbestimmte $Z := Y - c_i$ ein, so gilt $A[Y] = A[Z]$ und $\omega_i \in A[Z]$ ist jetzt ein Weierstraßpolynom in Z über $A \in \mathfrak{A}$, d.h. alle Koeffizienten von ω_i außer dem höchsten liegen in $\mathfrak{m}(A)$. Sei nun $\alpha: K_n \to A$ ein analytischer Epimorphismus. Es gibt ein Weierstraßpolynom $\Omega_i \in K_n[Y]$ mit $\alpha(\Omega_i) = \omega_i$. Wir betrachten den induzierten k-Algebraepimorphismus

$$K_n[Y]/K_n[Y]\Omega_i \to A[Y]/A[Y]\omega_i = B_i.$$

Nach Satz I.5.2 gilt

$$K_n[Y]/K_n[Y]\Omega_i \simeq K_n\langle Y\rangle/K_n\langle Y\rangle\Omega_i \in \mathfrak{A},$$

daher ist $K_n[Y]/K_n[Y]\Omega_i$ eine analytische k-Stellenalgebra. Gleiches gilt dann auch für die Restklassenalgebra B_i, $i=1,\ldots,t$, w.z.b.w.

Folgerung. *Es sei A eine analytische k-Stellenalgebra und $\varphi: A \to B$ ein endlicher k-Algebrahomomorphismus von A in eine nullteilerfreie k-Algebra. Dann ist auch B eine analytische k-Stellenalgebra.*

Denn: Nach Satz 1 gilt $B = B_1 \oplus \cdots \oplus B_t$ mit $B_1, \ldots, B_t \in \mathfrak{A}$. Da B nullteilerfrei ist, gilt notwendig $n=1$, d.h. $B = B_1 \in \mathfrak{A}$, w.z.b.w.

Bemerkung. Im 2. Bande wird Satz 1 wesentlich verallgemeinert. Der hier gegebene Beweis ist „algebraisch", er lehrt mutatis mutandis, daß jeder endliche Oberring R' eines henselschen Stellenringes R die (ringtheoretische) direkte Summe endlich vieler Stellenringe $R'_1, \ldots, R'_n$ ist. Ist R eine k-Stellenalgebra und R' eine k-Oberalgebra, so ist jeder Ring R'_ν eine k_ν-Stellenalgebra, wo k_ν ein endlicher Erweiterungskörper von k ist, der i.a. $\neq k$ sein wird (Beispiel: $R := \mathbb{R}$, $R' := \mathbb{C}$). Ist k algebraisch abgeschlossen, so gilt stets $k_\nu = k$. Das Beispiel $\mathbb{R} \hookrightarrow \mathbb{C}$ zeigt, daß die Voraussetzung der algebraischen Abgeschlossenheit von k wesentlich für die Gültigkeit von Satz 1 und Folgerung ist.

2. Normalisierung reduzierter analytischer Stellenalgebren. Ist $A \in \mathfrak{A}$ reduziert, so bezeichnen wir mit $\hat{A}$ die *Normalisierung* von A, d.h. den ganzen Abschluß von A im totalen Quotientenring $Q(A)$ (vgl. hierzu Anhang, § 3). Als Anwendung von Satz 1, Folgerung bemerken wir sogleich:

Satz 2. *Sei* char $k=0$. *Dann ist die Normalisierung $\hat{A}$ jeder nullteilerfreien analytischen k-Stellenalgebra A wieder eine analytische k-Stellenalgebra. Die Injektion $A \hookrightarrow \hat{A}$ ist ein endlicher analytischer Homomorphismus.*

Beweis. Da char $A = \text{char}\, k = 0$, so ist die k-Algebra $\hat{A}$ als Normalisierung von A im Quotientenkörper von A nach Anhang, Satz 3.5 ein noetherscher A-Modul, d.h. die Injektion $A \hookrightarrow \hat{A}$ ist endlich. Da $\hat{A}$ nullteilerfrei ist, gilt $\hat{A} \in \mathfrak{A}$ nach Satz 1, Folgerung, w.z.b.w.

Bemerkung. Die Voraussetzung char $k=0$ ist überflüssig. Die Normalisierung $\hat{A}$ einer nullteilerfreien analytischen k-Stellenalgebra ist stets ein endlicher A-Modul, wenn k nur vollständig bewertet ist. Einen Beweis hierfür findet man bei L. Gerritzen, Inv. Math. 2 (1967).

Wir verallgemeinern nun Satz 2 zu

Satz 3. *Sei* char $k=0$ *und* $A \in \mathfrak{A}$ *reduziert, seien* $\mathfrak{p}_1, \ldots, \mathfrak{p}_t$ *die isolierten Primideale von* A. *Dann ist die Normalisierung $\hat{A}$ von A die (ringtheoretische) direkte Summe von t analytischen k-Stellenalgebren $\hat{A}_1, \ldots, \hat{A}_t$, wobei $\hat{A}_i$ die Normalisierung der „Primkomponente" $A/\mathfrak{p}_i$ ist:*

$$\hat{A} = \widehat{A/\mathfrak{p}_1} \oplus \cdots \oplus \widehat{A/\mathfrak{p}_t} \quad \text{mit } \widehat{A/\mathfrak{p}_1}, \ldots, \widehat{A/\mathfrak{p}_t} \in \mathfrak{A}.$$

Beweis. Nach Anhang, Satz 4.5 geben die t Restklassenepimorphismen $A \to A/\mathfrak{p}_i$ zu Isomorphismen $Q(A) \simeq Q(A/\mathfrak{p}_1) \oplus \cdots \oplus Q(A/\mathfrak{p}_t)$ und $\hat{A} \simeq \widehat{A/\mathfrak{p}_1} \oplus \cdots \oplus \widehat{A/\mathfrak{p}_t}$ Anlaß. Es gilt $\widehat{A/\mathfrak{p}_i} \in \mathfrak{A}$, $i=1, \ldots, t$, nach Satz 2, w.z.b.w.

Die Bedeutung der normalen analytischen k-Stellenalgebren für die Funktionentheorie beruht darauf, daß für solche Algebren die Teilbarkeitstheorie besonders einfach ist. Wir verzichten hier auf nähere Ausführungen und verweisen auf den § 3 des Anhangs, wo allgemein normale noethersche Integritätsringe studiert werden. Einfache Beispiele für nicht reguläre aber normale analytische k-Stellenalgebren finden sich im Kap. III, § 3.

Kapitel III

Weiterführende Theorie analytischer k-Stellenalgebren und analytischer Moduln

§ 1. Homologische Codimension (Profondeur)

A bezeichne eine analytische k-Stellenalgebra mit dem maximalen Ideal $\mathfrak{m}$. Alle Moduln M sind endlich.

$$Z(M)=\{f\in A:\exists\, x\in M,\ x\neq 0 \text{ mit } fx=0\}$$

ist die Menge der *Nullteiler* und $N(M)$ die Menge der *Nichtnullteiler von* M bez. A. Es gilt (vgl. Anhang, § 1.7)

$$Z(M)=\bigcup_{\mathfrak{p}\in \operatorname{Ass} M}\mathfrak{p},\qquad \mathfrak{r}(\operatorname{An} M)=\bigcap_{\mathfrak{p}\in \operatorname{Ass} M}\mathfrak{p},$$

wobei $\operatorname{Ass} M$ die Menge der *zu* M *assoziierten Primideale von* A bezeichnet. Wir erinnern weiter an folgende Aussage (vgl. Anhang, Satz 1.2):

Ist ein Ideal in der Vereinigung endlich vieler Primideale enthalten, so liegt es bereits in einem dieser Primideale.

1. M-Sequenzen. Eine endliche Menge $\{f_1,\dots,f_n\}\subset\mathfrak{m}$ heißt eine *M-Sequenz*, falls gilt: $f_1\in N(M)$, $f_\nu\in N(M/(f_1,\dots,f_{\nu-1})M)$; $\nu=2,\dots,n$.

Ersichtlich ist $\{f_1,\dots,f_n\}\subset\mathfrak{m}$ *genau dann eine M-Sequenz, wenn es einen Index i, $1\leq i\leq n$ gibt, so daß* $\{f_1,\dots,f_i\}$ *eine M-Sequenz und* $\{f_{i+1},\dots,f_n\}$ *eine* $M/(f_1,\dots,f_i)M$*-Sequenz ist.*

Satz 1. *Ist* $\{f_1,\dots,f_n\}$ *eine M-Sequenz und π eine Permutation der Menge* $\{1,\dots,n\}$, *so ist auch* $\{f_{\pi(1)},\dots,f_{\pi(n)}\}$ *eine M-Sequenz.*

Beweis. Da π sich durch Vertauschungen benachbarter Elemente darstellen läßt, genügt es, folgende Hilfsaussage zu zeigen:

Mit $\{f_1,f_2\}$ *ist auch* $\{f_2,f_1\}$ *eine M-Sequenz.*

Es gilt $f_2\in N(M)$. Denn ist $f_2x=0$ für ein $x\in M$, so existiert wegen $f_2\in N(M/Mf_1)$ ein $x_1\in M$ mit $x=f_1x_1$. Aus $f_1(f_2x_1)=f_2x=0$ folgt $f_2x_1=0$, da $f_1\in N(M)$. Durch Induktion erhält man Elemente $x_j\in M$, $j=1,2,\dots$, mit $x_j=f_1x_{j+1}$, $f_2x_j=0$. Es folgt $x=f_1^jx_j\in\bigcap_{\nu=1}^{\infty}\mathfrak{m}^\nu M=0$.

Es ist noch $f_1 \in N(M/Mf_2)$ zu zeigen. Sei also $x_1 \in M$, $\bar{x}_1$ die Restklasse von x_1 modulo Mf_2, und es gelte $f_1\bar{x}_1=0$. Dann gibt es ein Element $x_2 \in M$ mit $f_1x_1=f_2x_2$. Wegen $f_2 \in N(M/Mf_1)$ existiert ein $x \in M$ mit $x_2=f_1x$. Aus $f_1(x_1-f_2x)=0$ folgt dann $x_1=f_2x$ wegen $f_1 \in N(M)$, d.h. $\bar{x}_1=0$, w.z.b.w.

Als Anwendung des aktiven Lemmas beweisen wir

Satz 2. *Ist $\{f_1,\dots,f_n\}$ eine M-Sequenz, so gilt*

$$\dim M/(f_1,\dots,f_\nu)M = \dim M - \nu, \qquad \nu=1,2,\dots,n.$$

Beweis. Es genügt, den Fall $\nu=1$ zu behandeln. Da $\dim M = \dim A/\mathrm{An}\, M$, können wir ohne Einschränkung $\mathrm{An}\, M=0$ annehmen. Dann gilt $f_1 \in N(A)$, denn $f_1g=0$, $g \in A$, impliziert $f_1(Mg)=0$, d.h. $Mg=0$ wegen $f_1 \in N(M)$, d.h. $g=0$. Nach Satz II.4.6 und Satz II.4.9 ist f_1 zu einem Parametersystem von M ergänzbar, d.h. es gilt $\dim M/Mf_1 = \dim M-1$, w.z.b.w.

Folgerung. *Jede M-Sequenz ist zu einem Parametersystem von M ergänzbar.*

Satz 2 zeigt insbesondere, daß die Länge einer M-Sequenz durch $\dim M$ beschränkt ist. Es gilt darüber hinaus

Satz 3. *Ist $\{f_1,\dots,f_n\}$ eine M-Sequenz, so ist*

$$n \le \dim A/\mathfrak{p} \le \dim M \quad \textit{für alle} \quad \mathfrak{p} \in \mathrm{Ass}\, M.$$

Beweis. Es sei $\mathfrak{p}_0 := \mathfrak{p} \in \mathrm{Ass}\, M$. Wir setzen $N_\nu := (f_1,\dots,f_\nu)M$, $\nu=1,\dots,n$, und konstruieren induktiv eine Primidealkette

$$\mathfrak{p}_0 \subsetneqq \mathfrak{p}_1 \subsetneqq \cdots \subsetneqq \mathfrak{p}_n$$

in A mit $\mathfrak{p}_\nu \in \mathrm{Ass}_A M/N_\nu$. Es seien $\mathfrak{p}_0,\dots,\mathfrak{p}_\nu$, $0 \le \nu < n$, bereits konstruiert. Wäre $\mathfrak{p}_\nu$ in keinem $\mathfrak{p} \in \mathrm{Ass}\, M/N_{\nu+1}$ enthalten, so folgte $\mathfrak{p}_\nu \not\subset \bigcup_{\mathfrak{p} \in \mathrm{Ass}\, M/N_{\nu+1}} \mathfrak{p} = Z(M/N_{\nu+1})$ und damit die Existenz eines Elementes $f \in \mathfrak{p}_\nu \cap N(M/N_{\nu+1})$. Dann wäre $\{f_1,\dots,f_{\nu+1},f\}$ und folglich nach Satz 1 auch $\{f_1,\dots,f_\nu,f\}$ eine M-Sequenz, d.h. $f \in N(M/N_\nu)$ im Widerspruch zu $f \in \mathfrak{p}_\nu$, $\mathfrak{p}_\nu \in \mathrm{Ass}_A M/N_\nu$. Also gibt es ein $\mathfrak{p}_{\nu+1} \in \mathrm{Ass}_A M/N_{\nu+1}$ mit $\mathfrak{p}_\nu \subset \mathfrak{p}_{\nu+1}$. Es gilt $\mathfrak{p}_\nu \neq \mathfrak{p}_{\nu+1}$, da $f_{\nu+1} \notin \mathfrak{p}_\nu$ wegen $f_{\nu+1} \notin Z(M/N_\nu)$, aber $f_{\nu+1} \in \mathfrak{p}_{\nu+1}$ wegen $f_{\nu+1} \in \mathrm{An}\, M/N_{\nu+1} \subset \bigcap_{\mathfrak{p} \in \mathrm{Ass}\, M/N_{\nu+1}} \mathfrak{p}$. – Damit ist die Existenz der Kette bewiesen.

Wegen Satz II.6.1 gilt $n \le \mathrm{tf}\, \mathfrak{p}_0 = \dim A/\mathfrak{p}$. Da $\mathrm{An}\, M \subset \bigcap_{\mathfrak{p} \in \mathrm{Ass}\, M} \mathfrak{p}$ ist, folgt mittels Satz II.4.6:

$$\dim A/\mathfrak{p} \le \dim A/\mathrm{An}\, M = \dim M, \qquad \text{w.z.b.w.}$$

Wir geben noch eine für Rechnungen nützliche notwendige Bedingung für M-Sequenzen an.

Ist $\{f_1,\dots,f_n\}\subset\mathfrak{m}$ *eine M-Sequenz, so gilt*

$$f_{\nu+1}M\cap(f_1,\dots,f_\nu)M=f_{\nu+1}(f_1,\dots,f_\nu)M,\qquad \nu=1,2,\dots,n-1.$$

Beweis. Es sei $M_\nu:=(f_1,\dots,f_\nu)M$ und $f_{\nu+1}\in N(M/M_\nu)$. Dann folgt aus $f_{\nu+1}x\in M_\nu$, $x\in M$, stets $x\in M_\nu$, d.h. es gilt $f_{\nu+1}M\cap M_\nu\subset f_{\nu+1}M_\nu$, $\nu=1,\dots,n-1$. Die umgekehrte Inklusion ist klar, w.z.b.w.

Unter zusätzlichen Voraussetzungen über M ist die obige Bedingung auch hinreichend dafür, daß $\{f_1,\dots,f_n\}$ eine M-Sequenz ist:

Es sei $M\neq 0$ *ein A-Modul mit* $Z(M)=0$. *Dann ist* $\{f_1,\dots,f_n\}\subset\mathfrak{m}$, $f_\nu\neq 0$, $\nu=1,\dots,n$, *genau dann eine M-Sequenz, wenn gilt*

$$f_{\nu+1}M\cap(f_1,\dots,f_\nu)M=f_{\nu+1}(f_1,\dots,f_\nu)M,\qquad \nu=1,\dots,n-1.$$

Nur eine Richtung ist zu zeigen. Nach Voraussetzung gilt $f_1\in N(M)$. Sei wieder $M_\nu:=(f_1,\dots,f_\nu)M$. Wenn $\bar{x}\in M/M_\nu$, $f_{\nu+1}\bar{x}=0$ und $x\in M$ ein Urbild von $\bar{x}$ ist, so folgt $f_{\nu+1}x\in M_\nu$, d.h. $f_{\nu+1}x\in f_{\nu+1}M_\nu$, etwa $f_{\nu+1}x=f_{\nu+1}y, y\in M_\nu$. Wegen $Z(M)=0$ folgt $x=y$; d.h. $\bar{x}=0$, w.z.b.w.

2. Homologische Codimension. Maximale M-Sequenzen. Die größte natürliche Zahl n, zu der es M-Sequenzen mit n Elementen gibt, heißt die *homologische Codimension* von M. Wir bezeichnen sie mit $\operatorname{prof} M$ (franz. *profondeur*). Satz 3 besagt

$$\operatorname{prof} M\le\dim A/\mathfrak{p}\le\dim M,\qquad \mathfrak{p}\in\operatorname{Ass} M;$$

insbesondere ist $\operatorname{prof} M$ stets *endlich*. Da aus $\mathfrak{m}=Z(M)$ stets $\mathfrak{m}\in\operatorname{Ass} M$ folgt, gilt $\operatorname{prof} M=0$ *genau dann, wenn* $\mathfrak{m}$ *in* $\operatorname{Ass} M$ *liegt, d.h. wenn es ein* $x\in M$, $x\neq 0$ *mit* $\mathfrak{m}x=0$ *gibt.*

Eine M-Sequenz $\{f_1,\dots,f_n\}$ heißt *maximal*, wenn für alle $f\in\mathfrak{m}$ das System $\{f_1,\dots,f_n,f\}$ keine M-Sequenz ist. Jede M-Sequenz kann zu einer maximalen M-Sequenz ergänzt werden.

Es soll gezeigt werden, daß alle maximalen M-Sequenzen die Länge $\operatorname{prof} M$ besitzen. Dazu benötigen wir folgenden

Satz 4. *Es seien* $M,M'\in\mathfrak{M}_A$ *und* $\{f_1,\dots,f_s\}$ *bzw.* $\{f'_1,\dots,f'_t\}$ *eine M- bzw. M'-Sequenz. Dann gibt es ein* $f\in\mathfrak{m}$, *so daß auch* $\{f_1,\dots,f_{s-1},f\}$ *bzw.* $\{f'_1,\dots,f'_{t-1},f\}$ *eine M- bzw. M'-Sequenz ist.*

Beweis. Sei $N=(f_1,\dots,f_{s-1})M$ und $N'=(f'_1,\dots,f'_{t-1})M'$. Da die Sequenzen $\{f_1,\dots,f_{s-1}\}$ und $\{f'_1,\dots,f'_{t-1}\}$ nicht maximal sind, gilt $\mathfrak{m}\notin\operatorname{Ass} M/N\cup\operatorname{Ass} M'/N'$. Also ist $\mathfrak{m}\neq Z(M/N)\cup Z(M'/N')$, und jedes $f\in\mathfrak{m}$, $f\notin Z(M/N)\cup Z(M'/N')$ leistet das Verlangte, w.z.b.w.

Satz 5. *Alle maximalen M-Sequenzen besitzen die Länge* $\operatorname{prof} M$.

Beweis durch Induktion nach $p:=\operatorname{prof} M$: Die Fälle $p=0$ und $p=1$ sind trivial. Sei also $p\ge 2$ und $\{f_1,\dots,f_n\}$ eine maximale M-Sequenz. Es gilt $1 \leq n \leq p$. Wegen $\operatorname{prof} M = p$ gibt es eine M-Sequenz $\{f'_1, \ldots, f'_p\}$. Aufgrund von Satz 4 (für $M = M'$) und Satz 1 dürfen wir $f_1 = f'_1$ annehmen. Dann sind $\{f_2, \ldots, f_n\}$ und $\{f'_2, \ldots, f'_p\}$ maximale M/Mf_1-Sequenzen, und es gilt $\operatorname{prof} M/Mf_1 = p - 1$. Die Induktionsvoraussetzung liefert $n - 1 = p - 1$, also $p = n$, w.z.b.w.

Folgerung. *Ist* $\{f_1, \ldots, f_n\}$ *eine M-Sequenz, so gilt*

$$\operatorname{prof} M/(f_1, \ldots, f_\nu) M = \operatorname{prof} M - \nu, \qquad \nu = 1, 2, \ldots, n.$$

3. Profondeur und endliche Homomorphismen. Ist $\varphi: A \to B$, $B \in \mathfrak{A}$, endlich, so liegt jedes $M \in \mathfrak{M}_B$ auch in $\mathfrak{M}_A$ vermittels der Definition $am = \varphi(a)m$, $m \in M$. Wir zeigen, daß man (analog zur Dimensionsfunktion) nicht zwischen der homologischen Codimension von M als B-Modul und der von M als A-Modul zu unterscheiden braucht.

Satz 6. *Ist* $\varphi: A \to B$ *endlich, so gilt*

$$\operatorname{prof}_B M = \operatorname{prof}_A M \quad \textit{für jedes } M \in \mathfrak{M}_B.$$

Genauer: Ist $\{f_1, \ldots, f_p\}$, $f_i \in \mathfrak{m}(A)$, *eine maximale M-Sequenz des A-Moduls M, so ist* $\{\varphi(f_1), \ldots, \varphi(f_p)\}$ *eine maximale M-Sequenz des B-Moduls M.*

Beweis. Wir setzen $g_i := \varphi(f_i)$, $i = 1, \ldots, p$. Da $g_i x = f_i x$, $x \in M$, so gilt $(g_1, \ldots, g_\nu)M = (f_1, \ldots, f_\nu)M$ für alle $\nu = 1, \ldots, p$ (sowohl als A-Modul als auch als B-Modul). Daher ist $\{g_1, \ldots, g_p\}$ jedenfalls eine M-Sequenz des B-Moduls M. Um einzusehen, daß sie maximal ist, betrachten wir den Restklassenmodul

$$L := M/(f_1, \ldots, f_p)M,$$

für den nach Annahme über $f_1, \ldots, f_p$ gilt: $\operatorname{prof}_A L = 0$. Es gibt also ein $z \in L$, $z \neq 0$, mit $\mathfrak{m}(A) z = 0$. Für jedes $g \in \mathfrak{m}(B)$ besteht, da g ganz über dem henselschen Ring $\varphi(A)$ ist, eine Gleichung

$$g^s + \varphi(a_1) g^{s-1} + \cdots + \varphi(a_s) = 0, \qquad a_1, \ldots, a_s \in \mathfrak{m}(A).$$

Da $\varphi(a_j) z = 0$, $j = 1, \ldots, s$, so folgt $g^s z = 0$. Alle Elemente von $\mathfrak{m}(B)$ sind somit Nullteiler des B-Moduls $L = M/(g_1, \ldots, g_p)M$, d.h. $\{g_1, \ldots, g_p\}$ ist maximal, w.z.b.w.

Bemerkung. Unter den Voraussetzungen von Satz 6 gilt speziell

$$\operatorname{prof} B = \operatorname{prof}_A B.$$

Im Gegensatz zur für Injektionen $\varphi: A \hookrightarrow B$ geltenden Dimensionsformel $\dim_A B = \dim A$ gilt aber *nicht mehr* $\operatorname{prof}_A B = \operatorname{prof} A$ *uneingeschränkt.* Hierfür geben wir im Abschnitt 8 dieses Paragraphen ein Beispiel.

4. Cohen-Macaulay-Moduln. Ein analytischer A-Modul M heißt ein *Cohen-Macaulay-Modul*, kurz ein Macaulay-Modul, wenn $\operatorname{prof} M = \dim M$ ist. A heißt (Cohen-)Macaulay-Ring, wenn A als A-Modul Macaulaysch ist. Aus Satz 3 folgt unmittelbar

Ist M Macaulaysch, so gilt $\dim M = \dim A/\mathfrak{p}$ *für alle* $\mathfrak{p} \in \operatorname{Ass} M$.

Für Macaulay-Moduln ist die Aussage von Satz 2 umkehrbar:

Satz 7. *M sei ein Macaulay-Modul, und $f_1, \ldots, f_n$ seien Elemente aus $\mathfrak{m}$, so daß $\dim M/(f_1, \ldots, f_n)M = \dim M - n$. Dann ist $\{f_1, \ldots, f_n\}$ eine M-Sequenz, und $M/(f_1, \ldots, f_n)M$ ist ebenfalls ein Macaulay-Modul.*

Beweis. Es genügt, den Fall $n=1$ zu behandeln. Ohne Einschränkung sei $\operatorname{An} M = 0$. Wegen $\dim M/Mf_1 = \dim M - 1$ ist f_1 zu einem Parametersystem von M und damit auch von A ergänzbar (vgl. die Sätze II.4.5 und 6). Also ist auch $\dim A/Af_1 = \dim A - 1$.

Wäre $f_1 \in Z(M)$, so gäbe es ein $\mathfrak{p} \in \operatorname{Ass} M$ mit $f_1 \in \mathfrak{p}$, und es folgt aus obiger Bemerkung

$$\dim A > \dim A/Af_1 \geq \dim A/\mathfrak{p} = \dim M = \dim A,$$

weil M Macaulaysch ist. Also gilt $f_1 \in N(M)$. Wegen

$$\operatorname{prof} M/Mf_1 = \operatorname{prof} M - 1 = \dim M - 1 = \dim M/Mf_1$$

ist auch M/Mf_1 Macaulaysch, w.z.b.w.

Folgerung 1. *In einem Macaulay-Modul M ist jedes Parametersystem eine maximale M-Sequenz.*

Folgerung 2. *Ein analytischer Modul M ist genau dann Macaulaysch, wenn es ein Parametersystem gibt, das zugleich eine M-Sequenz ist.*

Aus Satz 6 folgt unmittelbar

Satz 6'. *Ist $\varphi: A \to B$ endlich, so ist $M \in \mathfrak{M}_B$ genau dann Macaulaysch, wenn $M \in \mathfrak{M}_A$ Macaulaysch ist.*

5. Unvermischtheit. Wir geben eine weitere Bedingung dafür an, daß ein analytischer Modul Macaulaysch ist. Wir nennen einen endlichen A-Modul M *unvermischt*, wenn für jedes System $\{f_1, \ldots, f_n\} \subset \mathfrak{m}$ mit $0 \leq n \leq \dim M$ und $\dim M/(f_1, \ldots, f_n)M = \dim M - n$ gilt:

$$\dim A/\mathfrak{p} = \dim M - n \quad \text{für alle } \mathfrak{p} \in \operatorname{Ass} M/(f_1, \ldots, f_n)M.$$

Satz 8. *M ist genau dann Macaulaysch, wenn M unvermischt ist.*

Beweis. Sei M Macaulaysch und $\dim M/(f_1, \ldots, f_n)M = \dim M - n$. Nach Satz 7 ist dann auch $M/(f_1, \ldots, f_n)M$ Macaulaysch, und es folgt (vgl. Abschnitt 4):

$$\dim A/\mathfrak{p} = \dim M - n \quad \text{für alle } \mathfrak{p} \in \operatorname{Ass} M/(f_1, \ldots, f_n)M.$$

Sei umgekehrt M unvermischt. Wir zeigen durch Induktion über $d = \dim M$, daß M Macaulaysch ist. Der Fall $d=0$ ist trivial. Sei $d \geq 1$. Nach Voraussetzung gilt $\dim A/\mathfrak{p} = d \geq 1$ für alle $\mathfrak{p} \in \operatorname{Ass} M$, daher folgt $\mathfrak{m} \notin \operatorname{Ass} M$, d.h. $Z(M) \neq \mathfrak{m}$. Also existiert ein $f \in \mathfrak{m} \cap N(M)$. Es gilt $\operatorname{prof} M/Mf = \operatorname{prof} M - 1$ und weiter $\dim M/Mf = \dim M - 1$, da f zu einem Parametersystem von M ergänzbar ist. Nun ist mit M auch M/Mf unvermischt. Also gilt nach Induktionsvoraussetzung $\dim M/Mf = \operatorname{prof} M/Mf$. Daraus folgt $\dim M = \operatorname{prof} M$, w.z.b.w.

Hiernach ist speziell jeder Macaulay-Ring $A \in \mathfrak{A}$ unvermischt. Insbesondere ist A *ungemischt*, d.h. das Nullideal von A hat keine eingebetteten Komponenten (vgl. Kap. II, § 6.3).

6. Freie Moduln und Macaulay-Moduln. Ist F ein freier A-Modul, so ist F eine direkte Summe von zyklischen A-Moduln Ax_i, $i=1,\ldots,t$. Da Ax_i isomorph zu A ist, ist eine Folge $\{f_1,\ldots,f_n\}$ von Elementen $f_\nu \in \mathfrak{m}$ genau dann eine F-Folge, wenn sie eine A-Folge ist. Es gilt also $\operatorname{prof} F = \operatorname{prof} A$. Speziell folgt:

Ist A Macaulaysch, so ist jeder freie analytische A-Modul ebenfalls Macaulaysch.

Satz 9. *Jede reguläre Algebra K_n ist Macaulaysch.*

Beweis. Ist $K_n = k\langle X_1,\ldots,X_n\rangle$, so ist das Parametersystem $\{X_1,\ldots,X_n\}$ eine K_n-Sequenz, da $K_n/(X_1,\ldots,X_\nu)K_n \cong k\langle X_{\nu+1},\ldots,X_n\rangle$ regulär ist für $\nu=1,\ldots,n$, w.z.b.w.

In der Klasse der Macaulayschen Algebren zeichnen sich die regulären Algebren durch folgende Eigenschaft aus:

Satz 10. *Ist A regulär, so ist jeder Macaulaysche A-Modul $M \in \mathfrak{M}_A$ mit $\dim M = \dim A$ frei.*

Beweis. Durch Induktion über $n = \dim A$. Für $n=0$ gilt $A=k$, und M ist als k-Vektorraum frei. Sei $n>0$ und $A = k\langle X_1,\ldots,X_n\rangle$. Wegen $\dim M = n$ ist $X_1,\ldots,X_n$ ein Parametersystem von M. Da M Macaulaysch ist, ist $\{X_1,\ldots,X_n\}$ auch eine M-Sequenz. $\bar{M} = M/MX_n$ ist ein analytischer $\bar{A}$-Modul, wo $\bar{A} := A/AX_n$ ist, und es gilt $\dim_{\bar{A}} \bar{M} = \dim \bar{A} = \operatorname{prof}_{\bar{A}} \bar{M}$. Da $\bar{A}$ regulär und $(n-1)$-dimensional ist, ist $\bar{M}$ nach Induktionsannahme ein freier $\bar{A}$-Modul. Seien $e_1,\ldots,e_q \in M$ so gewählt, daß ihre Restklassen $\bar{e}_1,\ldots,\bar{e}_q$ modulo MX_n eine $\bar{A}$-Basis von $\bar{M}$ bilden. Wegen $M \subset \sum Ae_i + MX_n$ folgt mit Hilfe des Nakayama-Lemmas $M \subset \sum Ae_i$, d.h. $e_1,\ldots,e_q$ erzeugen den A-Modul M. Angenommen, es gibt Elemente $a_1,\ldots,a_q \in A$ mit $\sum a_i e_i = 0$. Bezeichnet $\bar{a}_i$ die Restklasse von a_i modulo AX_n, so folgt $\sum \bar{a}_i \bar{e}_i = 0$ und damit $\bar{a}_i = 0$, $i=1,\ldots,q$. Schreibt man $a_i = X_n a_i^{(1)}$, $a_i^{(1)} \in A$, so ist wegen $X_n \sum a_i^{(1)} e_i = \sum a_i e_i = 0$

und $X_n \in N(M)$ auch $\sum a_i^{(1)} e_i = 0$. Induktiv erhält man so zu jedem $j \in \mathbb{N}$ ein $a_i^{(j)} \in A$ mit $a_i = X_n^j a_i^{(j)}$; d.h. $a_i \in \bigcap_{j=1}^{\infty} \mathfrak{m}(A)^j = 0$ für alle $i = 1, \ldots, q$. Also ist M ein freier A-Modul, w.z.b.w.

Wegen Satz 9 läßt sich Satz 10 auch so formulieren:

Ist A regulär und $M \in \mathfrak{M}_A$ mit $\dim M = \dim A$, *so ist M dann und nur dann frei, wenn M ein Macaulay-Modul ist* („Freiheitskriterium").

7. Beispiele von Macaulay-Moduln. Jede 0-dimensionale Algebra $A \in \mathfrak{A}$ ist Macaulaysch.

Für eine beliebige analytische k-Stellenalgebra A gilt $\operatorname{prof} A \geq 1$ genau dann, wenn $\mathfrak{m}(A)$ Nichtnullteiler enthält, d.h. wenn $\mathfrak{m}(A) \notin \operatorname{Ass} A$ ist. Für reduzierte Algebren A der Dimension $d \neq 0$ ist dies stets der Fall, da $\mathfrak{m}(A)$ aktive Elemente enthält. Jede 1-dimensionale reduzierte Algebra $A \in \mathfrak{A}$ ist also Macaulaysch.

Ein Beispiel einer nichtreduzierten 1-dimensionalen Algebra, die nicht Macaulaysch ist, liefert $A = K_2/(X_1^2, X_1 X_2) K_2$.

Für $A \in \mathfrak{A}$ gilt $\operatorname{prof} A \geq 2$ genau dann, wenn es einen Nichtnullteiler $f \in \mathfrak{m}(A)$ gibt, so daß $\mathfrak{m}(A)$ nicht zum Hauptideal Af assoziiert ist. Da in normalen Algebren nach Anhang, Satz 3.10 die zu Hauptidealen assoziierten Primideale sämtlich minimal sind und daher im Falle $\dim A \geq 2$ von $\mathfrak{m}(A)$ verschieden sind, folgt

Satz 11. *Für jede normale analytische k-Stellenalgebra A der Dimension* $\dim A \geq 2$ *gilt* $\operatorname{prof} A \geq 2$. *Speziell ist jede 2-dimensionale normale analytische Algebra $A \in \mathfrak{A}$ Macaulaysch.*

Weitere Beispiele von Macaulay-Ringen liefert folgender

Satz 12. *Ist $A \in \mathfrak{A}$ Macaulaysch und $\{f_1, \ldots, f_n\}$ eine A-Sequenz, so ist auch die Restklassenalgebra $A/(f_1, \ldots, f_n)A$ Macaulaysch.*

Beweis. Nach Satz 7 ist $B := A/(f_1, \ldots, f_n)A$ ein Macaulayscher A-Modul. Da der Restklassenepimorphismus $A \to B$ endlich ist, ist B dann auch ein Macaulayscher B-Modul, w.z.b.w.

Nach Satz 9 sind reguläre Algebren Macaulaysch. Aus Satz 12 folgt daher direkt:

Satz 13. *Ist $\{f_1, \ldots, f_n\}$ ein Parametersystem in einer regulären k-Algebra K_n und $\mathfrak{a}_r$ das Ideal $\mathfrak{a}_r = (f_1, \ldots, f_r) K_n$ für $1 \leq r \leq n$, so ist $K_n/\mathfrak{a}_r$ Macaulaysch.*

Ein Erzeugendensystem $f_1, \ldots, f_s$ eines Ideals $\mathfrak{a} \neq A$ werde *intersektiv* genannt, wenn gilt

$$f_{r+1} A \cap (f_1, \ldots, f_r) A = f_{r+1} (f_1, \ldots, f_r) A, \qquad r = 1, 2, \ldots, s-1.$$

Nach Abschnitt 1 gilt dies bei nullteilerfreiem A genau dann, wenn $\{f_1, \ldots, f_s\}$ eine A-Sequenz ist. Satz 12 läßt sich in diesem Fall auch so aussprechen:

Ist $A \in \mathfrak{A}$ *Macaulaysch und nullteilerfrei, etwa* $A = K_n$, *so ist jede Restklassenalgebra* $A/\mathfrak{a}$ *von* A *nach einem Ideal* $\mathfrak{a}$, *das ein intersektives Erzeugendensystem besitzt, Macaulaysch.*

Für jedes Ideal $\mathfrak{a} \neq K_n$ gilt $\operatorname{tf} \mathfrak{a} + \operatorname{cg} \mathfrak{a} \geq n$. Eine analytische k-Stellenalgebra heißt ein *vollständiger Durchschnitt*, wenn A isomorph zu einer Restklassenalgebra $K_n/\mathfrak{a}$ mit $\operatorname{tf} \mathfrak{a} + \operatorname{cg} \mathfrak{a} = n$ ist, d.h. wenn $\mathfrak{a}$ von $m = n - \dim K_n/\mathfrak{a}$ Elementen erzeugt wird. Diese Bedingungsgleichung bedeutet nichts anderes, als daß $\mathfrak{a}$ von m Elementen eines Parametersystems in K_n erzeugt wird. Ein solches Erzeugendensystem ist offenbar intersektiv, und umgekehrt gilt für ein Ideal $\mathfrak{a} \neq K_n$ mit intersektivem Erzeugendensystem, daß $K_n/\mathfrak{a}$ ein vollständiger Durchschnitt ist, d.h.

Der Restklassenring $K_n/\mathfrak{a}$ *ist genau dann ein vollständiger Durchschnitt, wenn* $\mathfrak{a}$ *ein intersektives Erzeugendensystem hat.*

Ideale in K_n mit intersektivem Erzeugendensystem werden auch als *Hauptklassenideale* bezeichnet in Anlehnung an den klassischen Sprachgebrauch der Theorie der Polynomringe.

Bemerkung. Da vollständige Durchschnitte nach Satz 9 und Satz 12 Macaulaysch sind, haben sie keine eingebetteten Primidealkomponenten. In dieser schwächeren Form stellt Satz 12 die Verallgemeinerung der klassischen Sätze von Lasker (1898 für homogene Hauptklassenideale in Polynomringen), Macaulay (1916 für beliebige Hauptklassenideale in Polynomringen) und Cohen (1946 für reguläre Stellenringe R mit $\operatorname{char} R = \operatorname{char} R/\mathfrak{m}$) dar.

8. Beispiele von nicht-Macaulayschen Ringen. Wir geben abschließend noch Beispiele nullteilerfreier k-Stellenalgebren an, die keine Macaulay-Ringe sind, deren ganzer Abschluß aber sogar eine reguläre k-Stellenalgebra ist.

Es sei $\varphi: K_{2n+2} = k\langle Z \rangle \to K_{n+1} = k\langle X_1, \ldots, X_n, Y \rangle$ der durch $\varphi(Z_\nu) := X_\nu$, $\nu = 1, \ldots, n$, $\varphi(Z_{n+\nu}) := X_\nu Y$, $\nu = 1, \ldots, n$, $\varphi(Z_{2n+1}) := Y^2$, $\varphi(Z_{2n+2}) := Y^3$ definierte analytische Homomorphismus, $n \geq 1$, und

$$A = k\langle X_1, \ldots, X_n, X_1 Y, \ldots, X_n Y, Y^2, Y^3 \rangle = \varphi(K_{2n+2}).$$

φ ist offensichtlich quasi-endlich; folglich ist die Injektion $A \hookrightarrow K_{n+1}$ endlich und somit A eine $(n+1)$-dimensionale k-Unteralgebra von K_{n+1}. A und K_{n+1} haben denselben Quotientenkörper Q, und K_{n+1} ist der ganze Abschluß von A in Q. Wir behaupten ferner:

Das maximale Ideal $\mathfrak{m}$ *von* A *ist zum Hauptideal* $A Y^2$ *assoziiert. Speziell gilt* $\operatorname{prof} A = 1$, *insbesondere ist also* A *nicht Macaulaysch.*

Beweis. In einer Primärzerlegung von $A Y^2$ gibt es wegen $Y^3 \notin A Y^2$ wenigstens ein Primärideal $\mathfrak{q}$ mit $Y^3 \notin \mathfrak{q}$. Da $\mathfrak{p} := \mathfrak{r}(\mathfrak{q}) \in \mathrm{Ass}(A Y^2)$, genügt es zu zeigen, daß $\mathfrak{p} = \mathfrak{m}$. Offenbar gilt

$$(X_1 Y)^2, \ldots, (X_n Y)^2, Y^2, (Y^3)^2 \in \mathfrak{q}.$$

Wegen $X_\nu Y^3 = (X_\nu Y) Y^2 \in A Y^2 \subset \mathfrak{q}$, $Y^3 \notin \mathfrak{q}$ und der Primäreigenschaft von $\mathfrak{q}$ gibt es Potenzen $X_\nu^{r_\nu} \in \mathfrak{q}$. Folglich liegen die Erzeugenden $X_1, \ldots, X_n, X_1 Y, \ldots, X_n Y, Y^2, Y^3$ von $\mathfrak{m}$ in $\mathfrak{p}$, w.z.b.w.

Für $n=1$ geben wir noch eine Restklassendarstellung der Algebra $A = k\langle X, X Y, Y^2, Y^3 \rangle$ an, wobei wir X für X_1 schreiben. Setzt man

$$\omega_1 = Z_2^2 - Z_1^2 Z_3, \quad \omega_2 = Z_4^2 - Z_3^3, \quad g_1 = Z_1 Z_4 - Z_2 Z_3,$$
$$g_2 = Z_2 Z_4 - Z_1 Z_3^2,$$

so gilt $\mathfrak{p} := (\omega_1, \omega_2, g_1, g_2) K_4 \subset \mathrm{Ker}\, \varphi$. Wir behaupten $\mathfrak{p} = \mathrm{Ker}\, \varphi$.

ω_1 ist ein Weierstraßpolynom in Z_2 vom Grade 2, jedes $f \in K_4$ besitzt also eine Weierstraßzerlegung

$$f = q \omega_1 + (r_0 + r_1 Z_2); \quad r_0, r_1 \in k\langle Z_1, Z_3, Z_4 \rangle.$$

Da $\omega_2 \in k\langle Z_1, Z_3, Z_4 \rangle$ ein Weierstraßpolynom in Z_4 vom Grade 2 ist, gestatten r_0, r_1 Weierstraßzerlegungen bez. ω_2 mit Resten der Form $A + B Z_4$, $A, B \in k\langle Z_1, Z_3 \rangle$. Man gewinnt so eine Kongruenz

$$f \equiv a_1 + a_2 Z_2 + a_4 Z_4 + a Z_2 Z_4 \bmod (\omega_1, \omega_4) K_4,$$

wo $a_1, a_2, a_4, a \in k\langle Z_1, Z_3 \rangle$ ist. Wegen $Z_2 Z_4 = g_2 + Z_1 Z_3^2$ folgt weiter

$$f \equiv b_1 + b_2 Z_2 + b_4 Z_4 \bmod (\omega_1, \omega_2, g_2) K_4; \quad b_1, b_2, b_4 \in k\langle Z_1, Z_3 \rangle.$$

Es gilt eine Gleichung $b_2 = u + v Z_3$, wo $u \in k\langle Z_1 \rangle$, $v \in k\langle Z_1, Z_3 \rangle$. Daher folgt zusammen mit $Z_2 Z_3 = Z_1 Z_4 - g_1$ für jedes $f \in K_4$ eine Kongruenz

$$f \equiv c_1 + u Z_2 + c_4 Z_4 \bmod \mathfrak{p}; \quad c_1, c_4 \in k\langle Z_1, Z_3 \rangle, \quad u \in k\langle Z_1 \rangle.$$

Ist nun $f \in \mathrm{Ker}\, \varphi$, so muß $c_1(X, Y^2) + u(X) X Y + c_4(X, Y^2) Y^3 = 0$ gelten. Da in $c_1(X, Y^2)$ nur gerade Potenzen von Y vorkommen, folgt $c_1 = 0$. Die verbleibende Gleichung $Y(u(X) X + c_4(X, Y^2) Y^2) = 0$ hat nur $u=0$, $c_4 = 0$ als Lösung. Also gilt $f \equiv 0 \bmod \mathfrak{p}$, d.h. $f \in \mathfrak{p}$.

Aus dem Bewiesenen folgt $\mathrm{cg}\, \mathfrak{p} \leq 4$. Da $K_4/\mathfrak{p}$ nicht Macaulaysch ist, muß $\mathrm{cg}\, \mathfrak{p} \geq 3$ wegen $\mathrm{tf}\, \mathfrak{p} = 2$ gelten. Wir zeigen $\mathrm{cg}\, \mathfrak{p} = 4$. Dazu verwenden wir die Gleichung $\mathrm{cg}\, \mathfrak{p} = \dim_k \mathfrak{p}/\mathfrak{m}\mathfrak{p}$ (vgl. Anhang, § 2.4). Angenommen, $a_1, a_2, b_1, b_2 \in k$ sind so beschaffen, daß

$$a_1 \omega_1 + a_2 \omega_2 + b_1 g_1 + b_2 g_2 \in \mathfrak{m}(K_4) \mathfrak{p}$$

gilt. Dann haben wegen

$$o(\omega_1)=o(\omega_2)=o(g_1)=o(g_2)=2$$

alle von Null verschiedenen Elemente aus $\mathfrak{m}(K_4)\mathfrak{p}$ eine Ordnung ≥ 3 und die rechts stehenden Glieder 2. Grades müssen verschwinden:

$$a_1 Z_2^2+a_2 Z_4^2+b_1(Z_1 Z_4-Z_2 Z_3)+b_2 Z_2 Z_4=0.$$

Koeffizientenvergleich liefert $a_1=a_2=b_1=b_2=0$; die Restklassen von $\omega_1,\omega_2,g_1,g_2 \bmod \mathfrak{m}(K_4)\mathfrak{p}$ sind also linear unabhängig, d.h. $\dim_k \mathfrak{p}/\mathfrak{m}\,\mathfrak{p} \geq 4$, w.z.b.w.

Bemerkung. Es gibt normale analytische k-Stellenalgebren der Dimension $d\geq 3$, die nicht Macaulaysch sind. Ihre Konstruktion ist schwieriger. Ohne Beweis geben wir ein Beispiel einer solchen Algebra an. Es sei $K_6=k\langle Z_0,Z_1,Z_2,W_0,W_1,W_2\rangle$ und $\mathfrak{p}$ das von den homogenen Polynomen $Z_i W_j-Z_j W_i$, $0\leq i,j\leq 2$ und $W_0^3+W_1^3+W_2^3$, $W_0^2 Z_0+W_1^2 Z_1+W_2^2 Z_2$, $W_0 Z_0^2+W_1 Z_1^2+W_2 Z_2^2$, $Z_0^3+Z_1^3+Z_2^3$ erzeugte Ideal. Man kann beweisen, daß der Restklassenring $A=K_6/\mathfrak{p}$ eine 3-dimensionale normale k-Stellenalgebra ist, die kein Macaulay-Ring ist[8].

Anmerkung. Alle Definitionen und Sätze dieses Paragraphen gelten für beliebige noethersche Stellenringe. Die Beschränkung auf analytische k-Stellenalgebren entspricht dem Umstand, daß die Dimensionstheorie nur für solche Algebren entwickelt wurde.

§ 2. Homologische Dimension (Syzygientheorie)

A bezeichne eine analytische k-Stellenalgebra und $\mathfrak{m}$ ihr maximales Ideal. Alle auftretenden A-Moduln M sind endlich. Es ist wieder $Z(M)=\{f\in A: \exists g\in M, g\neq 0 \text{ mit } fg=0\}$ die Menge der Nullteiler von M.

1. Minimale Epimorphismen. M, F seien A-Moduln, F sei frei. Ein Epimorphismus $\varphi: F\to M$ heißt *minimal*, wenn $\operatorname{Ker}\varphi \subset \mathfrak{m}F$.

Bemerkung 1. *$\varphi: F\to M$ ist genau dann minimal, wenn* $\operatorname{rg} F=\operatorname{cg} M$.

Beweis. Die exakte Sequenz $0\to \operatorname{Ker}\varphi\to F\to M\to 0$ zieht die Gleichung $\operatorname{cg} F=\operatorname{cg} M+\operatorname{jg}_F \operatorname{Ker}\varphi$ nach sich (vgl. Anhang, § 2.5). Es gilt $\operatorname{jg}_F \operatorname{Ker}\varphi=0$ genau dann, wenn $\operatorname{Ker}\varphi\subset\mathfrak{m}F$; damit ist wegen $\operatorname{cg} F=\operatorname{rg} F$ alles bewiesen.

Aus Bemerkung 1 folgt speziell:

Zu jedem Modul M existieren minimale Epimorphismen.

---

[8] H. Lindel, Normale, nicht-perfekte Räume, Schriftenreihe Math. Inst. Univ. Münster, Heft 37 (1967).

Die Kerne minimaler Epimorphismen sind minimal im folgenden präzisen Sinne:

Satz 1. *Es seien* $\varphi: F \to M$, $\varphi': F' \to M$ *Epimorphismen.* F, F' *seien frei,* φ *sei minimal. Dann gibt es einen freien A-Modul E vom Rang* $\operatorname{rg} F' - \operatorname{rg} F$ *und einen Isomorphismus* $\operatorname{Ker} \varphi' \cong \operatorname{Ker} \varphi \oplus E$.

Beweis. Da F' frei ist, gibt es einen Homomorphismus $\Phi: F' \to F$ mit $\varphi' = \varphi \circ \Phi$. Es folgt $F = \Phi(F') + \operatorname{Ker} \varphi$, denn wählt man zu $f \in F$ ein $f' \in F'$ mit $\varphi(f) = \varphi'(f')$, so gilt $\varphi(f - \Phi(f')) = 0$. Wegen $\operatorname{Ker} \varphi \subset \mathfrak{m} F$ folgt $\Phi(F') = F$ nach dem Lemma von Nakayama. Φ ist also surjektiv.

Infolgedessen gibt es einen Monomorphismus $\Psi: F \to F'$ mit $\Phi \circ \Psi = id_F$, und es gilt

$$F' = \Psi(F) \oplus \operatorname{Ker} \Phi \quad (\text{nämlich } x' = \Psi \Phi x' + (x' - \Psi \Phi x')).$$

Als direkter Summand des freien Moduls F' ist auch $E := \operatorname{Ker} \Phi$ frei (vgl. Anhang, § 2.7) und wegen $\Psi(F) \simeq F$ gilt $\operatorname{rg} F' = \operatorname{rg} F + \operatorname{rg} E$. Wegen $\operatorname{Ker} \Phi \subset \operatorname{Ker} \varphi'$ folgt:

$$\operatorname{Ker} \varphi' = \operatorname{Ker} \varphi' \cap \Psi(F) \oplus E.$$

Da $\varphi = \varphi' \circ \Psi$ mit $\operatorname{Ker} \Psi = 0$, so gilt $\operatorname{Ker} \varphi' \cap \Psi(F) = \Psi(\operatorname{Ker} \varphi) \simeq \operatorname{Ker} \varphi$, d. h. $\operatorname{Ker} \varphi' \simeq \operatorname{Ker} \varphi \oplus E$, w. z. b. w.

Korollar. *Die Kerne minimaler Epimorphismen sind isomorph. Ist* $\varphi: F \to M$ *minimal und M frei, so ist* φ *bijektiv.*

2. Minimale freie Auflösungen. Eine exakte A-Sequenz

$$(*) \qquad \cdots F_i \xrightarrow{\varphi_i} F_{i-1} \to \cdots \to F_1 \xrightarrow{\varphi_1} F_0 \xrightarrow{\varphi_0} M \to 0$$

heißt eine *freie Auflösung von M*, wenn alle A-Moduln F_i frei sind. $(*)$ heißt *minimal*, wenn für jedes $i \geq 0$ der durch φ_i induzierte Epimorphismus $F_i \to \operatorname{Im} \varphi_i$ minimal ist.

Bemerkung 2. *Jeder A-Modul M besitzt minimale freie Auflösungen.*

Beweis. Man wählt einen minimalen Epimorphismus $\varphi_0: F_0 \to M$ und wiederholt das Verfahren mit $\operatorname{Ker} \varphi_0$ usw.

Minimale freie Auflösungen nennen wir auch *Hilbert-Auflösungen*.

3. Syzygienmoduln. Es ist naheliegend zu fragen, wann ein endlicher A-Modul M eine *endliche* freie Auflösung

$$0 \to F_s \xrightarrow{\varphi_s} F_{s-1} \to \cdots \to F_0 \xrightarrow{\varphi_0} M \to 0$$

besitzt. Dies ist der Fall, wenn in einer freien Auflösung $(*)$ von M ein Modul $\operatorname{Im} \varphi_{j+1} = \operatorname{Ker} \varphi_j$ frei ist. Denn dann ersetze man F_{j+1} einfach durch $\operatorname{Im} \varphi_{j+1}$ und alle $F_i, i > j+1$, durch 0. Man wird so dazu geführt, die Moduln $\operatorname{Im} \varphi_i$ näher zu untersuchen.

Ein A-Modul S heißt *(minimaler) i-ter Syzygienmodul* von $M, i \geq 0$, wenn es eine (minimale) freie Auflösung $(*)$ von M gibt mit $S = \operatorname{Im} \varphi_i$. Zu jeder Zahl $i \geq 0$ und jedem endlichen A-Modul M gibt es (minimale) i-te Syzygienmoduln von M. M ist der einzige 0-te Syzygienmodul von M. Offensichtlich ist S genau dann ein (minimaler) i-ter Syzygienmodul von $M, i \geq 1$, wenn es einen (minimalen) $(i-1)$-ten Syzygienmodul $\hat{S}$ von M gibt, so daß S ein (minimaler) erster Syzygienmodul von $\hat{S}$ ist. Hieraus folgt unmittelbar wegen Satz 1:

Zwei minimale i-te Syzygienmoduln von M sind stets isomorph.

Wir bezeichnen mit $\operatorname{syz}_A^i M$ (oder kurz $\operatorname{syz}^i M$) den minimalen i-ten Syzygienmodul von M. Dann gilt also:

$$\operatorname{syz}_A^{i+1} M \cong \operatorname{syz}_A^1(\operatorname{syz}_A^i M) \quad \text{für alle } i \geq 0.$$

Es gilt weiter

$$\operatorname{syz}_A^1(E \oplus M) \cong \operatorname{syz}_A^1 M$$

für jeden freien A-Modul E, denn ist $\varphi: F \to M$ ein minimaler Epimorphismus, so ist $id \oplus \varphi: E \oplus F \to E \oplus M$ ebenfalls minimal, und es gilt: $\operatorname{Ker}(id \oplus \varphi) \cong \operatorname{Ker} \varphi$. Speziell folgt $\operatorname{syz}_A^i E = 0$ für alle $i \geq 1$.

Da offenbar $\operatorname{syz}_A^1 M = 0$ genau dann gilt, wenn M frei ist, so ist $\operatorname{syz}_A^{i+1} M = 0$ gleichbedeutend mit der Freiheit von $\operatorname{syz}_A^i M$.

Es folgt nun leicht

Satz 2. *Zu jedem i-ten Syzygienmodul S von M gibt es einen freien Modul E und einen Isomorphismus*

$$S \cong E \oplus \operatorname{syz}^i M.$$

Beweis. Durch Induktion nach i. Für $i=0$ ist nichts zu zeigen, für $i=1$ ist die Behauptung gerade die Aussage von Satz 1. Zur Durchführung des Induktionsschlusses $i \to i+1$ wählen wir einen i-ten Syzygienmodul $\hat{S}$ von M, so daß S ein erster Syzygienmodul von $\hat{S}$ ist. Nach Induktionsannahme gibt es dann einen freien Modul $\hat{E}$ und einen Isomorphismus $\hat{S} \cong \hat{E} \oplus \operatorname{syz}^i M$. Nach Induktionsbeginn existiert ein freier Modul E und ein Isomorphismus

$$S \cong E \oplus \operatorname{syz}^1 \hat{S}.$$

Wegen $\operatorname{syz}^1 \hat{S} = \operatorname{syz}^1(\hat{E} \oplus \operatorname{syz}^i M) = \operatorname{syz}^{i+1} M$ ist Satz 2 bewiesen.

Folgerung. *Besitzt M einen freien i-ten Syzygienmodul, so ist jeder i-te Syzygienmodul von M frei, und es gilt:*

$$\operatorname{syz}^{j+1} M = 0 \quad \textit{für alle } j \geq i.$$

4. Homologische Dimension. Es sei $M \neq 0$. Die kleinste Zahl s, für die M einen freien s-ten Syzygienmodul besitzt, heißt *homologische Dimension* von M. Wir bezeichnen sie mit $\operatorname{syl}_A M$ oder einfach $\operatorname{syl} M$

(„syl" für *Syzygienlänge*). Wenn kein solches s existiert, setzen wir $\operatorname{syl}_A M = \infty$. Für $M=0$ sei $\operatorname{syl}_A M = -1$.

Es gilt $\operatorname{syl}_A M = 0$ genau dann, wenn $M \neq 0$ frei ist. Ferner ist $\operatorname{syl} M = s < \infty$ genau dann, wenn $\operatorname{syz}^s M \neq 0$ und $\operatorname{syz}^{s+1} M = 0$ ist. Für $i > \operatorname{syl} M$ ist 0 ein i-ter Syzygienmodul von M. Insbesondere ist also für $i \geq \operatorname{syl} M$ jeder i-te Syzygienmodul frei.

Im allgemeinen ist $\operatorname{syl}_A M$ nicht endlich. So gilt z. B. $\operatorname{syl}_A \mathfrak{m} = \infty$ für das maximale Ideal $\mathfrak{m}$ des artinschen Ringes $A = k\langle X\rangle / k\langle X\rangle X^2 = \{a_0 + a_1 x : a_0, a_1 \in k, x^2 = 0\}$. Denn der durch $1 \mapsto x$ definierte Epimorphismus $\varphi : A \to \mathfrak{m}$ hat $\mathfrak{m} = kx$ als Kern und ist daher minimal. Also ist $\operatorname{syz}_A^1 \mathfrak{m} \cong \mathfrak{m}$ und allgemein $\operatorname{syz}_A^i \mathfrak{m} \cong \mathfrak{m}$ für alle $i \geq 1$, d. h. kein i-ter Syzygienmodul von $\mathfrak{m}$ ist frei, da er $\mathfrak{m}$ als direkten Summanden hat.

In ähnlicher Weise zeigt man, daß auch für die 1-dimensionale nullteilerfreie Algebra $A = k\langle X, Y\rangle / k\langle X, Y\rangle (X^2 - Y^3)$ eine Isomorphie $\operatorname{syz}^i \mathfrak{m} \cong \mathfrak{m}$ besteht und also $\operatorname{syl} \mathfrak{m} = \infty$ ist.

Wir werden im nächsten Abschnitt zeigen, daß für *reguläre* Algebren $A \in \mathfrak{A}$ stets $\operatorname{syl}_A M \leq \dim A$ gilt (Hilbertscher Syzygiensatz).

Ist $\varphi : A \to B$, $B \in \mathfrak{A}$, endlich, so gilt für analytische Moduln $M \in \mathfrak{M}_B$ i.a. nicht $\operatorname{syl}_B M = \operatorname{syl}_A M$, z.B. ist dies für $M = B$ nur dann richtig, wenn B ein freier A-Modul ist. Im nächsten Abschnitt benötigen wir

Satz 3. *Es sei*

$$0 \longrightarrow M_t \xrightarrow{\varphi_t} M_{t-1} \longrightarrow \cdots \longrightarrow M_0 \xrightarrow{\varphi_0} M \xrightarrow{\varphi_{-1}} 0$$

eine exakte Folge von A-Moduln und $\{f_1, \ldots, f_n\} \subset \mathfrak{m}$ sowohl eine M-Sequenz als auch eine M_i-Sequenz, $i = 0, \ldots, t$. Dann ist die induzierte Folge

$$0 \longrightarrow M_t/(f_1, \ldots, f_n) M_t \longrightarrow \cdots \longrightarrow M/(f_1, \ldots, f_n) M \longrightarrow 0$$

ebenfalls exakt.

Beweis. Durch Induktion über n. Sei $n=1$. Mit $f_1 \in N(M_i)$ gilt wegen $\operatorname{Ker} \varphi_i \subset M_i$ auch $f_1 \in N(\operatorname{Ker} \varphi_i)$, $i = 0, \ldots, t$. Es genügt zu zeigen, daß für jedes $i \geq 0$ die von der kurzen exakten Sequenz $0 \to \operatorname{Ker} \varphi_i \to M_i \to \operatorname{Ker} \varphi_{i-1} \to 0$ induzierte Sequenz $0 \to \operatorname{Ker} \varphi_i / (\operatorname{Ker} \varphi_i) f_1 \to M_i / M_i f_1 \to \operatorname{Ker} \varphi_{i-1} / (\operatorname{Ker} \varphi_{i-1}) f_1 \to 0$ exakt ist, d.h. daß Satz 3 für $t=1$ richtig ist. Sei also $t=1$. Offenbar ist $0 \to M_1 / M_1 \cap M_0 f_1 \to M_0 / M_0 f_1 \to M / M f_1 \to 0$ exakt. Wegen $f_1 \in N(M)$ gilt aber $M_1 \cap M_0 f_1 = M_1 f_1$, womit der Induktionsbeginn erledigt ist.

Ist $n > 1$, so ist nach dem eben durchgeführten Schluß die Sequenz $0 \to M_t / M_t f_1 \to \cdots \to M / M f_1 \to 0$ exakt, und die Behauptung folgt aus der Induktionsannahme, w.z.b.w.

Folgerung. *Sei $M \in \mathfrak{M}_A$, $f \in \mathfrak{m} \cap N(A) \cap N(M)$, $\bar{A} := A/Af$ und $\bar{M} := M/Mf$. Ist dann*

$$0 \to F_s \to \cdots \to F_0 \to M \to 0, \quad F_s \neq 0,$$

eine Hilbertauflösung von M, so ist die induzierte $\bar{A}$-Modulsequenz

$$0 \to \bar{F}_s \to \cdots \to \bar{F}_0 \to \bar{M} \to 0$$

eine Hilbertauflösung von $\bar{M}$ mit $\bar{F}_s \neq 0$. Speziell gilt

$$\operatorname{syl}_{\bar{A}} \bar{M} = \operatorname{syl}_A M .$$

Beweis. Nach Satz 3 ist die induzierte Sequenz exakt. Es bleibt zu zeigen, daß sie eine Hilbertauflösung von $\bar{M}$ ist. Ist $F \in \mathfrak{M}_A$ frei und $\{e_1, \ldots, e_n\}$ eine Basis von F, so bilden die Restklassen $\bar{e}_1, \ldots, \bar{e}_n$ ein Erzeugendensystem des $\bar{A}$-Moduls $\bar{F} = F/Ff$. Sind $a_1, \ldots, a_n$ Elemente aus A, so daß für ihre Restklassen $\bar{a}_i \in \bar{A}$ gilt: $\sum \bar{a}_i \bar{e}_i = 0$, so folgt $\sum a_i e_i \in Ff$. Somit gibt es Elemente $b_i \in A$ mit $\sum (a_i - b_i f) e_i = 0$, d.h. $a_i - b_i f = 0$, $i = 1, \ldots, n$. Dies impliziert $\bar{a}_i = 0$; die $\bar{e}_i, \ldots, \bar{e}_n$ bilden also eine Basis von $\bar{F}$, mithin ist $\bar{F}$ ein freier $\bar{A}$-Modul, und es gilt $\operatorname{rg}_{\bar{A}} \bar{F} = \operatorname{rg}_A F$. Jeder minimale A-Epimorphismus induziert dann einen minimalen $\bar{A}$-Epimorphismus $\bar{\varphi}: \bar{F} \to \bar{M}$, w.z.b.w.

5. Homologische Dimension und homologische Codimension. Syzygiensatz. Die Bezeichnung von syl und prof als homologische Dimension und Codimension wird gerechtfertigt durch

Satz 4. *Es sei $M \in \mathfrak{M}_A$ und $M \neq 0$. Ist* $\operatorname{syl} M < \infty$, *so gilt:*

$$\operatorname{syl}_A M + \operatorname{prof}_A M = \operatorname{prof} A .$$

Wir zeigen zunächst einen an sich interessanten

Hilfssatz 5. *Es sei $0 \to M' \to M \to M'' \to 0$, $M'' \neq 0$, eine exakte Sequenz von analytischen A-Moduln, es gelte* $\operatorname{prof} M'' < \operatorname{prof} M$. *Dann gilt:*

$$\operatorname{prof} M' = \operatorname{prof} M'' + 1 .$$

Beweis. Durch Induktion über $\operatorname{prof} M''$. Sei $\operatorname{prof} M'' = 0$, also $Z(M'') = \mathfrak{m}$. Es gibt ein $x \in M''$, $x \neq 0$, so daß $\mathfrak{m} x = 0$ (vgl. § 1.2). Ist $y \in M$ ein x-Urbild, so gilt:

$$y \notin M', \qquad \mathfrak{m} y \subset M' .$$

Wegen $\operatorname{prof} M > 0$ gibt es ein $f \in N(M) \cap \mathfrak{m}$. Es gilt auch $f \in N(M')$ wegen $M' \subset M$. Für $z := yf \in M'$ gilt nun $z \notin M'f$ wegen $y \notin M'$, $f \in N(M)$, aber

$$\mathfrak{m} z = (\mathfrak{m} y) f \subset M' f .$$

Es folgt $\mathfrak{m} \bar{z} = 0$, $\bar{z} \neq 0$, wenn $\bar{z}$ die Restklasse von $z \bmod M'f$ bezeichnet. Dies bedeutet $\operatorname{prof} M'/M'f = 0$ und also $\operatorname{prof} M' = 1$ wegen $f \in N(M')$.

Sei $\operatorname{prof} M'' \geq 1$. Wegen $\operatorname{prof} M > 1$ gibt es nach Satz 1.4 ein $g \in N(M) \cap N(M'') \cap \mathfrak{m}$. Dann gilt auch $g \in N(M')$, und nach Satz 3 ist die Sequenz

$$0 \to M'/M'g \to M/Mg \to M''/M''g \to 0$$

exakt. Da

$$\operatorname{prof} M/Mg = \operatorname{prof} M - 1, \qquad \operatorname{prof} M''/M''g = \operatorname{prof} M'' - 1,$$

so folgt nach Induktionsvoraussetzung:

$$\operatorname{prof} M'/M'g = \operatorname{prof} M''/M''g + 1$$

und hieraus $\operatorname{prof} M' = \operatorname{prof} M'' + 1$, w.z.b.w.

Wir beweisen nun Satz 4 durch Induktion nach $n := \operatorname{prof} A$. Sei $n = 0$ und $s := \operatorname{syl} M < \infty$. Wäre $s \geq 1$, so existierte ein freier Modul F mit $\operatorname{syz}^s M \subset \mathfrak{m} F$. Wegen $\operatorname{prof} A = 0$ gibt es aber ein $f \neq 0$ in A mit $\mathfrak{m} f = 0$, so daß sich $(\operatorname{syz}^s M) f = 0$ im Widerspruch zur Freiheit von $\operatorname{syz}^s M \neq 0$ ergäbe. Mithin ist M frei, d.h. $s = 0$. Wegen $M \cong pA$ gilt dann auch $\operatorname{prof} M = 0$.

Sei die Behauptung für $n - 1 \geq 0$ schon bewiesen. Sei zunächst $\operatorname{prof} M \geq 1$. Dann gibt es ein $f \in \mathfrak{m} \cap N(A) \cap N(M)$ wegen $\operatorname{prof} A \geq 1$, $\operatorname{prof} M \geq 1$ (Satz 1.4). Nun gilt $\operatorname{prof} A/Af = n - 1$ und $\operatorname{syl}_{A/Af} M/Mf = \operatorname{syl}_A M$ nach Satz 3, Folgerung; daher liefert die Induktionsvoraussetzung

$$\operatorname{syl}_A M + \operatorname{prof}_{A/Af} M/Mf = \operatorname{prof} A/Af = n - 1.$$

Aus Satz 1.6 folgt

$$\operatorname{prof}_{A/Af} M/Mf = \operatorname{prof}_A M/Mf = \operatorname{prof}_A M - 1$$

und hieraus durch Einsetzen in obige Gleichung die Behauptung.

Der Fall $\operatorname{prof} M = 0$ wird nun mittels Hilfssatz 5 auf den schon erledigten Fall zurückgeführt: Man hat eine exakte Sequenz

$$0 \to \operatorname{syz}^1 M \to F \to M \to 0$$

und daher $\operatorname{prof}(\operatorname{syz}^1 M) = 1$. Es folgt: $\operatorname{syl}_A M = \operatorname{syl}_A(\operatorname{syz}^1 M) + 1 = \operatorname{syl}_A(\operatorname{syz}^1 M) + \operatorname{prof}_A(\operatorname{syz}^1 M) = \operatorname{prof} A$, w.z.b.w.

Satz 6 (Syzygiensatz). *Ist A regulär, so gilt*

$$\operatorname{syl}_A M + \operatorname{prof}_A M = \dim A \quad \textit{für alle } M \in \mathfrak{M}_A,\ M \neq 0.$$

Beweis. Wegen $\operatorname{prof} A = \dim A$ ist aufgrund von Satz 4 nur zu zeigen, daß $\operatorname{syl}_A M \leq \dim A < \infty$ für alle $M \in \mathfrak{M}_A$ gilt. Wir führen Induktion nach $n := \dim A$. Der Induktionsbeginn $n = 0$ ist klar, da dann $A = k$ gilt und alle M frei sind. Sei der Fall $n - 1 \geq 0$ schon erledigt, sei $\operatorname{syz}^1 M \neq 0$. Für jedes $f \in \mathfrak{m}(A)$, $f \neq 0$, gilt dann $f \in N(A)$ und $f \in N(\operatorname{syz}^1 M)$, da $\operatorname{syz}^1 M$ als Untermodul eines freien Moduls frei ist. Nach Satz 3, Folgerung, gilt:

$$\operatorname{syl}_{A/Af}(\operatorname{syz}^1 M/(\operatorname{syz}^1 M)f) = \operatorname{syl}_A(\operatorname{syz}^1 M).$$

Wählt man $f \notin \mathfrak{m}^2$, so ist A/Af regulär und $(n-1)$-dimensional; nach Induktionsannahme gilt dann:

$$\operatorname{syl}_{A/Af}(\operatorname{syz}^1 M/(\operatorname{syz}^1 M)f) \leq n-1.$$

Somit folgt $\operatorname{syl}_A M = \operatorname{syl}_A(\operatorname{syz}^1 M) + 1 \leq n$, w.z.b.w.

Bemerkung. Die Ungleichung $\operatorname{syl}_A M \leq \dim A$, $A \in \mathfrak{A}$ regulär, ist die klassische Form des von Hilbert 1890 für Polynomringe bewiesenen Syzygiensatzes. Einen weiteren Beweis für diesen Satz findet man im nächsten Abschnitt.

Satz 6 hat viele wichtige Konsequenzen. So folgt z.B. sofort:

Ist A regulär, so gilt $\operatorname{syl}_A M = \dim A$ *genau dann, wenn* $\mathfrak{m} \in \operatorname{Ass} M$. *Speziell gilt also* $\operatorname{syl}_A A/\mathfrak{m} = \dim A$.

Des weiteren ergibt sich unmittelbar das Freiheitskriterium (Satz 1.10), denn $\operatorname{prof}_A M = \dim M = \dim A$ gilt für reguläres $A \in \mathfrak{A}$ genau dann, wenn $\operatorname{syl}_A M = 0$, d.h. wenn M frei ist. Umgekehrt kann man auch aus dem Freiheitskriterium die Syzygienungleichung $\operatorname{syl}_A M \leq \dim A$ gewinnen:

Ist nämlich $\cdots \longrightarrow F_t \xrightarrow{\varphi_t} \cdots \longrightarrow F_0 \xrightarrow{\varphi_0} M \xrightarrow{\varphi_{-1}} 0$ eine Hilbertauflösung von M, so betrachte man die zugehörigen kurzen exakten Sequenzen $0 \to \operatorname{Ker}\varphi_i \to F_i \to \operatorname{Ker}\varphi_{i-1} \to 0$, $i \geq 0$. Wenn $\operatorname{prof} F_i > \operatorname{prof} \operatorname{Ker}\varphi_{i-1}$, so folgt $\operatorname{prof}\operatorname{Ker}\varphi_i = \operatorname{prof}\operatorname{Ker}\varphi_{i-1} + 1$. Wegen $\operatorname{prof}\operatorname{Ker}\varphi_i \leq \dim A$ gibt es also einen Index $j \leq \dim A$ mit $\operatorname{prof} F_j = \operatorname{prof}\operatorname{Ker}\varphi_{j-1}$. Da alle F_i als freie Moduln über einem regulären A Macaulaysch sind, ist $\operatorname{Ker}\varphi_{j-1}$ Macaulaysch und mithin nach Satz 1.10 frei. Es folgt $j = \operatorname{syl}_A M$.

Der Syzygiensatz liefert auch eine neue Möglichkeit, bei gegebenem $A \in \mathfrak{A}$ und $M \in \mathfrak{M}_A$ die Zahl $\operatorname{prof}_A M$ zu bestimmen: Man wähle einen endlichen Homomorphismus $\varphi: K_n \to A$ (etwa die kanonische Restklassenabbildung), fasse M als endlichen K_n-Modul auf und berechne $\operatorname{syl}_{K_n} M$. Dann gilt

$$\operatorname{prof}_A M = \operatorname{prof}_{K_n} M = n - \operatorname{syl}_{K_n} M$$

nach Satz 1.6 und dem Syzygiensatz.

6. Konstruktion von Hilbert-Auflösungen. Wir geben ein konstruktives Verfahren an, um aus einer Hilbert-Auflösung eines gegebenen A-Moduls eine Hilbert-Auflösung eines „leicht abgeänderten“ A-Moduls zu gewinnen.

Satz 7. *Es sei $F \neq 0$ ein freier Modul, $M \subset \mathfrak{m}F$ ein Untermodul und $f \in \mathfrak{m}$, $f \notin Z(M)$, so daß $M \cap Ff = Mf$ gilt. Ist dann*

$$(*) \quad 0 \longrightarrow F_s \xrightarrow{\varphi_s} F_{s-1} \longrightarrow \cdots \longrightarrow F_1 \xrightarrow{\varphi_1} F_0 \xrightarrow{\varphi_0} M \longrightarrow 0$$

eine Hilbert-Auflösung von M, so ist

$$(**) \quad 0 \longrightarrow F_s \xrightarrow{\psi_{s+1}} F_s \oplus F_{s-1} \longrightarrow$$
$$\cdots \longrightarrow F_1 \oplus F_0 \xrightarrow{\psi_1} F_0 \oplus F \xrightarrow{\psi_0} M + Ff \longrightarrow 0$$

eine Hilbert-Auflösung von $M+Ff$, wenn man setzt:

$$\psi_0(g_0, g) := \varphi_0(g_0) + gf, \qquad \psi_{s+1}(g_s) := ((-1)^{s+1} g_s f, \varphi_s(g_s)),$$
$$\psi_i(g_i, g_{i-1}) := (\varphi_i(g_i) + (-1)^i g_{i-1} f, \varphi_{i-1}(g_{i-1})), \qquad i = 1, \ldots, s.$$

Beweis. Wir beginnen mit einer einfachen Bemerkung:

0. *Aus $\varphi_i(g_i) \in (\operatorname{Im} \varphi_i) f$ folgt $g_i \in \mathfrak{m} F_i$, $i \geq 0$.*

Wegen $\varphi_i(g_i) = \varphi_i(g_i')f$, $g_i' \in F_i$, ist nämlich $g_i - g_i' f \in \operatorname{Ker} \varphi_i \subset \mathfrak{m} F_i$, und mit $f \in \mathfrak{m}$ folgt die Behauptung.

Den eigentlichen Beweis führen wir nun in 3 Schritten:

1. *Es gilt:* $\operatorname{Im} \psi_0 = M + Ff$, $\operatorname{Im} \psi_1 = \operatorname{Ker} \psi_0 \subset \mathfrak{m}(F_0 \oplus F)$.

Die erste Behauptung ist nach Definition von ψ_0 wegen $\operatorname{Im} \varphi_0 = M$ trivial. Ebenso ist die Inklusion $\operatorname{Im} \psi_1 \subset \operatorname{Ker} \psi_0$ klar, da für alle $(g_1, g_0) \in F_1 \oplus F_0$ wegen $\varphi_0 \circ \varphi_1 = 0$ gilt:

$$\begin{aligned} \psi_0(\psi_1(g_1, g_0)) &= \psi_0(\varphi_1(g_1) - g_0 f, \varphi_0(g_0)) \\ &= \varphi_0(\varphi_1(g_1) - g_0 f) + \varphi_0(g_0) f = 0. \end{aligned}$$

Sei umgekehrt $(g_0, g) \in \operatorname{Ker} \psi_0$. Dann ist $g \in M$, denn $\varphi_0(g_0) = -gf \in \operatorname{Im} \varphi_0 \cap Ff = M \cap Ff = Mf$ impliziert die Existenz eines $h \in M$ mit $(g-h)f = 0$, woraus wegen $f \notin Z(M)$ die Gleichung $g = h$ und somit $g \in M$ folgt. Wegen $\operatorname{Im} \varphi_0 = M$ gibt es ein $g_0' \in F_0$ mit $\varphi_0(g_0') = g$. Dann ist $\varphi_0(g_0 + g_0' f) = -gf + gf = 0$, und wegen $\operatorname{Im} \varphi_1 = \operatorname{Ker} \varphi_0$ existiert ein $g_1 \in F_1$ mit $\varphi_1(g_1) = g_0 + g_0' f$. Es folgt:

$$\psi_1(g_1, g_0') = (\varphi_1(g_1) - g_0' f, \varphi_0(g_0')) = (g_0, g),$$

womit $\operatorname{Ker} \psi_0 \subset \operatorname{Im} \psi_1$ gezeigt ist.

Schließlich folgt aus $(g_0, g) \in \operatorname{Ker} \psi_0$ stets $g \in M \subset \mathfrak{m} F$ und $\varphi_0(g_0) = -gf \in Mf = (\operatorname{Im} \varphi_0) f$, d. h. $g_0 \in \mathfrak{m} F_0$ nach 0. Somit erhalten wir die Inklusion $\operatorname{Ker} \psi_0 \subset \mathfrak{m}(F_0 \oplus F)$.

2. *Es gilt:* $\operatorname{Im} \psi_{i+1} = \operatorname{Ker} \psi_i \subset \mathfrak{m}(F_i \oplus F_{i-1})$ *für alle* $i = 1, \ldots, s-1$.

Die Inklusion $\operatorname{Im}\psi_{i+1} \subset \operatorname{Ker}\psi_i$ ist wegen $\varphi_i \circ \varphi_{i+1} = 0$ und $\varphi_{i-1} \circ \varphi_i = 0$ trivial, denn für alle $(g_{i+1}, g_i) \in F_{i+1} \oplus F_i$ gilt:

$$\begin{aligned}(\psi_i \circ \psi_{i+1})(g_{i+1}, g_i) &= \psi_i(\varphi_{i+1}(g_{i+1}) + (-1)^{i+1} g_i f, \varphi_i(g_i)) \\ &= (\varphi_i(\varphi_{i+1}(g_{i+1}) + (-1)^{i+1} g_i f) + (-1)^i \varphi_i(g_i) f, (\varphi_{i-1} \circ \varphi_i)(g_i)) = 0\end{aligned}$$

Nach Definition von ψ_i liegt (g_i, g_{i-1}) in $\operatorname{Ker}\psi_i$ genau dann, wenn $\varphi_i(g_i) = (-1)^{i-1} g_{i-1} f$ und $g_{i-1} \in \operatorname{Ker}\varphi_{i-1}$.

Also ist $g_{i-1} \in \mathfrak{m} F_{i-1}$, da φ_{i-1} minimal ist, und $\varphi_i(g_i) = (-1)^{i-1} g_{i-1} f \in (\operatorname{Ker}\varphi_{i-1}) f = (\operatorname{Im}\varphi_i) f$. Nach 0. folgt $g_i \in \mathfrak{m} F_i$, und somit ist $(g_i, g_{i-1}) \in \mathfrak{m}(F_i \oplus F_{i-1})$.

Bleibt noch zu zeigen: $\operatorname{Ker}\psi_i \subset \operatorname{Im}\psi_{i+1}$. Sei also $(g_i, g_{i-1}) \in \operatorname{Ker}\psi_i$, d. h. $\varphi_i(g_i) = (-1)^{i-1} g_{i-1} f$ und $g_{i-1} \in \operatorname{Ker}\varphi_{i-1} = \operatorname{Im}\varphi_i$. Dann existiert ein $g_i' \in F_i$ mit $\varphi_i(g_i') = g_{i-1}$. Wegen

$$\varphi_i(g_i + (-1)^i g_i' f) = \varphi_i(g_i) + (-1)^i g_{i-1} f = 0$$

und $\operatorname{Ker}\varphi_i = \operatorname{Im}\varphi_{i+1}$ gibt es ein $g_{i+1} \in F_{i+1}$ mit $\varphi_{i+1}(g_{i+1}) = g_i + (-1)^i g_i' f$, und es ist

$$\psi_{i+1}(g_{i+1}, g_i') = (\varphi_{i+1}(g_{i+1}) + (-1)^{i+1} g_i' f, \varphi_i(g_i')) = (g_i, g_{i-1}).$$

3. *Es gilt* $\operatorname{Ker}\psi_{s+1} = 0$, $\operatorname{Im}\psi_{s+1} = \operatorname{Ker}\psi_s \subset \mathfrak{m}(F_s \oplus F_{s-1})$.

ψ_{s+1} ist injektiv, da φ_s injektiv ist. Die Inklusion $\operatorname{Im}\psi_{s+1} \subset \operatorname{Ker}\psi_s$ ist wegen $\varphi_{s-1} \circ \varphi_s = 0$ trivial, denn für jedes $g_s \in F_s$ gilt:

$$\begin{aligned}(\psi_s \circ \psi_{s+1})(g_s) &= \psi_s((-1)^{s+1} g_s f, \varphi_s(g_s)) \\ &= (\varphi_s((-1)^{s+1} g_s f) + (-1)^s \varphi_s(g_s) f, \varphi_{s-1}(\varphi_s(g_s))) = 0.\end{aligned}$$

Die Inklusion $\operatorname{Ker}\psi_s \subset \mathfrak{m}(F_s \oplus F_{s-1})$ folgt wörtlich wie in 2. mit $i = s$.

Es bleibt $\operatorname{Ker}\psi_s \subset \operatorname{Im}\psi_{s+1}$ zu verifizieren. Sei $(g_s, g_{s-1}) \in \operatorname{Ker}\psi_s$, d. h. $\varphi_s(g_s) = (-1)^{s-1} g_{s-1} f$ und $g_{s-1} \in \operatorname{Ker}\varphi_{s-1} = \operatorname{Im}\varphi_s$. Sei $g_s' \in F_s$ mit $\varphi_s(g_s') = g_{s-1}$. Dann gilt

$$\varphi_s(g_s + (-1)^s g_s' f) = \varphi_s(g_s) + (-1)^s g_{s-1} f = 0$$

und also $g_s = (-1)^{s+1} g_s' f$, da φ_s injektiv ist. Es folgt $\psi_{s+1}(g_s') = ((-1)^{s+1} g_s' f, \varphi_s(g_s')) = (g_s, g_{s-1})$, w. z. b. w.

Eine unmittelbare Folgerung aus Satz 7 ist das

Durchschnittslemma. *Sei* $F \neq 0$ *frei,* $M \subset \mathfrak{m} F$ *ein Untermodul und* $f \in \mathfrak{m}$, $f \notin Z(M)$, *so beschaffen, daß* $M \cap Ff = Mf$. *Dann gilt*

$$\operatorname{syl}(M + Ff) = \operatorname{syl} M + 1.$$

Wir wollen nun einen weiteren Beweis des Syzygiensatzes angeben. Es ist also zu zeigen, daß jeder endliche K_n-Modul freie Auflösungen $(*)$ mit $F_{n+1}=0$ besitzt. Wir setzen

$$\mathfrak{m}_i := (X_1,\ldots,X_i)K_n, \qquad i=1,\ldots,n.$$

Dann gilt $\mathfrak{m}_n=\mathfrak{m}$ und $K_n X_i \cap \mathfrak{m}_{i-1} = \mathfrak{m}_{i-1} X_i$, $i=2,\ldots,n$, nach Voraussetzung. Hieraus folgt unmittelbar für jeden freien K_n-Modul F:

$$(+) \qquad F X_i \cap \mathfrak{m}_{i-1} F = (\mathfrak{m}_{i-1} X_i) F, \qquad i=2,\ldots,n.$$

Die Hauptlast des Beweises verlagern wir in einen

Hilfssatz (Gröbner). *Sei*

$$\cdots \to F_j \xrightarrow{\varphi_j} F_{j-1} \to \cdots \to F_1 \xrightarrow{\varphi_0} F_0$$

eine exakte K_n-Sequenz. Dann gilt für jedes $i=1,\ldots,n$:

$$\mathfrak{m}_i F_j \cap \operatorname{Ker} \varphi_j \subset \mathfrak{m}_i \operatorname{Ker} \varphi_j \quad \textit{für alle } j \geq i.$$

Beweis. Durch Induktion nach i. Sei $f \in \mathfrak{m}_i F_j \cap \operatorname{Ker} \varphi_j$, $j \geq i$. Falls $i=1$, so gilt $f = X_1 g$, $g \in F_j$ und $X_1 \varphi_j(g)=0$. Da K_n nullteilerfrei und F_{j-1} frei ist, folgt $\varphi_j(g)=0$, d. h. $f \in \mathfrak{m}_1 \operatorname{Ker} \varphi_j$.

Sei nun $i \geq 2$. Es genügt zu zeigen:

(1) *Es gibt ein $h \in \operatorname{Ker} \varphi_j$ mit $f - X_i h \in \mathfrak{m}_{i-1} F_j$.*

Dann gilt nämlich auch $f - X_i h \in \operatorname{Ker} \varphi_j$, so daß wegen $j > i-1$ nach Induktionsannahme folgt $f - X_i h \in \mathfrak{m}_{i-1} F_j \cap \operatorname{Ker} \varphi_j \subset \mathfrak{m}_{i-1} \operatorname{Ker} \varphi_j$, was wegen $K_n X_i + \mathfrak{m}_{i-1} = \mathfrak{m}_i$ die Behauptung $f \in \mathfrak{m}_i \operatorname{Ker} \varphi_i$ ist.

Wir beweisen (1): Wegen $f \in \mathfrak{m}_i F_j$ gilt eine Gleichung $f = X_i g - f'$, $g \in F_j$, $f' \in \mathfrak{m}_{i-1} F_j$. Aus $f \in \operatorname{Ker} \varphi_j$ und der Gleichung $(+)$ folgt zunächst:

$$X_i \varphi_j(g) = \varphi_j(f') \in F_{j-1} X_i \cap \mathfrak{m}_{i-1} F_{j-1} = (\mathfrak{m}_{i-1} X_i) F_{j-1},$$

und hieraus, da K_n nullteilerfrei und F_{j-1} frei ist:

$$\varphi_j(g) \in \mathfrak{m}_{i-1} F_{j-1} \cap \operatorname{Im} \varphi_j = \mathfrak{m}_{i-1} F_{j-1} \cap \operatorname{Ker} \varphi_{j-1}.$$

Nach Induktionsannahme ist $\varphi_j(g) \in \mathfrak{m}_{i-1} \operatorname{Ker} \varphi_{j-1} = \mathfrak{m}_{i-1} \operatorname{Im} \varphi_j$. Also existiert ein $g' \in \mathfrak{m}_{i-1} F_j$ mit $\varphi_j(g) = \varphi_j(g')$. Sei $h := g - g'$. Dann ist $h \in \operatorname{Ker} \varphi_j$ und $f - X_i h = X_i g' - f' \in \mathfrak{m}_{i-1} F_j$, womit (1) und der Hilfssatz bewiesen sind.

Nun ist der Beweis des Syzygiensatzes trivial. Sei

$$\cdots \to F_j \to F_{j-1} \to \cdots \to F_0 \to M \to 0$$

eine minimale freie Auflösung von M. Dann gilt $\operatorname{Ker} \varphi_n \subset \mathfrak{m} F_n$, also nach dem oben bewiesenen Hilfssatz mit $i=j=n$:

$$\operatorname{Ker} \varphi_n \subset \mathfrak{m}_n F_n \cap \operatorname{Ker} \varphi_n \subset \mathfrak{m} \operatorname{Ker} \varphi_n.$$

Das Lemma von Nakayama liefert $\operatorname{Ker} \varphi_n = 0$, d. h. $\operatorname{syl}_A M \leq n$, w. z. b. w.

7. Koszul-Komplexe. Jedem endlichen System $f_1,\dots,f_s \in \mathfrak{m}(A)$ ordnen wir einen Komplex von freien A-Moduln zu. Wir wählen einen freien Modul $F \simeq sA$, $s \in \mathbb{N}$, mit einer Basis $\{e_1,\dots,e_s\}$ und betrachten die zugehörigen Graßmann-Moduln $\bigwedge^\sigma F$, die eine $\binom{s}{\sigma}$-elementige Basis $\{e_{\iota_1\dots\iota_\sigma} = e_{\iota_1} \wedge \dots \wedge e_{\iota_\sigma}, 1 \le \iota_1 < \dots < \iota_\sigma \le s\}$ besitzen. Durch

$$d_\sigma(e_{\iota_1} \wedge \dots \wedge e_{\iota_\sigma}) := \sum_{j=1}^{\sigma} (-1)^{j-1} f_{\iota_j} e_{\iota_1} \wedge \dots \wedge \hat{e}_{\iota_j} \wedge \dots \wedge e_{\iota_\sigma},$$

wo $\hat{e}_{\iota_j}$ Fortlassen des Elementes e_{ι_j} bedeutet, wird mittels linearer Fortsetzung ein A-Modulhomomorphismus $d_\sigma: \bigwedge^\sigma F \to \bigwedge^{\sigma-1} F$ definiert, $\sigma = 1,\dots,s$. Man zeigt nach geläufigem Vorbild, daß $d_{\sigma-1} d_\sigma = 0$. Daher ist die Sequenz

$$0 \to \bigwedge^s F \xrightarrow{d_s} \bigwedge^{s-1} F \to \dots \to \bigwedge^2 F \to \bigwedge^1 F \xrightarrow{d_1} (f_1,\dots,f_s)A \to 0$$

ein *Komplex*. Er heißt der zum System $\{f_1,\dots,f_s\}$ gehörende *Koszulkomplex*.

Satz 8. *Ist* $\{f_1,\dots,f_s\} \subset \mathfrak{m}$ *eine A-Sequenz, so ist der zum System* $\{f_1,\dots,f_s\}$ *gehörende Koszulkomplex eine Hilbert-Auflösung des Ideals* $(f_1,\dots,f_s)A$.

Speziell folgt also: $\mathrm{syl}_A(f_1,\dots,f_s)A = s-1$.

Beweis. Wir setzen $\mathfrak{a}_t := (f_1,\dots,f_t)A$ und führen den Beweis durch Induktion über t. Für $t=1$ ist die Behauptung klar, denn $d_1 : \bigwedge^1 F \to \mathfrak{a}_1$ wird durch $ae_1 \to af_1$ gegeben und ist wegen $f_1 \in N(A)$ bijektiv.

Sei $t>1$. Es sei F' ein freier Modul mit der Basis $\{e_1,\dots,e_{t-1}\}$. Nach Induktionsvoraussetzung ist der zu $\mathfrak{a}_{t-1}$ gehörende Koszul-Komplex

$$0 \to \bigwedge^{t-1} F' \to \dots \to \bigwedge^2 F' \to \bigwedge^1 F' \to \mathfrak{a}_{t-1} \to 0$$

eine Hilbertauflösung von $\mathfrak{a}_{t-1}$. Da $f_t \in N(A/\mathfrak{a}_{t-1})$ und $\mathfrak{a}_{t-1} \cap Af_t = \mathfrak{a}_{t-1} f_t$ nach § 1.1 gilt, so liefert Satz 7 (mit A für F und $\mathfrak{a}_{t-1}$ für M) wegen $\mathfrak{a}_t = \mathfrak{a}_{t-1} + Af_t$ für $\mathfrak{a}_t$ die Hilbertauflösung

$$0 \to \bigwedge^{t-1} F' \xrightarrow{\psi'_{t-1}} \bigwedge^{t-1} F' \oplus \bigwedge^{t-2} F' \xrightarrow{\psi'_{t-2}} \dots \to \bigwedge^1 F' \oplus Ae_t \xrightarrow{\psi'_0} \mathfrak{a}_t \to 0.$$

Wir setzen $F := F' \oplus Ae_t$. Durch

$$\vartheta_t(e_1 \wedge \dots \wedge e_{t-1}) := e_1 \wedge \dots \wedge e_{t-1} \wedge e_t$$

wird ein Isomorphismus

$$\vartheta_t : \bigwedge^{t-1} F' \to \bigwedge^t F$$

und durch

$$\vartheta_j(a_1 e_{\iota_1} \wedge \dots \wedge e_{\iota_j} + a_2 e_{\varkappa_1} \wedge \dots \wedge e_{\varkappa_{j-1}})$$
$$:= a_1 e_{\iota_1} \wedge \dots \wedge e_{\iota_j} + a_2 e_{\varkappa_1} \wedge \dots \wedge e_{\varkappa_{j-1}} \wedge e_t,$$

$a_1, a_2 \in A$, $1 \leq j \leq t-1$, werden Isomorphismen

$$\vartheta_j : \bigwedge^j F' \oplus \bigwedge^{j-1} F' \to \bigwedge^j F$$

definiert. Setzt man noch $\vartheta_0 := id : \mathfrak{a}_t \to \mathfrak{a}_t$ und $\psi_{j+1} := \vartheta_j \circ \psi'_j \circ \vartheta_{j+1}^{-1}$, $j=0,\ldots,t-1$, so erhält man eine Hilbertauflösung

$$0 \to \bigwedge^t F \xrightarrow{\psi_t} \cdots \to \bigwedge^1 F \xrightarrow{\psi_1} \mathfrak{a}_t \to 0$$

von $\mathfrak{a}_t$.

Es ist noch $\psi_j = d_j$ zu zeigen, wobei d_j die Randabbildung $\bigwedge^j F \to \bigwedge^{j-1} F$ in dem Koszul-Komplex von $\mathfrak{a}_t$ ist. Dazu haben wir $d_{j+1} \circ \vartheta_{j+1} = \vartheta_j \circ \psi'_j$, $j=0,\ldots,t-1$, nachzuweisen. Es bezeichne im folgenden g_j ein Element aus $\bigwedge^j F'$ und g ein Element aus A. Dann gilt (vgl. Satz 7) im Fall $j=0$:

$$\begin{aligned}\vartheta_0 \circ \psi'_0(g_1, g) &= \psi'_0(g_1, g) = d_1(g_1) + g f_t = d_1(g_1 + g e_t) \\ &= d_1 \circ \vartheta_1(g_1, g).\end{aligned}$$

Im Fall $1 \leq j \leq t-2$ hat man

$$\begin{aligned}\vartheta_j \circ \psi'_j(g_{j+1}, g_j) &= \vartheta_j(d_{j+1}(g_{j+1}) + (-1)^{j+1} g_j f_t, d_j(g_j)) \\ &= d_{j+1}(g_{j+1}) + d_j(g_j) \wedge e_t + (-1)^{j-1} g_j f_t \\ &= d_{j+1}(g_{j+1} + g_j \wedge e_t) \\ &= d_{j+1} \circ \vartheta_{j+1}(g_{j+1}, g_j).\end{aligned}$$

Schließlich gilt im Fall $j=t-1$:

$$\begin{aligned}\vartheta_{t-1} \circ \psi'_{t-1}(g_{t-1}) &= \vartheta_{t-1}((-1)^{t-1} g_{t-1} f_t, d_{t-1}(g_{t-1})) \\ &= d_{t-1}(g_{t-1}) \wedge e_t + (-1)^{t-1} g_{t-1} f_t \\ &= d_t(g_{t-1} \wedge e_t) = d_t \circ \vartheta_t(g_{t-1}),\end{aligned}$$

w. z. b. w.

§ 3. Invariante analytische k-Unterstellenalgebren

1. Invariante Algebren zu endlichen Automorphismengruppen. Das wohl einfachste Beispiel einer nicht regulären, normalen, analytischen $\mathbb{C}$-Stellenalgebra ist $A := K_3/K_3(X_3^2 - X_1 X_2)$. Um dieses Beispiel und weitere besser zu verstehen, geben wir ein neues Prinzip zur Erzeugung analytischer k-Stellenalgebren an.

Sei B eine analytische k-Stellenalgebra und G eine Untergruppe der Gruppe $\operatorname{Aut} B$ aller analytischen Automorphismen von B. Dann ist

$$B^G := \{f \in B : \varphi(f) = f \text{ für alle } \varphi \in G\}$$

eine k-Unteralgebra von B, die wir die *G-invariante Unteralgebra* von B nennen. Für jedes $\beta \in \operatorname{Aut} B$ gilt

$$\beta(B^G) = B^{\beta G \beta^{-1}};$$

zu konjugierten Untergruppen von $\operatorname{Aut} B$ *gehören also isomorphe invariante k-Unteralgebren von B.*

Wir bemerken als erstes:

B^G ist abgeschlossen in B.

Ist nämlich $f_\nu \in B^G$ eine gegen ein $f \in B$ konvergente Folge, so konvergiert, da jeder Automorphismus $\varphi \in G$ stetig ist, die Folge $\varphi(f_\nu)$ gegen $\varphi(f)$. Da $\varphi(f_\nu) = f_\nu$ und B hausdorffsch ist, ergibt sich $\varphi(f) = f$ für alle $\varphi \in G$, d.h. $f \in B^G$, w.z.b.w.

Wir bemerken weiter:

Ist G endlich, so ist jedes $f \in B$ ganz über B^G.

Denn das Polynom

$$p := \prod_{\varphi \in G} (Y - \varphi(f)) \in B[Y]$$

ist normiert, es gilt $p(f) = 0$, und alle Koeffizienten von p gehören als elementarsymmetrische Funktionen der $\varphi(f)$, $\varphi \in G$, sogar zu B^G, w.z.b.w.

Aus den Sätzen II.2.6 und II.5.1 folgt nun unmittelbar:

Satz 1. *Ist G eine endliche Gruppe von analytischen Automorphismen von B, so ist die G-invariante Unteralgebra B^G von B eine abgeschlossene analytische k-Unterstellenalgebra von B, B ist ein endlicher B^G-Modul, und es gilt* $\dim B^G = \dim B$.

Wir notieren sogleich einen einfachen

Zusatz 1 zu Satz 1. *Ist B nullteilerfrei bzw. normal, so ist auch B^G nullteilerfrei bzw. normal.*

Beweis. Mit B ist auch $B^G \subset B$ nullteierfrei. Ist B normal, so ist B nach Anhang, Satz 3.4 nullteilerfrei. Sei nun $q := fg^{-1} \in Q(B^G)$, $f, g \in B^G$, ganz über B^G, etwa

$$q^b + f_1 q^{b-1} + \cdots + f_b = 0, \; f_\beta \in B^G.$$

Dann ist q insbesondere ganz über B, und es folgt $q \in B$. Für jedes $\varphi \in G$ gilt

$$g q = f = \varphi(f) = \varphi(g q) = \varphi(g)\varphi(q) = g\,\varphi(q)$$

und also $q = \varphi(q)$ wegen $g \neq 0$, w.z.b.w.

Ist $\operatorname{ord} G \not\equiv 0 \bmod \operatorname{char} k$, so ist $\operatorname{ord} G$ eine Einheit in k und also die Mittelabbildung

$$f \mapsto \mu(f) := (\operatorname{ord} G)^{-1} \sum_{\varphi \in G} \varphi(f), \; f \in B,$$

wohldefiniert. Man verifiziert mühelos:

$\mu: B \to B$ ist ein B^G-Modulhomomorphismus. μ ist eine Projektion auf B^G, d.h. es gilt $\mu(B) = B^G$ und $\mu(b) = b$ für alle $b \in B^G$.

Wir benutzen diese Bemerkung im Beweis der folgenden Aussage.

Zusatz 2 zu Satz 1. *Sei* $\operatorname{ord} G \not\equiv 0 \bmod \operatorname{char} k$. *Dann gilt:*

$$\operatorname{prof} B^G \geq \operatorname{prof} B.$$

Speziell ist mit B auch B^G Macaulaysch.

Beweis. Nach Satz 1.6 gilt $\operatorname{prof} B = \operatorname{prof}_{B^G} B$. Es genügt also zu zeigen: $\operatorname{prof} B^G \geq \operatorname{prof}_{B^G} B$. Wir beweisen mehr:

Jede B-Sequenz $\{f_1, \ldots, f_s\} \subset \mathfrak{m}(B^G)$ ist eine B^G-Sequenz.

Sei also $1 \leq i \leq s$ und

$$b_i f_i \in \sum_{\nu=1}^{i-1} B^G f_\nu, \qquad b_i \in B^G.$$

Da eine B-Sequenz vorliegt, folgt:

$$b_i = \sum_{\nu=1}^{i-1} d_\nu f_\nu, \qquad d_\nu \in B.$$

Anwendung der Mittelabbildung μ liefert wegen $f_1, \ldots, f_{i-1}, b_i \in B^G$:

$$b_i = \sum_{\nu=1}^{i-1} \mu(d_\nu) f_\nu \in \sum_{\nu=1}^{i-1} B^G f_\nu.$$

Mithin ist $\{f_1, \ldots, f_s\}$ eine B^G-Sequenz. Falls $\operatorname{prof} B = \dim B$, so folgt $\operatorname{prof} B^G \geq \dim B = \dim B^G$, d.h. B^G ist Macaulaysch, w.z.b.w.

2. Linearisierung. In diesem Abschnitt wird gezeigt, daß man sich bei der Untersuchung invarianter Algebren K_n^G in vielen Fällen auf die Betrachtung linearer Gruppen G beschränken kann, und daß man beim Studium solcher Algebren K_n^G nur die G-invarianten Polynomunteralgebren zu kennen braucht.

Bei vorgegebener analytischer Karte $\langle Y_1, \ldots, Y_n \rangle$ in K_n werde für jedes $\varphi \in \operatorname{End} K_n$ die Linearisierung $\varphi' \in \operatorname{End} K_n$ definiert durch die Forderungen

$$\varphi'(Y_\nu) = \sum a_{\mu\nu} Y_\mu, \quad a_{\mu\nu} \in k, \quad \text{und} \quad \varphi'(Y_\nu) - \varphi(Y_\nu) \in \mathfrak{m}^2, \quad \nu = 1, \ldots, n.$$

φ und φ' haben dieselbe Ableitung: $\dot{\varphi} = \dot{\varphi}'$.

φ heißt linear (bzgl. $\langle Y_1, \ldots, Y_n \rangle$), wenn $\varphi = \varphi'$. Die linearen Automorphismen von K_n bilden eine zu $\mathrm{GL}(n, k)$ isomorphe Untergruppe L von $\operatorname{Aut} K_n$. Die Zuordnung $\varphi \to \varphi'$ induziert einen Gruppenepimorphismus $': \operatorname{Aut} K_n \to L$. Wir zeigen nun:

Satz 2. *Sei $G \subset \operatorname{Aut} K_n$ eine endliche Gruppe der Ordnung $b \not\equiv 0 \mod \operatorname{char} k$. Dann gibt es eine Karte $\langle X_1, \ldots, X_n \rangle$ in K_n, so daß G bzgl. $\langle X_1, \ldots, X_n \rangle$ linear operiert.*

Beweis. Es sei eine Karte $\langle Y_1, \ldots, Y_n \rangle$ in K_n fest gewählt und $\gamma: K_n \to K_n$ die durch

$$\gamma := \frac{1}{b} \sum_{\varphi \in G} \varphi^{-1} \circ \varphi',$$

definierte k-lineare Abbildung, wobei φ' die Linearisierung von φ bzgl. $\langle Y_1, \ldots, Y_n \rangle$ bezeichnet. (Offensichtlich wird durch γ im allgemeinen *kein* analytischer Homomorphismus erklärt.) Wir setzen $X_\nu := \gamma(Y_\nu)$. Wegen $\varphi'(Y_\nu) - \varphi(Y_\nu) \in \mathfrak{m}^2$ gilt dann $(\varphi^{-1} \circ \varphi')(Y_\nu) - Y_\nu \in \mathfrak{m}^2$ und folglich auch $X_\nu - Y_\nu \in \mathfrak{m}^2$, d.h.

$$\frac{\partial X_\nu}{\partial Y_\mu}(0) = \delta_{\nu\mu}; \qquad \nu, \mu = 1, \ldots, n.$$

Also ist $\langle X_1, \ldots, X_n \rangle$ eine Karte von K_n. Es gilt nun für beliebiges $\chi \in G$:

$$\begin{aligned}
\chi \circ \gamma = \frac{1}{b} \sum_{\varphi \in G} \chi \circ \varphi^{-1} \circ \varphi' &= \left(\frac{1}{b} \sum_{\varphi \in G} (\varphi \circ \chi^{-1})^{-1} \circ (\varphi' \circ \chi'^{-1}) \right) \circ \chi' \\
&= \left(\frac{1}{b} \sum_{\varphi \in G} (\varphi \circ \chi^{-1})^{-1} \circ (\varphi \circ \chi^{-1})' \right) \circ \chi' \\
&= \gamma \circ \chi'
\end{aligned}$$

wegen $(\varphi \circ \chi^{-1})' = \varphi' \circ \chi'^{-1}$, und weil mit φ auch $\varphi \circ \chi^{-1}$ ganz G durchläuft. Gilt dann $\chi'(Y_\nu) = \sum a_{\mu\nu} Y_\mu$, $a_{\mu\nu} \in k$, so folgt mit der k-Linearität von γ:

$$\begin{aligned}
\chi(X_\nu) = \chi \circ \gamma(Y_\nu) = \gamma \circ \chi'(Y_\nu) &= \gamma\Big(\sum_\mu a_{\mu\nu} Y_\mu\Big) \\
&= \sum_\mu a_{\mu\nu} \gamma(Y_\mu) = \sum_\mu a_{\mu\nu} X_\mu, \quad \text{w.z.b.w.}
\end{aligned}$$

Im folgenden betrachten wir nur noch lineare endliche Gruppen $G \subset \operatorname{Aut} K_n$. Ist $f = \sum_{\nu=0}^{\infty} p_\nu$ die Entwicklung eines Elementes $f \in K_n$ nach homogenen Polynomen, so gilt $\varphi(f) = \sum_{\nu=0}^{\infty} \varphi(p_\nu)$, und dies ist, da φ linear ist, die Entwicklung von $\varphi(f)$ nach homogenen Polynomen. Also folgt:

$$f \in K_n^G \quad \textit{genau dann, wenn } p_\nu \in K_n^G, \qquad \nu = 0, 1, 2, \ldots .$$

Da K_n^G abgeschlossen in K_n liegt, so folgt hieraus, wenn wir mit S_n die Polynomalgebra $k[Y_1, \ldots, Y_n]$ und mit $S_n^G := S_n \cap K_n^G$ die k-Algebra der G-invarianten Polynome bezeichnen:

K_n^G ist die abgeschlossene Hülle von S_n^G in K_n : $\overline{S_n^G} = K_n^G$.

Diese Feststellung hat als wichtige Konsequenz den nachstehenden Satz, auf den wir uns in allen folgenden Beispielen beziehen werden.

Satz 3. *Es seien $q_1, \ldots, q_m \in S_n^G$ homogene Polynome positiven Grades, die S_n^G als k-Algebra erzeugen: $S_n^G = k[q_1, \ldots, q_m]$. Dann ist der durch die Gleichungen*

$$\alpha(X_\mu) := q_\mu, \qquad \mu = 1, \ldots, m,$$

definierte analytische Homomorphismus $\alpha: K_m \to K_n$, wo $K_m := k\langle X_1, \ldots, X_m\rangle$, ein Epimorphismus auf K_n^G:

$$K_n^G \cong K_m/\mathrm{Ker}\, \alpha.$$

Beweis. Wegen $\alpha(X_\mu) \in K_n^G$ gilt, da K_n^G abgeschlossen in K_n liegt: $\alpha(K_m) \subset K_n^G$. Da S_n^G von $q_1, \ldots, q_m$ erzeugt wird, folgt: $S_n^G \subset \alpha(K_m)$. $\alpha: K_m \to K_n$ ist endlich, da $X_1, \ldots, X_n$ sämtlich ganz über $S_n^G \subset \alpha(K_m)$ sind. Mithin liegt $\alpha(K_m)$ abgeschlossen in K_n, und es ist

$$K_n^G = \overline{S_n^G} \subset \alpha(K_m) \subset K_n^G, \quad \text{w.z.b.w.}$$

3. Beispiele. Zyklische Gruppen. In diesem Abschnitt sei G stets eine lineare zyklische Automorphismengruppe von $K_n = k\langle Y_1, \ldots, Y_n\rangle$ der Ordnung b, es sei $\gamma \in G$ ein Generator von G. Dann gilt:

$$K_n^G = \{f \in K_n : \gamma(f) = f\},$$
$$S_n^G = \{p \in S_n : \gamma(p) = p\}.$$

Wir zeigen:

Ist k algebraisch abgeschlossen und gilt $b \not\equiv 0 \bmod \mathrm{char}\, k$, so gibt es einen linearen Automorphismus $\lambda \in L$, eine primitive b-te Einheitswurzel ζ und paarweise teilerfremde Zahlen $b_1, \ldots, b_n$ mit $0 \le b_\nu < b$, $\nu = 1, \ldots, n$, so daß für $\vartheta := \lambda\gamma\lambda^{-1}$ gilt

$$(*) \qquad \vartheta(Y_\nu) = \zeta^{b_\nu} Y_\nu, \qquad \nu = 1, \ldots, n.$$

Beweis. Ist $q \in \mathrm{GL}(n,k)$ die zu γ bzgl. $\langle Y_1, \ldots, Y_n\rangle$ gehörende Matrix und $j := vqv^{-1}$, $v \in \mathrm{GL}(n,k)$, die Jordansche Normalform von q, so ist j wegen $j^b = 1$ und $b \not\equiv 0 \bmod \mathrm{char}\, k$ eine Diagonalmatrix. Alle Eigenwerte von j sind b-te Einheitswurzeln ζ^{b_ν}; wegen $j^i \neq 1$ für alle $i < b$ müssen die $b_1, \ldots, b_n$ teilerfremd sein. Ist nun $\lambda \in L$ der zu v gehörende Automorphismus, so wirkt $\vartheta := \lambda\gamma\lambda^{-1}$ in der behaupteten Weise, w.z.b.w.

Im folgenden betrachten wir nur noch Gruppen

$$G=\{1,\vartheta,\vartheta^2,\ldots,\vartheta^{b-1}\},$$

bei denen ϑ gemäß (*) wirkt. Dann gilt

$$\vartheta(Y_1^{\nu_1}\cdot\ldots\cdot Y_n^{\nu_n})=\zeta^{\nu_1 b_1+\nu_2 b_2+\cdots+\nu_n b_n}Y_1^{\nu_1}\cdot\ldots\cdot Y_n^{\nu_n},$$

d.h. S_n^G wird von den ϑ-invarianten Monomen erzeugt.

Wir rechnen nun zwei Beispiele durch. Sei $n=2$, also $K_2=k\langle Y_1,Y_2\rangle$, sei ζ eine primitive b-te Einheitswurzel, $b\geq 2$. Wir benutzen die Bezeichnungen von Satz 3.

1. Beispiel. ϑ werde durch

$$\vartheta(Y_1)=\zeta Y_1,\qquad \vartheta(Y_2)=\zeta^{-1}Y_2$$

gegeben, d.h. $G\subset \mathrm{SL}(n,k)$. Dann ist $Y_1^i Y_2^j$ genau dann ϑ-invariant, wenn $i\equiv j \bmod b$. Die G-invariante Algebra S_2^G wird mithin von den Monomen

$$\{Y_1^{qb}(Y_1Y_2)^i, Y_2^{qb}(Y_1Y_2)^j : i,j,q=0,1,2,\ldots\}$$

erzeugt. Daher gilt $S_2^G=k[q_1,q_2,q_3]$, wo

$$q_1:=Y_1^b,\qquad q_2:=Y_2^b,\qquad q_3:=Y_1Y_2.$$

Satz 3 liefert $K_2^G\cong K_3/\operatorname{Ker}\alpha$, wo $K_3=k\langle X_1,X_2,X_3\rangle$ und α durch

$$\alpha(X_1):=Y_1^b,\qquad \alpha(X_2):=Y_2^b,\qquad \alpha(X_3):=Y_1Y_2$$

definiert ist.

Da K_2^G nullteilerfrei und 2-dimensional ist, so ist $\operatorname{Ker}\alpha$ ein Primhauptideal nach Anhang, Satz 3.11. Da $X_3^b-X_1X_2\in\operatorname{Ker}\alpha$ und $X_3^b-X_1X_2$ irreduzibel in K_3 ist (denn $X_3^b-X_1X_2$ ist, etwa nach Eisenstein, irreduzibel über $k\langle X_1,X_2\rangle[X_3]$ und also als Weierstraßpolynom in X_3 auch irreduzibel in K_3 nach Satz I.5.2, Folgerung), folgt $\operatorname{Ker}\alpha=K_3(X_3^b-X_1X_2)$. Wegen $\operatorname{Ker}\alpha\subset\mathfrak{m}^2(K_3)$ gilt $\operatorname{jg}(\operatorname{Ker}\alpha)=0$ und also

$$\operatorname{eib} K_3/\operatorname{Ker}\alpha=\operatorname{eib}K_3-\operatorname{jg}(\operatorname{Ker}\alpha)=3.$$

Insgesamt sehen wir:

$K_3/K_3(X_3^b-X_1X_2)$ ist eine normale, nicht reguläre, 2-dimensionale analytische k-Stellenalgebra.

Es ist unmittelbar einzusehen, daß diese Algebra auch zu $K_3/K_3(X_1^2+X_2^2+X_3^b)$ isomorph ist.

2. Beispiel. ϑ werde durch

$$\vartheta(Y_1)=\zeta Y_1,\qquad \vartheta(Y_2)=\zeta Y_2$$

gegeben. Jetzt ist $Y_1^i Y_2^j$ genau dann ϑ-invariant, wenn $i+j\equiv 0 \bmod b$, daher wird S_2^G jetzt von den Monomen

$$\{Y_1^{qb} Y_2^{rb} Y_1^{b-i} Y_2^i : q,r=0,1,2,\dots;\, i=0,1,\dots,b\}$$

erzeugt, und es gilt $S_2^G = k[q_0, q_1, \dots, q_b]$, wenn

$$q_i := Y_1^{b-i} Y_2^i; \qquad i=0,1,\dots,b.$$

Satz 3 liefert $K_2^G \cong K_{b+1}/\mathrm{Ker}\,\alpha$, wo $K_{b+1}=k\langle X_0,\dots,X_b\rangle$ und α durch

$$\alpha(X_i) := Y_1^{b-i} Y_2^i; \qquad i=0,1,\dots,b,$$

definiert ist.

Es gilt $f=\sum_0^\infty a_{\nu_0\dots\nu_b} X_0^{\nu_0}\cdot\dots\cdot X_b^{\nu_b} \in \mathrm{Ker}\,\alpha$ genau dann, wenn

$$\sum_0^\infty a_{\nu_0\dots\nu_b} Y_1^{b\nu_0+(b-1)\nu_1+\dots+\nu_{b-1}} Y_2^{\nu_1+2\nu_2+\dots+b\nu_b} = 0,$$

d.h. wenn gilt: $\displaystyle\sum_{\substack{\nu_{b-1}+2\nu_{b-2}+\dots+b\nu_0=r\\ \nu_1+2\nu_2+\dots+b\nu_b=s}} a_{\nu_0\nu_1\dots\nu_b}=0; \qquad r,s=0,1,\dots\,.$

Für $s:=j$, $0\le j\le b$, und $r:=b-j$ hat man dann $b(\nu_0+\dots+\nu_b)=b$, d.h. $\nu_0+\dots+\nu_b=1$ und damit $\nu_j=1$, $\nu_{j'}=0$ für $j'\neq j$, d.h.

$$a_{0,\dots,0,1,0,\dots,0}=0, \quad \text{also } f\in\mathfrak{m}^2(K_{b+1}).$$

Folglich gilt $\mathrm{Ker}\,\alpha\subset\mathfrak{m}^2$ und mithin $\mathrm{jg}(\mathrm{Ker}\,\alpha)=0$, d.h. $\mathrm{eib}(K_{b+1}/\mathrm{Ker}\,\alpha) = b+1$. Somit haben wir bewiesen:

$K_{b+1}/\mathrm{Ker}\,\alpha$ ist eine normale 2-dimensionale analytische k-Stellen-algebra mit der Einbettungsdimension $b+1$.

§ 4. Derivations- und Differentialmoduln

1. Derivationen. Eine k-lineare Abbildung $D: A\to M$ von $A\in\mathfrak{A}$ in einen (nicht notwendig endlich erzeugten) A-Modul M heißt *Derivation von A mit Werten in M*, wenn die *Produktregel*

$$D(f\cdot g) = f\cdot Dg + g\cdot Df; \qquad f,g\in A,$$

gilt. Für D gilt dann automatisch auch die *Quotientenregel*:

$$D(f\cdot g^{-1}) = g^{-2}(g\cdot Df - f\cdot Dg), \quad g \text{ Einheit in } A.$$

Wir bezeichnen mit $\mathfrak{D}(A,M)$ den k-Vektorraum aller Derivationen von A mit Werten in M. $\mathfrak{D}(A,M)$ ist sogar ein A-Modul, denn durch

$$(aD)f := a\cdot(Df), \qquad f\in A,$$

wird bei festem $a \in A$, $D \in \mathfrak{D}(A,M)$, wieder eine Derivation gegeben. Wir werden später sehen, daß sogar $\mathfrak{D}(A,M) \in \mathfrak{M}_A$, falls $M \in \mathfrak{M}_A$.

Es gilt $D(k)=0$ für jede Derivation D, da $D1 = D(1\cdot 1) = 1\cdot D1 + 1\cdot D1$, d.h. $D1=0$.

Der Modul $\mathfrak{D}(A,k)$ heißt der *Tangentialraum* von A. Statt $\mathfrak{D}(A,A)$ schreiben wir abkürzend $\mathfrak{D}(A)$.

Ist $\varphi: A \to B$, $B \in \mathfrak{A}$, ein analytischer Homomorphismus, so wird für jeden B-Modul M durch $D \mapsto D\circ\varphi$ ein A-Homomorphismus

$$\varphi^0 : \mathfrak{D}(B,M) \to \mathfrak{D}(A,M)$$

definiert, der funktoriell von φ abhängt. Ist φ surjektiv, so ist φ^0 injektiv.

Satz 1. *Für jedes* $D \in \mathfrak{D}(A,M)$ *gilt:* $D(\mathfrak{m}^{\nu+1}) \subset \mathfrak{m}^\nu M$, $\nu = 0,1,2,\ldots$.

Beweis. Durch Induktion. Für $\nu=0$ ist nichts zu zeigen. Sei die Aussage für $\nu<n$ richtig, sei $f \in \mathfrak{m}^{n+1}$. Dann schreibt sich f in der Form $\sum f_i g_i$, $f_i \in \mathfrak{m}$, $g_i \in \mathfrak{m}^n$, also:

$$Df = \sum f_i D g_i + \sum g_i D f_i .$$

Da $Dg_i \in \mathfrak{m}^{n-1}M$ nach Induktionsvoraussetzung, so folgt $Df \in \mathfrak{m}^n M$, w.z.b.w.

Folgerung. *Sind* $D_1, D_2 \in \mathfrak{D}(A,M)$, $M \in \mathfrak{M}_A$, *Derivationen und gilt* $D_1 f_\nu = D_2 f_\nu$, $\nu=1,\ldots,n$, *für ein Erzeugendensystem* $\{f_1,\ldots,f_n\}$ *von* $\mathfrak{m}$, *so gilt* $D_1 = D_2$.

Beweis. Aufgrund der Produktregel gilt $D_1 p = D_2 p$ für jedes Polynom $p \in k[f_1,\ldots,f_n]$. Sei $f \in A$ beliebig. Zu jedem $\nu \in \mathbb{N}$ gibt es ein $p_\nu \in k[f_1,\ldots,f_n]$, so daß $f - p_\nu \in \mathfrak{m}^{\nu+1}$. Aus Satz 1 folgt dann

$$D_1 f - D_2 f = D_1(f-p_\nu) - D_2(f-p_\nu) \in \mathfrak{m}^\nu M \quad \text{für alle } \nu \geq 1 .$$

Wegen $M \in \mathfrak{M}_A$ hat dies (Durchschnittssatz) $D_1 f - D_2 f = 0$ zur Folge, w.z.b.w.

Für $K_n = k\langle X_1,\ldots,X_n\rangle$ sind die partiellen Ableitungen $\dfrac{\partial}{\partial X_\nu}: K_n \to K_n$; $\nu=1,\ldots,n$, Derivationen. Der folgende Satz zeigt, daß dies im wesentlichen alle Derivationen von K_n sind.

Satz 2 (Kettenregel). *Sei* $M \in \mathfrak{M}_{K_n}$ *und* $\{e_1,\ldots,e_r\}$ *ein Erzeugendensystem (bzw. eine Basis) von* M. *Dann gilt*

$$D = \sum_1^n D X_\nu \frac{\partial}{\partial X_\nu}$$

für jede Derivation $D \in \mathfrak{D}(K_n, M)$. *Insbesondere bilden die Derivationen*

$$\left\{ e_\rho \frac{\partial}{\partial X_\nu} : \rho = 1, \ldots, r;\ \nu = 1, \ldots, n \right\}$$

ein Erzeugendensystem (bzw. eine Basis) von $\mathfrak{D}(K_n, M)$.

Beweis. Sei $D \in \mathfrak{D}(K_n, M)$. Dann ist auch $D' := \sum_1^n D X_\nu \frac{\partial}{\partial X_\nu}$ eine Derivation. Da $D X_\nu = D' X_\nu$, $\nu = 1, \ldots, n$, so gilt $D = D'$ nach der Folgerung aus Satz 1. Falls

$$D X_\nu = \sum_{\rho=1}^{r} a_{\nu\rho} e_\rho, \quad a_{\nu\rho} \in K_n,$$

so folgt

$$D = \sum_{\nu=1}^{n} \sum_{\rho=1}^{r} a_{\nu\rho} e_\rho \frac{\partial}{\partial X_\nu}.$$

Ist $\{e_1, \ldots, e_r\}$ eine Basis von M, so ergibt sich aus

$$\sum_{\nu=1}^{n} \sum_{\rho=1}^{r} a_{\nu\rho} e_\rho \frac{\partial}{\partial X_\nu} = 0$$

zunächst

$$\sum_{\nu=1}^{n} a_{\nu\rho} \frac{\partial}{\partial X_\nu} = 0, \qquad \rho = 1, \ldots, r.$$

Anwendung auf X_μ liefert $a_{\mu\rho} = 0$, w. z. b. w.

Bemerkung. Der soeben bewiesene Satz verallgemeinert in der Tat die Kettenregel. Ist nämlich (in Anlehnung an unsere frühere Notation schreiben wir m statt n) $\varphi : k\langle X_1, \ldots, X_m \rangle \to k\langle Y_1, \ldots, Y_n \rangle$ ein analytischer Homomorphismus, so ist $K_n := k\langle Y_1, \ldots, Y_n \rangle$ bzgl. φ ein $K_m := k\langle X_1, \ldots, X_m \rangle$-Modul und $\frac{\partial}{\partial Y_j} \circ \varphi : K_m \to K_n$ eine Derivation; daher folgt:

$$\frac{\partial}{\partial Y_j} \circ \varphi = \sum_{\mu=1}^{m} \frac{\partial \varphi(X_\mu)}{\partial Y_j} \cdot \frac{\partial}{\partial X_\mu}.$$

Wir notieren einfache Folgerungen aus Satz 2.

Folgerung 1. Ist $\rho : K_n \to A$ *surjektiv, so ist* $\mathfrak{D}(K_n, A)$ *ein freier* A*-Modul mit* $\left\{ \rho \circ \frac{\partial}{\partial X_\nu} : \nu = 1, \ldots, n \right\}$ *als Basis.*

Insbesondere ist $\left\{ \frac{\partial}{\partial X_1}, \ldots, \frac{\partial}{\partial X_n} \right\}$ eine K_n-Basis von $\mathfrak{D}(K_n)$. Sie heißt die *kanonische Basis zur Karte* $\langle X_1, \ldots, X_n \rangle$. Ist $\langle Y_1, \ldots, Y_n \rangle$ eine weitere Karte, so gilt nach Satz 2:

$$\frac{\partial}{\partial Y_\mu} = \sum_{\nu=1}^{n} \frac{\partial X_\nu}{\partial Y_\mu} \cdot \frac{\partial}{\partial X_\nu}; \qquad \mu = 1, \ldots, n.$$

Ist ρ die Restklassenabbildung $K_n \to k$, so sehen wir, daß der Tangentialraum $\mathfrak{D}(K_n, k)$ ein n-dimensionaler k-Vektorraum ist.

Folgerung 2. *Es gilt* $\mathfrak{D}(A, M) \in \mathfrak{M}_A$ *für alle* $A \in \mathfrak{A}$, $M \in \mathfrak{M}_A$. *Jede Derivation* $D \in \mathfrak{D}(A, M)$ *ist stetig.*

Beweis. 1. Um $\mathfrak{D}(A, M) \in \mathfrak{M}_A$ zu beweisen, wählen wir einen Epimorphismus $\alpha: K_n \to A$. Der induzierte K_n-Homomorphismus $\alpha^0: \mathfrak{D}(A, M) \to \mathfrak{D}(K_n, M)$ ist injektiv. Da $\mathfrak{D}(K_n, M) \in \mathfrak{M}_{K_n}$ nach Satz 2, so folgt $\mathfrak{D}(A, M) \in \mathfrak{M}_{K_n}$. Da $\operatorname{Ker} \alpha$ im Annulatorideal von $\mathfrak{D}(A, M)$ liegt, folgt $\mathfrak{D}(A, M) \in \mathfrak{M}_A$.

2. Falls $A = K_n$, so ist die Stetigkeit jeder Derivation $D: K_n \to M$ aufgrund der expliziten Darstellung durch Satz 2 klar, da die partiellen Ableitungen und die Rechenoperationen in M stetig sind. Im allgemeinen Fall sei wieder $\alpha: K_n \to A$ ein Epimorphismus. Ist dann $g_\nu \in A$ eine gegen $g \in A$ konvergente Folge, so wählen wir in K_n Urbilder $f_\nu \in \alpha^{-1}(g_\nu)$, $f \in \alpha^{-1}(g)$, so daß f_ν gegen f konvergiert. Für jede Derivation $D \in \mathfrak{D}(A, M)$ ist dann $D \circ \alpha \in \mathfrak{D}(K_n, M)$ stetig, d. h. es gilt

$$D g = (D \circ \alpha) f = \lim_\nu (D \circ \alpha) f_\nu = \lim_\nu D(\alpha f_\nu) = \lim_\nu D g_\nu,$$

w. z. b. w.

Ein wichtiges Beispiel einer Derivation ist die natürliche Abbildung $\delta: A \to \dot{A}$ von A in den Cotangentialraum $\dot{A} = \mathfrak{m}/\mathfrak{m}^2$ von A, die durch

$$f \mapsto f - f(0) \bmod \mathfrak{m}^2$$

gegeben wird. Die Produktregel ist leicht zu verifizieren:

$$\begin{aligned}\delta(f \cdot g) &= f \cdot g - f(0) \cdot g(0) \bmod \mathfrak{m}^2 \\ &= f \cdot g - f(0) \cdot g(0) + (f - f(0)) \cdot (g - g(0)) \bmod \mathfrak{m}^2 \\ &= 2 f \cdot g - f \cdot g(0) - g \cdot f(0) \bmod \mathfrak{m}^2 \\ &= f \cdot \delta g + g \cdot \delta f.\end{aligned}$$

Wir zeigen noch, daß jede Derivation $D \in \mathfrak{D}(A)$ in kanonischer Weise eine Derivation $\operatorname{red} D \in \mathfrak{D}(\operatorname{red} A)$ induziert, falls A als $\mathbb{Z}$-Modul torsionsfrei ist:

In $A \in \mathfrak{A}$ *folge aus* $n f = 0$, $f \in A$, $n = 1, 2, \ldots$, *stets* $f = 0$; $D \in \mathfrak{D}(A)$ *sei eine Derivation. Dann gilt* $D(\mathfrak{n}(A)) \subset \mathfrak{n}(A)$. *Genauer: Aus* $f^n = 0$ *folgt* $(D f)^{2n} = 0$.

Es sei also $f^n = 0$. Wir beweisen dann durch Induktion über i, daß

$$f^{n-i} (D f)^{2i} = 0, \qquad i = 0, \ldots, n,$$

gilt, woraus dann speziell $(D f)^{2n} = 0$ folgt. Der Induktionsbeginn $i = 0$ ist klar. Für $0 < i < n$ haben wir nach Induktionsvoraussetzung $f^{n-i} (D f)^{2i} = 0$, also erst recht $f^{n-i} (D f)^{2i+1} = 0$. Durch Anwendung von D auf diese Gleichung erhält man unter mehrfacher Berücksichtigung der Produktregel

$$\begin{aligned} 0 &= f^{n-i} D((Df)^{2i+1}) + (Df)^{2i+1} D(f^{n-i}) \\ &= f^{n-i}(2i+1)(Df)^{2i} D(Df) + (Df)^{2i+1}(n-i) f^{n-i-1} Df \\ &= (n-i) f^{n-(i+1)} (Df)^{2(i+1)} \end{aligned}$$

und also $f^{n-(i+1)}(Df)^{2(i+1)} = 0$, w. z. b. w.

2. Differentialmoduln. Wir betrachten von nun an wie üblich nur endlich erzeugte Moduln. Ist $D: A \to N$ eine Derivation von A mit Werten in $N \in \mathfrak{M}_A$ und ist $\mu: N \to M$, $M \in \mathfrak{M}_A$, ein A-Modulhomomorphismus, so ist $\mu \circ D$ eine Derivation von A mit Werten in M. Durch $\mu \mapsto \mu \circ D$ wird ein A-Homomorphismus $\mathrm{Hom}(N, M) \to \mathfrak{D}(A, M)$ gegeben. Wir fragen, ob es ein universelles N und ein universelles D gibt, so daß jede Derivation $\delta: A \to M$ in irgendein $M \in \mathfrak{M}_A$ über N eindeutig faktorisierbar ist.

Ein Paar (Ω, d) *heißt ein Differentialmodul zu* $A \in \mathfrak{A}$, *wenn folgendes gilt:*

0. $\Omega \in \mathfrak{M}_A$, $d \in \mathfrak{D}(A, \Omega)$.
1. *Für jedes* $M \in \mathfrak{M}_A$ *ist der durch* $h \mapsto h \circ d$, $h \in \mathrm{Hom}(\Omega, M)$, *gegebene* A-*Homomorphismus* $\Theta_M: \mathrm{Hom}(\Omega, M) \to \mathfrak{D}(A, M)$ *bijektiv.*

Wie jedes universelle Problem ist auch dieses, wenn überhaupt, bis auf Isomorphie eindeutig lösbar:

Satz 3. *Sind* (Ω, d), $(\tilde{\Omega}, \tilde{d})$ *Differentialmoduln zu* A, *so gibt es genau einen* A-*Homomorphismus* $\omega: \tilde{\Omega} \to \Omega$ *mit* $d = \omega \tilde{d}$. ω *ist bijektiv.*

Beweis. Zu $d \in \mathfrak{D}(A, \Omega)$ gibt es nach 1. genau ein $\omega \in \mathrm{Hom}(\tilde{\Omega}, \Omega)$ mit $d = \omega \circ \tilde{d}$. Analog gibt es genau ein $\alpha \in \mathrm{Hom}(\Omega, \tilde{\Omega})$ mit $\tilde{d} = \alpha d$. Es folgt $\tilde{d} = (\alpha\omega)\tilde{d}$ und $d = (\omega\alpha)d$. Dies impliziert $\alpha\omega = id$ und $\omega\alpha = id$ (Injektivität von $\Theta_{\tilde{\Omega}}: \mathrm{Hom}(\tilde{\Omega}, \tilde{\Omega}) \to \mathfrak{D}(A, \tilde{\Omega})$ bzw. $\Theta_\Omega: \mathrm{Hom}(\Omega, \Omega) \to \mathfrak{D}(A, \Omega)$), w. z. b. w.

Korollar. *Jeder Differentialmodul* (Ω, d) *zu* A *wird von* dA *erzeugt:* $\Omega = AdA$.

Beweis. Da ersichtlich auch $(AdA, d|AdA)$ ein Differentialmodul zu A ist, gibt es nach Satz 3 einen A-Isomorphismus $\omega: AdA \to \Omega$ mit $d = \omega \circ d|AdA$. Da ω eindeutig bestimmt ist und $id: AdA \hookrightarrow \Omega$ auch die Gleichung $d = id \circ d|AdA$ erfüllt, folgt $\omega = id$, d. h. $AdA = \Omega$, w. z. b. w.

Bemerkung. Ist ein Paar (Ω, d), $\Omega \in \mathfrak{M}_A$, $d \in \mathfrak{D}(A, \Omega)$, so beschaffen, daß Ω von dA erzeugt wird, so ist die oben unter 1. definierte Abbildung Θ_M stets injektiv. *Im Falle* $\Omega = AdA$ *ist* (Ω, d) *also bereits dann ein Differentialmodul zu* A, *wenn* Θ_M *surjektiv ist, d. h. wenn es zu jedem* $\delta \in \mathfrak{D}(A, M)$ *ein* $h \in \mathrm{Hom}(\Omega, M)$ *mit* $\delta = h \circ d$ *gibt.*

3. Existenz von Differentialmoduln. In diesem Abschnitt wird zu jeder analytischen k-Stellenalgebra ein Differentialmodul konstruiert. Wir zeigen zunächst:

Satz 4. *Sei* $K_n = k\langle X_1, \ldots, X_n\rangle$, *sei* $\Omega \cong n K_n$ *ein freier* K_n-*Modul und* $\{e_1, \ldots, e_n\}$ *eine* K_n-*Basis von* Ω. *Die Abbildung* $d: K_n \to \Omega$ *werde durch*

$$f \mapsto df := \sum_{\nu=1}^{n} \frac{\partial f}{\partial X_\nu} e_\nu$$

definiert. Dann ist (Ω, d) *ein Differentialmodul zu* K_n.

Beweis. Es gilt $\Omega \in \mathfrak{M}_{K_n}$ und $d \in \mathfrak{D}(K_n, \Omega)$. Wegen $dX_\nu = e_\nu$, $1 \le \nu \le n$, wird Ω von dK_n erzeugt. Es bleibt also lediglich zu zeigen, daß es bei gegebenem $M \in \mathfrak{M}_{K_n}$ zu jeder Derivation $\delta: K_n \to M$ einen K_n-Homomorphismus $h: \Omega \to M$ mit $\delta = h \circ d$ gibt. Wir definieren $h(e_\nu) := \delta X_\nu$, $1 \le \nu \le n$, und setzen h linear zu einem K_n-Homomorphismus $h: \Omega \to M$ fort. Wegen Satz 2 gilt für jedes $f \in K_n$:

$$\delta f = \sum_{\nu=1}^{n} \frac{\partial f}{\partial X_\nu} \delta X_\nu = \sum_{\nu=1}^{n} \frac{\partial f}{\partial X_\nu} h(e_\nu) = h\left(\sum_{\nu=1}^{n} \frac{\partial f}{\partial X_\nu} e_\nu\right) = h(df),$$

d. h. $\delta = hd$, w. z. b. w.

Die Basis $\{dX_1, \ldots, dX_n\}$ heißt die zur Karte $\langle X_1, \ldots, X_n\rangle$ gehörende Basis von $\Omega(K_n)$. Ist $\langle Y_1, \ldots, Y_n\rangle$ eine weitere Karte von K_n, so gilt:

$$dY_\mu = \sum_{\nu=1}^{n} \frac{\partial Y_\mu}{\partial X_\nu} dX_\nu, \qquad \mu = 1, \ldots, n.$$

Der folgende Satz zeigt, wie man aus einem Differentialmodul zu A in natürlicher Weise Differentialmoduln zu allen Restklassenalgebren von A erhält.

Satz 5. *Sei* (Ω, d) *ein Differentialmodul zu* A *und* $\alpha: A \to \bar{A}$ *ein analytischer Epimorphismus,* $\mathfrak{a} := \operatorname{Ker} \alpha$. *Sei* $\bar{\Omega} := \Omega / A\, d\mathfrak{a}$ *und* $\mu: \Omega \to \bar{\Omega}$ *der* A-*Restklassenepimorphismus. Dann gibt es genau eine* k-*lineare Abbildung* $\bar{d}: \bar{A} \to \bar{\Omega}$ *mit* $\bar{d} \circ \alpha = \mu \circ d$. *Das Paar* $(\bar{\Omega}, \bar{d})$ *ist ein Differentialmodul zu* $\bar{A}$.

Beweis. Wegen der Produktregel gilt offensichtlich $\mathfrak{a}\Omega = \mathfrak{a}\, dA \subset A\, d\mathfrak{a}$. Somit ist $\bar{\Omega}$ ein endlicher $\bar{A}$-Modul, und d induziert genau eine k-lineare Abbildung $\bar{d}: \bar{A} \to \bar{\Omega}$ mit $\bar{d} \circ \alpha = \mu \circ d$:

$$\begin{array}{ccc} A & \xrightarrow{\ \alpha\ } & \bar{A} \\ {\scriptstyle d}\big\downarrow & & \big\downarrow{\scriptstyle \bar{d}} \\ \Omega & \xrightarrow{\ \mu\ } & \Omega / A\, d\mathfrak{a}. \end{array}$$

$\bar{d}$ ist eine Derivation, denn für alle $f, g \in A$ gilt:

$$\begin{aligned}\bar{d}(\alpha(f)\cdot\alpha(g)) &= \bar{d}\alpha(f\cdot g) = \mu d(f\cdot g)\\ &= \mu(f\cdot dg + g\cdot df) = f\cdot\mu(dg) + g\cdot\mu(df)\\ &= f\cdot\bar{d}(\alpha(g)) + g\cdot\bar{d}(\alpha(f))\\ &= \alpha(f)\cdot\bar{d}(\alpha(g)) + \alpha(g)\cdot\bar{d}(\alpha(f)).\end{aligned}$$

Da Ω von dA erzeugt wird, wird $\bar{\Omega}$ von $\mu dA = \bar{d}\alpha A = \bar{d}\bar{A}$ erzeugt. Aufgrund der Schlußbemerkung im letzten Abschnitt sind wir daher fertig, wenn wir zu gegebenem $\delta \in \mathfrak{D}(\bar{A}, \bar{M})$, $\bar{M} \in \mathfrak{M}_{\bar{A}}$, ein $\bar{h} \in \mathrm{Hom}(\bar{\Omega}, \bar{M})$ mit $\delta = \bar{h}\bar{d}$ angeben.

Da $\bar{M} \in \mathfrak{M}_A$ und $\delta\circ\alpha \in \mathfrak{D}(A, \bar{M})$, so gibt es ein $h \in \mathrm{Hom}(\Omega, \bar{M})$, so daß $h\circ d = \delta\circ\alpha$. Wegen $h(d\mathfrak{a}) = (h\circ d)(\mathfrak{a}) = (\delta\circ\alpha)(\mathfrak{a}) = \delta(\alpha(\mathfrak{a})) = \delta(0) = 0$ liegt $A d\mathfrak{a}$ in $\operatorname{Ker} h$, und folglich induziert h ein $\bar{h} \in \mathrm{Hom}_{\bar{A}}(\bar{\Omega}, \bar{M})$ mit $h = \bar{h}\circ\mu$. Dann gilt $\delta\circ\alpha = \bar{h}\circ\mu\circ d = \bar{h}\circ\bar{d}\circ\alpha$, also $\delta = \bar{h}\circ\bar{d}$, w.z.b.w.

Die Sätze 4 und 5 implizieren nun:

Zu jeder analytischen k-Stellenalgebra A existiert ein Differentialmodul $(\Omega(A), d)$.

Falls $A = K_n/(f_1, \ldots, f_s)K_n$, *so gilt*

$$\Omega(A) \cong nK_n/U + nK_n f_1 + \cdots + nK_n f_s,$$

wo U der von den n-tupeln

$$\left(\frac{\partial f_1}{\partial X_1}, \ldots, \frac{\partial f_1}{\partial X_n}\right), \ldots, \left(\frac{\partial f_s}{\partial X_1}, \ldots, \frac{\partial f_s}{\partial X_n}\right)$$

erzeugte K_n*-Untermodul von* nK_n *ist.*

Die Elemente von $\Omega(A)$ heißen *Pfaffsche Formen* oder auch *(äußere) Differentialformen* 1. *Ordnung über A.*

Der Differentialmodul $\Omega(A)$ enthält alle durch Differentialrechnung möglichen Informationen über A, da $\mathfrak{D}(A, M) \cong \mathrm{Hom}(\Omega(A), M)$, $M \in \mathfrak{M}_A$. Wegen $\Omega(A) \in \mathfrak{M}_A$ folgt aufs neue: $\mathfrak{D}(A, M) \in \mathfrak{M}_A$ für alle $M \in \mathfrak{M}_A$. Speziell ist der Derivationsmodul $\mathfrak{D}(A)$ isomorph zum A-Dual von $\Omega(A)$: $\mathfrak{D}(A) \cong \Omega(A)^*$.

Wir schreiben statt $\Omega(A)$ häufig Ω, wenn Mißverständnisse ausgeschlossen sind.

4. Eigenschaften der Differentialmoduln. Aus den Überlegungen des letzten Abschnitts folgt unmittelbar: $\operatorname{cg}\Omega(A) \leq \operatorname{eib} A$. Wir zeigen jetzt, daß der Corang von $\Omega(A)$ stets mit der Einbettungsdimension von A übereinstimmt. Wir gehen aus von der natürlichen Derivation $\delta: A \to \dot{A}$ von A in den Cotangentialraum $\dot{A} = \mathfrak{m}/\mathfrak{m}^2$ von A, die durch

$$f \mapsto f - f(0) \bmod \mathfrak{m}^2$$

gegeben ist. Zu δ gibt es genau einen A-Homomorphismus $\omega : \Omega \to \dot{A}$ mit $\delta = \omega d$.

Wir zeigen:

ω ist surjektiv, und es gilt: $\operatorname{Ker} \omega = \mathfrak{m}\Omega$.

Beweis. Mit δ ist auch ω surjektiv. Es gilt $\omega(\mathfrak{m}\Omega) = \mathfrak{m}\omega(\Omega) = \mathfrak{m}\dot{A} = 0$, da $\mathfrak{m}/\mathfrak{m}^2$ von $\mathfrak{m}$ annulliert wird. Mithin induziert ω einen Epimorphismus $\bar{\omega} : \Omega/\mathfrak{m}\Omega \to \dot{A}$. Wegen

$$\dim_k \Omega/\mathfrak{m}\Omega = \operatorname{cg}\Omega \leq \operatorname{eib} A = \dim_k \dot{A}$$

ist $\bar{\omega}$ bijektiv, d.h. $\operatorname{Ker}\omega = \mathfrak{m}\Omega$.

Folgerung. $\Omega(A)/\mathfrak{m}\Omega(A)$ *ist kanonisch isomorph zum Cotangentialraum* $\dot{A}$. *Speziell gilt:*

$$\operatorname{cg}\Omega(A) = \operatorname{eib} A.$$

Anmerkung. Für den Tangentialraum $\mathfrak{D}(A,k)$ von A gilt:

$$\mathfrak{D}(A,k) \cong \operatorname{Hom}_A(\Omega(A), k).$$

Da $\operatorname{Hom}_A(M,k)$ und $\operatorname{Hom}_k(M/\mathfrak{m}M, k)$ für jedes $M \in \mathfrak{M}_A$ kanonisch isomorph sind, hat man also einen Isomorphismus

$$\mathfrak{D}(A,k) \cong \operatorname{Hom}_k(\dot{A}, k)$$

des Tangentialraumes von A auf den zum Cotangentialraum $\dot{A}$ dualen k-Vektorraum. Speziell gilt $\dim_k \mathfrak{D}(A,k) = \operatorname{eib} A$.

Wir zeigen nun:

Satz 6. *Seien* $(\Omega(A), d_A)$, $(\Omega(B), d_B)$ *Differentialmoduln zu* $A, B \in \mathfrak{A}$. *Dann gibt es zu jedem analytischen Homomorphismus* $\varphi : A \to B$ *genau einen* A*-Homomorphismus* $d\varphi : \Omega(A) \to \Omega(B)$, *so daß das Diagramm*

$$\begin{array}{ccc} A & \xrightarrow{\varphi} & B \\ {\scriptstyle d_A}\downarrow & & \downarrow{\scriptstyle d_B} \\ \Omega(A) & \xrightarrow{d\varphi} & \Omega(B) \end{array}$$

kommutativ ist.

Beweis. Da $\Omega(A)$ von $d_A A$ erzeugt wird, ist die Eindeutigkeit von $d\varphi$ klar. Um die Existenz von $d\varphi$ zu beweisen, wählen wir einen Epimorphismus $\alpha: K_n \to A$, $K_n = k\langle X_1, \ldots, X_n\rangle$, und einen Differentialmodul (Ω, d) zu K_n. Gemäß Satz 5 identifizieren wir $\Omega(A)$ mit $\Omega/K_n d(\operatorname{Ker}\alpha)$.

$$\begin{array}{ccccc}
K_n & \xrightarrow{d} & \Omega & & \\
\downarrow{\scriptstyle\alpha} & & \downarrow{\scriptstyle\mu} & & \vdots \\
A & \xrightarrow{d_A} & \Omega(A) & & \gamma \\
\downarrow{\scriptstyle\varphi} & & \vdots\, {\scriptstyle d\varphi} & & \vdots \\
B & \xrightarrow{d_B} & \Omega(B) & & \downarrow
\end{array}$$

Wir haben dann obenstehendes kommutatives Diagramm, wo die (gestrichelt gezeichneten) Homomorphismen γ und $d\varphi$ noch gesucht werden. Da $\{dX_1, \ldots, dX_n\}$ eine Basis von Ω ist, gibt es einen K_n-Homomorphismus $\gamma: \Omega \to \Omega(B)$ mit $\gamma(dX_\nu) = d_B \circ \varphi \circ \alpha(X_\nu)$, $\nu = 1, \ldots, n$. Nach Satz 1, Folgerung impliziert dies:

$$\gamma \circ d = d_B \circ \varphi \circ \alpha .$$

Nun gilt $\gamma \circ d(\operatorname{Ker}\alpha) = d_B \circ \varphi \circ \alpha(\operatorname{Ker}\alpha) = 0$ und also

$$\gamma(K_n d(\operatorname{Ker}\alpha)) = K_n(\gamma \circ d)(\operatorname{Ker}\alpha) = 0 .$$

γ annulliert mithin $\operatorname{Ker}\mu$ und induziert somit einen A-Homomorphismus $d\varphi: \Omega(A) \to \Omega(B)$ mit $\gamma = d\varphi \circ \mu$. Da aus

$$(d_B \circ \varphi) \circ \alpha = \gamma \circ d = (d\varphi \circ \mu) \circ d = d\varphi \circ (\mu \circ d) = (d\varphi \circ d_A) \circ \alpha$$

wegen der Surjektivität von α die Gleichung $d_B \circ \varphi = d\varphi \circ d_A$ folgt, leistet $d\varphi$ das Verlangte, w.z.b.w.

Die Abbildung $d\varphi$ heißt das *Differential des Homomorphismus* φ. $d\varphi$ hängt *funktoriell* von φ ab, d.h. es gilt die *Kettenregel* $d(\psi \circ \varphi) = d\psi \circ d\varphi$, und $d(id)$ ist die Identität. Dies folgt unmittelbar aus der Eindeutigkeitsaussage von Satz 6. Das Differential $d\varphi$ enthält mehr Information über φ als die zu φ gehörende Ableitung $\dot{\varphi}: \dot{A} \to \dot{B}$ der Cotangentialräume. Offenbar hat man ein kommutatives Diagramm

$$\begin{array}{ccccc}
A & \xrightarrow{d_A} & \Omega(A) & \xrightarrow{\omega_A} & \dot{A} \\
\downarrow{\scriptstyle\varphi} & & \downarrow{\scriptstyle d\varphi} & & \downarrow{\scriptstyle\dot{\varphi}} \\
B & \xrightarrow{d_B} & \Omega(B) & \xrightarrow{\omega_B} & \dot{B},
\end{array}$$

wo ω_A bzw. ω_B der eingangs dieses Abschnitts beschriebene Epimorphismus ist.

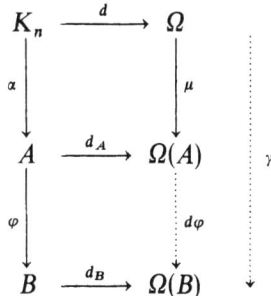

5. Regularitätskriterium. Für jede reguläre analytische k-Stellenalgebra A ist der Differentialmodul $\Omega(A)$ nach Satz 4 frei vom Range $\dim A$. Wir beweisen eine Umkehrung.

Satz 7. *Es gelte* $\operatorname{char} k=0$. *Dann ist jede Algebra* $A\in\mathfrak{A}$, *deren Differentialmodul* $\Omega(A)$ *frei ist, regulär.*

Beweis. Sei $e:=\operatorname{eib} A$ und $A=K_e/\mathfrak{a}$, wo $K_e=k\langle X_1,\ldots,X_e\rangle$. Wir identifizieren $\Omega(A)$ mit $\Omega(K_e)/K_e d\mathfrak{a}$. Die Bilder $\overline{dX_1},\ldots,\overline{dX_e}$ von $dX_1,\ldots,dX_e\in\Omega(K_e)$ in $\Omega(A)$ erzeugen $\Omega(A)$. Wegen $e=\operatorname{cg}\Omega(A)$ bilden sie ein minimales Erzeugendensystem und also, da $\Omega(A)$ frei ist, eine Basis von $\Omega(A)$ (vgl. Anhang, § 2.7). Für jedes $f\in\mathfrak{a}$ gilt nun

$$0=\overline{df}=\sum_1^e\overline{\left(\frac{\partial f}{\partial X_i}\right)}\overline{dX_i},\quad\text{also}\quad\overline{\left(\frac{\partial f}{\partial X_i}\right)}=0,\quad\text{d.h.}\quad\frac{\partial f}{\partial X_i}\in\mathfrak{a},\qquad i=1,\ldots,e.$$

Nach Satz I.3.4 folgt $\mathfrak{a}=0$, d.h. $A=K_e$, w.z.b.w.

Bemerkung. Satz 7 gilt auch für reduzierte Algebren A über vollkommenen Grundkörpern. Den Beweis kann man wörtlich wie oben führen (vgl. die Bemerkung im Anschluß an den Beweis von Satz I.3.4). Einschränkungslos gilt Satz 7 nicht, z.B. ist, falls $\operatorname{char} k=p\neq 0$, der Differentialmodul zu $A:=k\langle X\rangle/X^p k\langle X\rangle\neq k$ zu A isomorph, also ein p-dimensionaler k-Vektorraum; aber A ist nicht regulär.

Ist A singulär, so kann die Struktur von $\Omega(A)$ recht kompliziert sein. So kann $\Omega(A)$ z.B., selbst wenn A nullteilerfrei ist, Torsion besitzen, was $\mathfrak{D}(A)$ in solchen Fällen offensichtlich nie kann. Als Beispiel betrachten wir den Strukturhalm der Neilschen Parabel im Nullpunkt des k^2, also $A:=K_2/K_2(X^3-Y^2)$ mit $K_2=k\langle X,Y\rangle$. A ist nullteilerfrei, da das Weierstraßpolynom X^3-Y^2 irreduzibel in $k\langle Y\rangle[X]$ ist. Nach Abschnitt 3 gibt es einen Isomorphismus

$$\Omega(A)\cong 2A/(3\xi^2,-2\eta)A,$$

dabei bezeichnet ξ bzw. η das Bild von X bzw. Y in A, es gilt $\xi^3=\eta^2$. Das Element $z:=(3\eta,-2\xi)\in 2A$ liegt nicht in $(3\xi^2,-2\eta)A$; denn sonst gäbe es ein $f\in A$ mit

$$3\eta=3\xi^2 f,\quad -2\xi=-2\eta f,$$

und man hätte $\eta=\eta^2 f^3$, d.h. $1=\eta f^3$, d.h. $\eta\in\mathfrak{m}(A)$ wäre Einheit. Es gilt aber

$$\xi^2 z=(3\xi^2\eta,-2\xi^3)=(3\xi^2\eta,-2\eta^2)=\eta(3\xi^2,-2\eta).$$

Die Restklasse $\bar{z}$ von z in $\Omega(A)$ ist mithin ein Torsionselement $\neq 0$.

$\Omega(A)$ kann aber auch torsionsfrei sein, ohne frei zu sein. Es ist sogar möglich, daß für singuläres A der natürliche Homomorphismus von

$\Omega(A)$ in sein Biduales $\Omega(A)^{**}$ bijektiv ist; dies ist für $k=\mathbb{C}$ z. B. der Fall für die Strukturhalme der Segrekegel im Nullpunkt, also z. B. für $A:=K_4/K_4(X_1X_3-X_2X_4)$, wo $K_4:=k\langle X_1,\ldots,X_4\rangle$.

6. Äußere Differentialformen über K_n. Poincaré-Sequenz. Wir definieren die K_n-Moduln $\Omega^\nu:=\Omega^\nu(K_n)$, $\nu=0,1,\ldots$, durch

$$\Omega^0:=K_n,\qquad \Omega^1:=\Omega(K_n),\qquad \Omega^\nu:=\bigwedge_1^\nu \Omega^1,\qquad \nu>1.$$

Da Ω^1 frei vom Range n ist, ist jeder K_n-Modul Ω^ν frei vom Range $\binom{n}{\nu}$. Insbesondere ist $\Omega^\nu=0$ für $\nu>n$ und $\Omega^\nu\cong\Omega^{n-\nu}$, $0\le\nu\le n$. Schließlich verabreden wir, daß von nun an Ω stets den K_n-Modul $\bigoplus_{\nu=0}^{n}\Omega^\nu$ bezeichnen soll; der bisher mit Ω bezeichnete Modul wird konsequent als Ω^1 geschrieben. Ω ist ein freier K_n-Modul vom Range 2^n. Man nennt Ω den *Modul der äußeren Differentialformen über* K_n. Jedes Element aus Ω^ν heißt homogen vom Grade ν oder auch *ν-Form über* K_n; die 1-Formen sind gerade die Pfaffschen Formen, die 0-Formen gerade die Elemente von K_n.

In der multilinearen Algebra wird gezeigt, daß es in Ω ein Produkt „$\wedge$", das sog. äußere Produkt, gibt, das Ω zu einer (assoziativen, jedoch nicht kommutativen) K_n-Algebra macht. Für $\alpha\in\Omega^\mu$, $\beta\in\Omega^\nu$ gilt:

$$\beta\wedge\alpha=(-1)^{\mu\nu}\alpha\wedge\beta\in\Omega^{\mu+\nu}.$$

Jede äußere Differentialform schreibt sich eindeutig als Summe von homogenen Formen. Ist $\langle X_1,\ldots,X_n\rangle$ eine Karte von K_n, so ist jedes $\alpha_\nu\in\Omega^\nu$ auf genau eine Weise darstellbar als

$$\alpha_\nu=\sum_{1\le\iota_1<\cdots<\iota_\nu\le n} f_{\iota_1\ldots\iota_\nu}dX_{\iota_1}\wedge\cdots\wedge dX_{\iota_\nu};\qquad f_{\iota_1\ldots\iota_\nu}\in K_n.$$

Beim Übergang zu einer neuen Karte $\langle X_1',\ldots,X_n'\rangle$ in K_n gilt für die neuen Koeffizienten $f'_{j_1\ldots j_\nu}$ von α_ν:

$$f'_{j_1\ldots j_\nu}=\sum_{\iota_1,\ldots,\iota_\nu=1}^{n} f_{\iota_1\ldots\iota_\nu}\frac{\partial X_{\iota_1}}{\partial X'_{j_1}}\cdot\ldots\cdot\frac{\partial X_{\iota_\nu}}{\partial X'_{j_\nu}}.$$

Wir schreiben abkürzend ι für das ν-Tupel $(\iota_1,\ldots,\iota_\nu)$ mit
$0\le\iota_1<\cdots<\iota_\nu\le n$ und dX_ι für $dX_{\iota_1}\wedge\cdots\wedge dX_{\iota_\nu}$.

Wir zeigen nun:

Satz 8. *Es gibt genau eine Sequenz*

$$0\longrightarrow k\xrightarrow{d_{-1}}\Omega^0\xrightarrow{d_0}\Omega^1\xrightarrow{d_1}\cdots\xrightarrow{d_{\nu-1}}\Omega^\nu\xrightarrow{d_\nu}\Omega^{\nu+1}\longrightarrow\cdots$$

von k-linearen Abbildungen d_ν mit folgenden Eigenschaften:

(i) *d_{-1} ist die natürliche Injektion von k in $\Omega^0=K_n$; d_0 ist die natürliche Derivation $K_n\to\Omega^1$.*

(ii) *Für* $\alpha \in \Omega^\mu$, $\beta \in \Omega^\nu$ *gilt:*

$$d_{\mu+\nu}(\alpha \wedge \beta) = d_\mu(\alpha) \wedge \beta + (-1)^\nu \alpha \wedge d_\nu(\beta).$$

(iii) $d_{\nu+1} \circ d_\nu = 0$ *für* $\nu \geq 0$.

Beweis. Um die Eindeutigkeit der d_ν zu zeigen, verifizieren wir zunächst: $d_\lambda(dX_{\iota_1} \wedge \cdots \wedge dX_{\iota_\lambda}) = 0$, $\lambda \geq 1$.

Im Falle $\lambda = 1$ gilt $d_1(dX_{\iota_1}) = d_1 \circ d_0(X_{\iota_1}) = 0$ nach (iii). Ist die Aussage für $\lambda - 1 \geq 1$ schon bewiesen, so folgt aus (ii) (mit $\mu = 1$, $\nu = \lambda - 1$, $\alpha = dX_{\iota_1}$, $\beta = dX_{\iota_2} \wedge \cdots \wedge dX_{\iota_\lambda}$) nach Induktionsannahme

$$d_\lambda(dX_{\iota_1} \wedge \cdots \wedge dX_{\iota_\lambda}) = d_1(dX_{\iota_1}) \wedge \beta - \alpha \wedge d_{\lambda-1}(dX_{\iota_2} \wedge \cdots \wedge dX_{\iota_\lambda}) = 0.$$

Ist nun $\alpha = \sum_\iota f_\iota dX_\iota$ eine beliebige ν-Form, so gilt:

$$(*) \quad d_\nu(\alpha) = \sum_\iota d_\nu(f_\iota dX_\iota) = \sum_\iota (d_0(f_\iota) \wedge dX_\iota + f_\iota d_\nu(dX_\iota)) = \sum_\iota d_0(f_\iota) \wedge dX_\iota$$

$$= \sum_{\iota_1, \ldots, \iota_\nu = 1}^n \sum_{j=1}^n \frac{\partial f_{\iota_1 \ldots \iota_\nu}}{\partial X_j} dX_j \wedge dX_{\iota_1} \wedge \cdots \wedge dX_{\iota_\nu}.$$

d_ν ist also eindeutig festgelegt. Definiert man umgekehrt die d_ν durch $(*)$, so sieht man unmittelbar, daß d_ν k-linear ist und daß (i) erfüllt ist. Beim Nachweis von (ii) kann man sich auf Formen der Gestalt

$$\alpha = f dX_{i_1} \wedge \cdots \wedge dX_{i_\mu}, \qquad \beta = g dX_{\iota_1} \wedge \cdots \wedge dX_{\iota_\nu}$$

beschränken. Für diese gilt aber $(i = (i_1, \ldots, i_\mu)$, $\iota = (\iota_1, \ldots, \iota_\nu))$

$$d_{\mu+\nu}(\alpha \wedge \beta) = \sum_{j=1}^n \frac{\partial(fg)}{\partial X_j} dX_j \wedge dX_i \wedge dX_\iota$$

$$= \sum_{j=1}^n \left(\left(\frac{\partial f}{\partial X_j} dX_j \wedge dX_i \right) \wedge g dX_\iota + (-1)^\mu f dX_i \wedge \left(\frac{\partial g}{\partial X_j} dX_j \wedge dX_\iota \right) \right)$$

$$= d_\mu(\alpha) \wedge \beta + (-1)^\mu \alpha \wedge d_\mu(\beta).$$

Auch (iii) braucht nur für Formen $\alpha = f dX_{\iota_1} \wedge \cdots \wedge dX_{\iota_\nu} \in \Omega^\nu$ gezeigt zu werden. Es ergibt sich

$$d_{\nu+1} \circ d_\nu(\alpha) = d_{\nu+1} \left(\sum_{p=1}^n \frac{\partial f}{\partial X_p} dX_p \wedge dX_\iota \right)$$

$$= \sum_{p,q=1}^n \frac{\partial^2 f}{\partial X_p \partial X_q} dX_q \wedge dX_p \wedge dX_\iota = 0$$

wegen $dX_q \wedge dX_p = -dX_p \wedge dX_q$ und $\dfrac{\partial^2 f}{\partial X_p \partial X_q} = \dfrac{\partial^2 f}{\partial X_q \partial X_p}$, w.z.b.w.

Die in Satz 8 konstruierte Sequenz heißt die *Poincaré-Sequenz von* K_n. Die Abbildungen d_ν heißen auch die *äußeren Ableitungen.*

Satz 9. *Es sei* $K_m = k\langle X_1, \ldots, X_m\rangle$, $K_n = k\langle Y_1, \ldots, Y_n\rangle$, $\Omega_m^1 = \Omega^1(K_m)$, $\Omega_n^1 = \Omega^1(K_n)$ *und* $\varphi: K_m \to K_n$ *ein analytischer Homomorphismus. Dann hat man ein kommutatives Diagramm*

$$\begin{array}{ccccccccccccc}
0 & \longrightarrow & k & \longrightarrow & K_m & \longrightarrow & \cdots & \longrightarrow & \Omega_m^j & \xrightarrow{d_j} & \Omega_m^{j+1} & \longrightarrow & \cdots \\
 & & \Big\downarrow{\scriptstyle id} & & \Big\downarrow{\scriptstyle \varphi} & & & & \Big\downarrow{\scriptstyle d^j\varphi} & & \Big\downarrow{\scriptstyle d^{j+1}\varphi} & & \\
0 & \longrightarrow & k & \longrightarrow & K_n & \longrightarrow & \cdots & \longrightarrow & \Omega_n^j & \xrightarrow{d_j} & \Omega_n^{j+1} & \longrightarrow & \cdots,
\end{array}$$

wobei $d^j\varphi = \bigwedge^j d\varphi: \Omega_m^j \to \Omega_n^j$ *die von* $d\varphi: \Omega_m^1 \to \Omega_n^1$ *in kanonischer Weise induzierte Abbildung ist.*

Beweis. Wegen Satz 6 brauchen wir nur den Fall $j \geq 1$ zu behandeln. Es sei also $\alpha = f\,dX_{\iota_1} \wedge \cdots \wedge dX_{\iota_j} \in \Omega_m^j$. Dann gilt

$$d^j\varphi(\alpha) = \varphi(f)\,d(\varphi(X_{\iota_1})) \wedge \cdots \wedge d(\varphi(X_{\iota_j}))$$

und also wegen Satz 8, (ii):

$$\begin{aligned}
(d_j \circ d^j\varphi)(\alpha) &= d_j\big(\varphi(f)\,d(\varphi(X_{\iota_1})) \wedge \cdots \wedge d(\varphi(X_{\iota_j}))\big) \\
&= d(\varphi(f)) \wedge d(\varphi(X_{\iota_1})) \wedge \cdots \wedge d(\varphi(X_{\iota_j})) \\
&\quad + (-1)^j \varphi(f)\,d_j\big(d(\varphi(X_{\iota_1})) \wedge \cdots \wedge d(\varphi(X_{\iota_j}))\big).
\end{aligned}$$

Bei erneuter Anwendung von Satz 8, (ii) sieht man wegen $d_1 \circ d = 0$, daß der zweite Summand verschwindet. Es folgt mit Hilfe der Kettenregel (vgl. Kap. I, § 3.3 und die Bemerkung zu Satz 2)

$$\frac{\partial}{\partial Y_\nu}(\varphi(f)) = \sum_{\mu=1}^{m} \varphi\left(\frac{\partial f}{\partial X_\mu}\right) \cdot \frac{\partial}{\partial Y_\nu}(\varphi(X_\mu)), \qquad \nu = 1, \ldots, n:$$

$$\begin{aligned}
\sum_{\mu=1}^{m} \varphi\left(\frac{\partial f}{\partial X_\mu}\right) d(\varphi(X_\mu)) &= \sum_{\nu=1}^{n} \left(\sum_{\mu=1}^{m} \varphi\left(\frac{\partial f}{\partial X_\mu}\right) \cdot \frac{\partial}{\partial Y_\nu}(\varphi(X_\mu))\,dY_\nu\right) \\
&= \sum_{\nu=1}^{n} \frac{\partial}{\partial Y_\nu}(\varphi(f))\,dY_\nu = d(\varphi(f)).
\end{aligned}$$

Setzen wir abkürzend $\beta = d(\varphi(X_{\iota_1})) \wedge \cdots \wedge d(\varphi(X_{\iota_j}))$, so erhalten wir also

$$\begin{aligned}
(d_j \circ d^j\varphi)(\alpha) = d(\varphi(f)) \wedge \beta &= \sum_{\mu=1}^{m} \varphi\left(\frac{\partial f}{\partial X_\mu}\right) d(\varphi(X_\mu)) \wedge \beta \\
&= (d^{j+1}\varphi)\left(\sum_{\mu=1}^{m} \frac{\partial f}{\partial X_\mu}\,dX_\mu \wedge dX_{\iota_1} \wedge \cdots \wedge dX_{\iota_j}\right) \\
&= (d^{j+1}\varphi)(d_j(\alpha)) = (d^{j+1}\varphi \circ d_j)(\alpha),
\end{aligned}$$

w.z.b.w.

7. Exaktheit der Poincaré-Sequenz. Wir beweisen jetzt

Satz 10. *Im Fall* char $k=0$ *ist die Poincaré-Sequenz*

$$0 \longrightarrow k \xrightarrow{d_{-1}} K_n \xrightarrow{d_0} \Omega_n^1 \xrightarrow{d_1} \cdots$$

von K_n *exakt.*

Beweis. Wegen $d_0(k)=0$ und $d_{j+1}\circ d_j=0, j\geq 0$, ist nur zu beweisen: $\operatorname{Ker} d_j \subset \operatorname{Im} d_{j-1}, j\geq 0$.

Wir behandeln zunächst den Fall $j=0$ und müssen zeigen: $\operatorname{Ker} d_0 \subset \operatorname{Im} d_{-1}=k$. Sei $f=\sum\limits_{\nu\in\mathbb{N}^n} a_\nu X^\nu \in \operatorname{Ker} d_0$, also

$$0=df=\sum_{\mu=1}^{n}\frac{\partial f}{\partial X_\mu}dX_\mu;$$

dann folgt wegen $\sum\limits_{\nu} \nu_\mu a_\nu X_1^{\nu_1}\cdot\ldots\cdot X_\mu^{\nu_\mu-1}\cdot\ldots\cdot X_n^{\nu_n}=\dfrac{\partial f}{\partial X_\mu}=0$ und char $k=0$ sofort $a_\nu=0$, $\nu\neq(0,\ldots,0)$, d.h. $f\in k$.

Im Fall $j\geq 1$ sei $\alpha=\sum a_{\iota_1\ldots\iota_j}dX_{\iota_1}\wedge\cdots\wedge dX_{\iota_j}\in\operatorname{Ker} d_j$, d.h. $d_j(\alpha)=0$. Wir haben zu zeigen, daß es dann ein $\beta\in\Omega_n^{j-1}$ gibt mit $d_{j-1}(\beta)=\alpha$. Wir führen zu diesem Zwecke die durch $X_\nu\mapsto TX_\nu$ definierte Abbildung $\varphi\colon K_n\to K_{n+1}=k\langle T, X_1,\ldots,X_n\rangle$ ein. Wegen Satz 9 gilt dann $0=(d^{j+1}\varphi\circ d_j)(\alpha)=(d_j\circ d^j\varphi)(\alpha)$ und somit

$$\alpha^* := d^j\varphi(\alpha)\in\operatorname{Ker} d_j\subset\Omega_{n+1}^j.$$

Aus $d(\varphi(X_\nu))=d(TX_\nu)=TdX_\nu+X_\nu dT$ folgt

$$(*)\qquad \begin{aligned}\alpha^* &= \sum\varphi(a_{\iota_1\ldots\iota_j})(TdX_{\iota_1}+X_{\iota_1}dT)\wedge\cdots\wedge(TdX_{\iota_j}+X_{\iota_j}dT)\\ &=\gamma+dT\wedge\delta\end{aligned}$$

mit

$$\gamma=\sum\gamma_{\iota_1\ldots\iota_j}dX_{\iota_1}\wedge\cdots\wedge dX_{\iota_j},\qquad \gamma_{\iota_1\ldots\iota_j}=T^j\varphi(a_{\iota_1\ldots\iota_j}),$$

$$\delta=\sum\delta_{\varkappa_1\ldots\varkappa_{j-1}}dX_{\varkappa_1}\wedge\cdots\wedge dX_{\varkappa_{j-1}},\quad \delta_{\varkappa_1\ldots\varkappa_{j-1}}=T^{j-1}\sum_{\nu=1}^{n}X_\nu\varphi(a_{\nu\varkappa_1\ldots\varkappa_{j-1}}),$$

wobei $a_{\nu\varkappa_1\ldots\varkappa_{j-1}}=0$, falls $\nu\in\{\varkappa_1,\ldots,\varkappa_{j-1}\}$, und $a_{\nu\varkappa_1\ldots\varkappa_{j-1}}=(-1)^\mu a_{\iota_1\ldots\iota_j}$, falls $\{\nu,\varkappa_1,\ldots,\varkappa_{j-1}\}=\{\iota_1,\ldots,\iota_j\}$; $1\leq\iota_1<\cdots<\iota_j\leq n$ und $\nu=\iota_{\mu-1}$. An Hand der expliziten Darstellung sieht man unmittelbar, daß mit

$$\gamma_{\iota_1\ldots\iota_j}=\sum_{i=0}^{\infty}\gamma_{\iota_1\ldots\iota_j}^{(i)}T^i,\qquad \gamma_{\iota_1\ldots\iota_j}^{(i)}\in K_n,$$

die Reihe

$$\gamma_{\iota_1\ldots\iota_j}(1):=\sum_{i=0}^{\infty}\gamma_{\iota_1\ldots\iota_j}^{(i)}$$

analytisch konvergiert und gleich $a_{\iota_1 \dots \iota_j}$ ist. Es folgt

$$\gamma(1) := \sum \gamma_{\iota_1 \dots \iota_j}(1) dX_{\iota_1} \wedge \cdots \wedge dX_{\iota_j} = \alpha.$$

Ist allgemein $f = \sum_0^\infty f_i T^i \in K_{n+1}$, $f_i \in K_n$, und ist die Reihe

$$\sum_0^\infty \frac{1}{i+1} f_i$$

analytisch konvergent in K_n, so schreiben wir für den Grenzwert in K_n abkürzend

$$\int_0^1 f\, dT.$$

Für Formen schreiben wir

$$\int_0^1 \left(\sum f_{\iota_1 \dots \iota_j} dX_{\iota_1} \wedge \cdots \wedge dX_{\iota_j}\right) dT := \sum \left(\int_0^1 f_{\iota_1 \dots \iota_j} dT \right) dX_{\iota_1} \wedge \cdots \wedge dX_{\iota_j}.$$

In der Potenzreihenentwicklung $\delta_\varkappa = \sum_{i=0}^\infty \delta_{\varkappa i} T^{i+j-1}$, $\varkappa = (\varkappa_1, \dots, \varkappa_{j-1})$, sind die $\delta_{\varkappa i}$ homogene Polynome in den Variablen $X_1, \dots, X_n$ vom Grad $i+1$. Infolgedessen konvergiert mit

$$\delta_\varkappa(1) := \sum_{i=0}^\infty \delta_{\varkappa i}$$

auch die Reihe

$$\int_0^1 \delta_\varkappa dT = \sum_{i=0}^\infty \frac{1}{i+1} \delta_{\varkappa i}.$$

Dies bedarf im Fall einer archimedischen Bewertung von k keiner Begründung. Ist k jedoch nichtarchimedisch bewertet, so folgt aus $\delta_\varkappa(1) \in B_t$, $t > 0$, wegen $\left|\frac{1}{i}\right| \leq i$ sofort

$$\int_0^1 \delta_\varkappa dT \in B_s$$

für alle $s < t$. Mithin existiert stets

$$\beta := \int_0^1 \delta\, dT \in \Omega_n^{j-1}.$$

Wir wollen zeigen, daß $d_{j-1}(\beta)=\alpha$. Zunächst setzen wir für $\chi=\sum f_{\iota_1\dots\iota_j}dX_{\iota_1}\wedge\cdots\wedge dX_{\iota_j}$, $f_{\iota_1\dots\iota_j}\in K_{n+1}$:

$$d_X\chi:=\sum_\iota\left(\sum_{\nu=1}^{n}\frac{df_\iota}{\partial X_\nu}dX_\nu\right)\wedge dX_{\iota_1}\wedge\cdots\wedge dX_{\iota_j},$$

$$\dot{\chi}:=\sum_\iota\frac{\partial f_\iota}{\partial T}dX_{\iota_1}\wedge\cdots\wedge dX_{\iota_j}.$$

Dann gilt, wenn wir d statt d_j schreiben:

$$d\chi=d_X\chi+dT\wedge\dot{\chi},$$

und folglich wegen $(*)$:

$$0=d\alpha^*=d_X\gamma+dT\wedge(\dot{\gamma}-d_X\delta).$$

Da in $d_X\gamma$ und $\dot{\gamma}-d_X\delta$ kein dT vorkommt, muß $d_X\gamma=0$ und $\gamma=d_X\delta$ gelten. Es folgt wegen der Stetigkeit der Ableitungen

$$d\beta=d\left(\sum_\varkappa\left(\sum_{i=0}^{\infty}\frac{1}{i+1}\delta_{\varkappa i}\right)dX_\varkappa\right),\qquad dX_\varkappa=dX_{\varkappa_1}\wedge\cdots\wedge dX_{\varkappa_{j-1}},$$

$$=\sum_\varkappa d\left(\sum_{i=0}^{\infty}\frac{1}{i+1}\delta_{\varkappa i}\right)\wedge dX_\varkappa$$

$$=\sum_\varkappa\left(\sum_{\nu=1}^{n}\left(\sum_{i=0}^{\infty}\frac{1}{i+1}\frac{\partial}{\partial X_\nu}\delta_{\varkappa i}\right)dX_\nu\right)\wedge dX_\varkappa.$$

Weiter ist

$$\frac{\partial}{\partial X_\nu}\delta_\varkappa=\sum_{i=0}^{\infty}\left(\frac{\partial}{\partial X_\nu}\delta_{\varkappa i}\right)T^i$$

und damit

$$\int_0^1\frac{\partial}{\partial X_\nu}\delta_\varkappa dT=\sum_{i=0}^{\infty}\frac{1}{i+1}\frac{\partial}{\partial X_\nu}\delta_{\varkappa i}.$$

Wir erhalten also

$$d\beta=\int_0^1 d_X\delta\,dT=\int_0^1\dot{\gamma}\,dT.$$

Nun ist per definitionem $\int_0^1 \dot{\gamma}\, dT = \gamma(1)$ und folglich wegen $\gamma(1) = \alpha$:

$$d\beta = \alpha,$$

w.z.b.w.

§ 5. Analytische Tensorprodukte

Wir zeigen in diesem Paragraphen, daß in der Kategorie $\mathfrak{A}$ der analytischen k-Stellenalgebren ein Produkt $\mathfrak{A} \times \mathfrak{A} \to \mathfrak{A}$, das *analytische Tensorprodukt*, existiert, welches je zwei analytischen k-Stellenalgebren A_1 und A_2 eine „größte" von ihnen erzeugte analytische k-Stellenalgebra A zuordnet. Hiermit werden dann analytische Tensorprodukte von Moduln $\mathfrak{M}_{A_1} \times \mathfrak{M}_{A_2} \to \mathfrak{M}_A$ definiert.

1. Definition und Existenz. Wir definieren das analytische Tensorprodukt durch eine universelle Abbildungseigenschaft:

Ein Tripel (A, ι_1, ι_2), *wo* $A \in \mathfrak{A}$, $\iota_i \in \mathrm{Hom}(A_i, A)$, $i = 1, 2$, *heißt ein analytisches Tensorprodukt von* $A_1, A_2 \in \mathfrak{A}$, *wenn für jedes* $C \in \mathfrak{A}$ *die durch* $\gamma \mapsto (\gamma \circ \iota_1, \gamma \circ \iota_2)$ *gegebene Abbildung*

$$\mathrm{Hom}(A, C) \to \mathrm{Hom}(A_1, C) \times \mathrm{Hom}(A_2, C)$$

bijektiv ist.

Mit anderen Worten:

(A, ι_1, ι_2) *ist genau dann ein analytisches Tensorprodukt von* A_1 *und* A_2, *wenn zu jedem* $C \in \mathfrak{A}$ *und zu jedem Paar* $\varphi_i : A_i \to C$, $i = 1, 2$, *analytischer Homomorphismen genau ein analytischer Homomorphismus* $\gamma : A \to C$ *existiert, der nachstehendes Diagramm kommutativ macht:*

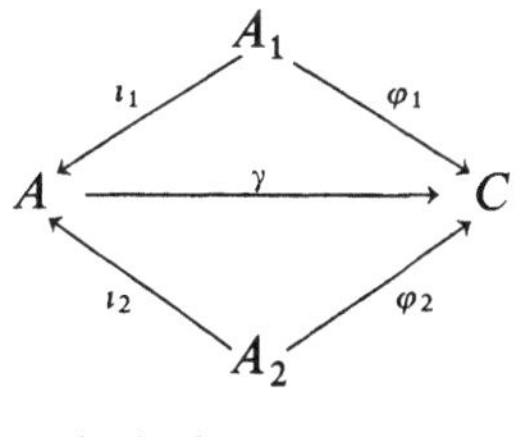

Es sei (A, ι_1, ι_2) ein analytisches Tensorprodukt zu A_1, A_2. Wählt man speziell $C = A_1$, $\varphi_1 = id$ und für φ_2 die kanonische Abbildung $A_2 \to A_2/\mathfrak{m}(A_2) = k \hookrightarrow A_1$, so erhält man einen Homomorphismus $\pi_1 : A \to A_1$ mit $\pi_1 \circ \iota_1 = id$; entsprechend konstruiert man $\pi_2 : A \to A_2$. Wegen $\pi_i \circ \iota_i = id$ sind die ι_i Monomorphismen, die π_i Epimorphismen.

Satz 1. *Es seien* (A, ι_1, ι_2) *und* (A', ι'_1, ι'_2) *analytische Tensorprodukte von* A_1 *und* A_2 *bzw.* A'_1 *und* A'_2; *ferner seien* $\alpha_i : A_i \to A'_i$, $i = 1, 2$, *analy-*

tische Homomorphismen. Dann existiert genau ein $\alpha \in \operatorname{Hom}(A, A')$, *so daß das folgende Diagramm kommutativ ist:*

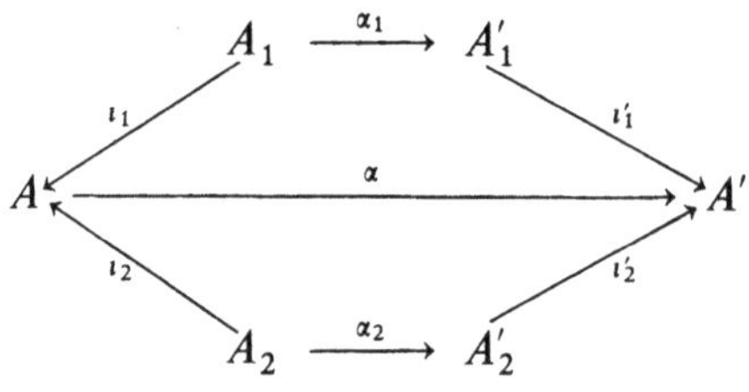

Sind α_1 *und* α_2 *bijektiv, so auch* α.

Beweis. Existenz und Eindeutigkeit von α folgen unmittelbar aus der Definition des analytischen Tensorprodukts.

Sind α_1 und α_2 bijektiv, so bestimmen α_1^{-1} und α_2^{-1} eine Abbildung $\alpha': A' \to A$ mit $\alpha' \circ \iota_i' = \iota_i \circ \alpha_i^{-1}$, $i = 1,2$. Es folgt $\alpha \circ \alpha' \circ \iota_i' = \alpha \circ \iota_i \circ \alpha_i^{-1} = \iota_i' \circ \alpha_i \circ \alpha_i^{-1} = \iota_i'$. Da auch $id_{A'} \circ \iota_i' = \iota_i'$, $i = 1,2$, gilt und (A', ι_1', ι_2') analytisches Tensorprodukt von A_1' und A_2' ist, ergibt sich aus der Definition mit $C = A'$ unmittelbar $\alpha \circ \alpha' = id_{A'}$. Entsprechend folgt $\alpha' \circ \alpha = id_A$, d.h.: $\alpha' = \alpha^{-1}$, w.z.b.w.

Wendet man die eben bewiesene Aussage auf den Fall $A_i = A_i'$, $\alpha_i = id$, $i = 1,2$, an, so folgt, daß ein analytisches Tensorprodukt von A_1 und A_2, falls es überhaupt existiert, *eindeutig bestimmt ist bis auf kanonische Isomorphie.* Wir schreiben deshalb häufig $A_1 \hat{\otimes} A_2$ anstelle von (A, ι_1, ι_2). Für die zu A_1 kanonisch isomorphe analytische k-Unterstellenalgebra $\iota_1(A_1)$ von $A_1 \hat{\otimes} A_2$ schreiben wir auch $A_1 \otimes 1$, entsprechend $1 \otimes A_2$ für $\iota_2(A_2)$. Die gleichen Notationen verwenden wir auch für das Bild eines Elementes oder von Idealen in A_1 bzw. A_2 unter ι_1 bzw. ι_2. Der Kürze halber schreiben wir auch manchmal A_1 statt $A_1 \otimes 1$ usw., wenn keine Verwechslungen zu befürchten sind. Weiter bezeichnen wir den in Satz 1 auftretenden Homomorphismus α mit $\alpha_1 \hat{\otimes} \alpha_2 : A_1 \hat{\otimes} A_2 \to A_1' \hat{\otimes} A_2'$. Da in die Definition des analytischen Tensorproduktes nicht die Reihenfolge von A_1 und A_2 eingeht, gilt

$$A_1 \hat{\otimes} A_2 = A_2 \hat{\otimes} A_1, \qquad \alpha_1 \hat{\otimes} \alpha_2 = \alpha_2 \hat{\otimes} \alpha_1.$$

Ebenso klar sind die Relationen

$$(A_1 \hat{\otimes} A_2) \hat{\otimes} A_3 = A_1 \hat{\otimes} (A_2 \hat{\otimes} A_3),$$
$$(\alpha_1 \hat{\otimes} \alpha_2) \hat{\otimes} \alpha_3 = \alpha_1 \hat{\otimes} (\alpha_2 \hat{\otimes} \alpha_3),$$
$$(\beta_1 \circ \alpha_1) \hat{\otimes} (\beta_2 \circ \alpha_2) = (\beta_1 \hat{\otimes} \beta_2) \circ (\alpha_1 \hat{\otimes} \alpha_2),$$

wobei $\beta_i : A_i' \to A_i''$, $i = 1,2$, weitere analytische Homomorphismen sind.

Wie für die Bijektivität bereits gezeigt, vererbt sich auch die Surjektivität von α_1 und α_2 auf $\alpha_1 \hat{\otimes} \alpha_2$. Wir beweisen gleich etwas mehr:

Satz 2. *Es seien* $\alpha_i: A_i \to A'_i$, $i=1,2$, *analytische Epimorphismen, und es existiere das analytische Tensorprodukt* $A = A_1 \hat{\otimes} A_2$. *Dann existiert auch* $A' = A'_1 \hat{\otimes} A'_2$, *und es gilt*

$$A' \cong A/((\operatorname{Ker}\alpha_1) \otimes 1 + 1 \otimes (\operatorname{Ker}\alpha_2))A.$$

Der natürliche Restklassenepimorphismus $\alpha: A \to A'$ *ist gleich* $\alpha_1 \hat{\otimes} \alpha_2$.

Beweis. Es sei $A' := A/((\operatorname{Ker}\alpha_1) \otimes 1 + 1 \otimes (\operatorname{Ker}\alpha_2))A$ und $\alpha: A \to A'$ der kanonische Epimorphismus. Wegen $\iota_i(\operatorname{Ker}\alpha_i) \subset \operatorname{Ker}\alpha$ ist $\alpha \circ \iota_i \circ \alpha_i^{-1}: A'_i \to A'$ ein wohldefinierter analytischer Homomorphismus, den wir mit ι'_i bezeichnen. Wir zeigen, daß (A', ι'_1, ι'_2) analytisches Tensorprodukt zu A'_1 und A'_2 ist.

Sei also $C \in \mathfrak{A}$ und $\varphi_i \in \operatorname{Hom}(A'_i, C)$, $i=1,2$. Zu $(\varphi_1 \circ \alpha_1, \varphi_2 \circ \alpha_2)$ gibt es ein $\gamma \in \operatorname{Hom}(A, C)$ mit $\gamma \circ \iota_i = \varphi_i \circ \alpha_i$, $i=1,2$. Es folgt $\iota_i(\operatorname{Ker}\alpha_i) \subset \operatorname{Ker}\gamma$ und damit $\operatorname{Ker}\alpha \subset \operatorname{Ker}\gamma$. Demnach läßt sich γ über α faktorisieren: $\gamma = \gamma' \circ \alpha$ mit $\gamma': A' \to C$. Insgesamt erhält man $\gamma' \circ \iota'_i \circ \alpha_i = \gamma' \circ \alpha \circ \iota_i = \gamma \circ \iota_i = \varphi_i \circ \alpha_i$ und hieraus, da α_i surjektiv ist, die gewünschten Gleichungen $\gamma' \circ \iota'_i = \varphi_i$, $i=1,2$. Um noch zu zeigen, daß γ' durch (φ_1, φ_2) eindeutig bestimmt ist, wählen wir ein weiteres $\delta' \in \operatorname{Hom}(A', C)$ mit $\delta' \circ \iota'_i = \varphi_i$. Es folgt $\delta' \circ \alpha \circ \iota_i = \delta' \circ \iota'_i \circ \alpha_i = \varphi_i \circ \alpha_i = \gamma' \circ \iota'_i \circ \alpha_i = \gamma' \circ \alpha \circ \iota_i$ und, da (A, ι_1, ι_2) analytisches Tensorprodukt von A_1 und A_2 ist, $\delta' \circ \alpha = \gamma' \circ \alpha$. Aus der Surjektivität von α folgt schließlich $\delta' = \gamma'$.

Wegen $\iota'_i \circ \alpha_i = \alpha \circ \iota_i$ ergibt sich die Gleichung $\alpha = \alpha_1 \hat{\otimes} \alpha_2$ aus der Eindeutigkeitsaussage von Satz 1, w.z.b.w.

Korollar 1. *Zu* $A_1, A_2 \in \mathfrak{A}$ *existiert stets das analytische Tensorprodukt* $A_1 \hat{\otimes} A_2$. *Die Algebra* $K_m \hat{\otimes} K_n$ *ist kanonisch isomorph zu* K_{m+n}.

Beweis. Da jede analytische k-Stellenalgebra A epimorphes Bild eines K_n ist, brauchen wir wegen Satz 2 nur die Existenz von $K_m \hat{\otimes} K_n$ nachzuweisen. Es sei $K_m = k\langle X_1, \ldots, X_m \rangle$, $K_n = k\langle Y_1, \ldots, Y_n \rangle$ und ι_1 bzw. ι_2 die kanonische Einbettung von K_m bzw. K_n in $K_{m+n} = k\langle X_1, \ldots, X_m, Y_1, \ldots, Y_n \rangle$. Ist $C \in \mathfrak{A}$, so erhält man eine bijektive Abbildung

$$H: \operatorname{Hom}(K_{m+n}, C) \to \operatorname{Hom}(K_m, C) \times \operatorname{Hom}(K_n, C),$$

indem man $H(\gamma) = (\gamma_1, \gamma_2)$ setzt, wobei γ_1 und γ_2 durch $\gamma_1(X_\mu) := \gamma(X_\mu)$, $\mu = 1, \ldots, m$, bzw. $\gamma_2(Y_\nu) := \gamma(Y_\nu)$, $\nu = 1, \ldots, n$, gegeben werden. $(K_{m+n}, \iota_1, \iota_2)$ ist also analytisches Tensorprodukt von K_m und K_n, w.z.b.w.

Korollar 2. *Es seien* $\mathfrak{a}_i \subset A_i$, $i=1,2$, *Ideale. Dann gilt*

$$A_1/\mathfrak{a}_1 \hat{\otimes} A_2/\mathfrak{a}_2 = A_1 \hat{\otimes} A_2/(\mathfrak{a}_1 \otimes 1 + 1 \otimes \mathfrak{a}_2) A_1 \hat{\otimes} A_2.$$

Zum Beweis wende man Satz 2 auf die Epimorphismen $\alpha_i: A_i \to A_i/\mathfrak{a}_i$ an.

Korollar 3. *Es gilt* $\mathfrak{m}(A_1 \hat{\otimes} A_2) = (\mathfrak{m}(A_1) \otimes 1 + 1 \otimes \mathfrak{m}(A_2)) A_1 \hat{\otimes} A_2$, *d.h. sind* $f_1, \ldots, f_r \in A_1$ *und* $g_1, \ldots, g_s \in A_2$ *analytische Erzeugendensysteme von* A_1 *bzw.* A_2, *so ist* $f_1 \otimes 1, \ldots, f_r \otimes 1, 1 \otimes g_1, \ldots, 1 \otimes g_s$ *ein analytisches Erzeugendensystem von* $A_1 \hat{\otimes} A_2$.

Beweis. Es gilt $A_1 \hat{\otimes} A_2 / (\mathfrak{m}(A_1) \otimes 1 + 1 \otimes \mathfrak{m}(A_2)) A_1 \hat{\otimes} A_2 = A_1/\mathfrak{m}(A_1) \hat{\otimes} A_2/\mathfrak{m}(A_2) = k \hat{\otimes} k \cong k$, w.z.b.w.

Unter den Voraussetzungen von Korollar 3 schreiben wir (mit $A := A_1$, $B := A_2 = k\langle g_1, \ldots, g_s\rangle$) auch $A\langle g_1, \ldots, g_s\rangle$ anstelle von $A \hat{\otimes} B$; insbesondere also ist $A\langle Y_1, \ldots, Y_s\rangle = A \hat{\otimes} K_s$, wo $K_s = k\langle Y_1, \ldots, Y_s\rangle$.

2. Endlichkeit und Freiheit. Wir zeigen, daß sich Endlichkeit und (in einem Spezialfall) auch Freiheit analytischer Homomorphismen auf ihr Tensorprodukt vererben.

Satz 3. *Sind* $\alpha_i: A_i \to B_i$, $i = 1, 2$, *endliche analytische Homomorphismen, so ist auch* $\alpha_1 \hat{\otimes} \alpha_2$ *endlich. Sind weiter* $\{f_1, \ldots, f_r\} \subset B_1$ *bzw.* $\{g_1, \ldots, g_s\} \subset B_2$ *Erzeugendensysteme von* B_i *über* $\alpha_i(A_i)$, $i = 1, 2$, *so ist* $\{f_\rho \otimes g_\sigma := (f_\rho \otimes 1) \cdot (1 \otimes g_\sigma)$: $\rho = 1, \ldots, r$; $\sigma = 1, \ldots, s\}$ *ein Erzeugendensystem von* $B_1 \hat{\otimes} B_2$ *über* $(\alpha_1 \hat{\otimes} \alpha_2)(A_1 \hat{\otimes} A_2)$.

Beweis. Es sei $\alpha := \alpha_1 \hat{\otimes} \alpha_2$, $A := A_1 \hat{\otimes} A_2$ und $B := B_1 \hat{\otimes} B_2$. Um die Endlichkeit von α nachzuweisen, brauchen wir nach Satz II.2.5 nur zu zeigen, daß es ein analytisches Erzeugendensystem $h_1, \ldots, h_l$ von B gibt, so daß jedes Element h_λ ganz über $\alpha(A)$ ist. Wegen Satz 2, Korollar 3 können wir $h_1 = f_1 \otimes 1, \ldots, h_m = f_m \otimes 1$, $h_{m+1} = 1 \otimes g_1, \ldots, h_l = 1 \otimes g_n$, $l = m + n$, $f_\mu \in B_1$, $\mu = 1, \ldots, m$, $g_\nu \in B_2$, $\nu = 1, \ldots, n$, annehmen. Da alle f_μ ganz über $\alpha_1(A_1)$ sind und das Diagramm

$$\begin{array}{ccc} A_1 & \xrightarrow{\alpha_1} & B_1 \\ {\scriptstyle \iota_1}\downarrow & & \downarrow{\scriptstyle \iota_1'} \\ A & \xrightarrow{\alpha} & B \end{array}$$

kommutativ ist, ist $h_\mu = f_\mu \otimes 1$ ganz über $\alpha(A_1 \otimes 1)$ und damit erst recht ganz über $\alpha(A)$, $\mu = 1, \ldots, m$. Entsprechend sind alle $h_{m+\nu} = 1 \otimes g_\nu$, $\nu = 1, \ldots, n$, ganz über $\alpha(A)$.

Um die zweite Aussage des Satzes zu beweisen, wählen wir analytische Epimorphismen $\varphi_1: K_m \to B_1$, $\varphi_2: K_n \to B_2$; $\varphi: K_{m+n} \to B$ sei der induzierte Epimorphismus $\varphi_1 \hat{\otimes} \varphi_2$ (Satz 2). Wegen der natürlichen Isomorphie $K_{m+n} \cong k\langle X_1, \ldots, X_m\rangle\langle Y_1, \ldots, Y_n\rangle$ läßt sich jedes Element $f \in K_{m+n}$ als analytisch konvergente Reihe

$$f = \sum_{\nu \in \mathbb{N}^n} f_\nu Y^\nu, \quad f_\nu \in K_m,$$

schreiben. Setzt man $g_\nu := Y^\nu = Y_1^{\nu_1} \cdot \ldots \cdot Y_n^{\nu_n}$, so hat man eine Darstellung

$$f = \sum_{\nu \in \mathbb{N}^n} f_\nu \cdot g_\nu, \quad f_\nu \in K_m, \quad g_\nu \in K_n.$$

Durch Anwendung von φ folgt daraus wegen der Stetigkeit von φ:

$$\begin{aligned}\varphi(f) &= \sum \varphi(f_\nu) \cdot \varphi(g_\nu) = \sum (\varphi_1(f_\nu) \otimes 1) \cdot (1 \otimes \varphi_2(g_\nu)) \\ &=: \sum \varphi_1(f_\nu) \otimes \varphi_2(g_\nu),\end{aligned}$$

d.h., da φ surjektiv ist: Jedes Element $b \in B$ läßt sich als analytisch konvergente Reihe

$$b = \sum_{\nu \in \mathbb{N}^n} b_{1\nu} \otimes b_{2\nu}, \quad b_{i\nu} \in B_i, \quad i = 1, 2,$$

darstellen. Da sich jede endliche Summe $\sum b_{1\nu} \otimes b_{2\nu}$ als Linearkombination der $f_\rho \otimes g_\sigma$ mit Koeffizienten in $\alpha(A)$ schreiben läßt, liegt der von den $f_\rho \otimes g_\sigma$ erzeugte endliche $\alpha(A)$-Untermodul N dicht in dem endlichen $\alpha(A)$-Modul $M = B$. Wegen Satz II.1.10 gilt dann $N = M = B$, w.z.b.w.

Eine besonders einfache Struktur haben die analytischen Tensorprodukte $A \hat{\otimes} B$, bei denen ein „Faktor" regulär ist.

Satz 4. *Zu jedem $A \in \mathfrak{A}$ und $K_n = k\langle X_1, \ldots, X_n\rangle$ gibt es einen natürlichen A-Algebramonomorphismus*

$$A \hat{\otimes} K_n \hookrightarrow A\{X_1, \ldots, X_n\},$$

d.h. jedes $f \in A \hat{\otimes} K_n$ läßt sich auf genau eine Weise als analytisch konvergente Reihe

$$f = \sum_{\nu \in \mathbb{N}^n} a_\nu X^\nu, \quad a_\nu \in A,$$

darstellen.

Beweis. Es sei $A = K_m/\mathfrak{a}$. Dann gilt $A \hat{\otimes} K_n = K_{m+n}/\mathfrak{a} K_{m+n}$, woraus die Existenz der obigen Darstellung von f folgt. Wir zeigen weiter

$$\mathfrak{a} K_{m+n} = \left\{ \sum_{\nu \in \mathbb{N}^n} h_\nu X^\nu \in K_{m+n} \colon h_\nu \in \mathfrak{a} \right\},$$

da dies offensichtlich die Eindeutigkeitsaussage impliziert. Es sei also $\sum h_\nu X^\nu \in \mathfrak{a} K_{m+n}$, etwa

$$\sum h_\nu X^\nu = \sum a_\rho g_\rho, \quad a_\rho \in \mathfrak{a}, \quad g_\rho = \sum b_{\rho\nu} X^\nu, \quad b_{\rho\nu} \in K_m.$$

Dann ist $\sum_\nu h_\nu X^\nu = \sum_\rho \left(a_\rho \sum_\nu b_{\rho\nu} X^\nu\right) = \sum_\nu \left(\sum_\rho a_\rho b_{\rho\nu}\right) X^\nu$ und folglich $h_\nu = \sum a_\rho b_{\rho\nu} \in \mathfrak{a}$. Ist umgekehrt $h = \sum h_\nu X^\nu$, $h_\nu \in \mathfrak{a}$, so liegt jede endliche

Teilsumme $\sum^{<\infty} h_\nu X^\nu$ in $\mathfrak{a}K_{m+n}$. Wegen der Abgeschlossenheit der Ideale (Satz II.1.6, Korollar) gilt dann auch $h \in \mathfrak{a}K_{n+m}$, w.z.b.w.

Korollar. *Mit $A \in \mathfrak{A}$ ist auch $A \hat{\otimes} K_n$ nullteilerfrei bzw. reduziert.*

Denn mit A ist auch $A\{X_1, \ldots, X_n\}$ nullteilerfrei (Kap. I, § 0.1) bzw. reduziert. Um das letztere einzusehen, können wir $n=1$ annehmen. Ist dann $f \in A\{X\}$, $f = \sum_{i=b}^{\infty} a_i X^i$, $a_b \neq 0$, so folgt für jedes $t \geq 1$:

$$f^t = a_b^t X^{bt} + \text{höhere Glieder}.$$

Da A reduziert ist, ist $a_b^t \neq 0$ und damit auch $f^t \neq 0$.

Satz 5. *Es seien A und B nulldimensionale analytische k-Stellenalgebren und $\{f_1, \ldots, f_r\}$ bzw. $\{g_1, \ldots, g_s\}$ Basen von A bzw. B über k. Dann ist $\{f_\rho \otimes g_\sigma: \rho = 1, \ldots, r;\ \sigma = 1, \ldots, s\}$ eine Basis von $A \hat{\otimes} B$ über k.*

Beweis. Nach Satz 3 ist $\{f_\rho \otimes g_\sigma\}$ ein Erzeugendensystem von $A \hat{\otimes} B$ über k. Um die lineare Unabhängigkeit dieses Systems über k zu beweisen, genügt es zu zeigen, daß die $f_1 \otimes 1, \ldots, f_r \otimes 1$ in $A \hat{\otimes} B$ linear unabhängig über $1 \otimes B$ sind.

Wir zeigen zunächst, daß $f_1 \otimes 1, \ldots, f_r \otimes 1$ für jedes n eine Basis von $A \hat{\otimes} K_n$ über $1 \otimes K_n$ ist: Wegen Satz 3 braucht nur die lineare Unabhängigkeit bewiesen zu werden. Sei also $\sum_{\rho=1}^{r} f_\rho \otimes h_\rho = 0$, $h_\rho = \sum_{\nu \in \mathbb{N}^n} c_{\rho\nu} X^\nu \in K_n$, $c_{\rho\nu} \in k$. Es folgt $\sum_\nu \left(\sum_\rho c_{\rho\nu} f_\rho \right) X^\nu = 0$ und daraus (wegen Satz 4): $\sum_\rho c_{\rho\nu} f_\rho = 0$, $\nu \in \mathbb{N}^n$. Dann sind alle $c_{\rho\nu} = 0$, d.h. $h_\rho = 0$, $\rho = 1, \ldots, r$.

In $A \hat{\otimes} B$ sei nun $\sum_\rho f_\rho \otimes \hat{h}_\rho = 0$, $\hat{h}_\rho \in B$. Wir wählen einen Epimorphismus $\beta: K_n \to B$ und β-Urbilder $h_\rho \in K_n$ der $\hat{h}_\rho$. Es gilt dann

$$\sum_\rho f_\rho \otimes h_\rho \in \operatorname{Ker}(id \hat{\otimes} \beta) = (\operatorname{Ker} \beta)(A \hat{\otimes} K_n)$$

(Satz 2). Damit existieren Elemente $g_\lambda \in \operatorname{Ker} \beta$ und $g_{\rho\lambda} \in K_n$, so daß

$$\sum_\rho f_\rho \otimes h_\rho = \sum_\lambda g_\lambda \left(\sum_\rho f_\rho \otimes g_{\rho\lambda} \right) = \sum_\rho (f_\rho \otimes 1) \left(\sum g_\lambda (1 \otimes g_{\rho\lambda}) \right)$$

und also $h_\rho = \sum_\lambda g_\lambda (1 \otimes g_{\rho\lambda}) \in \operatorname{Ker} \beta$. Es folgt $\hat{h}_\rho = \beta(h_\rho) = 0$, w.z.b.w.

Wir hätten Satz 5 wesentlich allgemeiner fassen können. In einem größeren Rahmen erhalten wir jedoch später als unmittelbare Folgerung aus Satz 7 und Satz 8:

Sind $\alpha_i\colon A_i \to B_i$, $i=1,2$, *endliche freie analytische Homomorphismen, so ist auch* $\alpha_1 \hat{\otimes} \alpha_2$ *frei.*

Zum Beweis des dafür benutzten Satzes 8 benötigen wir den in Satz 5 bewiesenen Spezialfall.

Für spätere Verwendung ziehen wir aus Satz 5 noch das

Korollar. *Es seien* $A_i \in \mathfrak{A}$ *und* $\mathfrak{a}_i \subset A_i$ *Ideale,* $i=1,2$. *Dann gilt in* $A = A_1 \hat{\otimes} A_2$:

$$(\mathfrak{a}_1 \otimes 1) A \cap (1 \otimes \mathfrak{a}_2) A = (\mathfrak{a}_1 \otimes 1)(1 \otimes \mathfrak{a}_2) A$$

Beweis. Wir schreiben abkürzend $\mathfrak{a}_1 A$ für $(\mathfrak{a}_1 \otimes 1) A$ usw. Da die Relation $\mathfrak{a}_1 \mathfrak{a}_2 A \subset \mathfrak{a}_1 A \cap \mathfrak{a}_2 A$ trivial ist, haben wir nur noch die umgekehrte Inklusion zu verifizieren.

a) Es gelte zunächst $\dim A_i = 0$, $i=1,2$. Dann sind A_1 und A_2 endliche k-Vektorräume und die $\mathfrak{a}_i$ sind k-Untervektorräume der A_i. Infolgedessen existieren Basen $\{f_{i1}, \ldots, f_{ir_i}\}$ der A_i über k, so daß $\{f_{i1}, \ldots, f_{is_i}\}$, $s_i \le r_i$, eine Basis von $\mathfrak{a}_i$ über k ist. Da die $f_{1\rho_1} \otimes f_{2\rho_2}$, $\rho_i = 1, \ldots, r_i$, $i=1,2$, nach Satz 5 eine Basis von A über k bilden, erhält man unmittelbar

$$\mathfrak{a}_1 A = \sum_{\rho_1=1}^{s_1} \sum_{\rho_2=1}^{r_2} k(f_{1\rho_1} \otimes f_{2\rho_2})$$

und entsprechend

$$\mathfrak{a}_2 A = \sum_{\rho_1=1}^{r_1} \sum_{\rho_2=1}^{s_2} k(f_{1\rho_1} \otimes f_{2\rho_2}),$$

so daß

$$\mathfrak{a}_1 A \cap \mathfrak{a}_2 A = \sum_{\rho_1=1}^{s_1} \sum_{\rho_2=1}^{s_2} k(f_{1\rho_1} \otimes f_{2\rho_2}) \subset \mathfrak{a}_1 \mathfrak{a}_2 A.$$

b) Seien jetzt A_1 und A_2 beliebig und gelte $f \in \mathfrak{a}_1 A \cap \mathfrak{a}_2 A$. Wäre $f \notin \mathfrak{a}_1 \mathfrak{a}_2 A$, dann existierte wegen $\mathfrak{a}_1 \mathfrak{a}_2 A = \bigcap_{\nu=1}^{\infty} (\mathfrak{a}_1 \mathfrak{a}_2 A + \mathfrak{m}(A)^\nu)$ ein $n \in \mathbb{N}$ mit $f \notin \mathfrak{a}_1 \mathfrak{a}_2 A + \mathfrak{m}(A)^n$, und dann wäre erst recht f nicht aus $\mathfrak{a}_1 \mathfrak{a}_2 A + (\mathfrak{m}_1^n + \mathfrak{m}_2^n) A$, wobei $\mathfrak{m}_i = \mathfrak{m}(A_i)$, $i=1,2$. Sind $\alpha_i\colon A_i \to A_i/\mathfrak{m}_i^n$ die Restklassenepimorphismen und ist $\alpha = \alpha_1 \hat{\otimes} \alpha_2$, so folgt wegen $\alpha(f) \in \alpha(\mathfrak{a}_1 A \cap \mathfrak{a}_2 A)$, aber $\alpha(f) \notin \alpha(\mathfrak{a}_1 \mathfrak{a}_2 A)$:

$$\begin{aligned} \alpha_1(\mathfrak{a}_1)\alpha_2(\mathfrak{a}_2)\alpha(A) &= \alpha(\mathfrak{a}_1 \mathfrak{a}_2 A) \\ &\subsetneqq \alpha(\mathfrak{a}_1 A \cap \mathfrak{a}_2 A) \\ &= \alpha_1(\mathfrak{a}_1)\alpha(A) \cap \alpha_2(\mathfrak{a}_2)\alpha(A), \end{aligned}$$

und das steht wegen $\dim A_i/\mathfrak{m}_i^n = 0$ im Widerspruch zu a), w.z.b.w.

3. Faseralgebren und endliche Homomorphismen. Zu jedem analytischen Homomorphismus $\varphi: A \to B$ gehört die *Faseralgebra* $B' = B/B\varphi(\mathfrak{m})$, wobei $\mathfrak{m}$ das maximale Ideal von A bezeichnet. Ist B' nulldimensional, so ist φ ein quasi-endlicher Homomorphismus und somit wegen Satz II.2.2 sogar endlich. Diese Aussage läßt sich verallgemeinern:

Es sei $\varphi: A \to B$ *ein analytischer Homomorphismus, so daß die Faseralgebra* $B' = B/B\varphi(\mathfrak{m})$, $\mathfrak{m} = \mathfrak{m}(A)$, *die Dimension r besitzt. Dann existieren endliche analytische Homomorphismen*

$$\Phi: A\langle X_1, \ldots, X_r \rangle \to B$$

mit $\Phi | A = \varphi$.

Beweis. Es seien $g_1, \ldots, g_r \in \mathfrak{m}(B)$ Elemente, deren Restklassen $g'_1, \ldots, g'_r$ in B' ein Parametersystem von B' bilden. $\psi: K_r = k\langle X_1, \ldots, X_r \rangle \to B$ sei der durch $\psi(X_\rho) := g_\rho$, $\rho = 1, \ldots, r$, definierte analytische Homomorphismus. Wir setzen $\Phi := \varphi \hat{\otimes} \psi$ und haben nur nachzuweisen, daß Φ quasi-endlich ist. Man hat

$$\begin{aligned} B \cdot \Phi(\mathfrak{m}(A \hat{\otimes} K_r)) &= B \cdot \Phi(\mathfrak{m} \otimes 1 + 1 \otimes \mathfrak{m}(K_r)) \\ &= B \cdot (\varphi(\mathfrak{m}) + (g_1, \ldots, g_r)) \end{aligned}$$

und daher

$$\begin{aligned} B/B \cdot \Phi(\mathfrak{m}(A \hat{\otimes} K_r)) &= B/B \cdot (\varphi(\mathfrak{m}) + (g_1, \ldots, g_r)) \\ &= B'/B' \cdot (g'_1, \ldots, g'_r). \end{aligned}$$

Da $B'/B' \cdot (g'_1, \ldots, g'_r)$ nulldimensional ist, ist Φ quasi-endlich, w.z.b.w.

In Satz 10 wird die Gleichung $\dim(A \hat{\otimes} K_r) = \dim A + r$ bewiesen. Wegen der Endlichkeit von Φ hat man also stets die Ungleichung

$$(*) \qquad \dim B \leq \dim A + \dim B/B\varphi(\mathfrak{m}).$$

Man kann leicht Beispiele dafür angeben, daß in $(*)$ nicht immer das Gleichheitszeichen steht: Sind $A, B \in \mathfrak{A}$ mit $\dim A > 0$ beliebig und ist $\varphi: A \to B$ die Abbildung auf k, so ist die Gleichheit offenbar verletzt. Wir geben noch ein weniger triviales Beispiel an, bei dem φ sogar injektiv ist: Es sei $A = B = K_2 = k\langle X, Y \rangle$ und $\varphi: A \to B$ der durch $\varphi(X) = X$, $\varphi(Y) = XY$ definierte Homomorphismus. Dann gilt $B' = B/B\varphi(\mathfrak{m}) = K_2/K_2(X, XY) = k\langle Y \rangle$ und also $\dim B' = 1$.

Falls in $(*)$ das Gleichheitszeichen steht, kann man noch etwas mehr über die Abbildung Φ aussagen:

Gilt die Dimensionsformel $\dim B = \dim A + \dim B/B\varphi(\mathfrak{m})$, *so enthält der Kern von* $\Phi: A\langle X_1, \ldots, X_r \rangle \to B$ *keine aktiven Elemente. Insbesondere ist* Φ *injektiv, wenn A nullteilerfrei ist.*

Dies folgt aus der Formel $\dim(A \hat{\otimes} K_r/\mathrm{Ker}\,\Phi) = \dim B$ (Satz II.5.1.) und aus dem Korollar zu Satz 4.

4. Das analytische Tensorprodukt analytischer Moduln. Da man das analytische Tensorprodukt analytischer Moduln auf algebraische Tensorprodukte zurückführen kann, ersparen wir uns hier die axiomatische Einführung durch eine universelle Abbildungseigenschaft.

Es seien $A_i \in \mathfrak{A}$ und M_i analytische A_i-Moduln, $i=1,2$. Vermöge $\iota_i\colon A_i \hookrightarrow A = A_1 \hat{\otimes} A_2$ läßt sich A als A_i-Modul auffassen, und das algebraische Tensorprodukt (zur Theorie des algebraischen Tensorproduktes vgl. etwa [3], § 3)

$$M_{iA} := A \underset{A_i}{\otimes} M_i$$

trägt in kanonischer Weise die Struktur eines endlichen A-Moduls, d.h. $M_{iA} \in \mathfrak{M}_A$.

Wir nennen den analytischen A-Modul

$$M_1 \underset{A_1, A_2}{\otimes} M_2 := M_{1A} \underset{A}{\otimes} M_{2A}$$

das *(analytische) Tensorprodukt von M_1 und M_2 über A_1 und A_2.*

Offenbar ist $A_1 \underset{A_1, A_2}{\otimes} A_2 = A_1 \hat{\otimes} A_2$. Das Tensorprodukt von Moduln ist also eine Verallgemeinerung des analytischen Tensorprodukts von analytischen k-Stellenalgebren.

Wenn keine Verwechslungen zu befürchten sind, schreiben wir auch $M_1 \otimes M_2$ an Stelle von $M_1 \underset{A_1, A_2}{\otimes} M_2$.

Mit $\tau\colon M_1 \times M_2 \to M_1 \otimes M_2$ bezeichnen wir stets die durch

$$\tau(m_1, m_2) = m_1 \otimes m_2 := \left(1 \underset{A_1}{\otimes} m_1\right) \underset{A}{\otimes} \left(1 \underset{A_2}{\otimes} m_2\right),$$

$m_i \in M_i$, $i=1,2$, gegebene Abbildung, die in der ersten Komponente A_1- und in der zweiten A_2-linear ist. $M_1 \otimes M_2$ wird offenbar von $\tau(M_1 \times M_2)$ über A erzeugt.

Aus der entsprechenden Aussage über algebraische Tensorprodukte erhält man

Satz 6. *Es seien $M_i, M_i' \in \mathfrak{M}_{A_i}$ und $\mu_i \in \operatorname{Hom}(M_i, M_i')$, $i=1,2$. Dann gibt es genau ein $\mu \in \operatorname{Hom}(M_1 \otimes M_2, M_1' \otimes M_2')$, welches das Diagramm*

$$\begin{array}{ccc} M_1 \times M_2 & \xrightarrow{(\mu_1, \mu_2)} & M_1' \times M_2' \\ \downarrow{\scriptstyle\tau} & & \downarrow{\scriptstyle\tau'} \\ M_1 \otimes M_2 & \xrightarrow{\mu} & M_1' \otimes M_2' \end{array}$$

kommutativ macht. Sind μ_1 und μ_2 bijektiv, so auch μ; sind sie surjektiv, so ist auch μ surjektiv, und es gilt in kanonischer Weise

$$M_1' \otimes M_2' \cong (M_1 \otimes M_2)/A(\tau(\operatorname{Ker}\mu_1 \times M_2) + \tau(M_1 \times \operatorname{Ker}\mu_2)).$$

Die Abbildung μ bezeichnen wir im folgenden mit $\mu_1 \otimes \mu_2$.

Korollar. *Für* $M_i \in \mathfrak{M}_{A_i}$ *und Ideale* $\mathfrak{a}_i \subset A_i$, $i=1,2$, *gilt:*

$$(M_1/\mathfrak{a}_1 M_1) \otimes (M_2/\mathfrak{a}_2 M_2) = (M_1 \otimes M_2)/(\mathfrak{a}_1 + \mathfrak{a}_2)(M_1 \otimes M_2).$$

Beweis. Da τ in beiden Komponenten linear ist, folgt

$$\begin{aligned}(M_1/\mathfrak{a}_1 M_1) \otimes (M_2/\mathfrak{a}_2 M_2) &= (M_1 \otimes M_2)/A\big(\tau((\mathfrak{a}_1 M_1) \times M_2) + \tau(M_1 \times (\mathfrak{a}_2 M_2))\big)\\ &= (M_1 \otimes M_2)/A(\mathfrak{a}_1 \tau(M_1 \times M_2) + \mathfrak{a}_2 \tau(M_1 \times M_2))\\ &= (M_1 \otimes M_2)/(\mathfrak{a}_1 + \mathfrak{a}_2) A \tau(M_1 \times M_2)\\ &= (M_1 \otimes M_2)/(\mathfrak{a}_1 + \mathfrak{a}_2)(M_1 \otimes M_2), \qquad \text{w.z.b.w.}\end{aligned}$$

Ebenso folgt unmittelbar

Satz 7. *Für* $M \in \mathfrak{M}_{A_1}$, $M_1, M_2 \in \mathfrak{M}_{A_2}$ *gilt in kanonischer Weise:*

$$M \otimes (M_1 \oplus M_2) = (M \otimes M_1) \oplus (M \otimes M_2).$$

Insbesondere gilt:

$$p_1 A_1 \otimes p_2 A_2 = p_1 p_2 (A_1 \hat{\otimes} A_2), \qquad p_1, p_2 \in \mathbb{N}.$$

5. Invarianz unter endlichen Homomorphismen. Das analytische Tensorprodukt von Moduln ist invariant gegenüber endlichen analytischen Homomorphismen. Dies ist die wesentliche Aussage des folgenden grundlegenden Satzes.

Satz 8. *Es seien* $\varphi_i: A_i \to B_i$ *endliche analytische Homomorphismen und* $M_i \in \mathfrak{M}_{B_i}$ *analytische* B_i*-Moduln,* $i=1,2$. *Dann ist* $M_1 \underset{B_1, B_2}{\otimes} M_2$ *bezüglich* $\varphi = \varphi_1 \hat{\otimes} \varphi_2$ *ein analytischer* A*-Modul,* $A = A_1 \hat{\otimes} A_2$. *Der natürliche* A*-Modulhomomorphismus (von der* A*-bilinearen Abbildung*

$$(\varphi_1 \otimes id_A, \varphi_2 \otimes id_B): M_{1A} \times M_{2A} \to M_{1B} \times M_{2B}, \qquad B = B_1 \hat{\otimes} B_2,$$

induziert)

$$\mu: M_1 \underset{A_1, A_2}{\otimes} M_2 \to M_1 \underset{B_1, B_2}{\otimes} M_2$$

ist bijektiv.

Beweis. Da φ wegen Satz 3 endlich ist, gilt $M_1 \underset{B_1, B_2}{\otimes} M_2 \in \mathfrak{M}_A$. Für die kanonischen Abbildungen

$$\tau_A: M_1 \times M_2 \to M_A := M_1 \underset{A_1, A_2}{\otimes} M_2,$$
$$\tau_B: M_1 \times M_2 \to M_B := M_1 \underset{B_1, B_2}{\otimes} M_2$$

hat man $\mu \circ \tau_A = \tau_B$ nach Konstruktion von μ.

Wir setzen $r_i = \mathrm{cg}_{A_i} B_i$ und wählen Erzeugendensysteme $\{b_{i1}, \ldots, b_{ir_i}\}$ von B_i über $\varphi_i(A_i)$, $i=1,2$. Nach Satz 3 erhalten wir daraus das Erzeugendensystem $\{b_{1\rho_1} \otimes b_{2\rho_2}: \rho_i = 1, \ldots, r_i, i=1,2\}$ von B über $\varphi(A)$.

a) *μ ist surjektiv.* – Es gilt nämlich:

$$\begin{aligned}M_B = B\tau_B(M_1\times M_2) &= \sum_{\rho_1,\rho_2}\varphi(A)\tau_B(M_1\times M_2)(b_{1\rho_1}\otimes b_{2\rho_2})\\ &=\varphi(A)\tau_B\Big(\Big(\sum_{\rho_1}\varphi_1(A_1)M_1 b_{1\rho_1}\Big)\times\Big(\sum_{\rho_2}\varphi_2(A_2)M_2 b_{2\rho_2}\Big)\Big)\\ &=\varphi(A)\tau_B(M_1\times M_2)=A(\mu\circ\tau_A)(M_1\times M_2)\\ &=\mu(A\tau_A(M_1\times M_2))\mathrel{\dot=}\mu(M_A).\end{aligned}$$

b) *Gilt die Bijektivität von μ für reguläre A_i, so auch für beliebige A_i.* – Es sei nämlich $\alpha_i\colon K_{n_i}\to A_i$, $i=1,2$, ein endlicher analytischer Homomorphismus. Dann ist auch $\varphi_i\circ\alpha_i\colon K_{n_i}\to B_i$ endlich und nach Voraussetzung ν und $\mu\circ\nu$ in

$$M_{K_n}\xrightarrow{\ \nu\ }M_A\xrightarrow{\ \mu\ }M_B$$

bijektiv, also auch μ.

c) *Gilt die Behauptung für M_1 und M_2, so auch für M_1/N_1 und M_2/N_2, wobei N_i ein B_i-Untermodul von M_i ist, $i=1,2$.* – Vermöge μ identifizieren wir M_A mit M_B. Wir setzen $M := M_A = M_B$, $\tau := \tau_A = \tau_B$. Dann gilt wegen Satz 6:

$$(M_1/N_1)\underset{A_1,A_2}{\otimes}(M_2/N_2)\cong M/A(\tau(N_1\times M_2)+\tau(M_1\times N_2)),$$

$$(M_1/N_1)\underset{B_1,B_2}{\otimes}(M_2/N_2)\cong M/B(\tau(N_1\times M_2)+\tau(M_1\times N_2)),$$

so daß nur noch $A\tau(N_1\times M_2)=B\tau(N_1\times M_2)$ und entsprechend $A\tau(M_1\times N_2)=B\tau(M_1\times N_2)$ zu zeigen ist:

$$\begin{aligned}B\tau(N_1\times M_2) &= \sum_{\rho_1,\rho_2}\varphi(A)\tau(N_1\times M_2)(b_{1\rho_1}\otimes b_{2\rho_2})\\ &=\varphi(A)\tau\Big(\Big(\sum_{\rho_1}\varphi_1(A_1)N_1 b_{1\rho_1}\Big)\times\Big(\sum_{\rho_2}\varphi_2(A_2)M_2 b_{2\rho_2}\Big)\Big)\\ &= A\tau(N_1\times M_2).\end{aligned}$$

d) *Die Behauptung gilt für* $\dim A_i=0$, $i=1,2$. – Nach b) reicht es, den Fall $A_i=k$, $i=1,2$, zu betrachten, und nach c) dürfen wir M_i als freien B_i-Modul, $i=1,2$, annehmen. Nach Satz 5 gilt $\mathrm{rg}_k B=r_1 r_2$, und wegen Satz 7 ist M_B ein freier B-Modul mit $\mathrm{rg}_B M_B=p_1p_2$, wo $p_i=\mathrm{rg}_{B_i}M_i$, $i=1,2$. Hieraus folgt $\mathrm{rg}_k M_i=\mathrm{rg}_k B_i\cdot\mathrm{rg}_{B_i}M_i=r_ip_i$ und $\mathrm{rg}_k M_B=\mathrm{rg}_k B\cdot\mathrm{rg}_B M_B=(r_1r_2)(p_1p_2)=(r_1p_1)(r_2p_2)=\mathrm{rg}_k M_1\cdot\mathrm{rg}_k M_2$ $=\mathrm{rg}_k M_A$. Dann ist aber der k-Vektorraumhomomorphismus $\mu\colon M_A\to M_B$ injektiv, da er nach a) surjektiv ist.

e) *Es seien $\mathfrak{a}_i\subset A_i$ Ideale, $\bar A_i=A_i/\mathfrak{a}_i$, $r_i\geq 1$, $M_i\in\mathfrak{M}_{A_i}$ und $\bar M_i := M_i/\mathfrak{a}_i M_i$, $i=1,2$. Dann ist $\mu\colon \bar M_1\underset{A_1,A_2}{\otimes}\bar M_2\to\bar M_1\underset{\bar A_1,\bar A_2}{\otimes}\bar M_2$ bijektiv.* –

Da A sowohl ein A_1- als auch ein A_2-Modul ist, hat man wegen der Assoziativität des algebraischen Tensorprodukts (vgl. [3], § 3, No. 8, prop. 8) einen kanonischen A-Isomorphismus

$$\bar{M}_A \cong \big(\bar{M}_1 \underset{A_1}{\otimes} A\big) \underset{A}{\otimes} \big(A \underset{A_2}{\otimes} \bar{M}_2\big) \cong \bar{M}_1 \underset{A_1}{\otimes} \Big(A \underset{A}{\otimes} \big(A \underset{A_2}{\otimes} \bar{M}_2\big)\Big)$$

$$\cong \bar{M}_1 \underset{A_1}{\otimes} \big(A \underset{A_2}{\otimes} \bar{M}_2\big) = \big(\bar{M}_1 \underset{A_1}{\otimes} A\big) \underset{A_2}{\otimes} \bar{M}_2 .$$

Wegen $\mathfrak{a}_2 \subset \mathrm{An}_{A_2} \bar{M}_2$ existiert eine kanonische A_2-Isomorphie (vgl. [3], § 3, No. 7, prop. 6, cor. 3)

$$A \underset{A_2}{\otimes} \bar{M}_2 \cong (A/\mathfrak{a}_2 A) \underset{\bar{A}_2}{\otimes} \bar{M}_2 ,$$

und daraus folgt wegen $\bar{A} = \bar{A}_1 \hat{\otimes} \bar{A}_2 \cong A/(\mathfrak{a}_1 + \mathfrak{a}_2) A$ und $\mathfrak{a}_1 \subset \mathrm{An}_{A_1} \bar{M}_1$ der A-Isomorphismus

$$\bar{M}_A \cong \bar{M}_1 \underset{A_1}{\otimes} \big((A/\mathfrak{a}_2 A) \underset{\bar{A}_2}{\otimes} \bar{M}_2\big) = \big(\bar{M}_1 \underset{A_1}{\otimes} (A/\mathfrak{a}_2 A)\big) \underset{\bar{A}_2}{\otimes} \bar{M}_2$$

$$= \big(\bar{M}_1 \underset{\bar{A}_1}{\otimes} \bar{A}\big) \underset{\bar{A}_2}{\otimes} \bar{M}_2 = \bar{M}_{\bar{A}} .$$

f) Wir führen jetzt die allgemeine Behauptung auf die Fälle d) und e) zurück. Es sei also $m \in M_A$ ein Element mit $\mu(m) = 0$. Wir nehmen $m \neq 0$ an. Dann gibt es nach dem Krullschen Durchschnittssatz ein $r \in \mathbb{N}$ mit $m \notin \mathfrak{m}(A)^r M_A$ und folglich $m \notin (\mathfrak{a}_1 + \mathfrak{a}_2) M_A$, $\mathfrak{a}_i = \mathfrak{m}(A_i)^r$, $i = 1, 2$. Für $\bar{M}_i = M_i/\mathfrak{a}_i M_i$ besteht dann nach e) und Satz 6, Korollar eine kanonische Isomorphie

$$\bar{M}_{\bar{A}} = \bar{M}_1 \underset{\bar{A}_1, \bar{A}_2}{\otimes} \bar{M}_2 \cong \bar{M}_1 \underset{A_1, A_2}{\otimes} \bar{M}_2 \cong M_A/(\mathfrak{a}_1 + \mathfrak{a}_2) M_A .$$

Das natürliche Bild $\bar{m}$ von m in $\bar{M}_{\bar{A}}$ ist also von Null verschieden. Aus dem kommutativen Diagramm

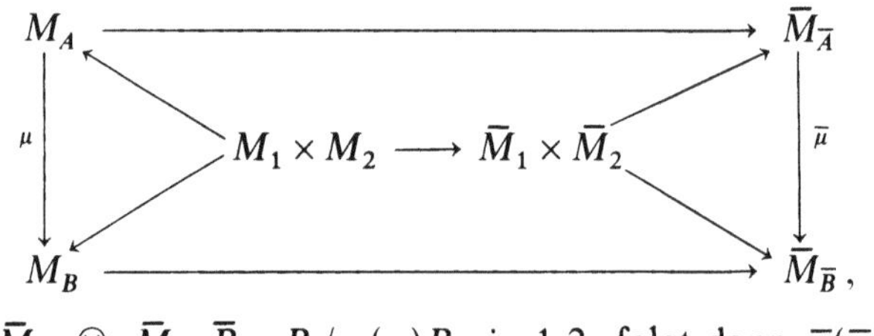

wo $\bar{M}_{\bar{B}} = \bar{M}_1 \underset{\bar{B}_1, \bar{B}_2}{\otimes} \bar{M}_2$, $\bar{B}_i = B_i/\varphi_i(\mathfrak{a}_i) B_i$, $i = 1, 2$, folgt dann $\bar{\mu}(\bar{m}) = 0$, und das steht im Widerspruch zu d), da wegen $\dim \bar{A}_i = 0$ der $\bar{A}$-Homomorphismus $\bar{\mu}$ injektiv ist, w. z. b. w.

Wendet man Satz 8 auf die Epimorphismen $A_i \to A_i/\mathrm{An}\, M_i$ an, so erhält man

Korollar 1. $M_1 \underset{A_1,A_2}{\otimes} M_2 \cong M_1 \underset{A_1/\mathrm{An}\,M_1,\,A_2/\mathrm{An}\,M_2}{\otimes} M_2$.

Dieses Korollar kann man direkt auch wie im Abschnitt e) des Beweises von Satz 8 herleiten.

Mit Hilfe der Formel $\mathrm{cg}_A M = \mathrm{rg}_k M/\mathfrak{m} M$ (vgl. Anhang, § 2.4) können wir nun den Corang des analytischen Tensorprodukts berechnen.

Korollar 2. $\mathrm{cg}_A(M_1 \otimes M_2) = \mathrm{cg}_{A_1} M_1 \cdot \mathrm{cg}_{A_2} M_2$.

Beweis. Wegen $\mathfrak{m} = \mathfrak{m}(A) = (\mathfrak{m}_1 + \mathfrak{m}_2)A$ (Satz 2, Korollar 3) folgt mit Satz 8 und Satz 6, Korollar:

$$\begin{aligned}(M_1 \otimes M_2)/\mathfrak{m}(M_1 \otimes M_2) &= (M_1/\mathfrak{m}_1 M_1) \underset{A_1,A_2}{\otimes} (M_2/\mathfrak{m}_2 M_2)\\ &= (M_1/\mathfrak{m}_1 M_1) \underset{k,k}{\otimes} (M_2/\mathfrak{m}_2 M_2)\end{aligned}$$

und hieraus mit Satz 7:

$$\begin{aligned}\mathrm{cg}_A(M_1 \otimes M_2) &= \mathrm{rg}_k((M_1/\mathfrak{m}_1 M_1) \underset{k,k}{\otimes} (M_2/\mathfrak{m}_2 M_2))\\ &= (\mathrm{rg}_k M_1/\mathfrak{m}_1 M_1)\cdot(\mathrm{rg}_k M_2/\mathfrak{m}_2 M_2)\\ &= \mathrm{cg}_{A_1} M_1 \cdot \mathrm{cg}_{A_2} M_2, \qquad \text{w.z.b.w.}\end{aligned}$$

Folgerung. *$M_1 \otimes M_2$ ist genau dann frei über A, wenn M_1 und M_2 frei über A_1 bzw. A_2 sind.*

Beweis. Es sei $\{e_{i1}, \ldots, e_{ir_i}\}$ ein minimales Erzeugendensystem von M_i über A_i, also $r_i = \mathrm{cg}_{A_i} M_i$. Dann ist das Erzeugendensystem $\{e_{1\rho_1} \otimes e_{2\rho_2} : \rho_i = 1, \ldots, r_i, i = 1, 2\}$ von $M = M_1 \otimes M_2$ über A wegen $\mathrm{cg}_A M = r_1 \cdot r_2$ minimal.

Ist nun M frei, so bilden die Elemente $e_{1\rho_1} \otimes e_{2\rho_2}$ eine Basis von M. Aus einer Gleichung $\sum_{\rho_1=1}^{r_1} a_{1\rho_1} e_{1\rho_1} = 0$, $a_{1\rho_1} \in A_1$, folgt dann

$$0 = \left(\sum a_{1\rho_1} e_{1\rho_1}\right) \otimes e_{21} = \sum (a_{1\rho_1} \otimes 1)(e_{1\rho_1} \otimes e_{21}),$$

d.h. $a_{1\rho_1} \otimes 1 = 0$ und damit $a_{1\rho_1} = 0$, $\rho_1 = 1, \ldots, r_1$. Demnach ist $\{e_{11}, \ldots, e_{1r_1}\}$ eine Basis von M_1. Gleiches gilt für M_2. Die Umkehrung wurde bereits in Satz 7 bewiesen, w.z.b.w.

Korollar 3. *Es seien $M_i \in \mathfrak{M}_{A_i}$, $i = 1, 2$, und $m_{21}, \ldots, m_{2r} \in M_2$ linear unabhängig über k. Dann folgt aus einer Gleichung*

$$\sum_{\rho=1}^{r} m_{1\rho} \otimes m_{2\rho} = 0, \qquad m_{1\rho} \in M,$$

in $M_1 \otimes M_2$ stets $m_{1\rho} = 0$, $\rho = 1, \ldots, r$.

Beweis. Da $V_0 := \sum_{\rho=1}^{r} k m_{2\rho} \subset M_2$ ein endlicher k-Vektorraum ist, wird die absteigende Kette $V_0 \supset V_1 \supset V_2 \supset \cdots$ der k-Vektorräume $V_\nu := \mathfrak{m}_2^\nu M_2 \cap V_0, \mathfrak{m}_2 = \mathfrak{m}(A_2)$, stationär: $V_\nu = V_n$ für $\nu \geq n$. Mit dem Krullschen Durchschnittssatz folgt: $V_n = \bigcap_{\nu=0}^{\infty} V_\nu \subset \bigcap_{\nu=0}^{\infty} \mathfrak{m}_2^\nu M_2 = 0$, also $V_n = 0$. Demnach bleiben die Bilder $\bar{m}_{2\rho}$ der $m_{2\rho}$ in dem endlichen k-Vektorraum $\bar{M}_2 = M_2/\mathfrak{m}_2^n M_2$ linear unabhängig über k. Wegen

$$M_1 \underset{A_1,k}{\otimes} \bar{M}_2 = M_1 \underset{A_1,A_2}{\otimes} \bar{M}_2 = (M_1 \otimes M_2)/\mathfrak{m}_2^n (M_1 \otimes M_2)$$

folgt dann aus $\sum m_{1\rho} \otimes m_{2\rho} = 0$ in $M_1 \otimes M_2$ auch $\sum m_{1\rho} \otimes \bar{m}_{2\rho} = 0$ in $M_1 \underset{A_1,k}{\otimes} \bar{M}_2$. Da nach Satz 7 die direkte Summe $\bigoplus_{\rho=1}^{r} M_1 \underset{A_1,k}{\otimes} (k\bar{m}_{2\rho})$ in $M_1 \underset{A_1,k}{\otimes} \bar{M}_2$ eingebettet wird, folgt hieraus $m_{1\rho} \otimes \bar{m}_{2\rho} = 0$, $\rho = 1, \ldots, r$. Da schließlich $m_1 \mapsto m_1 \otimes \bar{m}_{2\rho}$ einen A_1-Modulisomorphismus $M_1 \cong M_1 \otimes (k\bar{m}_{2\rho})$ definiert, folgt $m_{1\rho} = 0$, $\rho = 1, \ldots, r$, w.z.b.w.

Bemerkung. Der durch $\iota\left(m_1 \underset{k}{\otimes} m_2\right) := m_1 \otimes m_2$ *definierte k-Vektorraumhomomorphismus*

$$\iota: M_1 \underset{k}{\otimes} M_2 \to M_1 \underset{A_1,A_2}{\otimes} M_2$$

ist injektiv und $\iota\left(M_1 \underset{k}{\otimes} M_2\right)$ *liegt dicht in* $M_1 \otimes M_2$ *bez. der Folgentopologie von* $M_1 \otimes M_2$.

Denn seien $\{e_{i1}, e_{i2}, \ldots\}$ (i.a. unendliche) Basen von M_i über k, $i = 1, 2$, so ist $\{e_{1\rho_1} \underset{k}{\otimes} e_{2\rho_2} : \rho_i = 1, 2, \ldots; i = 1, 2\}$ eine Basis von $M_1 \underset{k}{\otimes} M_2$ über k. Da wegen Korollar 3 zu Satz 8 $\{e_{1\rho_1} \otimes e_{2\rho_2} : \rho_i = 1, 2, \ldots; i = 1, 2\} \subset M_1 \otimes M_2$ ein über k linear unabhängiges System bildet, ist ι injektiv.

Mit der kanonischen (A_1, A_2)-bilinearen Abbildung $\tau: M_1 \times M_2 \to M_1 \otimes M_2$ gilt $\iota\left(M_1 \underset{k}{\otimes} M_2\right) = k\tau(M_1 \times M_2)$, so daß wir wegen $(A_1 \otimes A_2)\tau(M_1 \times M_2) = k\tau(A_1 M_1 \times A_2 M_2) = k\tau(M_1 \times M_2)$ nur zu zeigen brauchen, daß $A_1 \otimes A_2$ dicht in $A = A_1 \hat{\otimes} A_2$ liegt. Dies aber folgt aus der Tatsache, daß sich jedes Element $f \in A$ als analytisch konvergente Reihe $f = \sum_{j=0}^{\infty} g_j \otimes h_j, g_j \in A_1, h_j \in A_2$, schreiben läßt (vgl. Satz 3), w.z.b.w.

Bezeichnet $Z(M) \subset A$ wie früher die Menge der Nullteiler von $M \in \mathfrak{M}_A$, so gilt

Korollar 4. $Z\left(M_1 \underset{A_1,A_2}{\otimes} M_2\right) \cap A_i = Z(M_i)$, $i = 1, 2$.

Beweis. Es genügt, den Fall $i = 1$ zu behandeln.

a) Wir zeigen als erstes: $Z(M_1 \otimes M_2) \cap A_1 \subset Z(M_1)$. Sei zunächst $\dim_{A_2} M_2 = 0$; dann gilt

$$M_1 \underset{A_1, A_2}{\otimes} M_2 \cong M_1 \underset{A_1, k}{\otimes} M_2 \cong r M_1,$$

wo $r = \mathrm{rg}_k M_2$. Aus $f(m_1, \ldots, m_r) = 0$, $f \in A_1$, $(m_1, \ldots, m_r) \neq 0$, folgt $f m_\rho = 0$ für ein $m_\rho \neq 0$ und somit $f \in Z(M_1)$.

Sei jetzt M_2 beliebig und gelte wieder $f \cdot m = 0$ für $f \in A_1$ und $m \neq 0$ aus $M_1 \otimes M_2$. Aufgrund des Krullschen Durchschnittssatzes gibt es ein $n > 0$ mit $m \notin \mathfrak{m}_2^n(M_1 \otimes M_2)$, $\mathfrak{m}_2 = \mathfrak{m}(A_2)$, so daß die Restklasse $\bar{m}$ von m in $(M_1 \otimes M_2)/\mathfrak{m}_2^n(M_1 \otimes M_2) \cong M_1 \otimes (M_2/\mathfrak{m}_2^n M_2)$ nicht verschwindet. Wegen $f m = 0$ und $\dim_{A_2} M_2/\mathfrak{m}_2^n M_2 = 0$ folgt dann aus dem oben Bewiesenen $f \in Z(M_1)$.

b) Ist umgekehrt $f \in Z(M_1)$, so gibt es ein $m_1 \in M_1$, $m_1 \neq 0$, mit $f m_1 = 0$. Ist nun $m_2 \in M_2$ mit $m_2 \neq 0$ beliebig, so ist wegen Korollar 3 auch $m_1 \otimes m_2 \neq 0$ und somit $f \in Z(M_1 \otimes M_2)$ wegen $f(m_1 \otimes m_2) = (f m_1) \otimes m_2 = 0$, w.z.b.w.

In gewisser Weise eine Verschärfung von Korollar 4 ist

Korollar 5. *Es seien $M_i \in \mathfrak{M}_{A_i}$ und $\mathfrak{a}_i \subset Z(M_i)$ Ideale in A_i, $i = 1,2$. Dann gilt*

$$(\mathfrak{a}_1 + \mathfrak{a}_2)(A_1 \hat{\otimes} A_2) \subset Z(M_1 \otimes M_2).$$

Beweis. Wegen $\mathfrak{a}_i \subset Z(M_i) = \bigcup_{\mathfrak{p} \in \mathrm{Ass}\, M_i} \mathfrak{p}$ ist $\mathfrak{a}_i$ in einem assoziierten Primideal zu M_i enthalten. Wir können daher $\mathfrak{a}_i \in \mathrm{Ass}\, M_i$ annehmen. Dann existieren Elemente $m_i \in M_i$, $m_i \neq 0$, $i = 1,2$, mit $\mathfrak{a}_i = \mathrm{An}(m_i) = \{f_i \in A_i : f_i m_i = 0\}$ (vgl. Anhang, § 1.7). Wegen Korollar 3 gilt mit $m_1 \neq 0$, $m_2 \neq 0$ auch $m_1 \otimes m_2 \neq 0$ und folglich $(\mathfrak{a}_1 + \mathfrak{a}_2)(A_1 \hat{\otimes} A_2) \subset \mathrm{An}(m_1 \otimes m_2) \subset Z(M_1 \otimes M_2)$, w.z.b.w.

6. Einbettungsdimension und Dimension. Wir zeigen in diesem Abschnitt, daß sich Einbettungsdimension und Dimension bei Bildung des analytischen Tensorproduktes addieren.

Satz 9. $\mathrm{eib}(A_1 \hat{\otimes} A_2) = \mathrm{eib}\, A_1 + \mathrm{eib}\, A_2$.

Beweis. Es sei $A_1 = K_m/\mathfrak{a}_1$, $A_2 = K_n/\mathfrak{a}_2$, $\mathfrak{a}_1 = (f_1, \ldots, f_r) K_m$, $\mathfrak{a}_2 = (f_{r+1}, \ldots, f_{r+s}) K_n$. Dann gilt (vgl. Kap. II, § 3.1)

$$\begin{aligned}
\mathrm{jg}(\mathfrak{a}_1 + \mathfrak{a}_2) K_{m+n} &= \mathrm{rg} \left(\frac{\partial f_\rho}{\partial X_\mu} \right)_{\substack{\rho = 1, \ldots, r+s \\ \mu = 1, \ldots, m+n}} \\
&= \mathrm{rg} \left(\frac{\partial f_\rho}{\partial X_\mu} \right)_{\substack{\rho = 1, \ldots, r \\ \mu = 1, \ldots, m}} + \mathrm{rg} \left(\frac{\partial f_\rho}{\partial X_\mu} \right)_{\substack{\rho = r+1, \ldots, r+s \\ \mu = m+1, \ldots, m+n}} \\
&= \mathrm{jg}\, \mathfrak{a}_1 + \mathrm{jg}\, \mathfrak{a}_2,
\end{aligned}$$

so daß wegen $A_1 \hat{\otimes} A_2 \cong K_{m+n}/(\mathfrak{a}_1+\mathfrak{a}_2)K_{m+n}$ folgt:

$$\begin{aligned}\operatorname{eib}(A_1 \hat{\otimes} A_2) &= m+n-\operatorname{jg}(\mathfrak{a}_1+\mathfrak{a}_2)K_{m+n} = m-\operatorname{jg}\mathfrak{a}_1+n-\operatorname{jg}\mathfrak{a}_2\\ &= \operatorname{eib}A_1+\operatorname{eib}A_2, \qquad \text{w.z.b.w.}\end{aligned}$$

Satz 10. *Für* $M_i \in \mathfrak{M}_{A_i}$, $i=1,2$, *gilt*

$$\dim_{A_1 \hat{\otimes} A_2}(M_1 \otimes M_2) = \dim_{A_1} M_1 + \dim_{A_2} M_2 .$$

Beweis. Wir setzen $A = A_1 \hat{\otimes} A_2$, $M = M_1 \otimes M_2$ und $d = d_1 + d_2$ mit $d_i = \dim M_i = \dim A_i/\operatorname{An} M_i$, $i=1,2$, (Satz II.4.6). Wegen Satz 8, Korollar 1 dürfen wir $\operatorname{An} M_i = 0$ und mit den Sätzen II.5.1 und II.5.2 auch $A_i = K_{d_i}$ voraussetzen. Es folgt dann

$$\dim M = \dim K_d/\operatorname{An} M \leq d.$$

Die umgekehrte Ungleichung beweisen wir durch vollständige Induktion nach d. Im Fall $d=0$ folgt die Behauptung aus $0 \leq \dim M \leq d = 0$. Sei also $d>0$ und etwa $d_1>0$. Wir können M_1 als torsionsfrei voraussetzen; denn ist $N_1 = \{m_1 \in M_1$: es gibt ein aktives Element $f_1 \in A_1$ mit $f_1 m_1 = 0\}$, so ist wegen Satz 6 $(M_1/N_1) \otimes M_2$ epimorphes Bild von $M_1 \otimes N_1$ und daher aufgrund der Torsionsfreiheit von M_1/N_1:

$$\dim(M_1 \otimes N_1) \geq \dim((M_1/N_1) \otimes M_2) \geq d_1 + d_2 = d.$$

Da $d_1 > 0$ ist, existiert ein aktives Element $f_1 \in \mathfrak{m}(A_1)$ (Satz II.4.3, Folgerung 2). f_1 ist dann Nichtnullteiler von M_1 und folglich auch Nichtnullteiler von M (Satz 8, Korollar 4), d.h. $\bar{f}_1 \notin Z_{\bar{A}}(M)$, wenn $\bar{f}_1$ das Bild von f_1 in $\bar{A} := A/\operatorname{An} M$ bezeichnet. Speziell ist dann $\bar{f}_1$ Nichtnullteiler in $\bar{A}$; denn zu $\bar{g} \in \bar{A}$, $\bar{g} \neq 0$, gibt es stets ein $m \in M$ mit $\bar{g}m \neq 0$, so daß $\bar{f}_1 \bar{g} = 0$ den Widerspruch $\bar{f}_1(\bar{g}m) = 0$ nach sich ziehen würde. Das aktive Lemma liefert also

$$\begin{aligned}\dim A_1 &= \dim A_1/A_1 f_1 + 1,\\ \dim \bar{A} &= \dim \bar{A}/\bar{A}\bar{f}_1 + 1.\end{aligned}$$

Mit Hilfssatz II.4.7 ergibt sich weiter

$$A_1 f_1 \subset \operatorname{An}(M/M_1 f_1) \subset \mathfrak{r}(A_1 f_1), \qquad \bar{A}\bar{f}_1 \subset \operatorname{An}_{\bar{A}}(M/M f_1) \subset \mathfrak{r}(\bar{A}\bar{f}_1),$$

so daß Satz II.4.12 und Satz II.5.2 implizieren:

$$\begin{aligned}\dim_{A_1} M_1/M_1 f_1 &= \dim A_1/A_1 f_1,\\ \dim_A M/M f_1 &= \dim \bar{A}/\bar{A}\bar{f}_1 .\end{aligned}$$

Mit der Induktionsvoraussetzung und $(M_1/M_1 f_1) \otimes M_2 \cong M/M f_1$ (Korollar zu Satz 6) folgt dann

$$\begin{aligned}\dim_A M &= \dim(\mathrm{A}/\mathrm{An}\, M) = \dim \bar{A} = \dim \bar{A}/\bar{A}\bar{f}_1 + 1 \\ &= \dim M/M f_1 + 1 = \dim(M_1/M_1 f_1) \otimes M_2 + 1 \\ &\geq \dim M_1/M_1 f_1 + \dim M_2 + 1 = \dim A_1/A_1 f_1 + 1 + \dim M_2 \\ &= \dim A_1 + \dim A_2 = d, \qquad \text{w.z.b.w.}\end{aligned}$$

Korollar 1. *$A_1 \hat{\otimes} A_2$ ist genau dann regulär, wenn A_1 und A_2 regulär sind.*

Beweis. Ist $A_1 \hat{\otimes} A_2$ regulär, so folgt aus den Sätzen 9 und 10

$$\begin{aligned}\dim A_1 + \dim A_2 = \dim A_1 \hat{\otimes} A_2 &= \mathrm{eib}\, A_1 \hat{\otimes} A_2 \\ &= \mathrm{eib}\, A_1 + \mathrm{eib}\, A_2,\end{aligned}$$

so daß $0 \leq \mathrm{eib}\, A_1 - \dim A_1 = \dim A_2 - \mathrm{eib}\, A_2 \leq 0$ und damit $\dim A_i = \mathrm{eib}\, A_i$, $i = 1, 2$.

Die umgekehrte Richtung wurde bereits im Korollar 1 zu Satz 2 gezeigt, w.z.b.w.

Korollar 2. *Es seien $\alpha_i: A_i \hookrightarrow B_i$, $i = 1, 2$, endliche analytische Monomorphismen. Ist $A_1 \hat{\otimes} A_2$ nullteilerfrei, so ist auch $\alpha_1 \hat{\otimes} \alpha_2$ injektiv.*

Beweis. $\alpha_1 \hat{\otimes} \alpha_2$ ist endlich nach Satz 3, und aus Satz 10 folgt mit Satz II.5.1:

$$\dim B_1 \hat{\otimes} B_2 = \dim B_1 + \dim B_2 = \dim A_1 + \dim A_2 = \dim A_1 \hat{\otimes} A_2,$$

so daß $\alpha_1 \hat{\otimes} \alpha_2$ injektiv ist nach Satz II.5.3, w.z.b.w.

In Satz 19 werden wir die Voraussetzung „$A_1 \hat{\otimes} A_2$ nullteilerfrei" in obigem Korollar noch abschwächen, müssen dann aber mehr über den Grundkörper k voraussetzen.

Eine weitere wichtige Folgerung aus Satz 10 ist die Dimensionsabschätzung für die Summe von zwei Idealen einer analytischen k-Stellenalgebra:

Satz 11. *Für Ideale $\mathfrak{a}_i \subset A$, $i = 1, 2$, gilt:*

$$\mathrm{tf}(\mathfrak{a}_1 + \mathfrak{a}_2) \geq \mathrm{tf}\, \mathfrak{a}_1 + \mathrm{tf}\, \mathfrak{a}_2 - \mathrm{eib}\, A.$$

Beweis. Da es einen Epimorphismus $K_n \to A$, $n = \mathrm{eib}\, A$, gibt, können wir ohne Einschränkung $A = K_n$ annehmen. Es sei dann

$$\tau: K_{2n} = k\langle X_1, \ldots, X_n, Y_1, \ldots, Y_n\rangle \to K_n = k\langle X_1, \ldots, X_n\rangle$$

die durch $\tau(X_\nu) = \tau(Y_\nu) = X_\nu$ definierte „Diagonal"-Abbildung. Aus Satz II.3.3 folgt (mit $f_\nu = X_\nu - Y_\nu$, $\nu = 1, \ldots, n$):

$$\mathrm{Ker}\, \tau = (X_1 - Y_1, \ldots, X_n - Y_n) K_{2n}.$$

Es sei weiter $\varphi: K_{2n} = K_n \hat{\otimes} K_n \to B := K_n/\mathfrak{a}_1 \hat{\otimes} K_n/\mathfrak{a}_2$ der von den Restklassenepimorphismen $K_n \to K_n/\mathfrak{a}_i$, $i = 1, 2$, induzierte analytische Epimorphismus. Wegen Satz 2 gilt $\operatorname{Ker}\varphi = (\mathfrak{a}_1 \otimes 1 + 1 \otimes \mathfrak{a}_2) K_{2n}$ und folglich $\tau(\operatorname{Ker}\varphi) = \mathfrak{a}_1 + \mathfrak{a}_2$. Da der Restklassenepimorphismus $K_{2n} \to K_{2n}/(\operatorname{Ker}\tau + \operatorname{Ker}\varphi)$ sowohl über τ als auch über φ faktorisiert werden kann, ist $\operatorname{tf}(\mathfrak{a}_1 + \mathfrak{a}_2) = \operatorname{tf}(\tau(\operatorname{Ker}\varphi)) = \dim K_{2n}/(\operatorname{Ker}\tau + \operatorname{Ker}\varphi) = \operatorname{tf}(\varphi(\operatorname{Ker}\tau))$. Wegen $\operatorname{cg}(\varphi(\operatorname{Ker}\tau)) \le \operatorname{cg}(\operatorname{Ker}\tau) = n$ folgt dann mit Satz II.4.5 und Satz 10:

$$\begin{aligned}\operatorname{tf}(\mathfrak{a}_1 + \mathfrak{a}_2) &= \operatorname{tf}(\varphi(\operatorname{Ker}\tau)) \ge \dim B - \operatorname{cg}(\varphi(\operatorname{Ker}\tau))\\ &\ge \dim K_n/\mathfrak{a}_1 + \dim K_n/\mathfrak{a}_2 - n\\ &= \operatorname{tf}\mathfrak{a}_1 + \operatorname{tf}\mathfrak{a}_2 - n, \qquad \text{w.z.b.w.}\end{aligned}$$

7. Normalität und Nullteilerfreiheit. In diesem Abschnitt zeigen wir, daß sich Normalität, Nullteilerfreiheit und Reduziertheit zweier Algebren $A, B \in \mathfrak{A}$ auf ihr analytisches Tensorprodukt $A \hat{\otimes} B$ übertragen. Im Fall $B = K_n$ bietet der Beweis keine Schwierigkeiten, weil wir dann mit Hilfe von Satz 4 leicht auf formale Potenzreihenringe über A zurückgehen können. Um den Allgemeinfall auf diesen Fall zurückführen zu können, müssen wir den Grundkörper k als algebraisch abgeschlossen und (der Bequemlichkeit halber) $\operatorname{char} k = 0$ (d.h. insgesamt $k = \mathbb{C}$) voraussetzen.

Im folgenden bezeichnet $Q(A)$ stets den totalen Quotientenring einer analytischen k-Stellenalgebra A und $\hat{A}$ die Normalisierung von A (vgl. Anhang, § 3.2). Wir beweisen zunächst

Hilfssatz 12. *Für $A, B \in \mathfrak{A}$ gilt $Q(A) \subset Q(A \hat{\otimes} B)$ und*

$$Q(A) \cap (A \hat{\otimes} B) = A.$$

Beweis. Die erste Behauptung folgt aus der Tatsache, daß jeder Nichtnullteiler von A auch Nichtnullteiler in $A \hat{\otimes} B$ ist (Satz 8, Korollar 4).

Sei weiter $q \in Q(A) \cap (A \hat{\otimes} B)$, etwa $q = f g^{-1}$, $f, g \in A$, $g \notin Z(A)$; dann folgt $f \in (A \hat{\otimes} B) g \cap A$. Da A/Ag kanonisch in $(A \hat{\otimes} B)/(A \hat{\otimes} B) g$ eingebettet ist (Satz 2, Korollar 2), gilt $Ag = (A \hat{\otimes} B) g \cap A$ und folglich $q = f g^{-1} \in A$, d.h. $Q(A) \cap (A \hat{\otimes} B) \subset A$. Die umgekehrte Inklusion ist trivial, w.z.b.w.

Folgerung. *Mit $A \hat{\otimes} B$ sind auch A und B normal.*

Denn: Ist $q \in Q(A)$ ganz über A, so ist $q \in Q(A \hat{\otimes} B)$ erst recht ganz über $A \hat{\otimes} B$. Also folgt $q \in Q(A) \cap (A \hat{\otimes} B) = A$, w.z.b.w.

Für die Umkehrung der vorstehenden Aussage benötigen wir einige Vorbereitungen.

Hilfssatz 13. *Es sei* $\operatorname{char} k=0$, *A und B seien analytische k-Stellenalgebren, und ferner sei* $K_m \hookrightarrow A$ *ein endlicher analytischer Monomorphismus derart, daß* $A \hat{\otimes} B$ *nullteilerfrei und* $K_m \hat{\otimes} B$ *normal ist. Dann gibt es ein Element* $f \in K_m$, $f \neq 0$, *mit*

$$\widehat{(A \hat{\otimes} B)} f \subset A \hat{\otimes} B.$$

Beweis. Da $A \subset A \hat{\otimes} B$ nullteilerfrei und $K_m \hookrightarrow A$ endlich ist, ist $Q(A)$ eine endliche Körpererweiterung von $Q(K_m)$. Wegen $\operatorname{char} k=0$ ist diese Erweiterung separabel. Mithin gibt es nach dem Satz vom primitiven Element (vgl. [23], § 46) ein $\vartheta \in Q(A)$ mit $Q(A)=Q(K_m)[\vartheta]$. Wir dürfen $\vartheta \in A$ annehmen (man multipliziere mit einem Hauptnenner aus K_m).

Da $K_m \hat{\otimes} B$ nullteilerfrei ist (Satz 4, Korollar), ist der endliche Homomorphismus $K_m \hat{\otimes} B \to A \hat{\otimes} B$ wegen Satz 10, Korollar injektiv. Infolgedessen läßt sich jedes $q \in Q(A \hat{\otimes} B)$ in der Form $q=g_1 g_2^{-1}$, $g_1 \in A \hat{\otimes} B, g_2 \in K_m \hat{\otimes} B, g_2 \neq 0$, schreiben, woraus wegen $Q(A)=Q(K_m)[\vartheta]$ auch $Q(A \hat{\otimes} B)=Q(K_m \hat{\otimes} B)[\vartheta]$ folgt. Da $\widehat{A \hat{\otimes} B}$ der ganze Abschluß des normalen Ringes $K_m \hat{\otimes} B$ in $Q(A \hat{\otimes} B)$ ist, gibt es (vgl. [24], § 136) ein $f \in K_m$, $f \neq 0$ (nämlich die Diskriminante des Minimalpolynoms von ϑ über K_m), mit

$$\widehat{(A \hat{\otimes} B)} f \subset (K_m \hat{\otimes} B)[\vartheta] \subset A \hat{\otimes} B, \qquad \text{w.z.b.w.}$$

Satz 14. *Es sei* $\operatorname{char} k=0$ *und* $A \hat{\otimes} B$ *nullteilerfrei. Sind A und B normal, so auch* $A \hat{\otimes} B$.

Beweis. Als erstes zeigen wir, daß $A \hat{\otimes} K_n$ normal ist für beliebiges n. Dabei können wir uns auf den Fall $n=1$ beschränken; denn ist $A \hat{\otimes} K_{n-1}$ schon als normal nachgewiesen, so folgt die Behauptung aus $A \hat{\otimes} K_n \cong A \hat{\otimes} (K_{n-1} \hat{\otimes} K_1) \cong (A \hat{\otimes} K_{n-1}) \hat{\otimes} K_1$.

Wählen wir einen endlichen analytischen Monomorphismus $K_m \hookrightarrow A$, so ist $K_m \hat{\otimes} K_1 \cong K_{m+1}$ normal und $A \hat{\otimes} K_1$ wegen Satz 4, Folgerung nullteilerfrei, da $A \subset A \hat{\otimes} B$ nullteilerfrei ist. Nach Hilfssatz 13 (mit $B=K_1$) existiert dann ein $f \in A$, $f \neq 0$, mit $\widehat{(A \hat{\otimes} K_1)} f \subset A \hat{\otimes} K_1$.

Wir setzen $\mathfrak{a} := \mathfrak{r}(Af)$ und zeigen, daß für das ausgedehnte Ideal $\bar{\mathfrak{a}} = \mathfrak{a}(A \hat{\otimes} K_1)$ das Normalitätskriterium von Satz 3.7, Anhang erfüllt ist.

(i) Es gilt $(A \hat{\otimes} K_1)/\bar{\mathfrak{a}} \cong (A/\mathfrak{a}) \hat{\otimes} K_1$. Da $A/\mathfrak{a}$ reduziert ist, ist aufgrund der Folgerung zu Satz 4 auch $(A/\mathfrak{a}) \hat{\otimes} K_1$ reduziert und somit $\bar{\mathfrak{a}} = \mathfrak{r}(\bar{\mathfrak{a}})$.

(ii) $\bar{\mathfrak{a}}$ enthält Nichtnullteiler, z.B. f.

(iii) Da A noethersch ist, gibt es ein $t \in \mathbb{N}$ mit $\mathfrak{a}^t \subset Af$. Es folgt

$$\bar{\mathfrak{a}}^t \widehat{(A \hat{\otimes} K_1)} \subset \mathfrak{a}^t \widehat{(A \hat{\otimes} K_1)} \subset \widehat{(A \hat{\otimes} K_1)} f \subset A \hat{\otimes} K_1.$$

(iv) Wir haben noch zu zeigen, daß $\operatorname{Im}\bar{\sigma} \subset A \hat{\otimes} K_1$, wo $\bar{\sigma}: \operatorname{Hom}_{A\hat{\otimes}K_1}(\bar{\mathfrak{a}},\bar{\mathfrak{a}}) \to Q(A \hat{\otimes} K_1)$ die durch $\bar{\sigma}(\bar{\beta}) = \bar{\beta}(f) \cdot f^{-1}$ gegebene Abbildung ist. Sei also $\bar{\beta} \in \operatorname{Hom}_{A\hat{\otimes}K_1}(\bar{\mathfrak{a}},\bar{\mathfrak{a}})$ und $q = \bar{\beta}(f) \cdot f^{-1}$. Identifizieren wir $A \hat{\otimes} K_1$ mit seinem natürlichen Bild in $A\{X\}$ (vgl. Satz 4), so gilt

$$q = \sum_{v=0}^{\infty} q_v X^v, \qquad q_v \in Q(A).$$

Für jedes $a \in \mathfrak{a}$ ist $\sum_{v=0}^{\infty} (a q_v) X^v = a q = \bar{\beta}(a) \in \bar{\mathfrak{a}}$ und, da sich jedes Element aus $\bar{\mathfrak{a}}$ eindeutig als Potenzreihe in X mit Koeffizienten aus $\mathfrak{a}$ schreibt, $a q_v \in \mathfrak{a}$ für alle $v \geq 0$. Bezeichnet $\beta_v \in \operatorname{Hom}_A(\mathfrak{a},\mathfrak{a})$ den durch $\beta_v(a) = a q_v$ gegebenen A-Homomorphismus und $\sigma: \operatorname{Hom}_A(\mathfrak{a},\mathfrak{a}) \to Q(A)$ den durch $\sigma(\beta) = \beta(a) a^{-1}$, $a \in \mathfrak{a}$, $a \neq 0$, definierten A-Homomorphismus, so gilt $\sigma(\beta_v) = q_v$. Da A normal ist, folgt $q_v \in A$ nach Anhang, Satz 3.7. Es ist also $q = \sum q_v X^v \in A\{X\}$, und wir müssen noch zeigen, daß diese Reihe in $A \hat{\otimes} K_1$ analytisch konvergiert. Die Reihe $\sum (f q_v) X^v = f q \in A \hat{\otimes} K_1$ ist analytisch konvergent nach Satz 4. Da jede endliche Teilsumme $\sum_{v=0}^{N} (f q_v) X^v$ in $(A \hat{\otimes} K_1) f$ liegt und jedes Ideal abgeschlossen ist (Satz II.1.6, Korollar), folgt auch $f q = \sum (f q_v) X^v \in (A \hat{\otimes} K_1) f$, d.h. $q \in A \hat{\otimes} K_1$.– Damit ist gezeigt, daß $A \hat{\otimes} K_n$ normal ist.

Im allgemeinen Fall wählen wir endliche analytische Monomorphismen $K_m \hookrightarrow A$ und $K_n \hookrightarrow B$. Da nach Voraussetzung $A \hat{\otimes} B$ nullteilerfrei und nach dem eben Bewiesenen $A \hat{\otimes} K_n$ und $K_m \hat{\otimes} B$ normal sind, gibt es nach Hilfssatz 13 Elemente $f \in A$, $f \neq 0$, und $g \in B$, $g \neq 0$, mit $(\widehat{A \hat{\otimes} B}) f \subset A \hat{\otimes} B$ und $(\widehat{A \hat{\otimes} B}) g \subset A \hat{\otimes} B$. Es folgt (Satz 5, Korollar):

$$(\widehat{A \hat{\otimes} B})(f \otimes g) \subset (A \hat{\otimes} B) f \cap (A \hat{\otimes} B) g = (A \hat{\otimes} B)(f \otimes g).$$

Da $A \hat{\otimes} B$ nullteilerfrei ist, ist auch $\widehat{A \hat{\otimes} B}$ nullteilerfrei. Wegen Satz 8, Korollar 4, ist $f \hat{\otimes} g \neq 0$ und folglich $\widehat{A \hat{\otimes} B} \subset A \hat{\otimes} B$, w.z.b.w.

Korollar. Ist $\operatorname{char} k = 0$ *und* $A \hat{\otimes} B$ *nullteilerfrei, so gilt* $\widehat{A \hat{\otimes} B} = \hat{A} \hat{\otimes} \hat{B}$.

Beweis. Da A und B nullteilerfrei sind, sind $\hat{A}$ und $\hat{B}$ nullteilerfreie analytische k-Stellenalgebren. Nach Korollar 2 zu Satz 10 ist dann $A \hat{\otimes} B$ in $\hat{A} \hat{\otimes} \hat{B}$ eingebettet, und mit Satz 3 folgt $Q(\hat{A} \hat{\otimes} \hat{B}) = Q(A \hat{\otimes} B)$. Speziell ist $\hat{A} \hat{\otimes} \hat{B}$ nullteilerfrei. Satz 14 impliziert dann

$$\hat{A} \hat{\otimes} \hat{B} = \widehat{\hat{A} \hat{\otimes} \hat{B}}.$$

Da der Homomorphismus $A \hat{\otimes} B \hookrightarrow \hat{A} \hat{\otimes} \hat{B}$ endlich ist (denn $A \hookrightarrow \hat{A}$ und $B \hookrightarrow \hat{B}$ sind endliche Monomorphismen, vgl. Satz II.7.2), ist jedes über $\hat{A} \hat{\otimes} \hat{B}$ ganze Element von $Q(\hat{A} \hat{\otimes} \hat{B})$ auch ganz über $A \hat{\otimes} B$ und umgekehrt. Es gilt also

$$\widehat{A \hat{\otimes} B} = \widehat{\hat{A} \hat{\otimes} \hat{B}} = \hat{A} \hat{\otimes} \hat{B}, \qquad \text{w.z.b.w.}$$

In Satz 16 werden wir sehen, daß die Voraussetzung „$A \hat{\otimes} B$ nullteilerfrei" ersetzt werden kann durch „A und B nullteilerfrei und k algebraisch abgeschlossen".

Satz 15. *Es sei k algebraisch abgeschlossen,* $\operatorname{char} k = 0$, *und* $A \in \mathfrak{A}$ *nullteilerfrei. Dann ist K_n ganz-abgeschlossen in $Q(A \hat{\otimes} K_n)$.*

Beweis. Ist $q \in Q(A \hat{\otimes} K_n)$ ganz über K_n, so gilt $q \in \widehat{A \hat{\otimes} K_n} = \hat{A} \hat{\otimes} \hat{K}_n = \hat{A} \hat{\otimes} K_n$ (Satz 14, Korollar). Wir brauchen also nur zu zeigen, daß K_n ganz-abgeschlossen in $A \hat{\otimes} K_n$ ist.

Wir führen Induktion nach n. Der Induktionsbeginn $n = 0$ ist trivial, denn $K_0 = k$ ist algebraisch abgeschlossen. Sei also $n > 0$ und $f \in A \hat{\otimes} K_n$ ganz über K_n. Nach Satz 4 gilt dann eine Potenzreihenentwicklung

$$f = \sum_{\nu=0}^{\infty} f_\nu X_n^\nu, \qquad f_\nu \in A \hat{\otimes} K_{n-1}.$$

Sei $d := \min\{\nu : f_\nu \notin K_{n-1}\}$. Wir können $f \notin K_n$ annehmen, also $d < \infty$. Da $\sum_{\nu=1}^{d-1} f_\nu X_n^\nu$ in K_n liegt und Differenzen ganzer Elemente wieder ganz sind, können wir sogar ohne Einschränkung $o_{X_n}(f) = d$ voraussetzen. Es sei nun

$$f^r + g_1 f^{r-1} + \cdots + g_r = 0, \qquad g_\rho \in K_n, \qquad \rho = 1, \ldots, r,$$

eine ganze Gleichung von f über K_n. Wir setzen noch $g_0 = 1$ und abkürzend o für o_{X_n}. Dann gibt es eine kleinste Zahl $s \in \{0, \ldots, r\}$ mit $o(g_s f^{r-s}) \leq o(g_\rho f^{r-\rho})$ für alle $\rho = 0, \ldots, r$. Wegen $o(g_r) = o(f^r + g_1 f^{r-1} + \cdots + g_{r-1} f) \geq \min_{\rho = 0, \ldots, r-1} (o(g_\rho f^{r-\rho}))$ ist $s < r$. Setzt man die Potenzreihenentwicklung von $g_1, \ldots, g_r$ und f nach X_n in die obige Gleichung ein und multipliziert aus, so erhält man eine Potenzreihe in X_n. Da diese verschwindet, liefert der Koeffizient von X_n^p, $p = o(g_s f^{r-s})$, eine Gleichung

$$h_0 f_d^s + h_1 f_d^{s-1} + \cdots + h_s = 0$$

mit $h_\sigma \in K_{n-1}$, $\sigma = 0, \ldots, s$, $h_0 \neq 0$. Nach Multiplikation mit h_0^{s-1} sieht man, daß $h_0 f_d \in A \hat{\otimes} K_{n-1}$ ganz über K_{n-1} ist, so daß nach Induktionsvoraussetzung $h_0 f_d$ in K_{n-1} liegt. Mit Hilfssatz 12 folgt dann $f_d \in Q(K_{n-1}) \cap (A \hat{\otimes} K_{n-1}) = K_{n-1}$, im Widerspruch zur Definition von d, w.z.b.w.

Korollar. *Es sei k algebraisch abgeschlossen,* $\operatorname{char} k=0$ *und* $A\in\mathfrak{A}$ *nullteilerfrei. Dann ist $Q(K_n)$ in $Q(A\hat{\otimes} K_n)$ ganz-abgeschlossen.*

Beweis. Für $q\in Q(A\hat{\otimes} K_n)$ gelte eine Gleichung

$$g_0 q^r + g_1 q^{r-1} + \cdots + g_r = 0,$$

$g_\rho\in Q(K_n)$, $\rho=0,\ldots,r$, $g_0 \neq 0$. Durch Multiplikation mit einem Hauptnenner sei $g_\rho\in K_n$, $\rho=0,\ldots,r$, erreicht. Dann ist $g_0 q$ ganz über K_n, und aus Satz 15 folgt $g_0 q\in K_n$, d.h. $q\in Q(K_n)$, w.z.b.w.

Satz 16. *Es sei k algebraisch abgeschlossen und* $\operatorname{char} k=0$. *Sind A und B nullteilerfrei, so auch $A\hat{\otimes} B$.*

Beweis. Wie im Beweis von Hilfssatz 13 wählen wir einen endlichen Monomorphismus $K_n \hookrightarrow B$ und ein Element $\vartheta\in B$, so daß $Q(B)=Q(K_n)[\vartheta]$.

Ist $\Omega = Y^b + f_1 Y^{b-1} + \cdots + f_b$ das Minimalpolynom von ϑ über $Q(K_n)$, so liegen alle f_β, $\beta=1,\ldots,b$, in K_n, da K_n normal ist. Wegen $\vartheta\in\mathfrak{m}(B)$ ist Ω sogar ein Weierstraßpolynom, d.h. die f_β liegen sogar in $\mathfrak{m}(K_n)$ (vgl. Satz II.2.4). Aufgrund von Satz I.5.2 gilt dann

$$K_n[\vartheta] = K_n[Y]/K_n[Y]\,\Omega \cong K_{n+1}/K_{n+1}\,\Omega,$$

wo $K_{n+1} = K_n \hat{\otimes} k\langle Y\rangle$; d.h. $B' := K_n[\vartheta]\subset B$ ist eine analytische k-Stellenalgebra.

Wir zeigen zuerst, daß $A\hat{\otimes} B'$ nullteilerfrei ist. Als K_n-Modul gilt $B'\cong b K_n$ und damit die $(A\hat{\otimes} K_n)$-Modulisomorphie $A\hat{\otimes} B'\cong b(A\hat{\otimes} K_n)$. Da $A\hat{\otimes} K_n$ nullteilerfrei ist, enthält $A\hat{\otimes} K_n$ auch keine Nullteiler des freien Moduls $A\hat{\otimes} B'$. Infolgedessen läßt sich $Q(A\hat{\otimes} K_n)$ in $Q(A\hat{\otimes} B')$ einbetten. Dann ist $Q(A\hat{\otimes} B') = Q(A\hat{\otimes} K_n)[\vartheta]$ ein Körper, da Ω wegen Satz 15, Korollar auch über $Q(A\hat{\otimes} K_n)$ irreduzibel bleibt[9], d.h. $A\hat{\otimes} B'$ ist nullteilerfrei.

Wegen Satz 10, Korollar 2 ist $A\hat{\otimes} B'$ in $A\hat{\otimes} B$ eingebettet. Da B endlich über B' ist und $Q(B)=Q(B')$ gilt, kann man wegen Satz 3 zu jedem $f\in A\hat{\otimes} B$ ein $b'\in B'$, $b'\neq 0$, finden mit $b' f\in A\hat{\otimes} B'$. Nun ist jedes Element $b'\neq 0$ Nichtnullteiler in $A\hat{\otimes} B$ nach Satz 8, Korollar 4 und folglich $A\hat{\otimes} B$ enthalten in dem nullteilerfreien Quotientenring $\operatorname{Quot}_S(A\hat{\otimes} B')$, wobei $S := B'\setminus 0$. Also ist auch $A\hat{\otimes} B$ nullteilerfrei, w.z.b.w.

---

[9] Es seien $K\subset L$ zwei Körper, so daß K algebraisch abgeschlossen in L liegt. Dann bleibt ein in $K[W]$ irreduzibles Polynom auch in $L[W]$ irreduzibel. Sei nämlich $\omega\in K[W]$ irreduzibel und gelte $\omega=\omega_1\omega_2$ für $\omega_1,\omega_2\in L[W]$. Seien $a_1,\ldots,a_r$ (aus einem Erweiterungskörper von L) sämtliche Wurzeln von ω_1 und ω_2, dann gilt $\omega(a_\rho)=0$, $\rho=1,\ldots,r$, d.h. $a_1,\ldots,a_r$ sind algebraisch über K. Dann sind auch die Koeffizienten von ω_1 und ω_2 algebraisch über K, und damit gilt $\omega_1,\omega_2\in K[W]$.

8. Reduziertheit. Ist $A_1 \hat{\otimes} A_2$ reduziert, so auch A_1 und A_2. Wir beweisen die Umkehrung.

Satz 17. *Es sei k algebraisch abgeschlossen und* $\operatorname{char} k = 0$. *Sind* A_1 *und* A_2 *reduziert, so auch* $A_1 \hat{\otimes} A_2$.

Beweis. Zu $\mathfrak{p}_i \in \operatorname{Isol} A_i$ gibt es ein $f_i \in A_i$, $f_i \neq 0$, mit $\mathfrak{p}_i = \operatorname{An}(A_i f_i)$, $i = 1,2$ (vgl. Anhang, § 1.8). Wegen Satz 16 ist (mit $A = A_1 \hat{\otimes} A_2$)

$$\bar{A} = A/(\mathfrak{p}_1 + \mathfrak{p}_2)A \cong A_1/\mathfrak{p}_1 \hat{\otimes} A_2/\mathfrak{p}_2$$

nullteilerfrei und folglich $\mathfrak{q} = (\mathfrak{p}_1 + \mathfrak{p}_2)A$ ein Primideal. Wir zeigen zunächst $\mathfrak{q} = \operatorname{An}(A(f_1 \otimes f_2))$.

Für die Restklasse $\bar{f}_i$ von f_i in $\bar{A}$ gilt $\bar{f}_i \neq 0$, denn anderenfalls wäre $f_i \in \mathfrak{q} \cap A_i = \mathfrak{p}_i = \operatorname{An}(A_i f_i)$ (vgl. Satz 5, Korollar) und damit $f_i^2 = 0$ im Widerspruch zur Reduziertheit von A_i. Da $\bar{A}$ nullteilerfrei ist, folgt $\operatorname{An}(A(f_1 \otimes f_2)) \subset \mathfrak{q}$. Die umgekehrte Inklusion ist trivial.

Sei jetzt $\operatorname{Isol} A_i = \{\mathfrak{p}_{i1}, \ldots, \mathfrak{p}_{ir_i}\}$, $\mathfrak{p}_{i\rho_i} = \operatorname{An}(A_i f_{i\rho_i})$, $\rho_i = 1, \ldots, r_i$, $i = 1,2$. Das Ideal $\mathfrak{a}_i := (f_{i1}, \ldots, f_{ir_i})A_i$ besitzt Nichtnullteiler. Wäre nämlich $\mathfrak{a}_i \subset Z(A_i) = \bigcup_{\rho_i = 1}^{r_i} \mathfrak{p}_{i\rho_i}$, dann gäbe es bereits ein ρ_i mit $\mathfrak{a}_i \subset \mathfrak{p}_{i\rho_i}$, so daß speziell $f_{i\rho_i}^2 = 0$ wäre. Widerspruch! Ist nun $g_i \in \mathfrak{a}_i$ Nichtnullteiler von A_i, dann ist es nach Korollar 4 zu Satz 8 auch Nichtnullteiler in A, $i = 1,2$, und weiter gilt $g_1 \otimes g_2 \notin Z(A)$. Es folgt

$$0 = \operatorname{An}(\mathfrak{a}_1 \mathfrak{a}_2 A) = \operatorname{An}\Big(\sum_{\rho_1, \rho_2} A(f_{1\rho_1} \otimes f_{2\rho_2})\Big)$$
$$= \bigcap_{\rho_1, \rho_2} \operatorname{An}(A(f_{1\rho_1} \otimes f_{2\rho_2})) = \bigcap_{\rho_1, \rho_2} (\mathfrak{p}_{1\rho_1} + \mathfrak{p}_{2\rho_2})A.$$

Das Nullideal von A ist also Durchschnitt der Primideale $\mathfrak{q}_\rho = (\mathfrak{p}_{1\rho_1} + \mathfrak{p}_{2\rho_2})A$, $\rho = (\rho_1, \rho_2)$. Ist nun $f \in A$ so beschaffen, daß $f^n = 0$, so folgt $f^n \in \mathfrak{q}_\rho$ für alle ρ und damit $f \in \bigcap \mathfrak{q}_\rho = 0$, w.z.b.w.

Korollar. *Es sei k algebraisch abgeschlossen und* $\operatorname{char} k = 0$. *Für analytische k-Stellenalgebren* A_1 *und* A_2 *gilt dann*

$$\mathfrak{n}(A_1 \hat{\otimes} A_2) = (\mathfrak{n}(A_1) + \mathfrak{n}(A_2))(A_1 \hat{\otimes} A_2).$$

Beweis. $A/(\mathfrak{n}(A_1) + \mathfrak{n}(A_2))A \cong A_1/\mathfrak{n}(A_1) \hat{\otimes} A_2/\mathfrak{n}(A_2)$ ist nach Satz 17 reduziert, wobei $A = A_1 \hat{\otimes} A_2$ ist. Es gilt also $\mathfrak{n}(A) \subset (\mathfrak{n}(A_1) + \mathfrak{n}(A_2))A$. Umgekehrt besteht $(\mathfrak{n}(A_1) + \mathfrak{n}(A_2))A$ nur aus nilpotenten Elementen von A, w.z.b.w.

Wir können jetzt Satz 10, Korollar 2 verschärfen.

Satz 18. *Es sei k algebraisch abgeschlossen und* $\operatorname{char} k = 0$. *Sind* $\alpha_i : A_i \hookrightarrow B_i$, $i = 1,2$, *endliche analytische Monomorphismen und sind* A_1, A_2 *reduziert, so ist auch* $\alpha_1 \hat{\otimes} \alpha_2$ *injektiv.*

Beweis. Ist $\mathfrak{p}_i \in \operatorname{Isol} A_i$, so ist der von α_i induzierte Homomorphismus

$$\alpha_{i\mathfrak{p}_i} : A_i/\mathfrak{p}_i \to B_i/\mathfrak{p}_i B_i$$

ebenfalls endlich. Nach Hilfssatz II.4.7, Satz II.4.6 und Satz II.5.2 gilt dann $\dim A_i/\mathfrak{p}_i = \dim B_i/\mathfrak{p}_i B_i$, und da $A_i/\mathfrak{p}_i$ nullteilerfrei ist, folgt die Injektivität von $\alpha_{i\mathfrak{p}_i}$ aus Satz II.5.3. Wegen Korollar 2 zu Satz 10 sind die analytischen Homomorphismen

$$\alpha_{1\mathfrak{p}_1} \hat{\otimes} \alpha_{2\mathfrak{p}_2} : A/(\mathfrak{p}_1 + \mathfrak{p}_2)A \to B/(\mathfrak{p}_1 + \mathfrak{p}_2)B,$$

$A = A_1 \hat{\otimes} A_2$, $B = B_1 \hat{\otimes} B_2$, ebenfalls injektiv. Dann ist auch der A-Modulhomomorphismus

$$\alpha' : A' = \bigoplus A/\mathfrak{q}_\rho \to B' = \bigoplus B/\mathfrak{q}_\rho B$$

injektiv, wobei wie im Beweis zu Satz 17 gilt: $\mathfrak{q}_\rho = (\mathfrak{p}_{1\rho_1} + \mathfrak{p}_{2\rho_2})A$, $\operatorname{Isol} A_i = \{\mathfrak{p}_{i1}, \ldots, \mathfrak{p}_{ir_i}\}$, $\rho = (\rho_1, \rho_2)$. Wegen $\bigcap \mathfrak{q}_\rho = 0$ ist die kanonische Abbildung $A \to A'$ injektiv, so daß aus dem kommutativen Diagramm

$$\begin{array}{ccc} A' & \xhookrightarrow{\alpha'} & B' \\ \uparrow & & \uparrow \\ A & \xrightarrow[\alpha_1 \hat{\otimes} \alpha_2]{} & B \end{array}$$

von A-Homomorphismen die Injektivität von $\alpha_1 \hat{\otimes} \alpha_2$ folgt, w.z.b.w.

9. Homologische Codimension. Wir zeigen in diesem Abschnitt, daß sich die homologische Codimension – ebenso wie die Dimension – bei Bildung des analytischen Tensorproduktes addiert.

Satz 19. *Für* $M_i \in \mathfrak{M}_{A_i}$, $i = 1, 2$, $A = A_1 \hat{\otimes} A_2$, *gilt*

$$\operatorname{prof}_A(M_1 \otimes M_2) = \operatorname{prof}_{A_1} M_1 + \operatorname{prof}_{A_2} M_2 .$$

Beweis. a) Ist $\{f_1, \ldots, f_r\} \subset \mathfrak{m}(A_1)$ eine M_1-Sequenz, so ist es auch eine M-Sequenz, $M = M_1 \otimes M_2$. – Aus $f_\rho \notin Z(M_1/(f_1, \ldots, f_{\rho-1})M_1)$ folgt nämlich mit Korollar 4 zu Satz 8, daß f_ρ auch Nichtnullteiler von

$$M/(f_1, \ldots, f_{\rho-1})M \cong (M_1/(f_1, \ldots, f_{\rho-1})M_1) \otimes M_2$$

ist, $\rho = 1, \ldots, r$.

b) Sind $\{f_1, \ldots, f_r\} \subset \mathfrak{m}(A_1)$ und $\{g_1, \ldots, g_s\} \subset \mathfrak{m}(A_2)$ eine M_1- bzw. M_2-Sequenz, so ist $\{f_1, \ldots, f_r, g_1, \ldots, g_s\}$ eine M-Sequenz. – Nach a) reicht es dafür zu zeigen, daß $\{g_1, \ldots, g_s\}$ eine $(M/(f_1, \ldots, f_r)M)$-Sequenz ist. Dies folgt aber ebenfalls aus a) wegen

$$M/(f_1, \ldots, f_r)M \cong (M_1/(f_1, \ldots, f_r)M_1) \otimes M_2 .$$

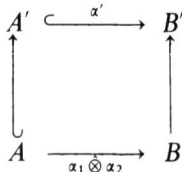

c) Sind die Sequenzen in b) nun maximal, d.h. $\operatorname{prof} M_1 = r$, $\operatorname{prof} M_2 = s$, so gilt $Z(M_1/(f_1, \ldots, f_r)M_1) = \mathfrak{m}(A_1)$ und entsprechend $Z(M_2/(g_1, \ldots, g_s)M_2) = \mathfrak{m}(A_2)$. Mit Korollar 5 zu Satz 8 und

$$\begin{aligned}\bar{M} &= (M_1/(f_1, \ldots, f_r)M_1) \otimes (M_2/(g_1, \ldots, g_s)M_2) \\ &\cong M/(f_1, \ldots, f_r, g_1, \ldots, g_s)M\end{aligned}$$

folgt dann $Z(\bar{M}) = (\mathfrak{m}(A_1) + \mathfrak{m}(A_2))A = \mathfrak{m}(A)$, d.h. $\{f_1, \ldots, f_r, g_1, \ldots, g_s\}$ ist eine maximale M-Sequenz. Mit Satz 1.5 ergibt sich hieraus $\operatorname{prof} M = r + s = \operatorname{prof} M_1 + \operatorname{prof} M_2$, w.z.b.w.

Korollar. *Zwei analytische Moduln* $M_i \in \mathfrak{M}_{A_i}$, $i = 1, 2$, *sind genau dann Macaulaysch, wenn* $M_1 \otimes M_2$ *Macaulaysch ist.*

Beweis. Aus $\operatorname{prof} M_i = \dim M_i$, $i = 1, 2$, folgt mit Satz 19 und Satz 10

$$\operatorname{prof} M = \operatorname{prof} M_1 + \operatorname{prof} M_2 = \dim M_1 + \dim M_2 = \dim M,$$

wobei $M = M_1 \otimes M_2$. Die Umkehrung folgt unter Benutzung von $\operatorname{prof} M_i \leq \dim M_i$, $i = 1, 2$, w.z.b.w.

10. Differentialmoduln. Wir berechnen den Differentialmodul eines analytischen Tensorproduktes.

Satz 20. *Es seien* $A_1, A_2 \in \mathfrak{A}$ *und* $\iota_i : A_i \hookrightarrow A = A_1 \hat{\otimes} A_2$, $i = 1, 2$, *die kanonischen Einbettungen. Dann sind auch die induzierten* A_i*-Homomorphismen* $d\iota_i : \Omega(A_i) \to \Omega(A)$ *injektiv, und diese wiederum induzieren einen* A*-Isomorphismus*

$$\big(A \underset{A_1}{\otimes} \Omega(A_1)\big) \oplus \big(A \underset{A_2}{\otimes} \Omega(A_2)\big) \cong \Omega(A).$$

Beweis. Bezeichnet $\pi_i : A \to A_i$ den in Abschnitt 1 konstruierten Epimorphismus, so folgt mit $\pi_i \circ \iota_i = id$ auch $d\pi_i \circ d\iota_i = d(\pi_i \circ \iota_i) = d(id) = id$ (vgl. § 4.4). Hieraus folgt die Injektivität von $d\iota_i$, $i = 1, 2$.

Wir wählen nun Epimorphismen $\varphi_i : K_{n_i} \to A_i$, $i = 1, 2$. Dann ist auch $\varphi := \varphi_1 \hat{\otimes} \varphi_2 : K_n \to A$, $n = n_1 + n_2$, ein Epimorphismus mit $\mathfrak{a} := \operatorname{Ker} \varphi = (\mathfrak{a}_1 + \mathfrak{a}_2)K_n$, $\mathfrak{a}_i := \operatorname{Ker} \varphi_i$, $i = 1, 2$. Sind $f_1, \ldots, f_r$ Erzeugende von $\mathfrak{a}_1$ und $g_1, \ldots, g_s$ Erzeugende von $\mathfrak{a}_2$, so gilt (vgl. § 4.3):

$$\Omega(A_i) = n_i A_i / U_i, \qquad i = 1, 2,$$

wobei U_i der von den Restklassen der n_i-Tupel

$$\left(\frac{\partial f_1}{\partial X_1}, \ldots, \frac{\partial f_1}{\partial X_{n_1}}\right), \ldots, \left(\frac{\partial f_r}{\partial X_1}, \ldots, \frac{\partial f_r}{\partial X_{n_1}}\right), \qquad i = 1,$$

bzw.

$$\left(\frac{\partial g_1}{\partial Y_1}, \ldots, \frac{\partial g_1}{\partial Y_{n_2}}\right), \ldots, \left(\frac{\partial g_s}{\partial Y_1}, \ldots, \frac{\partial g_s}{\partial Y_{n_2}}\right), \qquad i = 2,$$

erzeugte A_i-Untermodul des freien Moduls $n_i A_i$ ist. Da $\mathfrak{a}$ von $f_1, \ldots, f_r$, $g_1, \ldots, g_s$ erzeugt wird, gilt offenbar

$$\Omega(A) = nA/U, \qquad U = AU_1 \oplus AU_2.$$

Dabei ist $n_i A_i$ bzgl. ι_i als Untermodul von $n_i A$ und damit auch von $nA = n_1 A \oplus n_2 A$ aufzufassen. Es folgt nun

$$\Omega(A) = (n_1 A_1 \oplus n_2 A_2)/(AU_1 + AU_2) = (n_1 A_1/AU_1) \oplus (n_2 A_2/AU_2),$$

und mit Hilfe der Rechenregeln für das algebraische Tensorprodukt erhält man

$$A \underset{A_i}{\otimes} \Omega(A_i) = A \underset{A_i}{\otimes} (n_i A_i/U_i) = \big(A \underset{A_i}{\otimes} n_i A_i\big)/AU_i = n_i A/AU_i$$

und folglich

$$\big(A \underset{A_1}{\otimes} \Omega(A_1)\big) \oplus \big(A \underset{A_2}{\otimes} \Omega(A_2)\big) \cong \Omega(A),$$

w.z.b.w.

Anhang

Algebraische Hilfsmittel

In diesem Anhang (§§ 1–4) sind zur Bequemlichkeit des Lesers teils mit, teils ohne Beweis wichtige Tatsachen aus der kommutativen Algebra, die wir in diesem Buche benutzen, zusammengestellt. Die Darstellung ist lückenhaft; so haben wir z. B. sowohl aus Platzgründen als auch im Bemühen, Frustrationsgefühle möglichst zu minimalisieren, darauf verzichtet, die grundlegenden „natürlichen“ Eigenschaften der Funktoren Hom, $\otimes$, $\bigwedge^j$ etc. aufzuführen (soweit nötig, insbesondere beim Tensorprodukt, vgl. Kap. III, § 5, sind an den entsprechenden Textstellen Zitate angefügt). Wir haben auch einige Dinge aufgenommen, die erst im 2. Bande eine Rolle spielen werden.

Alle Ringe R sind kommutativ und haben ein Einselement $1 \neq 0$. Für jeden R-Modul M gilt $1 \cdot x = x$ für alle $x \in M$. Mit nR wird die n-fache Summe von R mit sich selbst bezeichnet.

§ 1. Ringe und Moduln

1. Idealpotenzen. Nilpotente Ideale. Sind $\mathfrak{a}$, $\mathfrak{b}$ Ideale in R, so besteht das Produktideal $\mathfrak{a} \cdot \mathfrak{b}$ aus allen endlichen Summen $\sum_{\nu=1}^{<\infty} a_\nu b_\nu$, wo $a_\nu \in \mathfrak{a}$, $b_\nu \in \mathfrak{b}$. Hieraus folgt sofort:

Ist $a_1, \ldots, a_e$ ein Erzeugendensystem des Ideals $\mathfrak{a}$, so bilden die Monome $a_1^{\nu_1} \cdot \ldots \cdot a_e^{\nu_e}$ vom Totalgrad $n := \sum_{i=1}^{e} \nu_i$ ein Erzeugendensystem des Ideals $\mathfrak{a}^n$, $n \geq 1$.

Diese Bemerkung liefert sogleich

Satz 1. *Es sei M ein R-Modul und $N \subset M$ ein Untermodul; es sei $\mathfrak{a}$ ein endlich erzeugtes Ideal in R, so daß zu jedem Element $a \in \mathfrak{a}$ ein Exponent $n(a) \geq 1$ mit $a^{n(a)} M \subset N$ existiert. Dann gibt es einen Exponenten $n \geq 1$ mit $\mathfrak{a}^n M \subset N$.*

Genauer: Ist $a_1, \ldots, a_e$ ein Erzeugendensystem von $\mathfrak{a}$ und gilt $a_i^{n(a_i)} M \subset N$, $i = 1, \ldots, e$, so gilt $\mathfrak{a}^n M \subset N$ für $n := \sum_{i=1}^{e} n(a_i)$.

Beweis. $\mathfrak{a}^n$ wird von den Monomen $a_1^{\nu_1}\cdot\ldots\cdot a_e^{\nu_e}$ mit $\sum \nu_i = n$ erzeugt. Zu jedem solchen Monom μ gibt es einen Index s, $1\le s\le e$, mit $\nu_s \ge n(a_s)$. Daher folgt $\mu M \subset R\cdot a_s^{n(a_s)} M \subset N$ für alle diese Monome, d.h. $\mathfrak{a}^n M \subset N$, w.z.b.w.

Folgerung. *Ist* $\mathfrak{a}$ *ein endlich erzeugtes Ideal in* R, *das aus lauter nilpotenten Elementen besteht (d.h. für jedes* $a\in\mathfrak{a}$ *gilt* $a^{n(a)}=0$ *für hinreichend großes* $n(a)$*), so ist* $\mathfrak{a}$ *nilpotent (d.h. es gilt* $\mathfrak{a}^n=0$ *für großes* n*).*

Zum Beweis wende man Satz 1 mit $M=R$ und $N=\{0\}$ an.

2. Primideale. Ein Ideal $\mathfrak{p}\neq R$ heißt *Primideal* in R, wenn der Restklassenring $R/\mathfrak{p}$ nullteilerfrei ist, d.h. wenn aus $f\cdot g\in\mathfrak{p}$ stets $f\in\mathfrak{p}$ oder $g\in\mathfrak{p}$ folgt. Sind $\mathfrak{a}_1,\ldots,\mathfrak{a}_n$ beliebige Ideale in R, und ist das Produktideal $\mathfrak{a}_1\cdot\ldots\cdot\mathfrak{a}_n$ bzw. das Durchschnittsideal $\bigcap_{\nu=1}^{n}\mathfrak{a}_\nu$ in einem Primideal $\mathfrak{p}$ enthalten, so liegt bereits eines dieser Ideale selbst in $\mathfrak{p}$.

Satz 2. *Es seien* $\mathfrak{p}_1,\ldots,\mathfrak{p}_t$ *Primideale in* R, *derart, daß für* $i\neq j$ *stets* $\mathfrak{p}_i\not\subset\mathfrak{p}_j$ *gilt. Es sei* $\mathfrak{a}$ *ein Ideal in* R, *das in der mengentheoretischen Vereinigung* $\bigcup_{i=1}^{t}\mathfrak{p}_i$ *liegt. Dann gilt bereits* $\mathfrak{a}\subset\mathfrak{p}_s$ *für einen Index* s, $1\le s\le t$.

Speziell gibt es zu jedem Index m, $1\le m<t$, *ein* $f\in\bigcap_{\mu=1}^{m}\mathfrak{p}_\mu$ *mit* $f\notin\bigcup_{\mu>m}\mathfrak{p}_\mu$.

Beweis. Angenommen, es gilt $\mathfrak{a}\not\subset\mathfrak{p}_i$ für alle $i=1,\ldots,t$. Dann gilt auch $\mathfrak{a}\cap\bigcap_{j\neq i}\mathfrak{p}_j\not\subset\mathfrak{p}_i$ für jedes i, da es sonst ein i_0 und ein $j_0\neq i_0$ mit $\mathfrak{p}_{j_0}\subset\mathfrak{p}_{i_0}$ gäbe. Sei $a_i\in\mathfrak{a}\cap\bigcap_{j\neq i}\mathfrak{p}_j$, $a_i\notin\mathfrak{p}_i$. Wir setzen $a:=\sum_{j=1}^{t}a_j$. Es folgt $a\in\mathfrak{a}$, aber $a\notin\mathfrak{p}_i$ wegen $\sum_{j\neq i}a_j\in\mathfrak{p}_i$ und $a_i\notin\mathfrak{p}_i$. Das Ideal $\mathfrak{a}$ wäre also nicht in $\bigcup_{i=1}^{t}\mathfrak{p}_i$ enthalten. Mithin existiert ein s mit $\mathfrak{a}\subset\mathfrak{p}_s$.

Sei nun m, $1\le m<t$, gegeben. Gäbe es kein f der behaupteten Art, so hätte man $\bigcap_{\mu=1}^{m}\mathfrak{p}_\mu\subset\bigcup_{\mu>m}\mathfrak{p}_\mu$. Nach dem Bewiesenen gäbe es ein $s>m$ mit $\bigcap_{\mu=1}^{m}\mathfrak{p}_\mu\subset\mathfrak{p}_s$ und weiter ein $i\le m$ mit $\mathfrak{p}_i\subset\mathfrak{p}_s$. Da $i\neq s$, so hat man einen Widerspruch, w.z.b.w.

3. Radikale. Reduzierte Ringe. Multiplikative Mengen. Für jedes Ideal $\mathfrak{a}$ in R bezeichnen wir mit $\mathfrak{r}(\mathfrak{a})$ die Menge aller $r\in R$, zu denen es einen Exponenten $n\ge 1$ mit $r^n\in\mathfrak{a}$ gibt. $\mathfrak{r}(\mathfrak{a})$ ist ein $\mathfrak{a}$ umfassendes Ideal;

wir nennen es das *Radikal* von $\mathfrak{a}$. Es gilt $\mathfrak{r}(\mathfrak{a}) \neq R$ für $\mathfrak{a} \neq R$. Für jedes Primideal $\mathfrak{p}$ gilt $\mathfrak{r}(\mathfrak{p}) = \mathfrak{p}$.

Ein Ring heißt *reduziert*, wenn er keine nilpotenten Elemente $\neq 0$ enthält. Es gilt $\mathfrak{a} = \mathfrak{r}(\mathfrak{a})$ genau dann, wenn der Restklassenring $R/\mathfrak{a}$ reduziert ist.

Die Menge $\mathfrak{n}(R)$ aller nilpotenten Elemente von R ist das Radikal $\mathfrak{r}(0)$ des Nullideals; wir nennen $\mathfrak{n}(R)$ das *Nilradikal* von R. Der Restklassenring $\operatorname{red} R := R/\mathfrak{n}(R)$ ist reduziert, er heißt die *Reduktion* von R.

Die Menge der *Nichtnullteiler* von R wird mit $N(R)$ bezeichnet. Die Menge $\operatorname{ak} R$ der *aktiven Elemente* von R besteht aus allen $r \in R$, deren $\mathfrak{n}(R)$-Restklassen Nichtnullteiler in $\operatorname{red} R$ sind (vgl. Kap. II, § 4.1).

$N(R)$ und $\operatorname{ak} R$ sind Beispiele für sog. multiplikative Mengen. Eine Teilmenge $G \subset R$ heißt *multiplikativ*, wenn $1 \in G$, $0 \notin G$, und wenn mit $g_1, g_2 \in G$ stets auch $g_1 g_2 \in G$ gilt.

4. Torsionsmoduln. Quotientenmoduln. Ist G multiplikativ in R, so definieren wir für jeden R-Modul M den *G-Torsionsmodul* $T_G(M)$ durch

$$T_G(M) := \{x \in M : \text{es gibt ein } g \in G \text{ mit } gx = 0\};$$

man überzeugt sich unmittelbar, daß $T_G(M)$ in der Tat ein R-Untermodul von M ist. M heißt *G-torsionsfrei*, wenn $T_G(M) = 0$. Der Restklassenmodul $M/T_G(M)$ ist stets G-torsionsfrei.

Ist speziell $G = \operatorname{ak} R$, so nennen wir $T_{\operatorname{ak} R}(M)$ den Torsionsmodul von M schlechthin, wir schreiben abkürzend $T(M)$ statt $T_{\operatorname{ak} R}(M)$. Ist R reduziert, so besteht $T(M)$ also aus allen Elementen $x \in M$, zu denen es einen Nichtnullteiler $r \in R$ mit $rx = 0$ gibt.

Für jede multiplikative Menge $G \subset R$ und jeden R-Modul M definieren wir den *Quotientenmodul* $\operatorname{Quot}_G M$ von M bzgl. G als die Menge aller Paare (x, g), $x \in M$, $g \in G$, wobei zwei solche Paare (x_1, g_1), (x_2, g_2) äquivalent sind, wenn es ein $g \in G$ gibt mit $g(g_2 x_1 - g_1 x_2) = 0$. $\operatorname{Quot}_G R$ ist in natürlicher Weise ein Ring. $\operatorname{Quot}_G M$ ist in natürlicher Weise ein $\operatorname{Quot}_G R$-Modul.

Durch $x \mapsto (x, 1)$ wird ein R-Homomorphismus $\psi_G : M \to \operatorname{Quot}_G M$ definiert, es gilt $\operatorname{Ker} \psi_G = T_G(M)$.

Ist R reduziert und besteht G aus allen Nichtnullteilern von R, so schreiben wir kurz $Q(M)$ statt $\operatorname{Quot}_{\operatorname{ak} R} M$; wir nennen $Q(M)$ dann den *totalen* Quotientenmodul von M und $Q(R)$ den *totalen* Quotientenring von R. Ist R nullteilerfrei, so ist $Q(R)$ gerade der Quotientenkörper von R.

5. Rang und Corang. Ist M ein R-Modul, so versteht man unter dem *Rang* von M, in Zeichen $\operatorname{rg} M$, die Maximalzahl linear unabhängiger Elemente aus M. Der Rang r von M ist also, falls überhaupt endlich, die größte natürliche Zahl r, so daß es einen Monomorphismus $rR \hookrightarrow M$ gibt. Der *Corang* von M, in Zeichen $\operatorname{cg} M$, wird definiert als die kleinste Zahl s, derart, daß es ein Erzeugendensystem von M mit s Elementen gibt. Es gilt $s = \operatorname{cg} M < \infty$ genau dann, wenn M endlich (erzeugbar) ist; man hat dann einen Epimorphismus $sR \to M$, aber keinen Epimorphismus $nR \to M$ mit $n < s$. Es gilt stets $\operatorname{rg} M \leq \operatorname{cg} M$; i.a. gilt $\operatorname{rg} M \neq \operatorname{cg} M$; z.B. hat man für $M := \mathfrak{m}(K_n)$ die Gleichungen $\operatorname{rg} M = 1$ und $\operatorname{cg} M = n$.

Für jeden Untermodul M' von M gilt $\operatorname{rg} M' \leq \operatorname{rg} M$, für jeden Restklassenmodul M'' von M hat man $\operatorname{cg} M'' \leq \operatorname{cg} M$.

Es gilt $\operatorname{rg} M = 0$ stets dann, wenn M ein Torsionsmodul ist. Es gilt $\operatorname{cg} M = 0$ genau dann, wenn $M = 0$.

Für direkte Summen bzw. Tensorprodukte bestehen die Ungleichungen

$$\operatorname{cg}(M_1 \oplus M_2) \leq \operatorname{cg} M_1 + \operatorname{cg} M_2, \qquad \operatorname{rg}(M_1 \oplus M_2) \geq \operatorname{rg} M_1 + \operatorname{rg} M_2;$$

$$\operatorname{cg}(M_1 \otimes M_2) \leq \operatorname{cg} M_1 \cdot \operatorname{cg} M_2, \qquad \operatorname{rg}(M_1 \otimes M_2) \geq \operatorname{rg} M_1 \cdot \operatorname{rg} M_2.$$

6. Noethersche Moduln. Untermoduln endlicher Moduln sind i.a. nicht wieder endlich. Es gilt

Satz 3. *Für einen R-Modul M sind die folgenden Aussagen äquivalent:*

a) *Jeder Untermodul von M ist endlich.*

b) *Zu jeder abzählbaren aufsteigenden Kette von Untermoduln $N_1 \subset N_2 \subset \cdots$ in M gibt es einen Index n, so daß $N_j = N_n$ für alle $j \geq n$.*

c) *Jede nichtleere Menge von Untermoduln in M besitzt (bzgl. mengentheoretischer Inklusion) ein maximales Element.*

Ein R-Modul M heißt *noethersch*, wenn er die Eigenschaften a)–c) hat. Der *Ring* R heißt *noethersch*, wenn R ein noetherscher R-Modul ist, d.h. wenn alle Ideale von R endlich erzeugbar sind.

Jeder Untermodul und jeder Restklassenmodul eines noetherschen Moduls ist noethersch. Sind in einer exakten Sequenz $0 \to M' \to M \to M'' \to 0$ von R-Moduln mindestens zwei noethersch, so ist auch der dritte noethersch. Speziell sind endliche direkte Summen von noetherschen Moduln wieder noethersch.

Über einem noetherschen Ring R sind alle endlichen R-Moduln noethersch.

7. Die Mengen $\operatorname{Ass} M$ **und** $\operatorname{Isol} M$. Ist M ein R-Modul, so ist für jede Teilmenge $N \subset M$ die Menge $\operatorname{An} N := \{r \in R : rx = 0 \text{ für alle } x \in N\}$ ein Ideal in R. Man nennt $\operatorname{An} N$ das *Annulatorideal* von N. Für $N \neq 0$ gilt $\operatorname{An} N \neq R$. Jeder R-Modul $M \neq 0$ ist in natürlicher Weise ein Modul über dem Restklassenring $R/\operatorname{An} M$, über diesem Ring hat M das Nullideal als Annulator.

Ein Primideal $\mathfrak{p} \subset R$ heißt *assoziiert zu* M, wenn es ein $x \in M$ gibt mit $\mathfrak{p} = \operatorname{An} x$. Mit $\operatorname{Ass} M$ wird die Menge aller zu M assoziierten Primideale bezeichnet. $\operatorname{Ass} M$ kann leer sein, auch wenn $M \neq 0$. Es gilt aber

Satz 4. *Ist R noethersch, so gilt* $\operatorname{Ass} M \neq \emptyset$ *für jeden R-Modul* $M \neq 0$; *jedes maximale Element der Menge* $\{\operatorname{An} x, x \in M\}$ *gehört zu* $\operatorname{Ass} M$.

Die Menge $Z(M)$ der *Nullteiler* von M besteht aus allen Elementen $r \in R$, zu denen es ein $x \neq 0$ in M gibt mit $rx = 0$. Aus Satz 4 folgt:

Ist R noethersch, so gilt $Z(M) = \bigcup_{\mathfrak{p} \in \operatorname{Ass} M} \mathfrak{p}$ *für jeden endlichen R-Modul* $M \neq 0$.

In wichtigen Fällen ist $\operatorname{Ass} M$ eine endliche Menge.

Satz 5. *Ist R noethersch, so ist die Menge* $\operatorname{Ass} M$ *endlich für jeden endlichen R-Modul M.*

Ist R noethersch, so ist die Inklusion $\operatorname{An} M \subset \bigcap_{\mathfrak{p} \in \operatorname{Ass} M} \mathfrak{p}$ und also auch $\mathfrak{r}(\operatorname{An} M) \subset \bigcap_{\mathfrak{p} \in \operatorname{Ass} M} \mathfrak{p}$ für jeden R-Modul $M \neq 0$ trivial. Verschärfend gilt:

Ist $M \neq 0$ *endlich und R noethersch, so hat man:* $\mathfrak{r}(\operatorname{An} M) = \bigcap_{\mathfrak{p} \in \operatorname{Ass} M} \mathfrak{p}$.

Ein Primideal $\mathfrak{p} \in \operatorname{Ass} M$ heißt *isoliert*, wenn $\mathfrak{p}$ ein minimales Element von $\operatorname{Ass} M$ (bzgl. Inklusion) ist. Mit $\operatorname{Isol} M \subset \operatorname{Ass} M$ bezeichnen wir die Menge aller zu M gehörenden isolierten Primideale, es gilt: $\bigcap_{\mathfrak{p} \in \operatorname{Ass} M} \mathfrak{p} = \bigcap_{\mathfrak{p} \in \operatorname{Isol} M} \mathfrak{p}$. Nicht isolierte Primideale aus $\operatorname{Ass} M$ heißen auch *eingebettet*.

Für $M = R$ haben wir speziell (wegen $\operatorname{An} R = 0$):

Ist R noethersch, so gilt:

$$Z(R) = \bigcup_{\mathfrak{p} \in \operatorname{Ass} R} \mathfrak{p}, \quad \mathfrak{n}(R) = \bigcap_{\mathfrak{p} \in \operatorname{Isol} R} \mathfrak{p}.$$

In der klassischen Idealtheorie versteht man unter den zu einem Ideal $\mathfrak{a} \subset R$ assoziierten Primidealen die Elemente der Menge $\operatorname{Ass} R/\mathfrak{a}$, wo $R/\mathfrak{a}$ als R-Modul aufgefaßt wird. Die Menge $\operatorname{Ass} \mathfrak{a}$ ist relativ bedeutungslos.

8. Zerlegungssatz von Lasker-Noether. In diesem Abschnitt ist R stets ein noetherscher Ring und M ein noetherscher R-Modul. $\mathfrak{p}, \mathfrak{p}_1, \dots, \mathfrak{p}_n$ sind Primideale in R. Ein Untermodul Q von M heißt $\mathfrak{p}$-*primär* (*in M*), wenn $\operatorname{Ass} M/Q = \mathfrak{p}$, dies ist genau dann der Fall, wenn $Z(M/Q) = \mathfrak{r}(\operatorname{An} M/Q) = \mathfrak{p}$. Speziell ist ein Ideal $\mathfrak{q} \subset R$ genau dann $\mathfrak{p}$-primär, wenn $\mathfrak{q} \neq R$, und wenn jeder Nullteiler des Restklassenringes $R/\mathfrak{q}$ nilpotent ist, wegen $\operatorname{An} R/\mathfrak{q} = \mathfrak{q}$ gilt dann $\mathfrak{r}(\mathfrak{q}) = \mathfrak{p}$.

Unter einer *Primärzerlegung* eines Untermoduls $N \subset M$ versteht man eine endliche Menge $\{Q_1, \dots, Q_n\}$ von primären Untermoduln von M, so daß $N=\bigcap_{\nu=1}^{n} Q_\nu$; man nennt dann auch diese Gleichung eine Primärzerlegung von N in M.

Satz 6 (Existenz). *Sei N ein Untermodul von $M \neq 0$. Dann gibt es zu jedem $\mathfrak{p} \in \operatorname{Ass} M/N$ einen $\mathfrak{p}$-primären Untermodul $Q(\mathfrak{p})$ von M, so daß*

$$N=\bigcap_{\mathfrak{p}\in \operatorname{Ass} M/N} Q(\mathfrak{p}).$$

eine Primärzerlegung von N in M ist.

Eine Primärzerlegung $N=\bigcap_{\nu=1}^{n} Q_\nu$ von N heißt *unverkürzbar*, wenn für alle ν gilt: $\bigcap_{\mu\neq\nu} Q_\mu \not\subset Q_\nu$, und wenn die Primideale $\mathfrak{p}_1,\ldots,\mathfrak{p}_n$, wo $\{\mathfrak{p}_\nu\}=\operatorname{Ass} M/Q_\nu$, paarweise verschieden sind. Die Primärzerlegung des Satzes 6 ist unverkürzbar, allgemein gibt jede Primärzerlegung in natürlicher Weise zu einer unverkürzbaren Primärzerlegung Anlaß.

Satz 7 (Eindeutigkeit). *Ist $N=\bigcap_{\nu=1}^{n} Q_\nu$ eine unverkürzbare Primärzerlegung von N in M, so gilt:*

1. $\operatorname{Ass} M/N=\{\mathfrak{p}_1,\ldots,\mathfrak{p}_n\}$, *wo* $\{\mathfrak{p}_\nu\}=\operatorname{Ass} M/Q_\nu$.
2. *Ist* $\mathfrak{p}_i\in \operatorname{Isol} M/N$, *so gilt* $Q_i=\{x\in M\colon$ es gibt $r\in R\setminus\mathfrak{p}_i$ mit $rx\in N\}$.

(Die zu nicht eingebetteten Primidealen gehörenden Moduln sind also eindeutig bestimmt.)

§ 2. Endliche Moduln über noetherschen Stellenringen

1. Stellenringe und k-Stellenalgebren. Ein Ring R heißt ein *Stellenring*, wenn er genau ein maximales Ideal $\mathfrak{m}=\mathfrak{m}(R)\neq R$ besitzt; dies trifft genau dann zu, wenn die Nichteinheiten von R ein Ideal in R bilden. Statt Stellenring sagt man vielfach auch *lokaler Ring*. Der Körper $k:=R/\mathfrak{m}(R)$ heißt der *Restklassenkörper* des Stellenringes R. Ein Stellenring R heißt *k-Stellenalgebra* (auch: *lokale k-Algebra*), wenn R eine k-Algebra ist, so daß der natürliche Monomorphismus $k\to R/\mathfrak{m}$ ein Isomorphismus ist. Identifiziert man in einer k-Stellenalgebra R den Körper k mit seinem Bild $k\cdot 1\subset R$, so ist R als k-Vektorraum die direkte Summe $R=k\oplus\mathfrak{m}(R)$. Hieraus folgt sofort, da k ein Repräsentantensystem der $\mathfrak{m}$-Restklassen ist:

Ist R eine k-Stellenalgebra und $y_1,\ldots,y_n$ ein Erzeugendensystem von $\mathfrak{m}(R)$, so gilt für jedes $i, 0\leq i<\infty$, die Gleichung

$$R=\sum_{|\nu|=0}^{i} k\,y^\nu+\mathfrak{m}(R)^{i+1},$$

d. h. zu jedem f gibt es bei vorgegebenem $i \geq 0$ ein Polynom i-ten Grades $p_i \in k[y_1, \ldots, y_n]$ mit $f - p_i \in \mathfrak{m}(R)^{i+1}$.

Ein Ringhomomorphismus $\varphi: R \to R'$ zwischen lokalen Ringen heißt *lokal*, wenn $\varphi(\mathfrak{m}(R)) \subset \mathfrak{m}(R')$; dann gilt automatisch $\varphi(\mathfrak{m}(R)^e) \subset \mathfrak{m}(R')^e$ für alle $e \geq 1$.

Sind R, R' zwei k-Stellenalgebren, so ist jeder k-Algebrahomomorphismus $\varphi: R \to R'$ lokal.

Beweis. Sei $x \in \mathfrak{m}(R)$ und sei $\varphi(x) = c + x' \in k \oplus \mathfrak{m}(R')$. Wäre $c \neq 0$, so ist $x - c$ eine Einheit in R und also $\varphi(x-c)$ eine Einheit in R', d. h. $\varphi(x-c) \notin \mathfrak{m}(R')$. Da φ ein k-Algebrahomomorphismus ist, gilt aber $\varphi(x-c) = \varphi(x) - c = x' \in \mathfrak{m}(R')$. Widerspruch!

2. Lemma von Nakayama. In diesem Abschnitt bezeichnet R stets einen Stellenring mit dem maximalen Ideal $\mathfrak{m}$. Grundlegend für die Theorie der endlichen Moduln über R ist

Satz 1 (Lemma von Nakayama). *Für jeden endlichen R-Modul M mit $M \subset \mathfrak{m}M$ gilt: $M = 0$.*

Beweis. Angenommen es wäre $M \neq 0$. Sei dann $r \geq 1$ *die kleinste* natürliche Zahl, so daß es ein r-elementiges Erzeugendensystem $x_1, \ldots, x_r$ von M gibt. Wegen $M \subset \mathfrak{m}M$ gilt eine Gleichung $x_1 = \sum_{\rho=1}^{r} f_\rho x_\rho$ mit Koeffizienten $f_\rho \in \mathfrak{m}$. Es folgt $(1 - f_1)x_1 = \sum_{\rho=2}^{r} f_\rho x_\rho$. Da $1 - f_1 \notin \mathfrak{m}$ eine Einheit in R ist, so wird M bereits von $x_2, \ldots, x_r$ erzeugt. Widerspruch, w. z. b. w.

Folgerung. *Es seien N, N' Untermoduln eines R-Moduls M. Es gelte $N' \subset N + \mathfrak{m}N'$, überdies sei N' endlich erzeugbar. Dann gilt $N' \subset N$.*

Beweis. Wir setzen $N'' := N' \cap N$. Dann gilt $N'' \subset N'$ und $N' = N'' + \mathfrak{m}N'$. Der Restklassenepimorphismus $N' \to N'/N''$ bildet daher $\mathfrak{m}N'$ auf N'/N'' ab, d. h. es gilt: $N'/N'' = \mathfrak{m} \cdot N'/N''$. Da mit N' auch N'/N'' endlich erzeugbar ist, folgt $N'/N'' = 0$ nach Satz 1, d. h. $N' = N''$. Dies bedeutet aber $N' \subset N$, w. z. b. w.

Bemerkung. Häufig wird auch die Aussage der Folgerung als Lemma von Nakayama bezeichnet.

3. Krullscher Durchschnittsatz. Von nun an sei R stets ein *noetherscher* Stellenring.

Satz 2 (Krullscher Durchschnittsatz). *Für jeden Untermodul N eines endlichen R-Moduls M gilt: $\bigcap_{1}^{\infty} (N + \mathfrak{m}^\nu M) = N$.*

Beweis. a) Sei zunächst $N=0$. Wir setzen $D:=\bigcap_{\nu=1}^{\infty}\mathfrak{m}^{\nu}M$ und müssen $D=0$ beweisen. Die Menge aller R-Untermoduln L von M mit $L\cap D=\mathfrak{m}D$ enthält $\mathfrak{m}D$ und hat folglich, da M noethersch ist, ein maximales Element T. Es genügt zu zeigen, daß es zu jedem $g\in\mathfrak{m}$ einen Exponenten $e\geq 1$ mit $Mg^e\subset T$ gibt: dann gibt es nämlich, da $\mathfrak{m}$ endlich erzeugt ist, nach Satz 1.1 (mit $N=T$) auch einen Exponenten n mit $\mathfrak{m}^n M\subset T$, und es folgt wegen $D\subset\mathfrak{m}^n M$ zunächst $D\subset T$, d. h. $D=D\cap T=\mathfrak{m}D$, und hieraus, da D endlich ist, $D=0$ nach Satz 1.

Wir betrachten bei festem $g\in\mathfrak{m}$ die Untermodulfolge

$$M_j:=\{x\in M: g^j x\in T\},\qquad j=1,2,\ldots.$$

Es gilt $M_1\subset M_2\subset\cdots$, daher existiert ein Index e mit $M_e=M_{e+1}$. Sei $x\in(Mg^e+T)\cap D$, etwa $x=g^e y+t$, $y\in M$, $t\in T$. Dann gilt

$$g^{e+1}y=gx-gt\in gD+T\subset\mathfrak{m}D+T=T\quad\text{wegen } \mathfrak{m}D\subset T,$$

d. h. $y\in M_{e+1}=M_e$, d. h. $g^e y\in T$, d. h. $x\in T+T=T$. Es folgt

$$(Mg^e+T)\cap D\subset T\quad\text{und also}\quad (Mg^e+T)\cap D\subset T\cap D=\mathfrak{m}D.$$

Da $T\subset Mg^e+T$, und da T maximal in der Menge aller Untermoduln L von M mit $L\cap D\subset\mathfrak{m}D$ ist, so folgt $Mg^e+T=T$, d. h. $Mg^e\subset T$.

b) Sei nun N ein beliebiger Untermodul von M. Es gilt

$$N+\mathfrak{m}^{\nu}M=\varepsilon^{-1}(\mathfrak{m}^{\nu}\cdot M/N)$$

für jedes $\nu\geq 1$, wenn ε den natürlichen Epimorphismus $M\to M/N$ bezeichnet. Da weiter $\bigcap_{1}^{\infty}\varepsilon^{-1}(\mathfrak{m}^{\nu}\cdot M/N)=\varepsilon^{-1}\left(\bigcap_{1}^{\infty}\mathfrak{m}^{\nu}\cdot M/N\right)$ und $\bigcap_{1}^{\infty}\mathfrak{m}^{\nu}\cdot M/N=0$ aufgrund des unter a) Bewiesenen gilt, so folgt schließlich $\bigcap_{1}^{\infty}(N+\mathfrak{m}^{\nu}M)=\varepsilon^{-1}(0)=N$, w. z. b. w.

Folgerung. *Es seien N, N' Untermoduln eines endlichen R-Moduls M. Es gelte*

$$N'\subset N+\mathfrak{m}^e M\quad\textit{für alle } e\geq 1.$$

Dann gilt $N'\subset N$.

Denn: $N'\subset\bigcap_{e=1}^{\infty}(N+\mathfrak{m}^e M)=N$.

Wir notieren eine weitere wichtige Folgerung aus dem Durchschnittssatz:

Satz 3. *Es seien R, R' zwei k-Stellenalgebren. R' sei noethersch; $y_1,\ldots,y_n$ sei ein Erzeugendensystem von $\mathfrak{m}(R)$. Sind dann $\varphi_i: R\to R'$, $i=1,2$, zwei k-Algebrahomomorphismen mit $\varphi_1(y_\nu)=\varphi_2(y_\nu)$, $\nu=1,\ldots,n$, so gilt bereits $\varphi_1=\varphi_2$.*

Beweis. Sei $f \in R$ irgendein Element. Nach Abschnitt 1 gibt es zu jedem $i \geq 0$ ein Polynom $p_i \in k[y_1, \ldots, y_n]$ mit $f - p_i \in \mathfrak{m}(R)^{i+1}$. Da φ_1 und φ_2 lokale Homomorphismen sind, folgt:

$$\varphi_1(f - p_i) \in \mathfrak{m}(R')^{i+1}, \qquad \varphi_2(f - p_i) \in \mathfrak{m}(R')^{i+1}.$$

Nun stimmen wegen $\varphi_1(y_\nu) = \varphi_2(y_\nu)$, $\nu = 1, \ldots, n$, die Homomorphismen φ_1 und φ_2 sicher auf dem Polynomring $k[y_1, \ldots, y_n]$ überein. Daher gilt $\varphi_1(p_i) = \varphi_2(p_i)$ und also

$$\varphi_1(f) - \varphi_2(f) \in \mathfrak{m}(R')^{i+1}.$$

Da $i \geq 0$ beliebig war, folgt $\varphi_1(f) - \varphi_2(f) = 0$ nach dem Durchschnittssatz, da R' noethersch ist, w. z. b. w.

4. Corang. Der im § 1.5 eingeführte Begriff des Corangs ist für Moduln über Stellenringen R besonders fruchtbar. Dies beruht auf der einfachen Tatsache, daß man jedem R-Modul M den $k := R/\mathfrak{m}$-Vektorraum $M/\mathfrak{m}M$ zuordnen kann und so einen kovarianten Funktor der Kategorie der endlichen R-Moduln in die Kategorie der endlichdimensionalen k-Vektorräume gewinnt, der $\operatorname{cg} M$ in $\dim_k M/\mathfrak{m}M$ überführt. Um dieses näher auszuführen, bezeichnen wir mit ω den Restklassenepimorphismus $M \to M/\mathfrak{m}M$. Aus dem Lemma von Nakayama resultiert sofort der wichtige

Satz 4. *Die Elemente $x_1, \ldots, x_p \in M$ erzeugen den (endlichen) R-Modul M genau dann, wenn $\omega(x_1), \ldots, \omega(x_p)$ den k-Vektorraum $M/\mathfrak{m}M$ erzeugen.*

Beweis. Es ist klar, daß $\omega(x_1), \ldots, \omega(x_p)$ den k-Vektorraum $M/\mathfrak{m}M$ erzeugen, wenn $x_1, \ldots, x_p$ den R-Modul M erzeugen. Sei umgekehrt $\omega(x_1), \ldots, \omega(x_p)$ ein Erzeugendensystem von $M/\mathfrak{m}M$. Wir betrachten den R-Untermodul $N := Rx_1 + \cdots + Rx_p$ von M. Da es zu jedem $x \in M$ Elemente $c_1, \ldots, c_p \in k$ mit $\omega(x) = \sum_{i=1}^{p} c_i \omega(x_i)$ gibt, so folgt $x - \sum_1^p c_i x_i \in \operatorname{Ker} \omega = \mathfrak{m}M$, d. h. $M = N + \mathfrak{m}M$. Da M endlich ist, folgt $M = N$, w. z. b. w.

Folgerung (Auswahllemma). *Erzeugen $x_1, \ldots, x_p$ den R-Modul M, so wird M bereits von $\operatorname{cg} M$ der Elemente $x_1, \ldots, x_p$ erzeugt. Speziell gilt $\operatorname{cg} M = \dim_k M/\mathfrak{m}M$.*

Nennt man ein Erzeugendensystem $\{x_1, \ldots, x_n\}$ von M *minimal*, wenn $n = \operatorname{cg} M$, so läßt sich also aus jedem Erzeugendensystem ein minimales Erzeugendensystem auswählen.

Aus Satz 4 ergibt sich weiter:

Ein R-Homomorphismus $M \to M''$ ist genau dann surjektiv, wenn der induzierte k-Homomorphismus $M/\mathfrak{m}M \to M''/\mathfrak{m}M''$ surjektiv ist.

Man sieht auch, daß $\operatorname{cg} M = \operatorname{cg} M/\mathfrak{a}M$ für jedes Ideal $\mathfrak{a} \neq R$ gilt. Weiter hat man

$$\operatorname{cg} \mathfrak{a} = \dim_k \mathfrak{a}/\mathfrak{m}\mathfrak{a}.$$

Wir notieren noch weitere nützliche Eigenschaften der Corangfunktion.

Satz 5. *Seien M, M' endliche R-Moduln mit minimalen Erzeugendensystemen $\{x_1,\dots,x_m\}$, $\{y_1,\dots,y_n\}$. Dann gilt:*

a) *$\{x_1,\dots,x_m, y_1,\dots,y_n\}$ ist ein minimales Erzeugendensystem von $M \oplus M'$; speziell folgt:*

$$\operatorname{cg}(M \oplus M') = \operatorname{cg} M + \operatorname{cg} M'.$$

b) *$\{x_\mu \otimes y_\nu : \mu = 1,\dots,m;\ \nu = 1,\dots,n\}$ ist ein minimales Erzeugendensystem von $M \otimes M'$; speziell folgt:*

$$\operatorname{cg} M \otimes M' = \operatorname{cg} M \cdot \operatorname{cg} M'.$$

c) *$\{x_{\mu_1} \wedge \dots \wedge x_{\mu_p} : 1 \leq \mu_1 < \dots < \mu_p \leq m\}$ ist ein minimales Erzeugendensystem von $\bigwedge^p M$; speziell folgt:*

$$\operatorname{cg} \bigwedge^p M = \binom{\operatorname{cg} M}{p}.$$

Der Beweis sei dem Leser überlassen.

Aus Satz 5c) ergibt sich die

Folgerung. *Nachstehende Aussagen über einen endlichen R-Modul M und die natürliche Zahl n sind äquivalent:*

a) $\operatorname{cg} M = n$;

b) $\operatorname{cg} \bigwedge^n M = 1$;

c) $\bigwedge^n M \neq 0$ und $\bigwedge^{n+1} M = 0$.

5. Jacobirang. Der Funktor $M \rightsquigarrow M/\mathfrak{m}M$ ist rechtsexakt, aber nicht exakt. Ist $0 \to M' \to M \to M'' \to 0$ eine exakte Sequenz endlicher R-Moduln (wir fassen M' dann als Untermodul von M auf), so ist aber die Sequenz

$$0 \to (M' + \mathfrak{m}M)/\mathfrak{m}M \to M/\mathfrak{m}M \to M''/\mathfrak{m}M'' \to 0$$

exakt. Ergo gilt:

$$\operatorname{cg} M = \operatorname{cg} M'' + \dim_k (M' + \mathfrak{m}M)/\mathfrak{m}M.$$

Wir nennen die natürliche Zahl $\dim_k(M' + \mathfrak{m}M)/\mathfrak{m}M$ den *Jacobirang von M' bzgl. M* und schreiben dafür abkürzend $\operatorname{jg}_M M'$. Es gilt $\operatorname{jg}_M M' = 0$ genau dann, wenn $M' \subset \mathfrak{m}M$. Da $(M' + \mathfrak{m}M)/\mathfrak{m}M$ kanonisch zu $M'/\mathfrak{m}M \cap M'$ isomorph ist, so folgt:

$$\operatorname{jg}_M M' = \dim_k M'/\mathfrak{m}M \cap M'.$$

Dies impliziert, da es einen natürlichen R-Epimorphismus $M'/\mathfrak{m}M' \to M'/\mathfrak{m}M \cap M'$ gibt:

$\mathrm{jg}_M M' \leq \mathrm{cg}\, M'$; *Gleichheit besteht genau dann, wenn* $\mathfrak{m}M' = \mathfrak{m}M \cap M'$.

Jedes Ideal $\mathfrak{a} \neq R$ ist ein Untermodul von $\mathfrak{m}$. Die Zahl $\mathrm{jg}_{\mathfrak{m}}\, \mathfrak{a}$ heißt der *Jacobirang von* $\mathfrak{a}$ *schlechthin*, wir schreiben kurz $\mathrm{jg}\, \mathfrak{a}$. Es gilt also:

$$\mathrm{jg}\, \mathfrak{a} = \dim_k (\mathfrak{a} + \mathfrak{m}^2)/\mathfrak{m}^2 = \dim_k \mathfrak{a}/\mathfrak{a} \cap \mathfrak{m}^2 .$$

Die Gleichung $\mathrm{jg}\, \mathfrak{a} = 0$ gilt genau dann, wenn $\mathfrak{a} \subset \mathfrak{m}^2$.

6. Einbettungsdimension. Der k-Vektorraum $\dot{R} := \mathfrak{m}/\mathfrak{m}^2$ heißt der *Cotangentialraum* von R, seine Dimension $\dim_k \dot{R}$ heißt die *Einbettungsdimension* von R, in Zeichen $\mathrm{eib}\, R$. Es gilt also: $\mathrm{eib}\, R = \mathrm{cg}\, \mathfrak{m}$.

Wir bezeichnen mit δ den Restklassenepimorphismus $\mathfrak{m} \to \dot{R}$. Jedes Ideal $\mathfrak{a} \neq R$ wird vermöge δ auf einen k-Unterraum $\delta(\mathfrak{a})$ von $\dot{R}$ abgebildet; wegen $\delta(\mathfrak{a}) = \delta(\mathfrak{a} + \mathfrak{m}^2)$ gilt

$$\mathrm{jg}\, \mathfrak{a} = \dim_k \delta(\mathfrak{a}).$$

Wir zeigen weiter:

Satz 6. *Für jedes Ideal* $\mathfrak{a} \neq R$ *gilt:* $\mathrm{jg}\, \mathfrak{a} = \mathrm{eib}\, R - \mathrm{eib}\, R/\mathfrak{a}$.

Beweis. Aus der exakten R-Sequenz $0 \to \mathfrak{a} \to \mathfrak{m} \to \mathfrak{m}/\mathfrak{a} \to 0$ folgt: $\mathrm{eib}\, R = \mathrm{jg}\, \mathfrak{a} + \mathrm{cg}\, \mathfrak{m}/\mathfrak{a}$. Nun ist $R/\mathfrak{a}$ ebenfalls ein Stellenring mit $\mathfrak{m}/\mathfrak{a}$ als maximalem Ideal $\mathfrak{m}(R/\mathfrak{a})$; jedes R-Erzeugendensystem des R-Moduls $\mathfrak{m}/\mathfrak{a}$ ist ein $R/\mathfrak{a}$-Erzeugendensystem des $R/\mathfrak{a}$-Moduls $\mathfrak{m}/\mathfrak{a} = \mathfrak{m}(R/\mathfrak{a})$ und umgekehrt. Daher folgt $\mathrm{cg}\, \mathfrak{m}/\mathfrak{a} = \mathrm{cg}\, \mathfrak{m}(R/\mathfrak{a}) = \mathrm{eib}\, R/\mathfrak{a}$, w. z. b. w.

7. Freie Moduln. Ist $0 \to M' \xrightarrow{\mu} M \xrightarrow{\nu} M'' \to 0$ eine exakte R-Sequenz, so gilt die Gleichung $\mathrm{cg}\, M = \mathrm{cg}\, M' + \mathrm{cg}\, M''$ nach Abschnitt 5 genau dann, wenn $\mathfrak{m}M' = \mathfrak{m}M \cap M'$. Ist M'' *frei*, so gibt es einen Monomorphismus $\lambda: M'' \hookrightarrow M$ mit $\nu \circ \lambda = id$, und es gilt $M = \mu(M') \oplus \lambda(M'') \simeq M' \oplus M''$, also insbesondere $\mathrm{cg}\, M = \mathrm{cg}\, M' + \mathrm{cg}\, M''$. Es ergeben sich jetzt unmittelbar folgende Aussagen:

(i) *Ist* M'' *frei und gilt* $\mathrm{cg}\, M = \mathrm{cg}\, M''$, *so ist jeder Epimorphismus* $\nu: M \to M''$ *bijektiv.*

(ii) *Jedes minimale Erzeugendensystem* $\{e_1, \ldots, e_n\}$ *eines freien, endlichen R-Moduls M ist eine Basis von M.*

(iii) *Jeder direkte Summand M' eines freien, endlichen R-Moduls M ist frei.*

Beweis. ad (i): Die exakte Sequenz $0 \to \mathrm{Ker}\, \nu \to M \to M'' \to 0$ impliziert $\mathrm{cg}\, M = \mathrm{cg}\, \mathrm{Ker}\, \nu + \mathrm{cg}\, M''$. Wegen $\mathrm{cg}\, M = \mathrm{cg}\, M''$ folgt also $\mathrm{cg}\, \mathrm{Ker}\, \nu = 0$, d. h. $\mathrm{Ker}\, \nu = 0$.

ad (ii): Durch $(r_1, \ldots, r_n) \mapsto \sum_{\nu=1}^{n} r_\nu e_\nu$ wird ein Epimorphismus $\varphi: nR \to M$ definiert. Da M frei ist und da $\mathrm{cg}\, M = n = \mathrm{cg}\, nR$, so ist φ bijektiv nach (i), d. h. $\{e_1, \ldots, e_n\}$ ist eine Basis von M.

ad (iii): Sei $M=M'\oplus M''$, seien $\{x_1,\dots,x_r\}$ und $\{y_1,\dots,y_s\}$ minimale Erzeugendensysteme von M' und M''. Wegen $\operatorname{cg} M=r+s$ ist $\{x_1,\dots,x_r,y_1,\dots,y_s\}$ ein minimales Erzeugendensystem von M und also eine Basis von M nach (ii). Dann ist $\{x_1,\dots,x_r\}$ aber eine Basis von M', d. h. M' ist frei, w. z. b. w.

Es sei noch bemerkt, daß bei *freiem*, endlichen M eine exakte Sequenz $0\to M'\to M\to M''\to 0$ zusammen mit der Gleichung $\operatorname{cg} M = \operatorname{cg} M'+\operatorname{cg} M''$ nur dann bestehen kann, wenn M' und M'' frei sind; dann gilt $M\simeq M'\oplus M''$.

Ist M ein freier R-Modul, so sind auch sämtliche Moduln $\bigwedge^p M$, $p\geq 1$, frei. Es gilt die Umkehrung:

Satz 7. *Ein R-Modul M mit $n:=\operatorname{cg} M$ ist frei, wenn es ein p, $1\leq p\leq n$, gibt, so daß $\bigwedge^p M$ frei ist.*

Beweis. Es sei $\{x_1,\dots,x_n\}$ ein minimales Erzeugendensystem von M und $\varphi: nR\to M$ der zugehörige Epimorphismus. Für jedes p, $1\leq p\leq n$, sind dann nach Satz 5, c) die $\binom{n}{p}$ Elemente $\{x_{j_1}\wedge\cdots\wedge x_{j_p}: 1\leq j_1<\cdots<j_p\leq n\}$ ein minimales Erzeugendensystem von $\bigwedge^p M$. Ist p speziell so beschaffen, daß $\bigwedge^p M$ frei ist, so ist dieses Erzeugendensystem nach (ii) sogar eine Basis von $\bigwedge^p M$, d.h. der induzierte Epimorphismus $\bigwedge^p\varphi: \bigwedge^p nR\to\bigwedge^p M$ ist bijektiv. Da stets $\bigwedge^p\varphi(x\wedge x_{i_1}\wedge\cdots\wedge x_{i_{p-1}})=\varphi(x)\wedge\varphi(x_{i_1})\wedge\cdots\wedge\varphi(x_{i_{p-1}})$, so folgt für jedes $x\in\operatorname{Ker}\varphi$:

$$x\wedge x_{i_1}\wedge\cdots\wedge x_{i_{p-1}}=0 \quad \text{für alle} \quad 1\leq i_1<\cdots<i_{p-1}\leq n\,.$$

Ist $x=\sum_{\nu=1}^{n} r_\nu x_\nu$, $r_\nu\in R$, so gilt also $\sum_{\nu=1}^{n} r_\nu(x_\nu\wedge x_{i_1}\wedge\cdots\wedge x_{i_{p-1}})=0$ für alle $1\leq i_1<\cdots<i_{p-1}\leq n$. Da $\{x_{j1}\wedge\cdots\wedge x_{j_p}, 1\leq j_1<\cdots<j_p\leq n\}$ eine Basis von $\bigwedge^p M$ ist, folgt: $r_1=\cdots=r_n=0$, d.h. $x=0$. Mithin ist φ auch injektiv, d.h. M ist frei, w.z.b.w.

Ein endlicher R-Modul M vom Corang n ist somit genau dann frei, wenn $\bigwedge^n M$ zu R isomorph ist. Es gibt nun ein einfaches Kriterium dafür, daß ein R-Modul diese Eigenschaft hat, nämlich (mit M^* bezeichnen wir den R-Modul $\operatorname{Hom}(M,R)$ aller Linearformen $\lambda: M\to R$):

Satz 8. *Die folgenden Aussagen über einen endlichen R-Modul M sind äquivalent:*

a) *M ist zu R isomorph: $M\simeq R$.*

b) *Der durch $\lambda\otimes x\mapsto\lambda(x)$ bestimmte natürliche Homomorphismus $M^*\otimes M\to R$ ist bijektiv.*

c) *Es gibt einen endlichen R-Modul M' mit $M'\otimes M\simeq R$.*

Beweis. a)→b): Trivial, da jede Linearform $R \to R$ eine Homothetie $x \mapsto ax$, a fest, und M^* also zu R isomorph ist.

b)→c): Trivial, denn mit M ist auch M^* ein endlicher R-Modul.

c)→a): Es gilt $\operatorname{cg} M' \cdot \operatorname{cg} M = \operatorname{cg} R = 1$ nach Satz 5, b) und also $\operatorname{cg} M' = 1$. Sei $\psi: R \to M'$ ein Epimorphismus. Tensorieren mit M liefert einen Epimorphismus $\varphi: M \to R$. Da auch $\operatorname{cg} M = 1$, so ist φ bijektiv nach (i), w. z. b. w.

Aus den vorstehenden Betrachtungen folgt nun speziell:

Satz 9 (Freiheitskriterium). *Ein R-Modul M vom Corang n ist genau dann frei, wenn der natürliche Homomorphismus $(\bigwedge^n M)^* \otimes \bigwedge^n M \to R$ bijektiv ist.*

Dieser Satz wird im 2. Bande bei Kohärenzbetrachtungen von Garben benutzt.

§ 3. Normale noethersche Integritätsringe

In diesem Paragraphen wird die Theorie normaler noetherscher Integritätsringe entwickelt. Wichtiges Hilfsmittel ist der Krullsche Hauptidealsatz, der für analytische Stellenalgebren im Kap. II, § 6 bewiesen wurde. Bezüglich der funktionentheoretischen Anwendungen, die in einem weiteren Band beim Studium normaler analytischer Räume gemacht werden, ist die Darstellung also „self-contained".

Alle auftretenden Ringe sind kommutativ und haben ein Einselement 1.

1. Ganze Elemente. Dedekindsches Lemma. Es seien R ein Ring und S ein Oberring von R (mit gleichem Einselement). Ein Element $s \in S$ heißt *ganz* über R, wenn der Ring $R[s] \subset S$ ein endlicher R-Modul ist; dies ist offenbar genau dann der Fall, wenn es Elemente $r_1, \ldots, r_b \in R$ gibt, so daß gilt:

$$s^b + r_1 s^{b-1} + \cdots + r_{b-1} s + r_b = 0.$$

Satz 1. *Die Elemente $s_1, \ldots, s_j \in S$ seien ganz über R. Dann ist der Ring $R[s_1, \ldots, s_j]$ ein endlicher R-Modul.*

Beweis. Durch Induktion nach j. Der Induktionsbeginn $j=1$ ist klar per definitionem. Sei $j>1$, wir setzen $R' := R[s_1, \ldots, s_{j-1}]$. Dann ist $R[s_1, \ldots, s_j] = R'[s_j]$ ein endlicher R'-Modul, da s_j (erst recht) ganz über R' ist. Da R' nach Induktionsannahme ein endlicher R-Modul ist, folgt die Behauptung.

Ist umgekehrt S ein endlicher R-Modul, so ist jedes Element $s \in S$ ganz über R. Für noethersche Ringe R ist dies klar, da dann auch $R[s] \subset S$ ein endlicher R-Modul ist. Wir beweisen eine schärfere Aussage, die wir nach Dedekind benennen, da die im Beweis benutzte Schlußweise auf ihn zurückgeht (1879, 11. Suppl. Zahlenth., 3. Aufl.).

Satz 2 (Dedekindsches Lemma). *Es sei N ein S-Modul, der über R endlich erzeugbar ist. Sei $\mathfrak{a} \subseteq R$ ein Ideal und $s \in S$ ein Element mit $sN \subset \mathfrak{a}N$. Dann gibt es Elemente $a_1, \ldots, a_b \in \mathfrak{a}$, $b \leq \operatorname{cg}_R N$, so daß gilt:*

$$s^b + a_1 s^{b-1} + \cdots + a_b \in \operatorname{An}_S N .$$

Beweis. Sei $n_1, \ldots, n_b$ ein Erzeugendensystem von N über R. Wegen $sn_\beta \in \mathfrak{a}N$ gibt es Elemente $m_1, \ldots, m_t \in N$, $a_1, \ldots, a_t \in \mathfrak{a}$, so daß

$$sn_\beta = \sum_{\tau=1}^{t} a_\tau m_\tau .$$

Jedes m_τ läßt sich schreiben als $\sum_{\beta=1}^{b} r_\beta^\tau n_\beta$, $r_\beta^\tau \in R$. Also gibt es Elemente $a_{\beta\gamma} \in \mathfrak{a}$ mit

$$sn_\beta = \sum_{\gamma=1}^{b} a_{\beta\gamma} n_\gamma, \quad \beta = 1, \ldots, b .$$

Wir schreiben diese Gleichungen als homogenes lineares Gleichungssystem:

$$\sum_{\gamma=1}^{b} (\delta_{\beta\gamma} s - a_{\beta\gamma}) n_\gamma = 0, \quad \beta = 1, \ldots, b,$$

wo $\delta_{\beta\gamma}$ das Kroneckersymbol ist. Setzt man $d := \det(\delta_{\beta\gamma} s - a_{\beta\gamma})$, so gilt (etwa nach dem Laplaceschen Entwicklungssatz): $dn_\beta = 0$ für jedes β, d.h. $dN = 0$, also $d \in \operatorname{An}_S N$. Rechnet man die Determinante aus, so ergibt sich ein Ausdruck der angegebenen Art, w.z.b.w.

2. Ganzer Abschluß. Normalisierung. Die Menge $\tilde{R}$ aller Elemente von S, die ganz über R sind, heißt der *ganze Abschluß von R in S*.

Satz 3. *Der ganze Abschluß $\tilde{R}$ von R in S ist eine R-Algebra, die R enthält.*

Beweis. Es gilt $R \subset \tilde{R}$ wegen $r - r = 0$, $r \in R$. Um zu sehen, daß $\tilde{R}$ eine R-Algebra ist, genügt es zu zeigen, daß für je zwei Elemente $s_1, s_2 \in \tilde{R}$ der Ring $N := R[s_1, s_2] \subset S$ stets in $\tilde{R}$ liegt. Nach Satz 1 ist N ein endlicher R-Modul. Für jedes $s \in N$ gilt $sN \subset RN = N$. Da $\operatorname{An}_N N = 0$, so ist also nach dem Dedekindschen Lemma (mit $\mathfrak{a} = R$, $N = S = R[s_1, s_2]$) jedes $s \in N$ ganz über R. Es folgt $N \subset \tilde{R}$, w.z.b.w.

Ein besonders wichtiger Fall liegt vor, wenn S der *totale Quotientenring $Q(R)$* von R ist (dessen Elemente die Brüche $\frac{a}{b}$, $a, b \in R$, wo b kein

Nullteiler in R ist, sind, vgl. § 1.3). Der ganze Abschluß von R in $Q(R)$ wird stets mit $\hat{R}$ bezeichnet. R heißt *ganz-abgeschlossen*, wenn $R=\hat{R}$.

Ganz abgeschlossene Ringe können noch recht pathologisch sein und z.B. nilpotente Elemente $\neq 0$ enthalten. So ist etwa jede 0-dimensionale analytische k-Stellenalgebra A ganz abgeschlossen. Für alle diese Algebren gilt nämlich $A=Q(A)$, denn $\mathfrak{m}(A)$ enthält keine aktiven Elemente und also erst recht keine Nichtnullteiler, daher ist jeder Nichtnullteiler von A eine Einheit.

Ist R reduziert, so nennen wir den ganzen Abschluß $\hat{R}$ von R in $Q(R)$ auch *die Normalisierung von* R; wir nennen R *normal*, wenn $R=\hat{R}$. Die normalen Ringe sind also genau die reduzierten und ganz-abgeschlossenen Ringe. Wir zeigen sogleich:

Satz 4. *Jeder normale noethersche Stellenring R ist nullteilerfrei.*

Beweis. Sei $\operatorname{Isol} R=\{\mathfrak{p}_1,\ldots,\mathfrak{p}_t\}$. Da R noethersch und reduziert ist, gilt $0=\bigcap_{i=1}^{t}\mathfrak{p}_i$. Angenommen, es wäre $t>1$. Dann gibt es, da $\mathfrak{p}_i\not\subset\mathfrak{p}_j$ für $i\neq j$, Elemente $f,g\in R$ mit folgenden Eigenschaften:

$$f\in\mathfrak{p}_1,\quad f\notin\bigcup_{i=2}^{t}\mathfrak{p}_i,\quad g\notin\mathfrak{p}_1,\quad g\in\bigcap_{i=2}^{t}\mathfrak{p}_i.$$

Es folgt $f\cdot g=0$ wegen $f\cdot g\in\bigcap_{i=1}^{t}\mathfrak{p}_i$. Weiter gilt $f+g\notin\bigcup_{i=1}^{t}\mathfrak{p}_i$, denn $f+g\in\mathfrak{p}_1$ würde $g\in\mathfrak{p}_1$ und $f+g\in\mathfrak{p}_i$, $i>1$, würde $f\in\mathfrak{p}_i$ implizieren. Da R reduziert ist, so ist $R\setminus\bigcup_{i=1}^{t}\mathfrak{p}_i$ gerade die Menge der Nichtnullteiler von R, so daß folgt $q:=\dfrac{f}{f+g}\in Q(R)$. Wegen $f\cdot g=0$ gilt $q^2-q=0$ und also $q\in R$, da R ganz-abgeschlossen ist. Aus $f(1-q)=qg\in\mathfrak{p}_2$ folgt nun $1-q\in\mathfrak{p}_2$ wegen $f\notin\mathfrak{p}_2$; aus $qg=(1-q)f\in\mathfrak{p}_1$ folgt entsprechend $q\in\mathfrak{p}_1$. Da R ein lokaler Ring ist, sind die Primideale $\mathfrak{p}_1$ und $\mathfrak{p}_2$ in den maximalen Ideal $\mathfrak{m}$ von R enthalten, so daß folgt $1=(1-q)+q\in\mathfrak{m}+\mathfrak{m}=\mathfrak{m}$. Widerspruch! Es muß also gelten $t=1$, d.h. $\mathfrak{p}_1=0$. Mithin ist R nullteilerfrei, w.z.b.w.

Standardbeispiele für normale Ringe sind die faktoriellen Ringe. Bekanntlich heißt R faktoriell (vgl. auch Kap. I, § 5.5), wenn R nullteilerfrei ist, und wenn jede Nichteinheit $\neq 0$ Produkt endlich vieler Primelemente ist.

Jeder faktorielle Ring R ist normal.

Denn: Sei $q\in Q(R)$ ganz über R, etwa $q^b=\sum_{\beta=0}^{b-1} r_\beta q^\beta$, $r_0,\ldots,r_{b-1}\in R$.

Da R faktoriell ist, gestattet q eine Darstellung $\frac{f}{g}$, wo $f, g \in R$ keinen gemeinsamen Primteiler haben. Aus

$$f^b = \sum_{\beta=0}^{b-1} r_\beta f^\beta g^{b-\beta} = g(r_0 g^{b-1} + r_1 f g^{b-2} + \cdots + r_{b-1} f^{b-1})$$

folgt, daß g ein Teiler von f^b und also auch von f ist. Mithin ist g eine Einheit in R, d. h. $q \in R$, w. z. b. w.

Die Normalisierung eines noetherschen Integritätsringes R in einem nullteilerfreien noetherschen Oberring S ist i. a. kein noetherscher Ring. In den für uns wichtigen Fällen ist dies jedoch nach klassischen Sätzen von R. Dedekind und E. Noether stets der Fall.

Satz 5. *Es seien R ein normaler noetherscher Integritätsring der Charakteristik* $\operatorname{char} R = 0$ *und S ein endlich-algebraischer Erweiterungskörper des Quotientenkörpers von R. Dann ist die Normalisierung von R in S ein noetherscher R-Modul und also insbesondere ein noetherscher Ring.*

Zum Beweise vgl. [24], § 136.

3. Charakterisierung ganz-abgeschlossener Ringe. In diesem Abschnitt ist R stets noethersch und Q der totale Quotientenring $Q := Q(R)$ von R. Ist $\mathfrak{a}$ ein Ideal in R, das wenigstens einen Nichtnullteiler n enthält, so ist jeder R-Homomorphismus $\alpha : \mathfrak{a} \to \mathfrak{a}$ von der Form $x \mapsto qx$, $x \in \mathfrak{a}$, wo $q := \frac{\alpha(n)}{n} \in Q$ eindeutig durch α bestimmt ist. Es gilt nämlich $n\alpha(x) = x\alpha(n) = nqx$ und also $\alpha(x) = qx$, da n ein Nichtnullteiler ist. Setzt man $\sigma(\alpha) := q$, so folgt:

Satz 6. *Die Abbildung* $\sigma : \operatorname{Hom}(\mathfrak{a}, \mathfrak{a}) \to Q$ *ist ein R-Monomorphismus, es gilt*

$$R \subset \operatorname{Im} \sigma = \{q \in Q : q\mathfrak{a} \subset \mathfrak{a}\}.$$

$\operatorname{Im} \sigma$ *ist eine R-Algebra.* $\operatorname{Im} \sigma$ *ist ein endlicher R-Modul, speziell gilt also* $\operatorname{Im} \sigma \subset \hat{R}$. *Ist zusätzlich* $\mathfrak{a} = \mathfrak{r}(\mathfrak{a})$, *so gilt:*

$$\operatorname{Im} \sigma = \{q \in \hat{R} : q\mathfrak{a} \subset R\}.$$

Beweis. Die ersten Aussagen sind klar, z. B. ist $\operatorname{Im} \sigma \cong \operatorname{Hom}(\mathfrak{a}, \mathfrak{a})$ ein endlicher R-Modul, denn $\mathfrak{a}$ ist ein noetherscher R-Modul und jeder R-Epimorphismus $mR \to \mathfrak{a}$ induziert einen R-Monomorphismus $\operatorname{Hom}(\mathfrak{a}, \mathfrak{a}) \hookrightarrow \operatorname{Hom}(mR, \mathfrak{a}) \simeq m\mathfrak{a}$.

Nur die letzte Aussage bedarf einer näheren Begründung. Sei also $\mathfrak{r}(\mathfrak{a}) = \mathfrak{a}$. Es ist zu zeigen, daß jedes $q \in \hat{R}$ mit $q\mathfrak{a} \subset R$ zu $\operatorname{Im} \sigma$ gehört.

Es gilt eine Gleichung $q^b = \sum_0^{b-1} c_j q^j; c_0, \dots, c_{b-1} \in R$. Ist nun $a \in \mathfrak{a}$, so folgt $(qa)^b = \sum_0^{b-1} (c_j a^{b-j})(qa)^j \in \mathfrak{a}$, da $c_j a^{b-j} \in \mathfrak{a}$ und $(qa)^j \in R$ wegen $q\mathfrak{a} \subset R$; $j=0,\dots,b-1$. Es gilt also $qa \in \mathfrak{r}(\mathfrak{a}) = \mathfrak{a}$ für jedes $a \in \mathfrak{a}$, d. h. $q\mathfrak{a} \subset \mathfrak{a}$, d. h. $q \in \operatorname{Im}\sigma$, w. z. b. w.

Für die Konstruktion der Normalisierung komplexer Räume wird im 2. Bande entscheidend benutzt werden:

Satz 7 (Kriterium für ganze Abgeschlossenheit). *Es seien R ein noetherscher Ring und $\mathfrak{a} = \mathfrak{r}(\mathfrak{a})$ ein Ideal in R, das wenigstens einen Nichtnullteiler enthält; zu jedem $h \in \hat{R}$ gebe es eine natürliche Zahl t mit $h\mathfrak{a}^t \subset R$. Dann ist R genau dann ganz-abgeschlossen, wenn* $\operatorname{Im}\sigma = R$.

Beweis. Aus $R = \hat{R}$ folgt $\operatorname{Im}\sigma = R$ wegen $R \subset \operatorname{Im}\sigma \subset \hat{R}$. Sei umgekehrt $\operatorname{Im}\sigma = R$. Sei $h \in \hat{R}$ und d die kleinste natürliche Zahl ≥ 1, so daß $h\mathfrak{a}^d \subset R$. Falls $d > 1$, so gibt es ein $a \in \mathfrak{a}^{d-1}$ mit $ha \notin R$. Da $ha \in \hat{R}$ und $(ha)\mathfrak{a} \subset R$, so folgt aus Satz 6 der Widerspruch $ha \in \operatorname{Im}\sigma = R$. Also gilt $d=1$, d. h. $h\mathfrak{a} \subset R$, d. h. $h \in \operatorname{Im}\sigma = R$ nach Satz 6, w. z. b. w.

Wir beweisen als nächstes einen Satz, der auf Dedekind zurückgeht.

Satz 8. *Die folgenden Aussagen sind äquivalent:*

1. *R ist ganz-abgeschlossen.*
2. *Ist $\mathfrak{a} \subset R$ ein Ideal, das wenigstens einen Nichtnullteiler enthält, so folgt aus $x\mathfrak{a} \subset y\mathfrak{a}$, $x, y \in R$, stets $Rx \subset Ry$, wenn y ein Nichtnullteiler von R ist (Kürzungsregel).*
3. *Jedes $q \in Q$, zu dem es einen Nichtnullteier $d \in R$ gibt, so daß $dq^j \in R$ für alle $j \geq 1$, liegt in R.*

Beweis. 1.→2.: Setzen wir $q := \frac{x}{y} \in Q$, so gilt $q\mathfrak{a} \subset \mathfrak{a}$, d. h. $q \in \operatorname{Im}\sigma = \mathrm{R}$.

2.→3.: Sei $q = \frac{v}{w}$; $v, w \in R$; w Nichtnullteiler. Für das Ideal

$$\mathfrak{a} := (d, dq, dq^2, \dots)R \subset R$$

gilt dann $v\mathfrak{a} \subset w\mathfrak{a}$, da $vdq^j = wdq^{j+1}$ für alle $j \geq 0$. Da $d \in \mathfrak{a}$ ein Nichtnullteiler ist, folgt $Rv \subset Rw$ nach der Kürzungsregel, d. h. $v = rw$, $r \in R$, und mithin $q \in R$.

3.→1.: Sei $q = \frac{v}{w} \in Q$ ganz über R, etwa

$$q^b + r_1 q^{b-1} + \cdots + r_b = 0; \qquad r_1, \dots, r_b \in R.$$

Dann ist $d := w^{b-1}$ ein Nichtnullteiler, und es gilt $dq^j \in R$ für alle $j \geq 1$, da jede Potenz $q^j, j \geq b$, in der Form $\sum_0^{b-1} c_\beta q^\beta$, $c_\beta \in R$, darstellbar ist. Dies impliziert $q \in R$. Satz 8 ist bewiesen.

Korollar (Dedekind). *In einem normalen noetherschen Integritätsring R gestattet jedes Element $q \in Q(R)$, $q \notin R$, eine Darstellung $q = \frac{m}{n}$, $m, n \in R$, derart, daß $\frac{m^2}{n} \notin R$.*

Beweis. Nach Satz 8, 3. gibt es zu jedem $q = \frac{x}{y} \in Q(R)$, $q \notin R$, ein $t \geq 1$, so daß $y q^i \in R$ für alle $i \leq t$, aber $y q^{t+1} \notin R$. Setzt man $n := y q^{t-1}$, $m := y q^t$, so gilt $m, n \in R$; $q = \frac{m}{n}$ und $\frac{m^2}{n} = y q^{t+1} \notin R$, w. z. b. w.

Beachte, daß für faktorielle Ringe die Behauptung des Korollars trivial ist.

Die Aussage des Korollars ist umkehrbar.

Satz 9. *Es sei R ein noetherscher Integritätsring, so daß jedes $q \in Q(R)$, $q \notin R$, eine Darstellung $q = \frac{m}{n}$, $m, n \in R$, mit $\frac{m^2}{n} \notin R$ gestattet. Dann ist R normal.*

Wir beweisen zunächst eine Hilfsaussage:

(*) *Ist R ein noetherscher Integritätsring und gilt $\hat{R} \neq R$, so gibt es ein $h \in \hat{R} \setminus R$, derart, daß für das „Nennerideal" $\mathfrak{a} := \{g \in R : g h \in R\}$ von h gilt $h \mathfrak{a} \subset \mathfrak{a}$.*

Die Menge aller Nennerideale zu Elementen $q \in \hat{R} \setminus R$ hat, da R noethersch ist, ein maximales Element $\mathfrak{a}$, es möge etwa zu $v \in \hat{R} \setminus R$ gehören. Dann gilt $v \mathfrak{a} \subset R$. Ist nun $v^n = r_1 v^{n-1} + \cdots + r_n$; $r_1, \ldots, r_n \in R$, eine „ganze" Gleichung zu v, so gilt für jedes $x \in \mathfrak{a}$:

$$(x v)^n = r_1 x (x v)^{n-1} + r_2 x^2 (x v)^{n-2} + \cdots + r_n x^n \in \mathfrak{a}$$

wegen $x v \in R$. Ist $x_1, \ldots, x_t$ ein Erzeugendensystem von $\mathfrak{a}$, so erzeugen die Monome $\{x_1^{i_1} \ldots x_t^{i_t} : i_1 + \cdots + i_t = n t\}$ das Ideal $\mathfrak{a}^{nt}$. Da stets $i_\nu \geq n$ für wenigstens einen Exponenten i_ν gilt, so folgt

$$v^{nt} x_1^{i_1} \ldots x_t^{i_t} = (x_1 v)^{i_1} \ldots (x_\nu v)^{i_\nu} \ldots (x_t v)^{i_t} \in \mathfrak{a}$$

für alle diese Monome, d. h. $(v \mathfrak{a})^{nt} \subset \mathfrak{a}$. Es sei $d \geq 1$ der kleinste Index mit $(v \mathfrak{a})^d \subset \mathfrak{a}$. Falls $d = 1$, so sind wir fertig mit $h := v$. Sei also $d \geq 2$. Es gibt dann Elemente $c_1, \ldots, c_{d-1} \in v \mathfrak{a}$ mit $\prod_1^{d-1} c_i \notin \mathfrak{a}$. Wir setzen $h := v \prod_1^{d-1} c_i$. Es gilt $h \in \hat{R}$, aber $h \notin R$. Das Nennerideal zu h umfaßt $\mathfrak{a}$ und stimmt also wegen der Maximalität von $\mathfrak{a}$ mit $\mathfrak{a}$ überein. Es gilt aber

$$h \mathfrak{a} = \left(\prod_1^{d-1} c_i \right) (v \mathfrak{a}) \subset (v \mathfrak{a})^{d-1} (v \mathfrak{a}) = (v \mathfrak{a})^d \subset \mathfrak{a},$$

w. z. b. w.

Nun ist der Beweis von Satz 9 einfach. Angenommen, es wäre $\hat{R} \neq R$. Wir wählen $h \in \hat{R} \setminus R$ und $\mathfrak{a}$ entsprechend (*). Mit $h\mathfrak{a} \subset \mathfrak{a}$ gilt dann auch $h^2\mathfrak{a} = h(h\mathfrak{a}) \subset h\mathfrak{a} \subset \mathfrak{a}$. Für jede Darstellung $h = \frac{f}{g}$; $f, g \in R$, gilt nun $g \in \mathfrak{a}$ und also $g h^2 = \frac{f^2}{g} \in \mathfrak{a}$, d. h. h besitzt keine „Dedekindsche" Darstellung im Widerspruch zur Voraussetzung. Es folgt $\hat{R} = R$, w. z. b. w.

4. Hauptidealsatz. In diesem Abschnitt wird der Krullsche Hauptidealsatz, der besagt, daß in einem noetherschen Integritätsring R alle zu einem Hauptideal $\neq 0$, $\neq R$ assoziierten isolierten Primideale minimal sind, verschärft.

Satz 10 (Krull). *In einem normalen noetherschen Integritätsring R sind alle zu einem Hauptideal Rf, $f \neq 0$, Nichteinheit, assoziierten Primideale minimal:* $\operatorname{Ass} R/Rf \subset \operatorname{Min} R$.

Beweis. Sei $\mathfrak{p}$ ein zu Rf assoziiertes Primideal, $\mathfrak{p} \in \operatorname{Ass}_R R/Rf$. Dann gibt es also ein $0 \neq g \notin Rf$, so daß

$$\mathfrak{p} = \{x \in R : gx \in Rf\}.$$

Sei $\frac{m}{n}$ eine Dedekindsche Darstellung von $q := \frac{g}{f} \in Q$, $q \notin R$. Dann gilt auch

$$\mathfrak{p} = \{x \in R : mx \in Rn\},$$

wie man unmittelbar nachrechnet. Es folgt $m \notin \mathfrak{p}$ wegen $\frac{m^2}{n} \notin R$. Dies impliziert $m^j \notin Rn$ für alle $j \geq 1$, denn $m m^{t-1} = m^t \in Rn$ hätte $m^{t-1} \in \mathfrak{p}$ und schließlich $m \in \mathfrak{p}$ zur Folge. Aus $m\mathfrak{p} \subset Rn$ folgt $\mathfrak{r}(m\mathfrak{p}) \subset \mathfrak{r}(Rn)$. Nun gilt $\mathfrak{r}(\mathfrak{a})\mathfrak{r}(\mathfrak{b}) \subset \mathfrak{r}(\mathfrak{a}\mathfrak{b})$ für beliebige Ideale $\mathfrak{a}, \mathfrak{b}$; wegen $\mathfrak{r}(\mathfrak{p}) = \mathfrak{p}$ ergibt sich daher $\mathfrak{r}(Rm)\mathfrak{p} \subset \mathfrak{r}(Rn)$, d. h. $\mathfrak{r}(Rm)\mathfrak{p} \subset \mathfrak{p}_i$, $i = 1, \ldots, s$, wenn $\mathfrak{p}_1, \ldots, \mathfrak{p}_s$ die isolierten Primideale zu Rn sind. Wäre nun $\mathfrak{p}$ kein minimales Primideal, so gilt $\mathfrak{p} \not\subset \mathfrak{p}_i$ für alle i, da $\mathfrak{p}_i$ nach dem Krullschen Hauptidealsatz jedenfalls ein minimales Primideal in R ist. Also wäre $\mathfrak{r}(Rm) \subset \mathfrak{p}_i$, $i = 1, \ldots, s$. Dies aber bedeutet $\mathfrak{r}(Rm) \subset \mathfrak{r}(Rn)$, was wegen $m^j \notin Rn$, $j \geq 1$, unmöglich ist, w. z. b. w.

5. Minimale Primideale. Durch Satz 10 wird das Studium der minimalen Primideale in normalen noetherschen Integritätsringen nahegelegt. Für faktorielle Ringe ist dies einfach, denn es gilt:

Satz 11. *In einem faktoriellen Ring R ist jedes minimale Primideal ein Hauptideal. Umgekehrt ist ein noetherscher Integritätsring R, in dem jedes minimale Primideal ein Hauptideal ist, faktoriell.*

Beweis. Sei R faktoriell, sei $\mathfrak{p} \in \operatorname{Min} R$. Das Ideal $\mathfrak{p}$ enthält Primelemente (denn ist $a \in \mathfrak{p}$, $a \neq 0$ und $a = a_1 \cdot \ldots \cdot a_t$ eine Zerlegung von a in Primfaktoren, so gilt $a_i \in \mathfrak{p}$ für wenigstens einen Index i), sei etwa $p \in \mathfrak{p}$ ein Primelement. Dann ist Rp ein Primideal. Aus $Rp \subset \mathfrak{p}$ folgt $\mathfrak{p} = Rp$, da $\mathfrak{p}$ minimal ist.

Sei umgekehrt R noethersch und jedes $\mathfrak{p} \in \operatorname{Min} R$ ein Hauptideal. Um zu sehen, daß R faktoriell ist, genügt es zu zeigen, daß jede irreduzible Nichteinheit $r \neq 0$ aus R ein Primideal Rr erzeugt. Sei $\mathfrak{p}$ ein zum Hauptideal Rr assoziiertes isoliertes Primideal. Nach dem allgemeinen Krullschen Hauptidealsatz gilt $\mathfrak{p} \in \operatorname{Min} R$ und also $\mathfrak{p} = Rp$ nach Voraussetzung. Da $r \in Rp$ und r irreduzibel ist, folgt $\mathfrak{p} = Rr$, w. z. b. w.

Ist R noethersch und normal, aber nicht mehr faktoriell, so gibt es minimale Primideale in R, die nicht Hauptideale sind. Um in diesem Falle die wesentlichen Eigenschaften der Ideale aus $\operatorname{Min} R$ zu beschreiben, müssen wir Redeweisen und Techniken aus der Theorie der Lokalisierung von Ringen benutzen. Wir benötigen die folgenden einfachen Tatsachen. Ist R ein beliebiger kommutativer Integritätsring und ist $\mathfrak{p} \neq R$ ein Primideal in R, so ist

$$R_{\mathfrak{p}} := \left\{ q = \frac{m}{n} \in Q(R) : m \in R,\ n \in R \setminus \mathfrak{p} \right\}$$

ein Unterring des Quotientenkörpers von R, der R umfaßt. $R_{\mathfrak{p}}$ heißt die *Lokalisierung von R bzgl. $\mathfrak{p}$*. Das Primideal $\mathfrak{p}$ erzeugt in $R_{\mathfrak{p}}$ ein Ideal $\mathfrak{p} R_{\mathfrak{p}}$, dessen Elemente gerade die Nichteinheiten von $R_{\mathfrak{p}}$ sind. Daher ist $R_{\mathfrak{p}}$ ein *lokaler Ring* mit $\mathfrak{p} R_{\mathfrak{p}}$ als maximalem Ideal $\mathfrak{m}(R_{\mathfrak{p}})$. Die Potenzideale $\mathfrak{m}(R_{\mathfrak{p}})^{\nu} = \mathfrak{p}^{\nu} R_{\mathfrak{p}}$, $\nu \geq 1$, geben in R zu den Idealen $\mathfrak{p}^{(\nu)} := \mathfrak{p}^{\nu} R_{\mathfrak{p}} \cap R$ Anlaß; das Ideal $\mathfrak{p}^{(\nu)}$ heißt die ν-te *symbolische Potenz von $\mathfrak{p}$*. Es gilt also

$$\mathfrak{p}^{(\nu)} = \{ f \in R \colon \text{es gibt ein } g \in R \setminus \mathfrak{p} \text{ mit } g f \in \mathfrak{p}^{\nu} \}, \qquad \nu \geq 1.$$

Speziell folgt $\mathfrak{p}^{\nu} \subset \mathfrak{p}^{(\nu)}$, i. a. besteht Ungleichheit.

Mit R ist auch $R_{\mathfrak{p}}$ noethersch, der Durchschnittssatz impliziert dann

$$\bigcap_{\nu=1}^{\infty} \mathfrak{p}^{(\nu)} = 0.$$

Wir zeigen nun

Satz 12. *Es sei R ein normaler noetherscher Integritätsring und $\mathfrak{p} \in \operatorname{Min} R$. Dann gilt:*

1. *Das maximale Ideal $\mathfrak{m} := \mathfrak{p} R_{\mathfrak{p}}$ der Lokalisierung $R_{\mathfrak{p}}$ ist ein Hauptideal. (Alle Ideale $\mathfrak{a} \neq 0$ von $R_{\mathfrak{p}}$ sind dann Potenzen von $\mathfrak{m}$.)*
2. *Jedes Primärideal zu $\mathfrak{p}$ ist eine symbolische Potenz $\mathfrak{p}^{(n)}$.*

Beweis. ad 1. Da $\mathfrak{p}$ jedem $f \in \mathfrak{p}$, $f \neq 0$, assoziiert ist, können wir wie im Beweis von Satz 10 Elemente $m, n \in R$ so bestimmen, daß gilt

$$\mathfrak{p} = \{x \in R : mx \in Rn\}, \qquad m \notin \mathfrak{p}.$$

Dann gilt $\frac{1}{m} \in R_{\mathfrak{p}}$, und die Inklusion $m\mathfrak{p} \subset Rn$ hat die Inklusion

$$\mathfrak{m} = R_{\mathfrak{p}}\mathfrak{p} = R_{\mathfrak{p}}(m\mathfrak{p}) \subset R_{\mathfrak{p}}n$$

zur Folge. Wegen $n \in \mathfrak{p}$ gilt also $\mathfrak{m} = R_{\mathfrak{p}}n$.

Sei nun $\mathfrak{a} \neq 0$, $\neq R_{\mathfrak{p}}$ ein Ideal in $R_{\mathfrak{p}}$. Da $R_{\mathfrak{p}}$ noethersch ist, so gilt $\bigcap_1^\infty \mathfrak{m}^\nu = 0$, und es gibt einen Exponenten s mit $\mathfrak{a} \subset \mathfrak{m}^s$, $\mathfrak{a} \notin \mathfrak{m}^{s+1}$. Sei $a \in \mathfrak{a}$, $a \notin \mathfrak{m}^{s+1}$. Dann gilt also wegen $\mathfrak{m} = R_{\mathfrak{p}}n$ eine Gleichung $a = en^s$, wo $e \notin \mathfrak{m}$. Folglich ist e eine Einheit im Stellenring $R_{\mathfrak{p}}$, und es folgt:

$$R_{\mathfrak{p}}n^s \subset R_{\mathfrak{p}}a \subset \mathfrak{a} \subset \mathfrak{m}^s = R_{\mathfrak{p}}n^s, \quad \text{d. h. } \mathfrak{a} = R_{\mathfrak{p}}n^s = \mathfrak{m}^s.$$

ad 2. Sei $\mathfrak{q}$ ein $\mathfrak{p}$-primäres Ideal. Dann gilt $\mathfrak{q} \neq 0$ wegen $\mathfrak{p} \neq 0$ und also auch $R_{\mathfrak{p}}\mathfrak{q} \neq 0$. Daher gibt es nach dem soeben Bewiesenen einen Exponenten s, so daß $R_{\mathfrak{p}}\mathfrak{q} = \mathfrak{m}^s$ und also

$$\mathfrak{p}^{(s)} = \mathfrak{m}^s \cap R = R_{\mathfrak{p}}\mathfrak{q} \cap R.$$

Wir sind daher fertig, wenn wir zeigen: $R_{\mathfrak{p}}\mathfrak{q} \cap R = \mathfrak{q}$. Die Inklusion $\mathfrak{q} \subset R_{\mathfrak{p}}\mathfrak{q} \cap R$ ist klar. Sei umgekehrt $x \in R_{\mathfrak{p}}\mathfrak{q} \cap R$, etwa $x = \frac{r}{s}$ mit $r \in \mathfrak{q}$, $s \notin \mathfrak{p}$. Aus $sx \in \mathfrak{q}$ folgt dann, da $x \in R$ und $\mathfrak{q}$ primär zu $\mathfrak{p}$ ist: $x \in \mathfrak{q}$. Satz 12 ist bewiesen.

6. Teilbarkeitstheorie. Die Sätze 10 und 12 implizieren, daß man in normalen noetherschen Integritätsringen einen brauchbaren Ersatz für die in faktoriellen Ringen wohlbekannte Primelementzerlegung hat.

Satz 13. *In einem normalen noetherschen Integritätsring R ist jedes Hauptideal $Rf \neq 0, R$ eindeutig als Durchschnitt symbolischer Potenzen von endlich vielen minimalen Primidealen darstellbar:*

$$Rf = \mathfrak{p}_1^{(n_1)} \cap \ldots \cap \mathfrak{p}_t^{(n_t)};$$

dabei sind $\mathfrak{p}_1, \ldots, \mathfrak{p}_t$ gerade die f enthaltenden minimalen Primideale, und es gilt:

$$f \in \mathfrak{p}_j^{(n_j)}, \quad f \notin \mathfrak{p}_j^{(n_j+1)}, \quad j = 1, \ldots, t.$$

Beweis. Die Noetherzerlegung des Ideals $Rf \subset R$ ist aufgrund der Sätze 10 und 12 von der angeschriebenen Gestalt und also insbesondere *eindeutig* bestimmt, da keine eingebetteten Primideale vorkommen. Es ist klar, daß genau diejenigen $\mathfrak{p} \in \operatorname{Min} R$, die f enthalten, in dieser Zerlegung vorkommen.

Es bleibt zu begründen, daß $f \notin \mathfrak{p}_j^{(n_j+1)}$. Angenommen, dies wäre für einen Index j doch der Fall. Dann hätte man wegen $Rf \subset \mathfrak{p}_j^{(n_j+1)} \subset \mathfrak{p}_j^{(n_j)}$ auch

$$Rf = \mathfrak{p}_1^{(n_1)} \cap \ldots \cap \mathfrak{p}_j^{(n_j+1)} \cap \ldots \cap \mathfrak{p}_t^{(n_t)}$$

und also wegen der Eindeutigkeit der Zerlegung: $\mathfrak{p}_j^{(n_j)} = \mathfrak{p}_j^{(n_j+1)}$, was unmöglich ist. – Satz 13 ist bewiesen.

Folgerung. *Es sei R ein normaler noetherscher Integritätsring; es sei $\mathfrak{p} = (g_1, \ldots, g_q)R \neq 0$ ein Primideal in R, so daß $\mathfrak{r}(Rg_j) = \mathfrak{p}$, $j = 1, \ldots, q$. Dann ist $\mathfrak{p}$ ein Hauptideal.*

Beweis. Wegen $\mathfrak{r}(Rg_j) = \mathfrak{p} \neq 0$ gilt $g_j \neq 0$ und $\mathfrak{p}$ ist das einzige Rg_j umfassende minimale Primideal; daher gilt $Rg_j = \mathfrak{p}^{(n_j)}$ mit eindeutig bestimmten Exponenten $n_j \geq 1$ nach Satz 13. Wären alle $n_j \geq 2$, so wäre, da $g_1, \ldots, g_q$ das Primideal $\mathfrak{p}$ erzeugen:

$$\mathfrak{p} \subset \mathfrak{p}^{(n_1)} + \cdots + \mathfrak{p}^{(n_q)} \subset \mathfrak{p}^{(2)},$$

was unmöglich ist. Daher gibt es einen Index i, so daß $n_i = 1$. Dies bedeutet: $\mathfrak{p} = \mathfrak{p}^{(1)} = Rg_i$, w. z. b. w.

Basierend auf den Sätzen 12 und 13 läßt sich nun eine befriedigende Teilbarkeitstheorie entwickeln. Sei zunächst R irgendein noetherscher Integritätsring. Für jedes Primideal $\mathfrak{p} \neq 0$ von R sind alle Inklusionen in der Kette

$$\mathfrak{p} = \mathfrak{p}^{(1)} \supset \mathfrak{p}^{(2)} \supset \cdots$$

echt, und es gilt: $\bigcap_{\nu=1}^{\infty} \mathfrak{p}^{(\nu)} = 0$. Daher gibt es zu jedem $f \in R$, $f \neq 0$, eine eindeutig bestimmte natürliche Zahl $n \geq 0$, so daß $f \in \mathfrak{p}^{(i)}$ für alle $i \leq n$, aber $f \notin \mathfrak{p}^{(j)}$ für alle $j > n$ (es gilt $n = 0$ genau dann, wenn $f \notin \mathfrak{p}$). Wir nennen *n die Ordnung von f bzgl.* $\mathfrak{p}$ und setzen $w_\mathfrak{p}(f) := n$. Definiert man noch $w_\mathfrak{p}(0) := \infty$, so ist eine Abbildung $w_\mathfrak{p}$ von R in die Menge der natürlichen Zahlen nebst ∞ definiert.

Für beliebige Elemente $f, g \in R$ gilt:

$$w_\mathfrak{p}(f+g) \geq \min(w_\mathfrak{p}(f), w_\mathfrak{p}(g)).$$

Beweis. Sei $u := w_\mathfrak{p}(f)$; $v := w_\mathfrak{p}(g)$; ohne Einschränkung der Allgemeinheit dürfen wir $u \leq v$ annehmen. Dann gilt $\mathfrak{p}^{(u)} + \mathfrak{p}^{(v)} = \mathfrak{p}^{(u)}$ und also $f + g \in \mathfrak{p}^{(u)}$, d. h. $w_\mathfrak{p}(f+g) \geq u$, w. z. b. w.

In wichtigen Fällen ist $w_\mathfrak{p}$ sogar eine (additiv geschriebene) „Bewertung von R", d. h. es gilt auch die Produktregel

$$w_\mathfrak{p}(f \cdot g) = w_\mathfrak{p}(f) + w_\mathfrak{p}(g), \qquad f, g \in R;$$

alsdann ist $w_\mathfrak{p}$ in eindeutiger Weise zu einer Bewertung des Quotientenkörpers von R fortsetzbar (man setze $w_\mathfrak{p}(h) := w_\mathfrak{p}(f) - w_\mathfrak{p}(g)$, falls $0 \neq h = f \cdot g^{-1} \in Q(R)$ mit $f, g \in R$). Wir zeigen

Satz 14. *Ist R ein normaler noetherscher Integritätsring, so ist $w_{\mathfrak{p}}$ für jedes $\mathfrak{p} \in \operatorname{Min} R$ eine (diskrete) Bewertung des Quotientenkörpers Q von R.*

Beweis. Es ist nur zu zeigen, daß die Produktregel für Elemente aus R gilt. Da $\mathfrak{p} \in \operatorname{Min} R$, so ist nach Satz 12,1. jedes Ideal in $R_{\mathfrak{p}}$ eine eindeutig bestimmte Potenz $\mathfrak{m}^n$ des maximalen Ideals $\mathfrak{m}$ von R_p. Ersichtlich gilt $R_{\mathfrak{p}} x = \mathfrak{m}^{w_{\mathfrak{p}}(x)}$ für jedes $0 \neq x \in R$.

Dies impliziert für beliebige $f, g \in R \setminus 0$:

$$\mathfrak{m}^{w_{\mathfrak{p}}(f \cdot g)} = R_{\mathfrak{p}}(f \cdot g) = (R_{\mathfrak{p}} f) \cdot (R_{\mathfrak{p}} g) = \mathfrak{m}^{w_{\mathfrak{p}}(f)} \cdot \mathfrak{m}^{w_{\mathfrak{p}}(g)} = \mathfrak{m}^{w_{\mathfrak{p}}(f) + w_p(g)},$$

d. h. $w_{\mathfrak{p}}(f \cdot g) = w_{\mathfrak{p}}(f) + w_{\mathfrak{p}}(g)$, w. z. b. w.

Von nun an sei R stets normal. Zu jedem $\mathfrak{p} \in \operatorname{Min} R$ gehört dann eine Exponentenbewertung $w_{\mathfrak{p}}$ von Q. Da jedes $f \in R$, $f \neq 0$, in nur endlich vielen minimalen Primidealen liegt, so gilt der

Endlichkeitssatz: *Für jedes $0 \neq h \in Q$ sind nur endlich viele $w_{\mathfrak{p}}(h)$, $\mathfrak{p} \in \operatorname{Min} R$, von 0 verschieden.*

Da weiter $Rf = \bigcap_{\mathfrak{p} \in \operatorname{Min} R} \mathfrak{p}^{(w_{\mathfrak{p}}(f))}$ für jedes $f \in R$, $f \neq 0$, nach Satz 13 gilt, so hat man auch das

Teilbarkeitskriterium: *Dann und nur dann ist $f \in R$ durch $g \in R$ teilbar (in R), wenn $w_{\mathfrak{p}}(f) \geq w_{\mathfrak{p}}(g)$ für alle $\mathfrak{p} \in \operatorname{Min} R$.*

Man sieht speziell, daß R selbst der Durchschnitt aller „Bewertungsringe"

$$R_{\mathfrak{p}} = \{q \in Q(R) : w_{\mathfrak{p}}(q) \geq 0\}, \qquad \mathfrak{p} \in \operatorname{Min} R,$$

ist

Bemerkung. Die Überlegungen der Abschnitte 4 bis 6 haben die Normalität von R nur dahingehend benutzt, daß jedes $q \in Q(R) \setminus R$ eine Dedekindsche Darstellung $\frac{m}{n}$ besitzt. Da jeder Ring $R_{\mathfrak{p}}$ faktoriell (mit einem einzigen Primelement) und also normal ist, so folgt automatisch die Normalität von $R = \bigcap_{\mathfrak{p} \in \operatorname{Min} R} R_{\mathfrak{p}}$; damit ist Satz 9 erneut bewiesen.

§ 4. Reduzierte und noethersche Ringe

In diesem Paragraphen wird bewiesen (Satz 5), daß der totale Quotientenring eines reduzierten noetherschen Ringes R (bzw. die Normalisierung von R) die direkte Summe der Quotientenkörper (bzw. der Normalisierungen) der Primkomponenten von R ist. Als Anwendung werden die Torsionsmoduln endlicher R-Moduln charakterisiert (Satz 6). In den Abschnitten 1 und 2 sind einfache Tatsachen über direkte Summen von Ringen zusammengestellt.

1. Direkte Summen von Ringen. Es seien $R_1, \dots, R_t$ Ringe. Das kartesische Produkt $R_1 \times \cdots \times R_t$ wird zu einem Ring T, wenn man Addition und Multiplikation komponentenweise erklärt. Man schreibt $T = R_1 \oplus \cdots \oplus R_t = \bigoplus_1^t R_j$ und nennt T *die (ringtheoretische) direkte Summe aus* $R_1, \dots, R_t$. Es gibt natürliche Ringepimorphismen $\psi_j : T \to R_j$ und Ringmonomorphismen $\chi_j : R_j \hookrightarrow T$, so daß $\psi_j \circ \chi_j = id$, $j = 1, \dots, t$. Wir identifizieren R_j mit $\chi_j(R_j) \subset T$; dadurch wird R_j zu einem Ideal in T. Jedes $x \in T$ schreibt sich eindeutig in der Form $\sum_1^t x_j$, wo $x_j = \psi_j(x) \in R_j$. Ist $e_j := \psi_j(1)$ das Einselement von R_j, so gilt

$$e_i e_j = 0 \quad \text{für } i \neq j \quad \text{und } \sum_1^t e_i = 1.$$

Ist $t > 1$, so ist jedes Element von $R_j \subset T$ ein *Nullteiler* von T.

Jeder R_j-Modul wird bzgl. $\psi_j : T \to R_j$ zu einem T-Modul. Ist daher M_j ein R_j-Modul, $j = 1, \dots, t$, so ist $\bigoplus_1^t M_j$ ein wohldefinierter T-Modul. Jeder T-Modul M ist in dieser Weise die „direkte Summe" der R_j-Moduln $M_j := M e_j$, $j = 1, \dots, t$.

Ist $M = \bigoplus_1^t M_j$ und N ein T-Untermodul von M, so gilt $N = \bigoplus_1^t N_j$, wo $N_j := N e_j \subset M_j$ ein R_j-Untermodul von M_j ist. Der T-Faktormodul M/N ist dann zu $\bigoplus_1^t M_j/N_j$ isomorph.

Insbesondere schreibt sich jedes Ideal $\mathfrak{a}$ von T in eindeutiger Weise als eine direkte Summe $\bigoplus_1^t \mathfrak{a}_j$ von Idealen $\mathfrak{a}_j = \mathfrak{a} \cdot R_j$ in R_j. Es gilt:

Das Ideal $\mathfrak{a}$ ist genau dann ein Prim(är)ideal bzw. ein maximales Ideal in T, wenn es einen Index i, $1 \leq i \leq t$, gibt, so daß $\mathfrak{a}_j = \mathfrak{a} e_j = \psi_j(\mathfrak{a}) = R_j$ für alle $j \neq i$ und $\mathfrak{a}_i = \psi_i(\mathfrak{a})$ ein Prim(är)ideal bzw. ein maximales Ideal in R_i ist.

Ein Element $\sum_1^t x_j$ ist genau dann ein Nichtnullteiler in $\bigoplus_1^t R_j$, wenn x_j jeweils ein Nichtnullteiler in R_j ist. Dies impliziert unmittelbar:

$$Q\left(\bigoplus_1^t R_j\right) = \bigoplus_1^t Q(R_j).$$

Hieraus ergibt sich leicht:

$$\widehat{\bigoplus_1^t R_j} = \bigoplus_1^t \hat{R}_j.$$

Insbesondere ist also $\bigoplus_1^t R_j$ *genau dann ganz-abgeschlossen, wenn jeder Ring* R_j *ganz-abgeschlossen ist.*

Jeder Ring heißt *unzerlegbar*, wenn er nicht direkte Summe zweier echter Ideale ist. Integritätsringe und Stellenringe sind unzerlegbar.

Satz 1. *Es seien* $R_1, \ldots, R_t$, $R'_1, \ldots, R'_v$ *unzerlegbare Ringe, es sei* $\varphi: \bigoplus_1^t R_j \simeq \bigoplus_1^v R'_i$ *ein Ringisomorphismus. Dann gilt* $t = v$, *und es gibt (bei geeigneter Numerierung der* R'_i*) Ringisomorphismen* $\varphi_j: R_j \simeq R'_j$, $j = 1, \ldots, t$, *so daß* $\varphi = \bigoplus_1^t \varphi_j$.

Beweis. Wir identifizieren $\bigoplus_1^t R_j$ mit $\bigoplus_1^v R'_i$ bzgl. φ. Für jeden Index ν, $1 \le \nu \le t$, gilt dann, da R_ν ein Ideal in $\bigoplus_1^v R'_i$ ist:

$$R_\nu = R_\nu \cdot R'_1 \oplus \cdots \oplus R_\nu \cdot R'_v.$$

Da R_ν ein unzerlegbarer Ring ist, gibt es folglich einen Index μ, $1 \le \mu \le v$, so daß:

$$R_\nu \cdot R'_j = 0 \quad \text{für } j \neq \mu, \quad R_\nu = R_\nu \cdot R'_\mu .$$

Analog findet man zu jedem μ, $1 \le \mu \le v$, einen Index $\bar{\nu}$, so daß $R'_\mu = R'_\mu \cdot R_{\bar{\nu}}$. Dies impliziert:

$$R_\nu = (R_\nu \cdot R_{\bar{\nu}}) \cdot R'_\mu, \qquad 1 \le \nu \le n,$$

und also $\nu = \bar{\nu}$, da sonst $R_\nu \cdot R_{\bar{\nu}} = 0$. Mithin gilt:

$$R_\nu = R_\nu \cdot R'_\mu = R'_\mu \cdot R_{\bar{\nu}} = R'_\mu .$$

Zu jedem ν hat man also ein μ, so daß $R_\nu = R'_\mu$. Da man auch von den $R'_1, \ldots, R'_v$ ausgehen kann, folgt $t = v$ und $R_\nu = R'_\nu$, $1 \le \nu \le t$, wenn die R'_i geeignet numeriert werden, w. z. b. w.

2. Epimorphiesatz. Es seien $R, R_1, \ldots, R_t$ Ringe und $\varphi_j: R \to R_j$ Ringhomomorphismen, $j = 1, \ldots, t$. Durch

$$R \ni x \mapsto \sum_1^t \varphi_j(x) \in \bigoplus_1^t R_j$$

wird ein Ringhomomorphismus $\varphi: R \to \bigoplus_1^t R_j$ definiert. Es gilt:

$$\operatorname{Ker} \varphi = \bigcap_{j=1}^t \operatorname{Ker} \varphi_j .$$

φ ist i. a. nicht surjektiv. Das Ziel dieses Abschnittes ist der Beweis von

Satz 2 (Epimorphiesatz). *Sind alle Homomorphismen* $\varphi_1, \ldots, \varphi_t$ *surjektiv und gilt* $\operatorname{Ker}\varphi_i + \operatorname{Ker}\varphi_j = R$ *für alle* $i \neq j$, $1 \leq i, j \leq t$, *so ist* φ *surjektiv.*

Den Beweis stützen wir auf einen Hilfssatz. Wir nennen zwei Ideale $\mathfrak{a}, \mathfrak{b}$ in R *comaximal*, wenn $\mathfrak{a} + \mathfrak{b} = R$; das ist genau dann der Fall, wenn es kein Primideal $\mathfrak{p}$ in R gibt mit $\mathfrak{a} \cup \mathfrak{b} \subset \mathfrak{p}$.

Hilfssatz 3. *Sind* $\mathfrak{a}_1, \ldots, \mathfrak{a}_t$ *paarweise comaximale Ideale in* R, *so gibt es zu je* t *Elementen* $x_1, \ldots, x_t \in R$ *stets ein Element* $x \in R$ *mit* $x - x_j \in \mathfrak{a}_j$, $j = 1, \ldots, t$.

Beweis. Durch Induktion nach t, der Induktionsbeginn $t = 1$ ist trivial. Sei $t > 1$. Nach Induktionsannahme gibt es ein $z \in R$ mit $z - x_j \in \mathfrak{a}_j$ für $j = 1, \ldots, t-1$. Da $\mathfrak{a}_t$ zu allen Idealen $\mathfrak{a}_1, \ldots, \mathfrak{a}_{t-1}$ comaximal ist, so gilt $\mathfrak{a}_t + \bigcap_{i=1}^{t-1} \mathfrak{a}_i = R$; denn sonst gäbe es ein Primideal $\mathfrak{p}$ in R mit $\mathfrak{a}_t \cup \bigcap_{i=1}^{t-1} \mathfrak{a}_i \subset \mathfrak{p}$, und es wäre daher auch ein $\mathfrak{a}_i$ mit $i < t$ in $\mathfrak{p}$ enthalten, d. h. $\mathfrak{a}_t \cup \mathfrak{a}_i \subset \mathfrak{p}$, was nicht geht, da $\mathfrak{a}_t$ und $\mathfrak{a}_i$ comaximal sind.

Es gibt somit Elemente $a_t \in \mathfrak{a}_t$, $y \notin \bigcap_{i=1}^{t-1} \mathfrak{a}_i$, so daß $a_t + y = z - x_t$. Wir setzen $x := z - y$. Dann folgt $x - x_j = (z - x_j) - y \in \mathfrak{a}_j$ für alle $j < t$, da $z - x_j \in \mathfrak{a}_j$ und $y \in \mathfrak{a}$ für $j < t$. Ferner gilt $x - x_t = (z - x_t) - y = a_t \in \mathfrak{a}_t$, w. z. b. w.

Wir beweisen nun Satz 2. Sei $r = r_1 + \cdots + r_t \in \bigoplus_{i=1}^{t} R_i$, $r_i \in R_i$, beliebig vorgegeben. Da φ_i surjektiv ist, gibt es ein $x_i \in R$ mit $\varphi_i(x_i) = r_i$, $i = 1, \ldots, t$. Da die Ideale $\operatorname{Ker}\varphi_1, \ldots, \operatorname{Ker}\varphi_t$ paarweise comaximal sind, gibt es nach Hilfssatz 3 ein $x \in R$ mit $x - x_j \in \operatorname{Ker}\varphi_i$, $i = 1, \ldots, t$. Es folgt $\varphi_i(x) = \varphi_i(x_i) = r_i$ und also $\varphi(x) = r$, w. z. b. w.

Wir notieren abschließend in diesem Abschnitt noch einen Satz über die Fortsetzung von Ringhomomorphismen auf Quotientenringe. Mit $N(R)$ bezeichnen wir die Menge der Nichtnullteiler von R.

Satz 4. Ist $\varphi: R \to R'$ *ein Ringhomomorphismus und gilt* $\varphi(N(R)) \subset N(R')$, *so ist* φ *in eindeutiger Weise zu einem Ringhomomorphismus* $\Phi: Q(R) \to Q(R')$ *fortsetzbar. Es gilt:* $\operatorname{Ker}\Phi = Q(R) \operatorname{Ker}\varphi$.

Ist φ *surjektiv und gilt* $\varphi(N(R)) = N(R')$, *so ist auch* Φ *surjektiv.*

Der Beweis ist trivial und sei dem Leser überlassen.

3. Reduzierte noethersche Ringe. In diesem Abschnitt bezeichnet R stets einen *reduzierten noetherschen* Ring; $\mathfrak{p}_1, \ldots, \mathfrak{p}_t$ seien die isolierten Primideale von R. Wir setzen abkürzend

$$Q := Q(R), \qquad R_j := R/\mathfrak{p}_j, \qquad Q_j := Q(R_j),$$

und bezeichnen mit π_j den Restklassenepimorphismus $R \to R_j, j=1,\ldots,t$. Die Normalisierung von R in Q bzw. R_j in Q_j wird wieder mit $\hat{R}$ bzw. $\hat{R}_j$ bezeichnet. Wir fassen $\bigoplus_{j=1}^{t} R_j$ als Unterring von $\bigoplus_{j=1}^{t} Q_j$ auf; beachte, daß Q_j ein Körper ist.

Satz 5. *Jeder Epimorphismus* $\pi_j : R \to R_j$ *ist in eindeutiger Weise zu einem Ringepimorphismus* $\varphi_j : Q \to Q_j$ *fortsetzbar,* $j=1,\ldots,t$.

Die durch $q \mapsto \varphi_1(q)+\cdots+\varphi_t(q)$, $q \in Q$, *definierte Abbildung* $\varphi : Q \to \bigoplus_{j=1}^{t} Q_j$ *ist ein Ringisomorphismus, der* $\hat{R}$ *auf* $\bigoplus_{j=1}^{t} \hat{R}_j$ *abbildet.*

Beweis. a) Da $Z(R) = \bigcup_{i=1}^{t} \mathfrak{p}_i$ und $\operatorname{Ker} \pi_j = \mathfrak{p}_j$, so gilt $\pi_j(r) \neq 0$ für jedes $r \in N(R)$. Da $N(R_j) = R_j \setminus 0$, so ist π_j also nach Satz 4 eindeutig zu einem Ringhomomorphismus $\varphi_j : Q \to Q_j$ fortsetzbar, $j=1,\ldots,t$. Da π_j surjektiv ist, so folgt nach Satz 4 die Surjektivität von φ_j, wenn wir zeigen, daß jedes Element $\bar{r} \in R_j$, $\bar{r} \neq 0$, ein π_j-Urbild $\notin \bigcup_{i=1}^{t} \mathfrak{p}_i$ hat. Sei $r' \in R$ irgendein π_j-Urbild. Es gilt $r' \notin \mathfrak{p}_j$ wegen $\bar{r} \neq 0$. Wir setzen

$$I := \{i \in \{1,\ldots,t\} : r' \notin \mathfrak{p}_i\}, \quad \text{es gilt } j \in I.$$

Falls $I = \{1,\ldots,t\}$, so gilt $r' \notin Z(R)$, andernfalls gibt es nach Satz 1.2 ein Element $r'' \in \bigcap_{i \in I} \mathfrak{p}_i$, $r'' \notin \bigcup_{\nu \notin I} \mathfrak{p}_\nu$. Dann folgt $r = r' + r'' \notin \bigcup_{i=1}^{t} \mathfrak{p}_i = Z(R)$ und $\pi_j(r) = \bar{r}$ wegen $\pi_j(r'') = 0$, da $j \in I$. Mithin ist φ_j surjektiv.

b) Es ist klar, daß $\varphi : Q \to \bigoplus Q_j$ ein Ringhomomorphismus (sogar ein R-Algebrahomomorphismus) ist. Da $\operatorname{Ker} \varphi_j = Q \cdot \mathfrak{p}_j$, so gilt

$$\operatorname{Ker} \varphi = \bigcap_{1}^{t} \operatorname{Ker} \varphi_j = \bigcap_{1}^{t} Q \cdot \mathfrak{p}_j.$$

Nun gibt es zu jedem $q \in Q\,\mathfrak{p}_j$ ein $r_j \in N(R)$ mit $r_j q \in \mathfrak{p}_j, j=1,\ldots,t$. Also hat $q \in \operatorname{Ker} \varphi$ zur Folge: $(r_1 \cdot \ldots \cdot r_t) q \in \bigcap_{1}^{t} \mathfrak{p}_j$. Da R reduziert ist, so gilt $\bigcap_{j=1}^{t} \mathfrak{p}_j = 0$ und also $(r_1 \cdot \ldots \cdot r_t) q = 0$. Da $r_1 \cdot \ldots \cdot r_t \in N(R)$ auch in Q kein Nullteiler ist, folgt $q = 0$, d.h. $\operatorname{Ker} \varphi = 0$. Mithin ist φ injektiv.

c) Die Surjektivität von φ folgt aus Satz 2, sobald gezeigt ist, daß die Ideale $Q\mathfrak{p}_1, \ldots, Q\mathfrak{p}_t$ paarweise comaximal sind. Angenommen, es gäbe Indizes $\nu \neq \mu$, so daß $Q\mathfrak{p}_\nu + Q\mathfrak{p}_\mu$ in einem maximalen Ideal von Q enthalten wäre. Da Q_i ein Körper und φ_i surjektiv ist, so ist $\operatorname{Ker} \varphi_i = Q\mathfrak{p}_i$ selbst ein maximales Ideal, $i=1,\ldots,t$. Dies impliziert:

$$Q\mathfrak{p}_\nu + Q\mathfrak{p}_\mu = Q\mathfrak{p}_\nu = Q\mathfrak{p}_\mu,$$

woraus der Widerspruch

$$\mathfrak{p}_\nu = \operatorname{Ker} \varphi_\nu \cap R = \operatorname{Ker} \varphi_\mu \cap R = \mathfrak{p}_\mu$$

folgt. Mithin ist φ surjektiv.

d) Die Inklusion $\varphi(\hat{R}) \subset \bigoplus_1^t \hat{R}_j$ ist klar, denn es gilt stets $\varphi_j(\hat{R}) \subset \hat{R}_j$, da $\varphi_j(R) = \pi_j(R) = R_j$. Sei umgekehrt $q \in Q$ so beschaffen, daß $\varphi_j(q) \in \hat{R}_j$, $j = 1, \ldots, t$. Wegen $\varphi_j(R) = R_j$ gibt es dann ein normiertes Polynom $p_j \in R[X]$, so daß $\varphi_j(p_j(q)) = 0$, d.h. $p_j(q) \in \operatorname{Ker} \varphi_j$. Setzt man $p := p_1 \cdot \ldots \cdot p_t$, so folgt $p(q) = 0$ wegen $\bigcap_1^t \operatorname{Ker} \varphi_j = 0$, d.h. $q \in \hat{R}$. – Satz 5 ist bewiesen.

Aus Satz 5 ergibt sich aufs neue Satz 3.4:

Folgerung. *Ist R normal, so ist* $R \to R_1 \oplus \cdots \oplus R_t$ *bijektiv. Insbesondere ist jeder normale noethersche Stellenring nullteilerfrei.*

Die Isomorphie $R \simeq R_1 \oplus \cdots \oplus R_t$ ist klar für normale Ringe. Ist R ein Stellenring, so ist R unzerlegbar, und es folgt $t = 1$, d.h. $R = R/\mathfrak{p}_1$ ist nullteilerfrei, w.z.b.w.

4. Charakterisierung von Torsionsmoduln. Als Anwendung von Satz 5 zeigen wir:

Satz 6. *Ist R ein reduzierter noetherscher Ring, so ist ein endlicher R-Modul M genau dann torsionsfrei, wenn M zu einem Untermodul eines endlichen freien Moduls nR isomorph ist.*

Beweis. Es ist klar, daß jeder Untermodul eines freien R-Moduls torsionsfrei ist. Sei umgekehrt M torsionsfrei. Der natürliche R-Homomorphismus $\psi: M \to Q(M)$ ist dann injektiv, vgl. § 1.3. Da M ein endlicher R-Modul ist, so ist $Q(M)$ ein endlicher $Q(R)$-Modul. Es genügt nun zu zeigen, daß es eine natürliche Zahl n und einen $Q(R)$-Monomorphismus $\varphi: Q(M) \hookrightarrow nQ(R)$ gibt. Dann gibt es nämlich, da M ein endlicher R-Modul ist, einen Nichtnullteiler $d \neq 0$ in R mit $(\varphi \circ \psi)(M) \cdot d \subset nR$, und die Komposition von $\varphi \circ \psi$ mit dem $Q(R)$-Isomorphismus $x \mapsto dx$, $x \in nQ(R)$, liefert einen R-Monomorphismus $M \hookrightarrow nR$.

Nach Satz 5 hat man einen Isomorphismus

$$Q(R) = Q_1 \oplus \cdots \oplus Q_t,$$

wo Q_j jeweils ein Körper ist. Daher ist $Q(M)$ isomorph zu einer direkten Summe $M_1 \oplus \cdots \oplus M_t$ von endlichen $Q(R)$-Moduln, und M_j ist ein Q_j-Modul, d.h. ein endlich-dimensionaler Vektorraum über dem Körper Q_j, $j = 1, \ldots, t$. Es gibt somit natürliche Zahlen $n_1, \ldots, n_t$, so daß $Q(M)$ zum $Q(R)$-Modul $n_1 Q_1 \oplus \cdots \oplus n_t Q_t$ isomorph ist. Setzt man $n := \max(n_1, \ldots, n_t)$, so ist $Q(M)$ also zu einem Untermodul von $nQ(R)$ isomorph, w.z.b.w.

Für jeden R-Modul M bezeichnen wir mit $M^* := \operatorname{Hom}(M, R)$ den *dualen Modul* der R-Homomorphismen von M in R. Es gibt einen natürlichen R-Homomorphismus $\mu: M \to M^{**}$ von M in sein *Bidual* M^{**}, der jedem $x \in M$ den durch $x(\lambda) := \lambda(x)$, $\lambda \in M^*$, definierten R-Homomorphismus $M^* \to R$ zuordnet. Es gilt $\operatorname{Ker} \mu = \bigcap_{\lambda \in M^*} \operatorname{Ker} \lambda$.

Ist R reduziert und $T(M)$ der Torsionsmodul von M bzgl. der Menge $N(R)$ der Nichtnullteiler von R (vgl. § 1.3), so gilt stets:

$$T(M) \subset \operatorname{Ker} \mu,$$

denn ist $x \in T(M)$, etwa $r \cdot x = 0$ mit $r \in N(R)$, so folgt

$$r\lambda(x) = \lambda(rx) = \lambda(0) = 0, \quad \text{d.h.} \quad \lambda(x) = 0 \quad \text{für alle} \quad \lambda \in M^*.$$

Aus Satz 6 ergibt sich nun:

Satz 7. *Für jeden endlichen R-Modul M über einem reduzierten noetherschen Ring R gilt:* $T(M) = \operatorname{Ker} \mu$.

Beweis. Um $\operatorname{Ker} \mu \subset T(M)$ zu beweisen, genügt es, zu jedem $x \in M$, $x \notin T(M)$, ein $\lambda \in M^*$ mit $\lambda(x) \neq 0$ anzugeben. Sei $\rho: M \to M/T(M)$ der natürliche R-Epimorphismus. $M/T(M)$ ist als endlicher torsionsfreier R-Modul nach Satz 6 isomorph zu einem Untermodul eines freien Moduls nR. Daher gibt es insbesondere zu $\rho(x) \neq 0$ einen R-Homomorphismus $\bar{\lambda}: M/T(M) \to R$ mit $\bar{\lambda} \circ \rho(x) \neq 0$. Ersichtlich ist $\lambda := \bar{\lambda} \circ \rho$ ein gesuchter Homomorphismus $\lambda: M \to R$, w.z.b.w.

Anmerkung. Die Gleichung $T(M) = \operatorname{Ker} \mu$ wird im zweiten Bande zum Kohärenznachweis von Torsionsgarben herangezogen.

Literatur

1. Abhyankar, S. S.: Local analytic geometry. New York: Academic Press 1964.
2. Bosch, S.: Endliche analytische Homomorphismen. Nachr. Akad. Wiss. Göttingen, Math.-Phys. Kl., 41—49 (1967).
3. Bourbaki, N.: Eléments de mathématique. 1. Partie: Les structures fondamentales de l'analyse. Livre 2: Algèbre. Chap. II, 3ième edition. Paris: Hermann 1962.
4. Brill, A.: Über das Verhalten einer Funktion von zwei Veränderlichen in der Umgebung einer Nullstelle. Sitz.-Ber. Bayer, Akad. Wiss., Math.-Naturw. Kl., 207—220 (1891).
5. — Über den Weierstraßschen Vorbereitungssatz. Math. Ann. **69,** 538—549 (1910).
6. Cartan, H.: Idéaux de Fonctions analytiques de *n* Variables complexes. Ann. Sci. Ec. Norm. Sup. **61,** 149—197 (1944).
7. — Séminaire Ecole Norm. Sup., Paris 1962, Exp. 18—21 (C. Houzel).
8. — Sur le théorème de préparation de Weierstraß. Festschr. zur Gedächtnisfeier für K. Weierstraß, S. 155—168, Arbeitsgemeinschaft für Forschung des Landes Nordrh.-Westf. Köln: Westdeutscher Verlag 1966.
9. Floret, K., Wloka, J.: Einführung in die Theorie der lokal-konvexen Räume. Lecture Notes in Mathematics, vol. **56.** Berlin-Heidelberg-New York: Springer 1968.
10. Hartogs, F.: Über die elementare Herleitung des Weierstraßschen Vorbereitungssatzes. Sitz.-Ber. Bayer. Akad. Wiss., Math.-Naturw. Kl., Nr. 3, S. 12, (1908).
11. Jurchescu, M.: On the canonical topology of an analytic algebra and of an analytic module. Bull. Soc. Math. France **93,** 129—153 (1965).
12. Krull, W.: Dimensionstheorie in Stellenringen. Journ. f. Reine u. Angew. Math. **179,** 204—226 (1938).
13. Lasker, E.: Zur Theorie der Moduln und Ideale. Math. Ann. **60,** 20—116 (1905).
14. Nagata, M.: Local Rings. New York-London: Interscience Publishers 1962.
15. Osgood, W. F.: Lehrbuch der Funktionentheorie, Bd. II.1. Leipzig: Teubner 1929.
16. Poincaré, H.: Oeuvres 1. LIII—LVIII. Paris: Gauthiers-Villars et Cie 1928.
17. Remmert, R., Stein, K.: Über die wesentlichen Singularitäten analytischer Mengen. Math. Ann. **126,** 263—306 (1953).
18. Rückert, W.: Zum Eliminationsproblem der Potenzreihenideale. Math. Ann. **107,** 259—281 (1933).
19. Serre, J. P.: Algèbre Locale. Multiplicités (rédigé par P. Gabriel). Lecture Notes in Mathematics, vol. **11.** Berlin-Heidelberg-New York: Springer 1965.
20. Siegel. C. L.: Zu den Beweisen des Vorbereitungssatzes von Weierstraß, S. 299—306. Berlin: VEB Dtsch. Verl. Wissenschaften (1968).
21. Späth, H.: Der Weierstraßsche Vorbereitungssatz. Journ. f. Reine u. Angew. Math. **161,** 95—100 (1929).

22. Stickelberger, L.: Über einen Satz des Herrn Noether. Math. Ann. **30**, 401—409 (1887).
23. Waerden, B. L. v. d.: Algebra, Teil 1, 7. Auflage. Berlin-Heidelberg-New York: Springer 1966.
24. — Algebra, Teil 2, 5. Auflage. Berlin-Heidelberg-New York: Springer 1967.
25. Weierstraß, K.: Abhandlungen aus der Functionenlehre. Berlin: Verlag von Julius Springer 1886.
26. Wirtinger, W.: Über den Weierstraßschen Vorbereitungssatz. Journ. f. Reine u. Angew. Math. **158**, 260—267 (1927).

Sachverzeichnis

Die Grundlehren der mathematischen Wissenschaften in Einzeldarstellungen mit besonderer Berücksichtigung der Anwendungsgebiete

Eine Auswahl

---

32. Reidemeister: Vorlesungen über Grundlagen der Geometrie. DM 18,—; US $ 5.00
38. Neumann: Mathematische Grundlagen der Quantenmechanik. DM 28,—; US $ 7.70
40. Hilbert/Bernays: Grundlagen der Mathematik I. DM 68,—; US $ 18.70
43. Neugebauer: Vorlesungen über Geschichte der antiken mathematischen Wissenschaften. 1. Band: Vorgriechische Mathematik. DM 48,—; US $ 13.20
50. Hilbert/Bernays: Grundlagen der Mathematik II. DM 84,—; US $ 23.10
52. Magnus/Oberhettinger/Soni: Formulas and Theorems for the Special Functions of Mathematical Physics. DM 66,—; US $ 16.50
57. Hamel: Theoretische Mechanik. DM 84,—; US $ 23.10
59. Hasse: Vorlesungen über Zahlentheorie. DM 69,—; US $ 19.00
60. Collatz: The Numerical Treatment of Differential Equations. DM 78,—; US $ 19.50
61. Maak: Fastperiodische Funktionen. DM 38.—; US $ 10.50
64. Nevanlinna: Uniformisierung. DM 49,50; US $ 13.70
66. Bieberbach: Theorie der gewöhnlichen Differentialgleichungen. DM 58,50; US $ 16.20
67. Byrd/Friedmann: Handbook of Elliptic Integrals for Engineers and Scientists. DM 64,—; US $ 17.60
68. Aumann: Reelle Funktionen. DM 68,—; US $ 18.70
73. Hermes: Einführung in die Verbandstheorie. DM 46,—; US $ 12.70
74. Boerner: Darstellung von Gruppen. DM 58,—; US $ 16.00
76. Tricomi: Vorlesungen über Orthogonalreihen. DM 68,—; US $ 18.70
77. Behnke/Sommer: Theorie der analytischen Funktionen einer komplexen Veränderlichen. DM 79,—; US $ 21.80
78. Lorenzen: Einführung in die operative Logik und Mathematik. DM 54,—; US $ 14.90
86. Richter: Wahrscheinlichkeitstheorie. DM 68,—; US $ 18.70
87. van der Waerden: Mathematische Statistik. DM 68,—; US $ 18.70
94. Funk: Variationsrechnung und ihre Anwendung in Physik und Technik. DM 120,—; US $ 33.00
97. Greub: Linear Algebra. DM 39,20; US $ 10.80
99. Cassels: An Introduction to the Geometry of Numbers. DM 78,—; US $ 21.50
104. Chung: Markov Chains with Stationary Transition Probabilities. DM 56,—; US $ 14.00
107. Köthe: Topologische lineare Räume I. DM 78,—; US $ 21.50
114. MacLane: Homology. DM 62,—; US $ 15.50
116. Hörmander: Linear Partial Differential Operators. DM 42,—; US $ 10.50
117. O'Meara: Introduction to Quadratic Forms. DM 68,—; US $ 18.70
120. Collatz: Funktionalanalysis und numerische Mathematik. DM 58,—; US $ 16.00
121./122. Dynkin: Markov Processes. DM 96,—; US $ 26.40
123. Yosida: Functional Analysis. DM 66,—; US $ 16.50
124. Morgenstern: Einführung in die Wahrscheinlichkeitsrechnung und mathematische Statistik. DM 38,—; US $ 10.50
125. Itô/McKean: Diffusion Processes and Their Sample Paths. DM 58,—; US $ 16.00
126. Lehto/Virtanen: Quasikonforme Abbildungen. DM 38,—; US $ 10.50
127. Hermes: Enumerability, Decidability, Computability. DM 39,—; US $ 10.80
128. Braun/Koecher: Jordan-Algebren. DM 48,—; US $ 13.20
129. Nikodým: The Mathematical Apparatus for Quantum-Theories. DM 144,—; US $ 36.00
130. Morrey: Multiple Integrals in the Calculus of Variations. DM 78,—; US $ 19.50
131. Hirzebruch: Topological Methods in Algebraic Geometry. DM 38,—; US $ 9.50
132. Kato: Perturbation Theory for Linear Operators. DM 79,20; US $ 19.80
133. Haupt/Künneth: Geometrische Ordnungen. DM 68,—; US $ 18.70
134. Huppert: Endliche Gruppen I. DM 156,—; US $ 42.90
135. Handbook for Automatic Computation. Vol. 1/Part a: Rutishauser: Description of ALGOL 60. DM 58,—; US $ 14.50

136. Greub: Multilinear Algebra. DM 32,—; US $ 8.00
137. Handbook for Automatic Computation. Vol. 1/Part b: Grau/Hill/Langmaack; Translation of ALGOL 60. DM 64,—; US $ 16.00
138. Hahn: Stability of Motion. DM 72,—; US $ 19.80
139. Mathematische Hilfsmittel des Ingenieurs. 1. Teil. DM 88,—; US $ 24.20
140. Mathematische Hilfsmittel des Ingenieurs. 2. Teil. DM 136,—; US $ 37.40
141. Mathematische Hilfsmittel des Ingenieurs. 3. Teil. DM 98,—; US $ 27.00
142. Mathematische Hilfsmittel des Ingenieurs. 4. Teil. DM 124; US $ 34.10
143. Schur/Grunsky: Vorlesungen über Invariantentheorie. DM 32,—; US $ 8.80
144. Weil: Basic Number Theory. DM 48,—; US $ 12.00
145. Butzer/Berens: Semi-Groups of Operators and Approximation. DM 56,—; US $ 14.00
146. Treves: Locally Convex Spaces and Linear Partial Differential Equations. DM 36,—; US $ 9.90
147. Lamotke: Semisimpliziale algebraische Topologie. DM 48,—; US $ 13.20
148. Chandrasekharan: Introduction to Analytic Number Theory. DM 28,—; US $ 7.00
149. Sario/Oikawa: Capacity Functions. DM 96,—; US $ 24.00
150. Iosifescu/Theodorescu: Random Processes and Learning. DM 68,—; US $ 18.70
151. Mandl: Analytical Treatment of One-dimensional Markov Processes. DM 36,—; US $ 9.80
152. Hewitt/Ross: Abstract Harmonic Analysis. Vol. II. DM 140,—; US $ 38.50
153. Federer: Geometric Measure Theory. DM 118,—; US $ 29.50
154. Singer: Bases in Banach Spaces I. DM 112,—; US $ 30.80
155. Müller: Foundations of the Mathematical Theory of Electromagnetic Waves. DM 58,—; US $ 16.00
156. van der Waerden: Mathematical Statistics. DM 68,—; US $ 18.70
157. Prohorov/Rozanov: Probability Theory. DM 68,—; US $ 18.70
159. Köthe: Topological Vector Spaces I. DM 78,—; US $ 21.50
160. Agrest/Maksimov: Theory of Incomplete Cylindrical Functions and their Applications.
161. Bhatia/Szegö: Stability Theory of Dynamical Systems. DM 58,—; US $ 16.00
162. Nevanlinna: Analytic Functions. DM 76,—; US $ 20.90
163. Stoer/Witzgall: Convexity and Optimization in Finite Dimensions I. DM 54,—; US $ 14.90
164. Sario/Nakai: Classification Theory of Riemann Surfaces. DM 98,—; US $ 27.00
165. Mitrinovic: Analytic Inequalities. DM 88,—; US $ 26.00
166. Grothendieck/Dieudonné: Eléments de Géometrie Algébrique I. DM 84,—; US $ 23.10
167. Chandrasekharan: Arithmetical Functions. DM 58,—; US $ 16.00
168. Palamodov: Linear Differential Operators with Constant Coefficients. DM 98,—; US $ 27.00
170. Lions: Optimal Control of Systems Governed by Partial Differential Equations. DM 78,—; US $ 21.50
171. Singer: Best Approximation in Normed Linear Spaces by Elements of Linear Subspaces. DM 60,—; US $ 16.50
172. Bühlmann: Mathematical Methods in Risk Theory. DM 52,—; US $ 14.30
173. Maeda/Maeda: Theory of Symmetric Lattices. DM 48,—; US $ 13.20
174. Stiefel/Scheifele: Linear and Regular Celestial Mechanics. DM 68,—; US $ 18.70
175. Larsen: An Introduction to the Theory of Multipliers. DM 84,—; US $ 23.10
176. Grauert/Remmert: Analytische Stellenalgebren. DM 64,—; US $ 17.60
177. Flügge: Practical Quantum Mechanics I. DM 70,—; US $ 19.30
178. Flügge: Practical Quantum Mechanics II. DM 60,—; US $ 16.50
179. Giraud: Cohomologie non abélienne. In preparation.
180. Landkoff: Foundations of Modern Potential Theory. In preparation.
181. Lions/Magenes: Non-Homogeneous Boundary Value Problems and Applications I. In preparation.
182. Lions/Magenes: Non-Homogeneous Boundary Value Problems and Applications II. In preparation.
183. Lions/Magenes: Non-Homogeneous Boundary Value Problems and Applications III. In preparation.
184. Rosenblatt: Markov Processes. In preparation.
185. Rubinowicz: Sommerfeldsche Polynommethode
186. Handbook for Automatic Computation. Vol. 2. Wilkinson/Reinsch: Linear Algebra. DM 72,—; US $ 19.80
187. Siegel/Moser: Lectures on Celestial Mechanics. In preparation.

MIX
Papier aus verantwortungsvollen Quellen
Paper from responsible sources
FSC® C105338

If you have any concerns about our products,
you can contact us on
ProductSafety@springernature.com

In case Publisher is established outside the EU,
the EU authorized representative is:
Springer Nature Customer Service Center GmbH
Europaplatz 3, 69115 Heidelberg, Germany

Printed by Libri Plureos GmbH
in Hamburg, Germany